Agile Organisationsentwicklung

Bernd Oestereich | Claudia Schröder

Agile Organisationsentwicklung

Handbuch zum Aufbau anpassungsfähiger Organisationen

Verlag Franz Vahlen GmbH

www.vahlen.de

ISBN 978 3 8006 6076 6
ISBN E-BOOK: 978 3 8006 6077 3

Wilhelmstraße 9, 80801 München
Druck und Bindung: Westermann Druck Zwickau GmbH, Crimmitschauer Str. 43, 08058 Zwickau

Satz: Bernd Oestereich
Illustrationen: Melina Pink, https://melina.pink/
Fachgrafiken: Bernd Oestereich
Umschlaggestaltung: Bernd Oestereich mit einer Illustration von Melina Pink

CO_2 neutral
vahlen.de/nachhaltig

www.vahlen.de

Gedruckt auf säurefreien, alterungsbeständigem Papier
(hergestellt aus chlorfrei gebleichtem Zellstoff)

Inhalt

Vorweg

Ganz kurz vorweg etwas über das Warum und Wozu von Agilität.

Teil 1: Basiskomponenten agiler OE

Was sind die Komponenten, die mindestens zusammenkommen sollten, um eine belastbare und nachhaltige agile Organisationsentwicklung aufzubauen und zu verankern? Worauf kommt es wirklich an?

Teil 2: Adaptionsmodell

Auch wenn jede Organisation ihre eigene Ausgangssituation und spezifische Absichten und Herausforderungen hat, ist die Orientierung an idealtypischen Vorgehens- und Handlungsmustern hilfreich.

Teil 3: Werkzeuge und Hilfsmittel

Hier finden Sie ganz praktische Anleitungen, Hilfestellungen, Beispiele und konkrete Ideen, um in Ihrer Organisation die ersten Schritte zu probieren oder sie theoretisch zu verstehen.

Teil 3: Werkzeuge und Hilfsmittel

Teil 4: Metainformationen

Vorweg

In einem Satz

Agile Organisationsentwicklung ist

- **die schrittweise empirische (Weiter-)Entwicklung einer Organisation**
- **durch kontinuierliche praktische Erprobungen einzelner Veränderungen**
- **mit anschließender Nutzenbewertung und Fortführungsentscheidung**

- **in einem systemisch-integralen Wertesystem und**
- **mit kollegial-selbstorganisierten Führungs- und Organisationsprinzipien.**

Über dieses Buch

Wie es zum Buch kam

Nach unserem letzten Buch zum Thema („Das kollegial geführte Unternehmen“) haben viele Leserinnen* einfach Anregungen aus dem Buch entnommen und begonnen, das eine oder andere in ihren Teams, Bereichen oder Organisationen zu erproben. Und das in einer Vielfalt und einem Umfang, wie wir es nicht erwartet hatten.

Darunter waren einfache Mitarbeiterinnen, Unternehmerinnen und Teamleiterinnen ebenso wie interne oder selbständige Organisationsberaterinnen.

Eigentlich wollten wir mit dem Buch nur einen Überblick geben und das Themengebiet konzeptionell und sprachlich erkunden, sortieren und konsolidieren.

Parallel haben wir in den letzten 2 – 3 Jahren einige hundert Organisationsentwicklerinnen in Workshops zum Thema ausgebildet und mit ihnen gemeinsam das Thema vertieft. Dabei ist uns klar geworden, was noch alles fehlt, was vielleicht auch weniger wichtig ist, welche neuen Fragen sich stellen, wenn man tiefer vordringt, und welche Missverständnisse entstehen können.

Zudem haben wir auch in unserer eigentlichen Arbeit, der Begleitung von Organisationen, ganz neue Anwendungsbereiche, Größen, Arten, Branchen und Kontexte von Organisationen kennengelernt – es ist kein Nischen- und kein theoretisches Thema mehr.

Das konkrete Interesse aus der Praxis und dem Organisationsalltag steigt rapide. Mit Respekt davor, dass wir inhaltlich dennoch eher am Anfang stehen, möchten wir mit diesem Buch die praktische Anwendung unterstützen und vereinfachen.

An wen es sich richtet

Und so ist dieses Buch ein neuer aktualisierter Zwischenstand, mit dem wir noch mehr zum unmittelbaren praktischen Tun anregen möchten. Wir haben uns bemüht, noch konkreter und einfacher zu werden, obwohl wir gleichzeitig auch tiefer vordringen und dabei gleichermaßen Haltung (Mindset), Erfahrungswissen (Skillset) und Werkzeuge (Toolset) berücksichtigen.

Dieses Buch richtet sich an Menschen, die kollegiale Führung und agile Selbstorganisation ganz praktisch erproben möchten – entweder in der eigenen Organisation oder als professionelle Begleiterin einer Organisation.

Viele neue Konzepte, Ideen und Fragen sind hinzugekommen, manches hat sich bestätigt und gefestigt, anderes nicht. Zu einem geringen Teil finden Sie in diesem Buch Inhalte, die auch schon im letzten enthalten waren – wir haben sie der Vollständigkeit halber, zur Abrundung oder Unabhängigkeit vom vorigen Buch mit aufgenommen.

Wie es zu lesen ist

Sie können das Buch kreuz und quer und selektiv lesen. Um dies zu erleichtern, haben wir ganz viele direkte Querverweise mit Seitenzahlen eingebaut. Mehr über uns und wer uns alles unterstützt hat, finden Sie beispielsweise auf ➡Seite 242. Für selektive Schnellleser haben wir wichtige Stichworte und Aussagen hervorgehoben.

Der zweite Teil ist das Kernstück des Buches und folgt einem zeitlich gegliederten Prozessmodell. Im dritten Teil werden dann verschiedene Inhalte aus dem Prozessmodell vertieft und um weitere Inhalte ergänzt.

Wie es verwendet werden darf

Wir laden Sie ein, das Thema mit oder ohne uns weiter voranzutreiben. Alle unsere Fachgrafiken stehen unter einer Creative Commons Licence, zu erkennen am CC-Symbol, und dürfen frei verwendet werden – auch kommerziell und auch im Wettbewerb zu uns, solange Sie die Herkunft benennen und nicht so tun, als wäre es Ihr alleiniges Werk.

Das gilt nicht für die Fotos, Illustrationen und Icons in diesem Buch und nicht für den Text, außer sie sind auch mit dem CC-Symbol versehen.

Die Fachgrafiken sowie eine Reihe von Formular- und Druckvorlagen können Sie unter https://kollegiale-fuehrung.de/material/ registrierungs- und kostenfrei herunterladen.

Wir verwenden soweit möglich bewusst Allgemeinbegriffe wie „kollegiale Führung“ oder „agile selbstorganisierte Organisationsentwicklung“, weil wir die Verbreitung und Weiterentwicklung dieser Ideen nicht marken- und lizenzrechtlich oder inhaltlich einschränken bzw. kontrollieren möchten.

Viel Erfolg und Freude beim Ausprobieren!

Bernd und Claudia

*Unabhängig vom verwendeten Genus meinen wir immer alle Geschlechter.

Wozu agile Organisationsentwicklung?

Was bis jetzt wichtig war (und bleibt): Effizienz und Produktivität

Die Steigerung von Effizienz und Produktivität ist seit über 100 Jahren das große Thema in der Wirtschaft:

- Zu Beginn des Taylorismus ging es dabei um die Standardisierung von Abläufen bspw. durch Fließbandarbeit. Damit wurden Produktivitätsgewinne mit den Faktor 10 – 100 erzielt.
- In den 1970er- und 1980er-Jahren wurden Automatisierung, EDV und später Robotisierung wichtiger.
- Seit den 2010er-Jahren heißen die Themen Digitalisierung und Big Data.

Während die Produktivitätssteigerungen zu Beginn des Taylorismus noch mit viel Kapital erkauft werden mussten, beispielsweise um Fabriken zu bauen, laufen die Grenzkosten digitalisierter Prozesse gegen null.

So wie der Taylorismus durch seine Kapitalanforderungen eher größere Unternehmen bevorzugte, so sind große Unternehmen im Zeitalter der Digitalisierung eher ein Resultat.

Sobald die Digitalisierung greift, werden die Unternehmen immer mächtiger und reicher bis hin zur Monopolbildung. Sie müssen ihre Gewinne gar nicht mehr für Produktionssteigerungen reinvestieren, sondern bekommen diese dank vernachlässigbarer Grenzkosten fast kostenlos.

Grenzkosten

Grenzkosten sind diejenigen Kosten, die durch die Herstellung einer zusätzlichen Mengeneinheit eines Produktes oder einer Dienstleistung entstehen.

Unsere Organisationen werden in die Zange genommen:

- **Sie sind gefordert, wie seit Beginn des Taylorismus, ihre Produktivität und Effizienz kontinuierlich zu steigern.**
- **Und seit einiger Zeit stehen sie zusätzlich vor der Herausforderung, ihre Anpassungsfähigkeit systematisch zu erhöhen.**

Foto: ID1974/Shutterstock.com

Aktueller Kontext: Digitalisierung und Grenzkostenausbeutung

Was ist eigentlich Digitalisierung? Digitalisierung wird zumeist als Sammelbegriffe einer ganzen Reihe von Entwicklungen verwendet und beinhaltet unterschiedliche Facetten:

- Digitalisierung ist die Ausdehnung der Automatisierung bis an die Schnittstelle von Kunden, Lieferanten und Geschäftspartnern und darüber hinaus. Wo früher Mitarbeiter einer Organisation Daten in internen Systemen erfasst haben, ist dies nunmehr (soweit möglich) von den Kunden und Lieferanten selbst zu übernehmen.
- Vernetzung von Geräten (Internet of Things, IOT) aller Art.
- „Intelligente" Werkstücke und Produktionsmittel: Produktions- und Betriebsprozesse werden durch neue Prozessparadigmen flexibler und leistungsfähiger („Industrie 4.0"). Werkstücke tragen jetzt die Daten bzw. „Intelligenz" über ihre bisherigen und noch möglichen Fertigungs- und Betriebsschritte mit sich.
- Mediatisierung: Digitalisierung bedeutet ebenso, bislang physisch gebundene Informationen, beispielsweise gedruckte Bücher, Film-DVDs und Musik-CDs, zu digitalisieren und somit einfach reproduzier- und verteilbar zu machen.
- Disintermediation ist ein Geschäftsmodell, bei dem Zwischenhändler mit Hilfe digitaler Prozesse überflüssig gemacht werden. Die bekanntesten Anwendungsfälle sind Reise- und Übernachtungsbuchungen, Personenbeförderung, Lieferdienste und Unterhaltung (Filme, Bücher, Musik, Spiele).
- Digitale Transaktionsplattformen bringen die Geschäftspartner gegen eine Transaktionsgebühr zusammen. Dabei können die Plattformbetreiber in den meisten Fällen den größten Teil der Marge für sich vereinnahmen, weil sie den exklusiven Zugang zu den Daten der Beteiligten haben. Die eigentlichen Leistungsanbieter geraten durch ihre einfache Austauschbarkeit oft in wirtschaftlich prekäre Abhängigkeiten.
- Objektifizierung: Alternative oder zusätzliche Einnahmen entstehen Plattformbetreibern dadurch, dass sie Geschäfts- und Metadaten ausbeuten und an Dritte verkaufen oder vermieten. In diesem Fall sind die Geschäftspartner (vor allem die Kunden) nicht mehr oder nicht mehr allein nur handelnde Subjekte, sondern werden selbst zu Geschäftsobjekten: „Wenn eine Leistung zu wenig kostet, bist du selbst die Leistung."
- Eine weitere digitale Strategie, vor allem von Plattformen zur sozialen Kommunikation („soziale Netzwerke"), ist die Plattformmonopolisierung. Sobald eine kritische Menge von Nutzern dabei ist, entsteht ein sozialer Sog. Wer sich nicht selbst ausgrenzen möchte, muss auch mitmachen und einwilligen.
- Auf Basis einiger der vorgenannten Geschäftsmodelle wird schließlich auch Verhaltensantizipierung möglich. Mit Hilfe von Big Data und „künstlicher Intelligenz" geben Maschinen Prognosen über das Verhalten von Menschen ab
- oder nutzen dies gar zur Nutzer-Manipulation (von plumper Werbung bis hin zu subtilen personalisierten und ethisch kritischen Manipulationen, Nudging genannt).

Weiterführendes

➡ Gerd Leonhard: *Technology vs. Humanity, Unsere Zukunft zwischen Mensch und Maschine.* Vahlen, 2017.

Neue Führungs- und Organisationsfokusse

Während im blauen Bereich in der Abbildung auf Seite 7 die Reduktion von Kosten im Vordergrund steht, um kostengünstiger als der Wettbewerb produzieren zu können, geht es im orangen Bereich eher um die Steigerung der Verkäufe. Hier bieten die verschiedenen Strategien und Geschäftsmodelle der Digitalisierung aktuell die größten Hebel.

Während in der Zeit vor der Digitalisierung die Leistungsorientierung vor allem mit Hilfe materialistischer Zielvereinbarungen erreicht wurde, um die beteiligten Mitarbeiter zu höheren Leistungen zu bewegen, beispielsweise mehr zu verkaufen, geht es im Zeitalter der Digitalisierung um die bessere Nutzung der Null-Grenzkostenbereiche in den Geschäftsmodellen und die Erfindung neuer Kundenbedürfnisse mit den dazu verkaufbaren Produkten und Dienstleistungen.

Neuer Fokus: Disruptions- und Anpassungsfähigkeit

Dadurch, dass es viel einfacher geworden ist, neue Geschäftsmodelle auszuprobieren, werden bestehende Marktteilnehmer herausgefordert und verunsichert. Und sobald die neuen Geschäftsideen erfolgreich werden, stellen sie oftmals klassische Geschäftsmodelle oder ganze Branchen infrage.

Diese neuen Geschäftsmodelle und -strategien sorgen für eine größere Dynamik und Komplexität für bestehende Unternehmen, sodass sich die betroffenen Unternehmen anpassen und neu erfinden müssen.

Unsere Organisationen sind historisch tayloristisch geprägt, auf Effizienz getrimmt und optimiert für weitgehend stabile Rahmenbedingungen. Das nun dynamischer und komplexer gewordene Umfeld überfordert deshalb viele Organisationen.

Um die Anpassungsfähigkeit an neue geschäftliche Rahmenbedingungen, Markt- und Wettbewerbssituationen, technische Entwicklungen und einiges mehr zu erreichen, sind andere Organisations- und Führungsprinzipien hilfreich.

Beispielsweise ist der äußeren Komplexität eine passende interne Komplexität entgegenzustellen:

Weil für einen komplexen und dynamischen Kontext kaum vorhersehbar ist, wann und wo in einer Organisation welche Kooperationen und Kommunikationen notwendig sind, müssen Verantwortlichkeiten, Entscheidungen und Kooperationsbeziehungen dynamisch und situativ verteilt und gestaltet werden.

Linienorganisationen mit festen Führungskräfte-Hierarchien können dies kaum leisten.

Obwohl das Schlagwort VUCA (Bedeutung siehe Randspalte) in den letzten Jahren große Aufmerksamkeit erhalten hat, heißt dies noch lange nicht, dass Effizienz- und Leistungsdenken obsolet sind. Bei der ganzen VUCA-Diskussion konnte der Eindruck entstehen, dass es jetzt nur noch um Dynamik und Komplexität geht.

Doch die Bemühungen der Wirtschaft um immer weitere Effizienz- und Produktivitätssteigerungen sind unvermindert.

Der Fokus auf Anpassungs- und Komplexitätsfähigkeit löst das bisherige Effizienz- und Leistungsdenken nicht ab, sondern beschreibt zusätzliche notwendige Fähigkeiten.

Dazu gehört nun auch, situativ zu erkennen, in welchen Kontexten innerhalb einer Organisation welche Führungsprinzipien hilfreich sind. Die nebenstehende Komplexitätsmatrix bietet hierzu eine Orientierung.

Weiterführendes

- ➡213 Lean Startup, Design Thinking
- ➡Clayton M. Christensen: *The Innovator's Dilemma. Warum etablierte Unternehmen den Wettbewerb um bahnbrechende Innovationen verlieren.* Vahlen 2011, Original 1997.

Populäre Begriffe

Disruption ist eine auf einer Innovation beruhende Veränderung, die etwas Bestehendes (Geschäftsmodelle, Branchen, Märkte) ablöst und obsolet werden lässt.

VUCA ist ein Akronym für Volatility, Uncertainty, Complexity und Ambiguity. Deutsch: Volatilität, Unsicherheit, Komplexität und Mehrdeutigkeit.

Dynamik beschreibt das Maß für die Veränderlichkeit von etwas.

Kompliziertheit ist ein Maß für die Unwissenheit und das Unverständnis eines Beobachters. Kompliziertheit kann man mit Wissen und durch Lernen handhaben.

Komplexität ist ein Maß für die Unvorhersehbarkeit und Vielfalt eines Systemverhaltens. Komplexität kann man nicht beherrschen, sondern ihr nur mit einer ebenbürtigen eigenen Komplexität begegnen.

Effizienz ist ein Maß für die Kosten-Nutzen-Relation, also die Wirtschaftlichkeit.

Effektivität ist ein Maß für Wirksamkeit, welches das Verhältnis von erreichtem zu definiertem Ziel beschreibt.

Taylorismus ist eine auf kausalen Zusammenhängen beruhende Lehre der Arbeitsorganisation und des Managements.

Agilität ist ein Maß für die Anpassungs- und Reaktionsfähigkeit eines Systems sowie der Oberbegriff für eine Menge von Methoden, Modellen und Werkzeugen zum Umgang mit Dynamik und Komplexität in Entwicklungsprozessen.

Komplexitätsspezifische Führungsfokusse

Wir brauchen also nicht nur Theorien und Modelle zur Organisationsentwicklung, die einen souveränen Umgang mit Komplexität und Dynamik ermöglichen, sondern solche, die komplexitätsspezifisch den Fokus variieren können.

In unseren Organisationen existiert alles nebeneinander, nur dass in verschiedenen Bereichen und zu verschiedenen Zeitpunkten jeweils andere Fokusse relevanter sind.

Wo immer standardisierte Prozesse sinnvoll sind, weil die Rahmenbedingungen angemessen stabil sind, werden wir gefordert, diese zu nutzen, zu automatisieren und zu digitalisieren, um wettbewerbsfähig zu bleiben. Und wo es darum geht, aus den vorhandenen und bekannten Möglichkeiten das Optimum herauszuholen, setzen Unternehmen vorzugsweise auf Prinzipien der Leistungsorientierung. Sie erhöhen systematisch ihre Auslastung und nutzen Grenzkostenvorteile.

Und auch Wissensvorsprünge sind weiterhin relevant und werden durch Patente, Expertenbindung und Vergleichbares soweit möglich abgesichert.

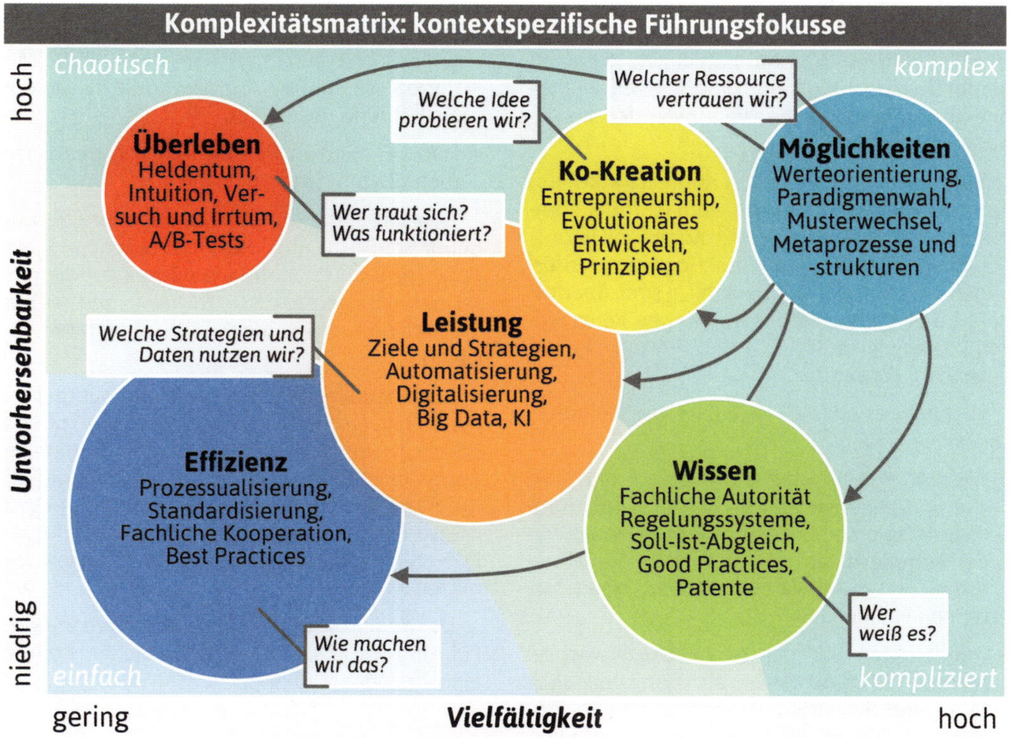

In diese Grafik sind Ideen von Heinz Jarmei, Frank Boos und Gerald Mitterer eingeflossen (*Einführung in das systemische Management*, 2014, S. 65ff.)

Abgrenzung vom Cynefin-Modell

Das Cynefin-Modell von David Snowden verwendet ähnliche Unterscheidungen, nur anders geordnet, und beschreibt die vier Quadranten (Domänen genannt) *komplex*, *kompliziert*, *chaotisch* und *einfach*. Zusätzlich beinhaltet es in der Mitte als fünfte Domäne *unklar* (disorder).

Das Wort Cynefin (gesprochen kʌnɨvɪn) stammt aus dem Walisischen und bedeutet ungefähr Lebensraum, Platz oder Domäne.

Das Cynefin-Modell verfolgt einen anderen Zweck als die hier gezeigte Komplexitätsmatrix, was insbesondere an dem beim Cynefin-Modell in der Mitte liegenden unklaren Bereich und den expliziten Bereichsgrenzen deutlich wird. Das Cynefin-Modell fokussiert mehr auf die Wechsel zwischen den klar abgegrenzten Bereichen.

Die Komplexitätsmatrix hingegen zeigt ein räumliches Kontinuum, also einen ununterbrochenen Zusammenhang, und fokussiert auf relative Unterschiede für eine differenzierte Nutzung. Das Cynefin-Modell hingegen kann als einfache Orientierungshilfe in Entscheidungssituationen verwendet werden.

➡David Snowden, Mary Boone: *A Leader's Framework for Decision Making*. In: Harvard Business Review. November 2007, S. 69–76.

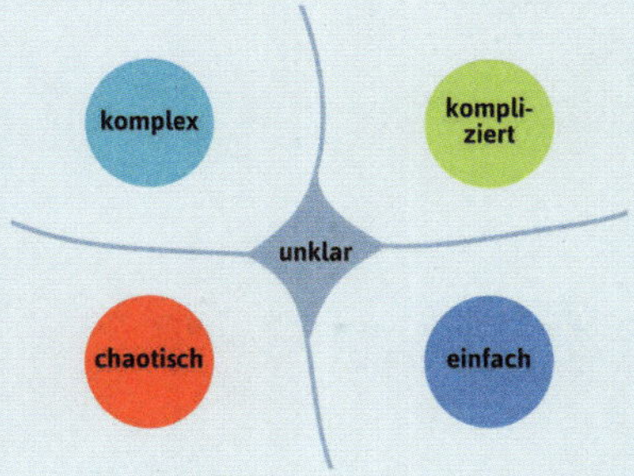

Führungskraft: Rolle, die in einer Organisation ausschließlich Führungsarbeit erbringt.

Vorgesetzter: Führungskraft, die Mitarbeitern von einer hierarchisch noch höher gestellten Führungskraft vorgesetzt wurde.

Metaprozesse und -strukturen: Prozesse und Strukturen, die auf Prozesse und Strukturen einwirken.

Metaführung: Führungsarbeit, mit der Führungsarbeit gestaltet wird.

Warum ist kollegiale Führung relevant?

Kollegiale Führung ist die auf viele Kollegen dynamisch-selbstorganisierte verteilte Führungsarbeit an Stelle auf spezielle und vorgesetzte Führungskräfte konzentrierte. Sie ist keine zwingende Voraussetzung, um die zuvor beschriebenen komplexitätsspezifischen Führungsfokusse herzustellen – aber enorm praktisch.

Je weiter der Fokus in der Komplexitätsmatrix (➡Seite 7) unten links liegt, desto eher überwiegen die Vorteile fester Führungskräfte. In diesem Bereich helfen feste Prozesse und Strukturen, bewährtes Erfahrungswissen aus der Vergangenheit und bekannte Ursache-Wirkungs-Zusammenhänge.

Je weiter der Fokus rechts oben liegt, desto relevanter wird es, dass die beteiligten Personen unmittelbar und dynamisch kooperieren, weil indirekte Kommunikationen verschwenderisch wären.

Weil in einem komplexen Kontext kaum vorhersehbar ist, wann wer mit wem worüber kommunizieren muss, sind feste Kommunikations- und Machtbeziehungen, wie sie in pyramidenförmigen Linienorganisationen üblich sind, überfordert. Zu viele Beteiligte mit zu engen Perspektiven kosten viel zu viel Zeit und liefern zu wenig belastbare Ergebnisse.

Hier geht es um die Fragen, welchen Ressourcen wir vertrauen:

- Welchen Führungsfokus wählen wir und welche vorhandenen Führungs- und Organisationsprinzipien sind gerade die passenden? In der Komplexitätsmatrix auf Seite 7 visualisieren wir diesen Aspekt mit den rechts oben startenden Pfeilen.
- Oder sollten wir gar einen Musterwechsel (➡Seite 137) provozieren, also ganz neue Prozesse und Strukturen entwickeln? Neue Prozesse und Strukturen zu entwickeln bedeutet, dass sich vorhandene Verantwortungs- und Machtbereiche, also Führungsrollen und -positionen, verändern.

  Die vorhandenen Führungskräfte sind hier befangen. Und die übergeordneten Führungskräfte sind tendenziell zu weit weg vom Geschehen. Mangels kausaler Sicherheit müssen wir hier empirisch vorgehen, also Möglichkeiten erproben und bewerten. Bevor nun die daran beteiligten Personen aufwändig ihr Erfahrungswissen an übergeordnete Führungskräfte weitergeben, ist es meistens viel effizienter und effektiver, diese Entscheidungen an der Basis zu belassen.
- Damit dieser Vorgang wiederum halbwegs systematisch abläuft, brauchen wir bewährte Metaprozesse und -strukturen, wie sie die kollegiale Führung beschreibt.
- Und bei alledem hilft es, sich von gemeinsamen Werten leiten zu lassen.

Eine Organisation, die in kollegialer Führung geübt ist und die über die entsprechenden Metaprozesse und -strukturen verfügt, kann die passenden Führungsfokusse schneller und wirksamer einnehmen als eine auf Führungskräften basierende.

In einer kollegial geführten Organisation können selbstverständlicher, routinierter und günstiger die jeweils passenden direkten Kommunikationen entstehen, als in einer stabilen, auf Führungskräften und reglementierten Kommunikationswegen basierenden Organisation, in der die Kommunikationen von zentralen Instanzen vermittelt werden.

Deswegen ist eine kollegial-selbstorganisierte Führung im aktuellen wirtschaftlichen Kontext ein hilfreiches Modell.

Anwendungsbereiche der Entwicklungsmethoden

Die unten abgebildete Anwendungsbereichsmatrix beschreibt die Anwendungsbereiche verschiedener Entwicklungsmodelle anhand der beiden Fragen,

- ob das zu entwickelnde System (Objekt, Entwicklungsgegenstand) eher kausal oder eher komplex ist und
- ob der Kontext, in dem das System operiert und der Anforderungen stellt, eher stabil oder eher dynamisch ist.

Anforderungen und Kontext

Als Grund, warum traditionelle Entwicklungsmodelle immer seltener erfolgreich anwendbar sind, wird gemeinhin die gestiegene Komplexität und Dynamik des Umfeldes genannt:

- Im Bereich der Softwareentwicklung kamen die herkömmlichen Wasserfall-orientierten Vorgehensmodelle seit den 1990er Jahren immer spürbarer an ihre Grenzen. Das Umfeld entwickelte sich schneller und unvorhersehbarer, als die Entwicklungsprojekte dies mit ihren Vorgehensmodellen handhaben konnten (➡Seite 204, Entwicklungsgeschichte).
- Seit Anfang der 2000er Jahre ist auch das Umfeld von Unternehmen selbst komplexer geworden (Stichwort VUCA, vgl. ➡Seite 6), womit wiederum traditionelle Führungs- und Organisationsmodelle immer weniger klarkommen.

Für die hier gezeigte Grafik bedeutet dies, dass es zu einer Verschiebung von unten nach oben gekommen ist.

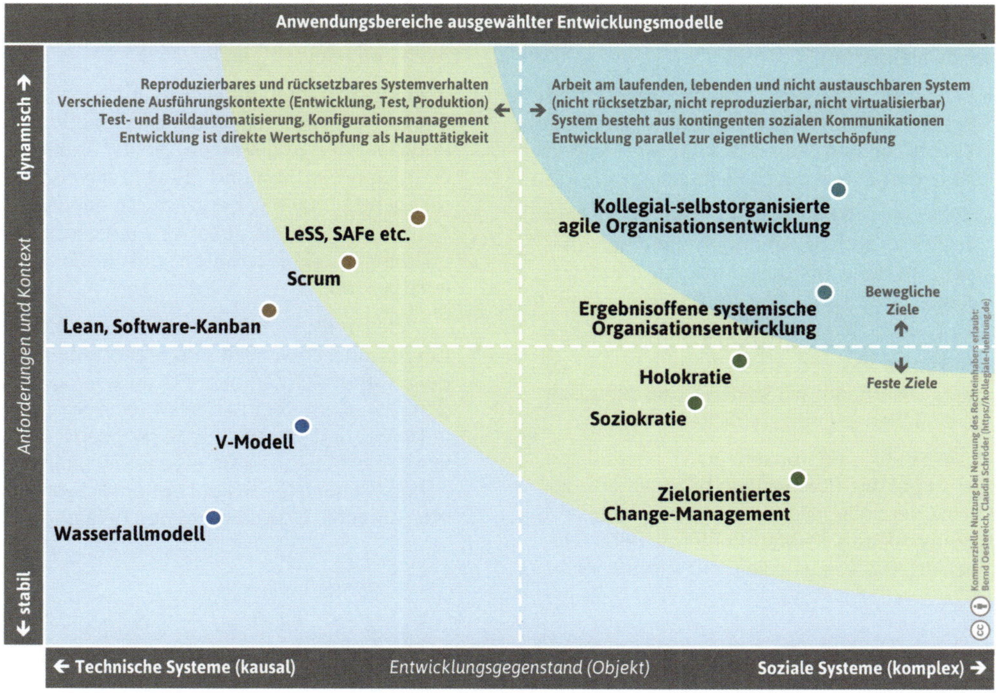

Entwicklungsgegenstand

Es gibt aber noch einen weiteren interessanten Aspekt, der in der Grafik durch die andere Achse repräsentiert wird. Hier liegt der Fokus nicht auf der Umgebung des Systems, sondern auf dem zu entwickelnden System selbst:

- Handelt es sich um ein technisches System, dass sich kausal und reproduzierbar verhält, wie dies bei Software- und Hardwaresystemen gewöhnlich der Fall ist?
- Oder handelt es sich um ein soziales und damit komplexes System, wie bei Teams und Organisationen?

Wenn der Bearbeitungsgegenstand (also das Objekt) einer Entwicklungsmethode komplex ist (ein soziales System), brauchen wir ganz andere Methoden, als wenn er einfach oder kompliziert ist (wie bei einem technischen System).

Beachtenswert ist nunmehr, dass Entwicklungsmethoden wie Scrum zwar für einen dynamischen Entwicklungskontext passend sind, weniger aber zur Entwicklung sozialer Systeme. Das liegt an der Herkunft aus dem Bereich der Softwareentwicklung, mit einem reproduzierbaren und rücksetzbaren Systemverhalten, unterschiedlichen Ausführungskontexten (getrennte Entwicklungs-, Test- und Produktionsumgebungen), Test- und Buildautomatisierung, Konfigurationsmanagement und vielem mehr (➡Seite 208).

Die genauen Positionen der verschiedenen Modelle in der Matrix sind vermutlich auch etwas anders vorstellbar – uns geht es hier mehr um grundsätzliche Unterscheidungen. Weitere Informationen zur Positionierung siehe ➡Seiten 208, 218 und 221.

Unsere Einflüsse und Quellen

Das in diesem Buch erklärte Modell mit seinen zahlreichen Prinzipien, Konzepten und Praktiken hat viele Mütter und Väter. Es ist eine Synthese ganz unterschiedlicher, sich aber ergänzender Ansätze. Einige sind viele Jahrzehnte alt, andere sind erst in jüngerer Zeit bekannt oder relevant geworden.

Wir haben uns bemüht, alle unsere Quellen und Einflüsse zu identifizieren und zu benennen. Das ist manchmal gar nicht so einfach, weil eine bestimmte Lektüre beispielsweise schon lange zurückliegt oder uns eine Idee auch nur indirekt oder aus unklarer Sekundärliteratur bekannt ist.

Ebenso haben wir versucht zu verstehen, von wem sich diese wiederum haben beeinflussen lassen.

Die dargestellten historischen Einflüsse zwischen den Ansätzen und Schulen entsprechen unserem aktuellen Verständnis. Sie sind teilweise durch Primär- und Sekundärliteratur gut belegt, manchmal aber auch nur (inhaltlich) naheliegend und etwas spekulativ. Und mancher Autor versteckt seine Quellen gut oder verschweigt sie gar.

Bei mancher Quelle handelt es sich um eine ganz konkrete Publikation mit einem eindeutigen Erscheinungszeitpunkt. Ab und zu sind es auch eher Entwicklungsabschnitte oder gar Lebenswerke, die sich zeitlich auch anders zuordnen ließen.

Die nebenstehende Grafik enthält folgende Elemente:

- Bekannte Theorien, Ansätze, Ideen und Schulen, die zumeist mit einer Person oder einem kleinen Personenkreis verbunden sind (dargestellt durch Rechtecke).
- Bekannte, naheliegende oder vermutete Einflüsse und Beziehungen zwischen diesen Ansätzen (dargestellt durch dünne Linien).
- Spezifische Konzepte und Ideen aus diesen Ansätzen (notiert in den Anmerkungen zu den Linien), die wir konkret und praktisch (versuchen zu) nutzen (dicke Linien).

Die Grafik zeigt unsere ganz persönliche und subjektive Perspektive, bezogen auf das Thema der kollegialen und agilen Organisationsentwicklung. Insofern fehlen sicherlich einige Ansätze, weil wir sie nicht kennen, nicht verstanden haben oder weil wir sie für weniger themenrelevant oder gar kontraproduktiv halten.

Einige Ansätze nennen und kennen wir, weil sie bekannt sind, nutzen sie aber – warum auch immer – in unserer Praxis und Theorie zu wenig. Für andere mögen sie gleichwohl hilfreich und relevant sein.

Ebenso arbeiten parallel zu uns auch Kolleginnen an anderen Modellen, Methoden, Publikationen und Marken, die auf ähnlichen Einflüssen beruhen und die wir teilweise berücksichtigt haben. Dennoch ist der Zweck der Grafik nicht, die agile Welt umfassend zu erklären, sondern lediglich, unsere Einflüsse aufzuzeigen.

Vieles in diesem Buch haben wir selbst erfunden und entwickelt und vieles haben wir bei unseren Kunden oder bei anderen gefunden. Vor allem aber haben wir eine Synthese gebildet und verschiedene Konzepte (re-)kombiniert. Zu unserem eigenen Verständnis haben wir auch Ideen konzeptionell geordnet oder sprachlich geklärt und neu gefasst.

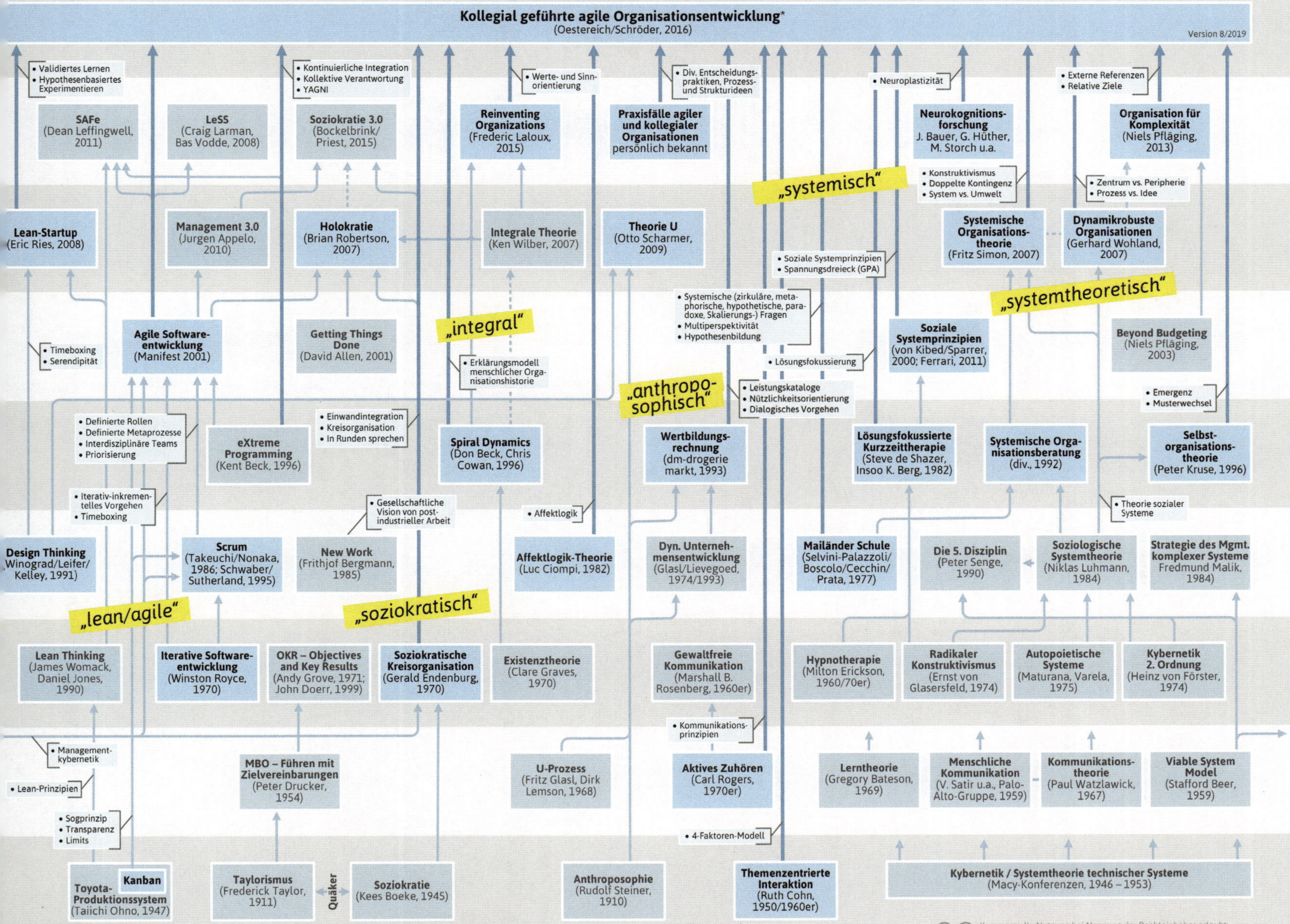

eser Grafik beschreiben wir, welche Ideen uns maßgeblich inspiriert haben und von uns in das Modell der kollegial geführten agilen Organisationsentwicklung integriert wurden (dicke Linien).
tierten Einflüsse zwischen den übrigen Autoren (dünne Linien) stellen lediglich unser subjektives Verständnis im Kontext unseres Anliegens dar.

Teil 1

Teil 1: Basiskomponenten agiler Organisationsentwicklung

Welche Komponenten müssen unserer Erfahrung nach mindestens zusammenkommen, um eine belastbare agile Organisationsentwicklung in einer Organisation aufzubauen und nachhaltig zu verankern? Worauf kommt es wirklich an?

1. Ein kleinschrittiges erprobendes Herantasten
mit übergangsweiser oder dauerhafter Koexistenz zu den bestehenden Führungssystemen – anstelle einer abrupten und kompletten Ablösung.

2. Eine kollegial verteilte und ziehende Führung,
also Führungsarbeit nach dem Sogprinzip – statt von oben nach dem Push-Prinzip vorgegebene Change-Maßnahmen.

3. Struktur- und Prozesssicherheit:
Klare äußere Rahmenbedingungen, was kollegial gestaltbar ist. Konkrete Struktur- und Prozessvorschläge zum Start der Selbstorganisation – statt Selbstüberlassung.

Eine professionelle systemisch-integrale Haltung
der externen Organisationsbegleiter und die Bereitschaft der Auftraggeberin, diese zu adaptieren.

Wohin? Ein Paradigmenwechsel

Traditionelle Veränderungsprozesse und Change-Projekte werden der zunehmend komplexeren und dynamischeren Welt nicht mehr gerecht. Das kollegiale Führungskonzept geht deswegen ganz neue Wege im Sinne eines Musterwechsels (➡Seite 137).

Weil die Komplexität weiter steigen und nicht wieder zurückgehen wird, gehen wir aktuell von einem Paradigmenwechsel aus. Das hier vorgestellte Vorgehen markiert dabei eher den Anfang als das Ende einer Entwicklung. Die Entwicklung selbst als kurzfristige Modeerscheinung abzutun wäre aber fahrlässig.

Evolutionär mit revolutionärer Wirkung

Es handelt sich um ein evolutionäres Vorgehen mit revolutionären Auswirkungen. Wir versetzen Unternehmen in die Lage, Führung in kleinen Schritten flexibel neu zu organisieren und sich dabei an den Gegebenheiten und Bedürfnissen der Organisation und ihrer Mitglieder zu orientieren, anstatt auf einmal den großen Hebel umzulegen und die vergangene Welt komplett abzuschaffen.

Dabei entsteht parallel zur alten Organisation erprobend und lernend ein neues System. Der Veränderungsprozess wird primär durch die Mitarbeiterschaft in Form kontinuierlichen Ausprobierens im eigenen Lerntempo während ihrer Arbeitszeit vollbracht. Beraterinnen begleiten punktuell bei auftauchenden Bedarfen fachlich und prozessorientiert und verstehen sich als kollegiale Lernbegleiterinnen.

Paradigma

Ein Paradigma ist die Gesamtheit von Grundauffassungen, die für einen bestimmten Zeitabschnitt maßgeblich das allgemeine Weltbild prägen.

Unterschiede zu traditionellen zielorientierten Change-Prozessen:

- Das Altsystem bleibt bestehen, während parallel ein geschütztes neues System erprobt und aufgebaut wird. Wir versuchen nicht, das bestehende System von innen heraus zu reformieren, sondern beobachten, ob das neue parallel erbaute attraktiv genug wird, das alte abzulösen.
- Alle Veränderungen sind komplett von der jeweils betroffenen Mitarbeiterschaft eigenverantwortlich zu leisten. Sie bestimmen auch Inhalt und Tempo der Veränderungen.
- Dabei fungieren externe Beraterinnen als punktuelle Lernbegleiterinnen auf fachlicher und prozessualer Ebene (➡Seite 220).
- Sie leiten den Start in einen kontinuierlichen Veränderungsprozess durch kleinteiliges Ausprobieren mit *anschließender* Überführung in belastbare neue Strukturen an.
- Die neue Führungskultur zahlt auf die Anpassungsfähigkeit des Unternehmens ein. Arbeitsverdichtungen, Effizienz- und Gewinnsteigerungen sind kein Ziel. Gleichwohl steigt meistens die Effizienz, weil wertvollere Arbeit getan wird und unsinnige entfällt.
- Die beteiligten Personen durchlaufen einen steten kommunikativen Reifungsprozess.

Vom Problem zum Ausprobieren

Anstatt langatmig theoretisch zu diskutieren, wie etwas sein könnte, wenn man es tun würde, geht es um das zügige Ausprobieren. Erst danach wird entschieden, ob die neue Art zu arbeiten, zu handeln und zu entscheiden beibehalten werden soll oder nicht. Die Mitarbeiterschaft kann bedarfsweise zur vorherigen Praxis zurückkehren und wieder auf die alten Handlungsweisen aufsetzen.

Wir umgehen damit die in der Arbeitswelt eingespielten problemorientierten Denkprozesse, die meist nur Denkhürden, Sorgen und Ängste in den Köpfen der Anwesenden reproduzieren. Stattdessen öffnen wir Möglichkeiten, sodass Menschen mutig, lustvoll und zuversichtlich ins Tun kommen, um eine Veränderung zu erfahren. Wir machen Entwicklungen spürbar, um sie danach zu besprechen, zu reflektieren und zu neuen belastbaren Erkenntnissen zu gelangen.

Stets geht es darum, Unterschiede festzustellen, im Sinne von „Aha, so könnte ich das also gestalten und so fühlt es sich dann für mich und die Gruppe an“. Natürlich läuft es beim ersten Mal nicht gleich zufriedenstellend. Wie bei allem, was wir lernen, verbessern wir uns durch häufiges Anwenden, Verinnerlichen, Tun.

Menschen scheinen sich von dieser Vorgehensweise ganzheitlicher angesprochen zu fühlen. Sie setzen ganz automatisch all ihre geistigen und körperlichen Fähigkeiten ein – was wir im privaten Umfeld, ohne überhaupt nachzudenken, ständig tun. Sach- und Beziehungsebene werden gleichermaßen individuell als auch als Gruppenerlebnis angesprochen und genutzt.

Das neue Führungs- und Organisationssystem wird iterativ reflektiert, verbessert und erweitert, bis es möglicherweise auch das gesamte alte System ablösen kann, was aber nicht zwingend notwendig ist.

Voraussetzungen für diese Vorgehensweise sind ein wirtschaftlich gesundes Unternehmen und verlässliche Entscheiderinnen und Sponsorinnen, die den Willen, den Mut und das Durchhaltevermögen haben, einen kontinuierlichen Reifungsprozess zu starten, beizubehalten, und sich selbst ebenfalls demütig als Lernende begreifen. Dies ist nur möglich, wenn wir in Beziehung zueinander gehen und uns in einer Haltung des Nicht-Wissens gemeinsam den Problemen nähern und gemeinsam miteinander lernen.

Vöchentliches Company-Board-Treffen

ieses Bild zeigt Mitarbeiterinnen aus drei Wert-chöpfungskreisen eines Geschäftsbereiches, die inmal pro Woche für ca. 20 Minuten vor ihrem emeinsamen Company-Board (Führungsmonitor) tehen und die aktuelle Führungsarbeit klären.

Grundlage: Professionelle systemisch-integrale Haltung

Eine professionelle systemisch-integrale Haltung ist eine Basiskomponente agiler Organisationsentwicklung. Was für uns eine professionelle Haltung ausmacht und auf welchen elementaren Einsichten, Prinzipien, Theorien und Werten eine systemisch-integrale Haltung beruht, erläutern wir in diesem Kapitel.

Was ist eine professionelle Haltung und welche Bedeutung hat sie?

Eine Haltung ist ein grundlegender, aus Werten, Einsichten, Denk- und Gefühlsmustern bestehender, innerer Haltepunkt (eine Überzeugung) zu einer Angelegenheit, der unser Verhalten leitet.

Eine Haltung ist also nicht allein eine Überzeugung, ein Glaubenssatz oder eine Einstellung – sie wird im individuellen Lebensvollzug, also in den Handlungen, Zielsetzungen, Aussagen und Urteilen eines Menschen auch beobachtbar.

Eine professionelle Haltung basiert zudem auf der kontinuierlichen Übung und Reflexion des eigenen Könnens im beruflichen Kontext und ist damit auch Teil der professionellen Persönlichkeitsbildung.

In unterschiedlichen Kontexten haben wir möglicherweise verschiedene Haltungen, denn sie basieren immer auch auf der Wechselwirkung und den Bezügen zu anderen und der Welt. Wegen dieser Wechselwirkung und Kontextabhängigkeit ist Haltung nichts Statisches, sondern etwas immer wieder zu Übendes, Erprobendes, Gestaltendes und Reflektierendes.

Haltungen werden kultiviert: Obwohl Haltungen auf Überzeugungen, Modellen, Theorien basieren, zeigen sie sich immer praktisch, im Verhalten, in der Umsetzung, im Wie. Eine Haltung ist eine Brücke von verinnerlichter Theorie und Gefühlsmustern auf der einen Seite zur Praxis und zum Können auf der anderen Seite.

„Eine Haltung zu haben bedeutet für mich, aus einer Grundüberzeugung heraus zu handeln, die die ganze Person umfasst, also ihren Körper, ihren Geist und ihre Gefühle." (Christiane Woopen in [Josten 2017]).

„Haltung bestimmt unser Verhalten, wichtiger ist aber wohl, dass sie in Halt gründen muss, also einen Haltepunkt haben muss, um fest und klar sein zu können." (Hans-Peter Lauffs in [Josten 2017])

Haltungen können wir auch gemeinsam kultivieren, indem wir uns über grundlegende Werte, Theorien und Einsichten verständigen und sie gemeinsam einüben. Dies ist vor allem für den professionellen Bereich interessant und ein bekanntes Beispiel ist die systemische Coaching-Haltung.

Eine Haltung ist erlernbar als praktische Verknüpfung von Theorie und Übung. Weil es nicht allein um abrufbares Wissen geht, sondern um den Aufbau von Denk-, Gefühls- und Reaktionsmustern, also von neuronalen Mustern und Verknüpfungen in unserem Gehirn, brauchen wir Wiederholungen und viel Übung. Mit jedem Mal fällt es uns dann leichter, uns in bestimmter Weise zu verhalten.

Darum dauert eine gute systemische Coaching-Ausbildung mindestens ein Jahr, sie ist anwendungsorientiert und besteht aus Übung, Übung, Übung.

In diesem beschriebenen Sinne ist eine professionelle systemisch-integrale Haltung eine Basiskomponente agiler Organisationsentwicklung. Auf welchen Einsichten, Prinzipien, Theorien und Werten sie beruht und was wir unter integral verstehen, vertiefen wir im Folgenden.

Man muss Werte haben, um sie zu realisieren.

Fritz B. Simon

In einer frühen Phase kann eine Organisation in einem Workshop gemeinsam erste Werte und Prinzipien bestimmen und beispielsweise folgende Fragen bearbeiten:

- Welche Werte sind uns wichtig?
- Was bedeuten sie für uns?
- Was machen wir dafür?

Weiterführendes

➡22 Was ist systemisches Denken?
Was ist integrales Denken?

Haltung ist das, was man gerne hätte, wenn nicht dauernd Opportunismus, Pragmatismus und Kapitalismus dazwischenkämen.

Husch Josten [Josten 2017]

Weiterführendes

➡190 Kulturbildende Momente
➡54 Motivation und Rahmenbedingungen der Inhaber
➡19 Denkstrukturen

Die professionelle Haltung der externen Organisationsbegleiterin

Die Auftraggeberin und die Organisationsmitglieder verfügen noch nicht über die gewünschte Haltung, sonst bräuchten sie unsere Unterstützung als externe Prozessbegleiterin und Fachberaterin nicht. Eine neue Haltung ist das Ergebnis, nicht die Voraussetzung für eine agile Organisationsentwicklung.

Die Organisationsmitglieder verfügen zu Beginn des Adaptionsprozesses vielleicht über Wissen und Gefühle zu agilen und kollegialen Werten und möglicherweise auch über einzelne Erfahrungen. Eine Haltung in dem Sinne, dass bestimmte Werte, Einsichten, Denk- und Gefühlsmuster den Beteiligten Halt geben und sicher und belastbar handlungsleitend sind, haben sie jedoch noch nicht.

Neben der Einführung von agilen und kollegialen Praktiken, Werkzeugen, Prozess- und Strukturideen (also der Mechanik agiler Organisationsentwicklung) besteht unsere Aufgabe vor allem darin, diese Haltung im realen Organisationskontext übbar (trainierbar) zu machen und mit großer Klarheit zu demonstrieren (➡Seite 190, kulturbildende Momente).

Wir können keine systemisch-integrale Haltung bei den Organisationsmitgliedern und Auftraggeberinnen voraussetzen. Sie lässt sich auch nur ansatzweise rein theoretisch vermitteln und ist praktisch einzuüben, und zwar im relevanten Kontext, also im realen Organisationsalltag. Abstrakte (Sandkasten-)Übungen in einem Schulungskontext sind nicht gleichwertig.

Haltungen beinhalten auch Glaubenssätze und Überzeugungen. Welche im Kontext agiler Organisationsentwicklung relevant sind, erläutern die folgenden Seiten. In der Arbeit mit Organisationen werden wir zuweilen auch auf andere und unpassende Denkmodelle treffen. Das betrifft vor allem das Menschen- und Organisationsbild, weswegen wir dieses Thema auf den folgenden Seiten vertiefen.

Bereitschaft, neue Haltungen einzuüben

Eine gute Arbeitsbasis ist vorhanden, soweit die prinzipielle Bereitschaft existiert, neue Haltungen einzuüben und es anschlussfähig ist, neue Überzeugungen und Annahmen probeweise zu denken und handlungsleitend verwenden zu wollen.

Viele systemische und agile Annahmen und Theorien, beispielsweise der Konstruktivismus, die fehlende Instruierbarkeit von psychischen Systemen (Menschen, Mitarbeitern) und sozialen Systemen (Organisationen), die Notwendigkeit empirischen Vorgehens usw., sind gerade populär und weitgehend anschlussfähig. Nichtsdestotrotz sind sie ungewohnt und eben noch nicht so tief verankert, dass sie in belastbarer Weise handlungsleitend innerhalb einer Organisation sind.

Manchmal existieren jedoch zur agilen, systemischen und integralen Haltung widersprüchliche oder starre Haltungen beim Auftraggeber. Nehmen wir einen agilen Organisationsentwicklungsauftrag an, wenn die Auftraggeberin ihre (nicht agile, nicht systemische) Haltung reproduziert haben möchte? Wenn beispielsweise die Anpassungsfähigkeit erhöht werden soll, aber keine Bereitschaft spürbar ist, die dafür nötigen Spielräume zu ermöglichen – weil dies Gewinn- und Leistungskennzahlen beeinflusst? Ohne die passenden Rahmenbedingungen und Haltungen seitens der Auftraggeberschaft kann eine agile Organisationsentwicklung auch sinnlos werden.

Orientierungspunkte

Das primäre Ziel einer agilen Organisationsentwicklung ist die Erhöhung der Anpassungsfähigkeit der Organisation an das komplexe und dynamische Umfeld, was fast immer auch, zumindest vorübergehend, die Effizienz und Produktivität negativ beeinflusst. Sofern dies nicht möglich oder nicht verkraftbar ist, ist die Einführung agiler Organisationsentwicklung nicht sinnvoll. Dieses Spannungsfeld vertiefen wir im Abschnitt über Motivation und Rahmenbedingungen der Inhaber (➡Seite 54).

Entgegen den Wünschen, Erwartungen und Einladungen durch die Auftraggeber und Organisationsmitglieder: Nicht wir als externe Organisationsbegleiterinnen entwickeln die Organisation, sondern wir begleiten und unterstützen Organisationsmitglieder bei ihrer eigenen Entwicklungsarbeit durch Beratung und Coaching.

Außerdem orientieren wir uns konsequent stets am Nutzen für die Organisation, statt an der Macht, der Position oder den Interessen Einzelner, bspw. unserer Auftraggeberin.

Konstruktivismus

Konstruktivismus ist die Annahme, dass jeder von uns seine eigene Realität kreiert, dass wir nicht die eine selbe externe Wirklichkeit wahrnehmen und Objektivität nichts anderes als eine Übereinkunft zwischen uns ist.

Systemisches Menschenbild: Menschen verhalten sich sinnvoll

Menschen sind soziale und nur gemeinschaftlich überlebensfähige Wesen, weswegen wir ganz natürlich danach streben, uns in Gemeinschaften zu integrieren, wertvolle Beiträge für die Gemeinschaft zu erbringen, um dafür Anerkennung und Sicherheit zu erfahren.

Gleichzeitig sind Menschen komplexe Wesen mit Launen, Ängsten, eigenen Ideen, Trieben, Überzeugungen, Neigungen, Werten, selektierender Wahrnehmung und einer individuellen Realitätskonstruktion, weswegen sich unser Verhalten von außen nicht zuverlässig instruieren, steuern, vorhersagen oder erklären lässt.

Tayloristisches Menschenbild

Eine tayloristisch orientierte Führung basiert zumeist auf der Annahme, Menschen seien von Natur aus faul und deswegen anzutreiben und zu disziplinieren, beispielsweise mit Anweisungen, Appellen, Ver- und Geboten, Druck und Angstmacherei.

Für Unternehmen, die sich mitdenkende und eigenverantwortlich arbeitende Mitarbeiter wünschen, passt dieser Ansatz nicht.

Systemisches Menschenbild

Die systemische Organisationstheorie geht davon aus, dass Anweisungen und Appelle nicht geeignet sind, das Verhalten von Menschen vorhersehbar zu verändern. Versuche, das Verhalten von Menschen in Unternehmen gezielt ändern zu wollen, sie beispielsweise unternehmerischer oder eigenverantwortlicher machen zu wollen, scheitern sehr wahrscheinlich.

Die Annahme, überhaupt zielgerichtet und vorhersagbar Veränderungen in Menschen und Organisationen von außen gesteuert herbeiführen zu können, ist nicht hilfreich.

Extrinsische Anreize durch Belohnungssysteme, variable Gehaltsmodelle, Zielvereinbarungen bis hin zu psychischem Druck wirken oft kontraproduktiv – die Menschen tun doch nur, was sie jeweils selbst sinnvoll finden. Wenn sie ein vorgegebenes Ziel nicht sinnvoll finden, wird es durch Geldanreize nicht sinnvoller und der Weg dahin nicht leichter.

Selbstverständlich werden Organisationen durch extrinsische Anreize verändert – nur eben selten in der beabsichtigten Weise. Hauptsächlich wird Theater produziert und die Integrität der Menschen beschädigt.

Die Mitglieder beginnen, das erwartete Verhalten zu spielen, um eine Belohnung zu bekommen oder in Ruhe gelassen zu werden. Für den Taylorismus genügte das. Für dynamische und komplexe Umgebungen, die eigenverantwortliches Denken und Handeln aller Beteiligten erfordern, ist dies nicht nur unzureichend, sondern geradezu fahrlässig.

Eine systemisch-konstruktivistische Haltung bedeutet:

Jeder Mensch handelt aus seiner Sicht im jeweiligen Augenblick und Kontext sinnvoll.

Deswegen ist es zwecklos, ihn in eine bestimmte Richtung ändern zu wollen. Menschen sind beeinflussbar und abhängig von ihrer Umwelt – aber die jeweilige Entscheidung über ein Verhalten liegt immer beim Menschen selbst [Radatz 2008, S. 42].

Menschen sind nicht, sondern verhalten sich entsprechend des Systems, zu dem sie sich in einem Augenblick zugehörig fühlen. Jeder hat seine individuellen Fähigkeiten und Kommunikationspräferenzen, mit denen er sich situativ verhält und die er entwickeln kann. Das Verhalten von Menschen in Organisationen ist dabei mehr durch den Kontext und die Rahmenbedingungen beschränkt und beeinflusst, weniger durch vermeintliche Persönlichkeitseigenschaften.

Oberstes Gebot (Prime Directive)

„Ganz egal, was wir entdecken werden: Wir glauben zutiefst, dass jede(r) nach besten Kräften gearbeitet hat, wenn man den aktuellen Wissensstand, die Fähigkeiten und Fertigkeiten, die verfügbaren Ressourcen und die derzeitige Situation zugrunde legt."

Norman L. Kerth: *Project Retrospectives: A Handbook for Team Reviews*. Dorset House Publishing, 2001.

Neue Denkstrukturen

Die Denkstrukturen, die uns heute zur Verfügung stehen, sind im 16. und 17. Jahrhundert zur Zeit der Aufklärung und der Hinwendung zur Naturwissenschaft entstanden. Sie orientieren sich an den Erkenntnissen der Physik und bilden auch heute noch die Basis, wie wir Dinge angehen.

Eines der wichtigsten Grundprinzipien der modernen Naturwissenschaften ist das Prinzip der Objektivität. Wir halten nur für wirklich wahr und richtig, was irgendwie messbar und objektiv ist.

Diese Art zu denken wirkt sich auf unsere Realitätskonstruktion, unsere Handlungen und Gefühle aus. Unser Verhalten und unsere Sprache sind ganz selbstverständlich naturwissenschaftlich geprägt. Objektiv zu bleiben gibt uns ein Gefühl der Sicherheit, etwas wirklich richtig zu wissen oder zu machen. Wir planen, messen, überprüfen und erhalten hierüber Orientierung. Statistiken der Vergangenheit helfen uns dabei, Annahmen für die Zukunft abzuleiten. Die wird für uns dadurch gleich ein wenig sicherer und vorhersehbarer.

Diese Herangehensweise begrenzt uns jedoch in komplexen Umfeldern und bringt uns dort nicht weiter. Wir benötigen in komplexen Kontexten eine andere Qualität des Denkens, mit der wir unsere bisherigen Denkstrukturen infrage stellen können, um zu neuen und passenderen Handlungen zu kommen. Darüber wurde bereits viel publiziert, ganze Regalmeter füllen Texte über Fehlerkultur, vernetztes Denken etc.

Dennoch sind unsere Kommunikationen untereinander immer noch davon geprägt, recht zu haben oder etwas zu beweisen, anstatt den Fokus dem Möglichen zuzuwenden und nach Neuem zu forschen.

Denkstrukturen entstehen durch Sinneseindrücke und durch jegliche Form von Erfahrung: physisch, psychisch, intellektuell und spirituell. Nur einen kleinen Teil davon bilden wir individuell.

Du glaubst Deine eigenen Gedanken zu denken

– doch Du denkst die Gedanken Deiner Kultur.

Gregory Bateson

Unsere Denkstrukturen zeigen sich in unseren Kommunikationen durch Sprache, Gestik, Mimik etc., ohne dass uns dies immer bewusst wird. Dabei ordnet unser Verstand vor und erzeugt Grundstrukturen unserer Wahrnehmung. Diese werden als Erinnerungsbilder abgespeichert.

Dieser Vorgang erleichtert uns, schnell Zusammenhänge aufgrund unseres vorhandenen Erfahrungswissens herzustellen – eine Gabe, die uns hilft, uns schnell in komplexen Situationen zurechtzufinden. Innerhalb unseres Lebens entsteht so ein Speicher an vielfältigen Bildern, die immer wieder durch unseren Verstand abgerufen werden. Was wir als Wirklichkeit wahrnehmen, entspringt unserer Vorstellungskraft aus gespeicherten Erinnerungen. Wir erleben dadurch die Welt auf die immer gleiche Weise und wir gehen dadurch die Fragestellungen dieser Welt eben auch auf immer gleiche Weise an!

Wir sehen nur das was wir glauben.

Werner Heisenberg

Die interessante Frage ist nun: Wenn wir bislang die Welt in immer gleichen Denkstrukturen erlebt haben, welche Möglichkeiten stehen uns überhaupt zur Verfügung, Neues zu denken und zu erfahren? Was können wir aktiv und willentlich tun, um neue Denkstrukturen zu entwickeln? Einige Ideen finden Sie in der Randspalte.

Neue Denkstrukturen entwickeln

Hinterfragen Sie mehr, insbesondere anscheinend unsinnige Handlungen und Denkweisen. Geben Sie sich nicht zufrieden mit dem, was anscheinend normal ist oder schon immer so gemacht wurde, und stellen Sie beharrlich Fragen nach dem Wofür.

Beginnen Sie zu **intuieren und zu ahnen.** Halten Sie Paradoxien und Überlagerungen mit einer Haltung des Nicht-Wissen-Könnens aus. Diese Form der Aufmerksamkeit behält das Ganze im Blick.

Reflektieren Sie (allein oder mit anderen). „Wir beginnen uns zu verändern, wenn wir beginnen zu reflektieren", sagt Humberto Maturana. Es ist wichtig, scheinbar Selbstverständliches und vor allem sich selbst immer wieder zu hinterfragen, um blinde Flecken und eingefahrene Denkstrukturen zu verlassen. So können wir unsere individuellen Denkstrukturen bilden.

Werden Sie **neugierig** und **unkonventionell.** Unkonventionelle Charaktere haben den Vorteil, weniger stark mit den kollektiven Denkstrukturen und dem bestimmenden Weltbild verbunden zu sein. Dadurch sind Sie eher in der Lage, individuelle Gedankenformen und Denkstrukturen zu bilden. Ein gutes Beispiel hierfür ist der Anthropologe und Sozialwissenschaftler Gregory Bateson.

Weiterführendes

➡ Joachim Bauer: *Selbststeuerung: Die Wiederentdeckung des freien Willens.* Karl Blessing Verlag, 2015.

➡ Neurowissenschaft, Gregory Bateson, Hans-Peter Dürr, Natalie Knapp, Werner Heisenberg, Humberto Maturana.

Systemisches Organisationsbild: Das System ändern, nicht die Menschen

Anstatt das Verhalten von Menschen zielgerichtet anpassen zu wollen, schaffen wir neue Kommunikationspraktiken, -prozesse und -strukturen, die es den Menschen besser ermöglichen, sich passend zu verhalten.

Die Anerkennung der Integrität der Organisationsmitglieder gehört zum Grundprinzip agiler Organisationsentwicklung. Menschen sind komplexe und soziale Wesen mit einer Psyche. Wir gehen davon aus, dass sie im Kontext ihrer persönlichen Realitätskonstruktionen, Wahrnehmungen, Überzeugungen, Erfahrungen, Fähigkeiten und Möglichkeiten in irgendeiner Weise sinnvoll und sozial handeln, auch wenn ihr beobachtbares Verhalten uns anders erscheint.

Wir verzichten in unserem Modell der Organisationsentwicklung daher auch auf Werkzeuge und Anregungen, die primär dazu verwendet werden, das Verhalten von Menschen instruieren zu wollen.

Stattdessen bevorzugen wir solche, die Menschen und ihre Organisationen anregen, sich selbst reflektierend zu entwickeln. Diese Eigenschaft steckt in der Delegationsmatrix (➡Seite 56), in der Kontextbrücke (➡Seite 58), im Führungsmonitor (➡Seite 88), in Retrospektiven (➡102), in Entscheidungsverfahren (➡Seite 146) ebenso wie in der kontinuierlichen Lernbegleitung (➡Seite 166) usw.

Emergente Kulturentwicklung

Ebenso verzichten wir darauf, die Kultur einer Organisation zielgerichtet ändern zu wollen. Kultur ist, wie ein Schatten, das charakteristische Ergebnis eines Verhaltens und nicht dessen Ursache. Kultur lässt sich nur mittelbar beeinflussen.

Die Kultur einer Organisation zeigt sich im Verhalten und in den Kommunikationen einer Organisation – wobei wir den Begriff Kommunikationen weit fassen und auch Äußerlichkeiten wie die Beschaffenheit des Büros und der Arbeitsmittel einschließen.

Sobald wir eine Organisation nach anderen Prinzipien führen und organisieren und andere Prozesse, Strukturen, Werkzeuge und Äußerlichkeiten verwenden, verändert sich automatisch auch die Kultur einer Organisation.

Der Mensch als kooperierendes Wesen

An sich sind Menschen aufgrund ihres freien Willens autonome, soziale und kooperierende Wesen [Bauer 2015] und verfügen somit über eine Wahlfreiheit in Bezug auf ihr Handeln, sofern sie nicht unter bestimmten Zwängen und Nöten leben müssen. Diese Wahlfreiheit und Autonomie ordnen wir einer Gruppe im Sinne einer Kooperation freiwillig unter, sobald wir uns dieser zugehörig fühlen. Denn erst Kooperationen ermöglichen es uns als Mensch, unsere Wirkungsweise zu erhöhen und arbeitsteilig unsere unterschiedlichen Bedürfnisse zu erfüllen.

Lösungsorientiertes Vorgehen

Mit welcher Haltung versuchen wir, Veränderungen in einer Organisation zu bewirken?

Folgende Prinzipien leiten uns:

- Wir lenken unsere Aufmerksamkeit so viel wie möglich auf Lösungen, Möglichkeiten und Gelegenheiten und so wenig wie nötig auf Probleme, Defizite oder Mängel – oder versuchen (wie beim Design Thinking, ➡ Seite 213), ein lösungsattraktives Problem zu finden.
- Wir versuchen, eher neue Verhaltensweisen zu ermöglichen als bestehende zu verhindern.
- Wir probieren einfach in einem überschaubaren Rahmen etwas aus, statt zu spekulieren oder uns vermeintlich abzusichern, welche Wirkung oder welchen Nutzen unsere Entscheidungen und Handlungen haben werden.
- Wir würdigen das, was ist und wie es dazu gekommen ist. Wir versuchen, wertschätzend die Zweckmäßigkeit bestehender Widrigkeiten zu verstehen, statt sie nur als Last zu betrachten.
- Wir arbeiten mit Unterstützern statt gegen Widerstände und Vorbehalte.
- Wir streben nach vielfältigen Perspektiven, statt zu verallgemeinern.
- Wir vertrauen den Organisationsmitgliedern mit einer gewissen Gelassenheit und geben einen Vertrauensvorschuss.
- Wir probieren neue Unterscheidungen und Erklärungen für Vergangenes aus.

Organisationen bauen sich ständig die passende Vergangenheit. Sie beobachten das Gestern immer mit den Augen von heute.

Joana Krizanits

Die Dominanz der Arbeitswelt

Der Taylorismus hat in den letzten 100 Jahren maßgeblich unser Denken, Sprechen und Handeln beeinflusst. Wir wurden mit ganz bestimmten Bildern, Begriffen und Überzeugungen sozialisiert.

Im Arbeitskontext finden wir viele mechanistische Bilder vor, beispielsweise der Mensch als Kostenträger oder Ressource. Und eine verbreitete Überzeugung ist, man könne in Unternehmen nur sachbezogen arbeiten und Gefühle sollten am Firmeneingang zurückbleiben. Viele finden es eher beschämend, sich am Arbeitsplatz emotional zu zeigen.

Ziel unserer schulischen Sozialisation ist es nach wie vor, junge Menschen auf den Arbeitsmarkt statt auf das Leben vorzubereiten. Im Fokus stehen dabei wirtschaftliche Interessen des Marktes. Weiter sind wir davon geprägt, ein sicheres Berufsbild zu verfolgen, das möglichst lange in der Zukunft nachgefragt werden wird.

Dennoch verfolgen Menschen im Arbeitskontext mittlerweile sehr unterschiedliche Bedürfnisse. Für die einen ist es notwendige Existenzsicherung, während andere sich dort verwirklichen wollen. Wieder andere unterscheiden kaum noch zwischen Berufs- und Privatleben.

Besonders für Menschen in der westlichen Kultur, die wenig unter wirtschaftlichen Zwängen oder Nöten leiden müssen, bietet die aktuelle New-Work-Bewegung einen großen Raum für Projektionen und Erwartungen zu individueller Wirksamkeit und Sinn. Um besser Mitarbeiterinnen zu finden, bieten immer mehr Unternehmen dazu passende neue Arbeitsformen und Erlebnisräume an.

Systemisch-integrales Wertesystem: Von der Mangelüberwindung zur Nutzung der Reichhaltigkeit

Worum geht es?

Kern des Begriffes *systemisch* ist die Berücksichtigung der dynamischen Wechselwirkungen der Bestandteile eines Systems. Das systemische Denken basiert dabei wesentlich auf der Anwendung von Unterscheidungen wie beispielsweise der von System und Umwelt oder auf typische systemische Fragen (➡Seite 256).

Das *integrale* Denken versucht, Trennungen zu überwinden und das Ganze wiederherzustellen, bspw. durch ein Gewahrsein von Paradoxien. Die integrale Theorie überwindet die Trennung von rationalen, emotionalen und intuitiven Erkenntnisweisen und die Zersplitterung der verschiedenen Wissensdisziplinen und bezieht auch Geistiges, Mystisches und Spirituelles ein.

Dass die Welt aus trennbaren Wissenschaften besteht ist ein Mindset.

Nora Bateson

Einflüsse und Herkunft

Wichtige Impulse zum integralen Denken kamen Anfang der 1900er Jahre aus der Quantenphysik, deren Vertreter neue Sichtweisen, Erklärungsmodelle und Haltungen einforderten oder formulierten. Der bis dahin dominierende mechanistisch-reduktionistische Ansatz reichte nicht mehr aus, um den Welle-Teilchen-Dualismus, die Nichtdeterminiertheit von physikalischen Vorgängen, deren unvermeidliche Beeinflussung durch die Beobachtung u. Ä. zu erklären.

Wichtige, das integrale Denken prägende Personen sind Jean Gebser (Konzept des integralen Bewusstseins), Clare Graves (Existenztheorie), Don Beck (Spiral Dynamics) und Ken Wilber (Integrale Theorie).

Wertesysteme

Integrale Modelle beschreiben und unterscheiden bestimmte Wertesysteme (➡Seite 197). Diese Wertesysteme zeigen eine langfristige Entwicklungstendenz hin zu einer ständig wachsenden Komplexität und mehr Mitgefühl.

In allen Wertesystemen geht es um die Herstellung von Sicherheit und um das Überleben der Individuen und der Gemeinschaften. Während die ersten sechs Wertesysteme in Spiral Dynamics (➡Seite 197) von Beige bis Grün (1. Ordnungsebene) durch die Überwindung von Mangel und einer Weg-von-Bewegung geprägt sind, sind die nachfolgenden Wertesysteme Gelb und Türkis (2. Ordnungsebene) durch Fülle und Reichtum und einer Hin-zu-Bewegung charakterisiert. Der Kapitalismus, wie wir ihn bisher kennen, ist ein Wertesystem der ersten Ordnungsebene. Es geht darum, Kosten und Verluste zu vermeiden und zu kontrollieren.

Agile Organisationsentwicklung erfordert unseres Erachtens einen Kontext der zweiten Ordnungsebene (siehe das mit Spiral Dynamics ➡Seite 197 korrespondiere Farbschema der Komplexitätsmatrix auf ➡Seite 7). Zumindest basiert unser Modell agiler Organisationsentwicklung auf einem integralen Wertesystem mit einer Hin-zu-Bewegung. Die Anforderungen an die Anpassungsfähigkeit in einer komplexen und dynamischen Umwelt sind mit einem integralen Wertesystem einfacher zu erfüllen.

Auf der zweiten Ordnungsebene geht es nicht nur um das Überleben Einzelner und ihrer Gruppen, sondern auch um das Überleben und die Entwicklung des Lebens, von Ökosystemen und des Planeten an sich, also um die Menschheit, Tiere und Pflanzen. Im Kontext von Organisationen und Unternehmen sind somit auch die Wechselwirkungen und die Verbundenheit der sozialen Systeme mit ihrer Umgebung relevant.

Welchen Nutzen erzeugt eine Organisation für die Gesellschaft? Welchen Beitrag leistet sie für die Entwicklung der Gesellschaft und des Planeten?

Höherer evolutionärer Sinn

Die gelbe Ebene von Spiral Dynamics ist durch die technologische Entwicklung bedeutsamer geworden. Wir haben auf Basis des Internets ein globales System und eine Allverbundenheit erschaffen. Geräte, Menschen, Organisationen und Gesellschaften aller Art sind in vielfältigster Weise miteinander verbunden. Wir haben damit eine völlig neue Dimension von Komplexität und Dynamik erreicht, mit der auch Fragen der Verantwortung, des Gemeinwohls und Wechselwirkungen planetaren Ausmaßes ins Zentrum der Aufmerksamkeit geraten. Es zieht uns regelrecht ins Gelbe. Die Klimakatastrophe ist ein weiteres Beispiel.

Mit diesem Sog sind die auf Mangelüberwindung ausgerichteten Wertesysteme überfordert. Wir sehen die agile Organisationsentwicklung als Teil eines Wertesystems zweiter Ordnung, mit dem wir die vorhandenen Ressourcen benutzen, um eine integralere Zukunft zu kreieren. Deswegen ist die Klärung des Wozu, des Wohin und des höheren evolutionären Sinns für uns ein obligatorisches Element.

Weiterführendes

- ➡Jane Loevinger: *Ego Development: Conceptions and Theories*, Jossey Bass, 1987.
- ➡Jean Gebser: *Ursprung und Gegenwart*, 1953.
- ➡Clare Graves, Don Beck, Ken Wilber, Diane Musho Hamilton, Susanne Cook-Greuter, Elizabeth Debold, Anna Gamma, Annette Kaiser, Kerstin Tuschik, Claudine Villemot-Kienzle.
- ➡Richard David Precht: *Jäger, Hirten, Kritiker: Eine Utopie für die digitale Gesellschaft*, 2018.

Wie wollen wir leben?

Unsere Gesellschaft ist an der Wirtschaft ausgerichtet und ihr faktisch untergeordnet. Dabei existiert unser jetziges Wirtschafts- und Jobsystem erst seit knapp 200 Jahren, was in Anbetracht unserer Geschichte insgesamt recht unbedeutend ist.

Unternehmen haben mit ihren Entscheidungen einen besonderen Einfluss auf das Gemeinwohl und das Leben aller Lebewesen. Sie nehmen in der weltweiten Gemeinschaft heute eine machtvolle Position ein und dominieren das politische System.

Das ökonomische System beeinflusst politische Entscheidungen beispielsweise durch intransparenten Lobbyismus zu seinem eigenen wirtschaftlichen Nutzen. Viele Unternehmen haben weniger das Gemeinwohl im Blick, sondern die Interessen der Geldgeber, die in den seltensten Fällen eine inhaltliche oder emotionale Nähe zum Unternehmen haben.

Meist geht es um schnelle Effekte, Gewinnoptimierung, Wachstum, etc. Nur wenige Menschen profitieren davon. Unternehmen schädigen durch ihre auf Einzelinteressen basierenden Entscheidungen und die Reproduktion veralteten Wirtschaftsverhaltens zunehmend gesellschaftliche Interessen und verhindern einen konstruktiven Umgang mit den aktuellen globalen Herausforderungen.

Die Frage, wie wir leben und arbeiten möchten, welche Interessen wir unterstützen und verfolgen und wie weit wir uns am Gemeinwohl orientieren, wird auch durch die Möglichkeiten der Führung und Organisation in unseren Unternehmen bestimmt.

Der Outdoorbekleidungs-Hersteller Patagonia ist ein Beispiel für ein erfolgreiches gemeinwohlorientiertes Unternehmen.

Sinn und Zweck der Organisation

Der primäre Zweck eines Unternehmens ist es, einen Nutzen für Kunden (als Mitglieder einer Gesellschaft) zu erzeugen. Der sekundäre Zweck ist es, durch diesen Kundennutzen Inhabereinkommen (Ausschüttungen) und Mitarbeitereinkommen zu ermöglichen. Den Rahmen dafür gibt die Gesellschaft, also der Staat, mit ihrem Rechtssystem vor.

In den letzten Jahrzehnten haben sich viele Unternehmen dahin entwickelt, einseitig für die Inhaberinnen (Shareholder-Value) und systematisch gegen die Interessen der Gesellschaft, Mitarbeitenden, Kunden, Geschäftspartnerinnen und Natur zu agieren.

Sie reizen einerseits alle legalen Möglichkeiten des vorhandenen Rahmens aus (Steuervermeidung, politische Einflussnahme, Rechtsauslegung etc.). Sie provozieren und nutzen, dass Gesellschaften und Staaten ihnen nicht mehr auf Augenhöhe gegenübertreten (können). Sie zielen darauf ab, sich auch zukünftig vorrangig an den Interessen der Inhaber – statt am Gemeinwohl zu orientieren. Andererseits überschreiten sie auch schamlos vorhandene legale Grenzen, weil sie mögliche Sanktionen gut handhaben und verkraften können.

Die rein kapitalistische Perspektive auf Unternehmen zielt ausschließlich auf Gewinnmaximierung ab. Der Gewinn ergibt sich dabei (vereinfacht ausgedrückt) aus der Differenz zwischen Umsatz und den Sach- und Personalkosten.

Unternehmen und Inhaber, denen die Bereitschaft und Haltung fehlt, sich als integraler Teil der Gesellschaft zu verstehen, und die, wie Reinhard Sprenger formuliert, „nicht anständig" sind, sind aus unserer Sicht keine passenden Partner für die Einführung agiler Organisationsentwicklungsprinzipien.

Sie provozieren im Kontext komplexer Anforderungen Doppelbindungsphänomene (im Sinne von Gregory Bateson, vgl. Glossar ➡Seite 250, Doppelbotschaften) oder nehmen sie zumindest in Kauf. Nach außen spielen sie gesellschaftlich anschlussfähige Werte vor, im Kern sind sie kontraproduktiv dazu getrieben. Sie stehen außerhalb des systemisch-integralen Wertesystems (➡Seite 22), was im Hinblick auf die Herausforderungen der Zukunft unzureichend ist oder zumindest kritisch hinterfragt werden kann.

Systemisch-integrale Unternehmen versuchen ihre Wirksamkeit und Nützlichkeit zu optimieren. Ähnlich wie die anthroposophisch geprägte Wertbildungsrechnung des dm-drogerie marktes verwenden wir deswegen bewusst andere betriebswirtschaftliche Begriffe und andere Formeln und Kennzahlen.

Die Wertbildung des integralen Unternehmens entsteht aus der Differenz zwischen den abgegebenen und empfangenen Leistungen. Die Differenz wird Eigenleistung genannt. Die Eigenleistung besteht vor allem aus der Arbeitsleistung der Mitarbeiterinnen und dem verwendeten Kapital der Inhaberinnen.

Für die Wertschöpfung eines Unternehmens sind drei Komponenten notwendig:

- Die Inhaberinnen, die die Gründungsidee und das Risikokapital zum Aufbau der Organisation und zur Beschaffung der Produktionsmittel bereitstellen.
- Die Mitarbeiterinnen, die die Wertschöpfung organisieren und erbringen.
- Der Staat, der eine Infrastruktur, grundlegende Ressourcen und gesellschaftliche Rahmenbedingungen bereitstellt.

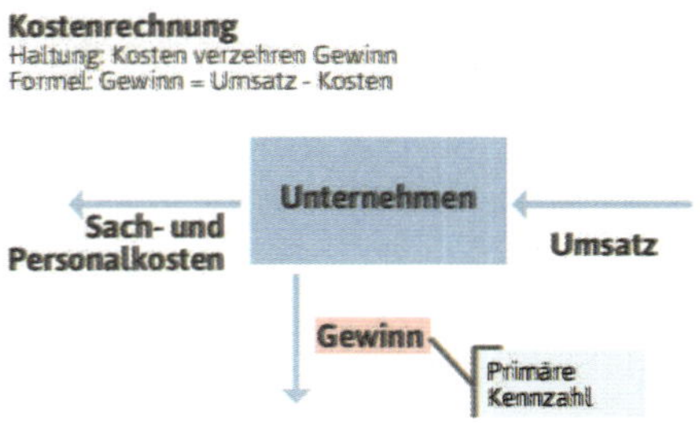

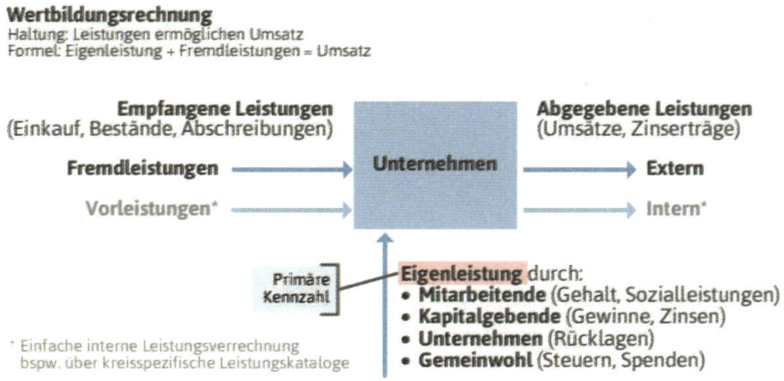

Bei Unternehmen mit einer integraleren Haltung, die sich dieses Rahmens bewusst sind und ihn anerkennen, zeigt sich dies auch in den Bilanzen und Geschäftsberichten – beispielsweise in der nebenstehenden Wertschöpfungsrechnung von Weleda.

Auch Steuern und Spenden werden hier der eigenen Wertbildung (hier Wertschöpfung genannt) zugeordnet. Nicht umsonst wird die Umsatzsteuer auch Mehrwertsteuer genannt, weil sie eben den Mehrwert, also nur die Eigenleistung und Wertschöpfung des Unternehmens besteuert.

Steuern sind das Gesellschafts- oder Staatseinkommen. Selbstverständlich freuen sich auch an Wertbildung orientierte Unternehmen darüber, weniger Steuern zu bezahlen, weil sie dann noch mehr über die Verteilung ihrer Eigenleistung bzw. ihres Gewinns selbst entscheiden können.

Dennoch würde sich die Wertschöpfungskennzahl dieser Unternehmen nicht reduzieren, wenn Mitarbeiterinnen oder Staat mehr Geld abbekämen. Insofern macht die Wertbildungsrechnung einen bemerkenswerten Unterschied zur klassischen Kostenrechnung.

Die Optimierung dieser Kennzahl ist nicht dadurch zu erreichen, dass die Mitarbeitereinkommen gedrückt oder Steuern vermieden werden, sondern dadurch, dass sich die Leistung des Unternehmens verbessert.

Da das Mitarbeitereinkommen als aktives Einkommen an die Arbeitsleistung gekoppelt ist, während das Inhabereinkommen ein passives Einkommen ist, partizipieren die Inhaber dennoch wirtschaftlich unmittelbarer an Gewinnen und Risiken.

Der dm-drogerie markt (ca. 60.000 Mitarbeiterinnen, ca. 10 Mrd. Euro Umsatz) ist ein gutes Beispiel dafür, dass auch an der Eigenleistung orientierte Unternehmen wirtschaftlich außerordentlich erfolgreich sein können.

Wertschöpfungsrechnung

	2017 in Mio. EUR	2017 in %
Entstehung		
Abgegebene Leistung (Umsatz, sonstige Erträge und Zinserträge)	403,5	
Vorleistung (Materialaufwand, Bestandsveränderungen, Abschreibungen und sonstige Vorleistungen)	-234,4	
Wertschöpfung	169,1	
Verteilung		
An Mitarbeitende (Mitarbeitereinkommen sowie soziale Abgaben und Altersvorsorge)	147,7	87,3
An die öffentliche Hand (Steuern)	4,6	2,7
An gemeinnützige Einrichtungen (Spenden) gem. Paragraf 2 Abs. 3 der Statuten	2,5	1,5
An Kredit- und Darlehensgeber (Zinsaufwand)	1,3	0,8
An Aktionäre (Dividende)	0,9[1]	0,5
An das Unternehmen (Rücklagen)	12,1	7,2
Wertschöpfung	169,1	100,0

Ausschnitt aus dem Geschäftsbericht 2017 der Weleda AG

Weiterführendes

➡200 Wertbildungsrechnung (detaillierter)

➡Reinhard Sprenger: *Das anständige Unternehmen.* DVA, 2015.

➡Philipp Hummel: *Erkenntnis fördern, Haltung gewinnen: Die Wertbildungsrechnung bei Alnatura und dm – drogerie markt.* In: Controller Magazin, 5/2016.

Als Gesellschaft können wir uns auf das Gemeinwohl besinnen und damit der faktischen Dominanz der Ökonomie gegenübertreten.

Agiler Organisationsentwicklungszyklus

Wir möchten das Grundprinzip agiler Organisationsentwicklung anhand des agilen OE-Rades (Grafik gegenüber) beschreiben.

1. Einsichten gewinnen

Der Prozess beginnt damit, Einsichten zu gewinnen. Hierzu gehören alle relevanten Informationen zum Betrachtungsgegenstand wie bspw. Kennzahlen, Auswertungen, Befragungen und alle weiteren Beobachtungen. Diese Informationen vergegenwärtigen wir uns. Zunächst möglichst, ohne sie zu bewerten.

2. Hypothesen bilden

Erst danach bilden wir Hypothesen, also Vermutungen über mögliche Wirkungszusammenhänge. Warum hat sich etwas in welcher Weise entwickelt und ist zu dem geworden, was wir (im ersten Schritt) beobachten und wahrnehmen konnten?

Wir bilden also mögliche Realitätskonstruktionen und folgen damit der Idee des Konstruktivismus, dass es nicht die eine wahre oder richtige Realität gibt, sondern individuelle, unterschiedliche und zunächst gleichberechtigt nebeneinanderstehende Perspektiven und Wirklichkeiten. Wir ersparen uns hier die Beurteilung von richtig oder falsch, sondern bilden uns stattdessen eine Meinung darüber und priorisieren, wie hilfreich welche Hypothesen und Sichtweisen für unsere Ziele und Anliegen sein könnten.

3. Handlungsoptionen erfinden

Die ausgewählten Hypothesen leiten uns bei der Erfindung möglicher Handlungsoptionen: Welche Veränderungen möchten wir ausprobieren, um die Organisation in unserem Sinne zu entwickeln? Wir unterstellen dabei keine kausal entstehenden Ergebnisse. Auch wenn wir uns wünschen, dass unsere Interventionen eine ganz bestimmte Wirkung haben, so wissen wir doch, dass dies nur Wünsche sind und wir kaum oder nicht sicher genug vorhersagen können, welche Veränderungen wir damit bewirken werden.

Zum einen können unsere Annahmen (Hypothesen) unzutreffend oder weniger nützlich sein, als wir gedacht haben. Zum anderen arbeiten wir an einem komplexen System mit kaum vorhersehbaren Wechselwirkungen. Und schließlich können unsere Ideen auch einfach mangelhaft sein.

Unsere Veränderungsideen stellen wir in den Kontext der von uns gewählten Hypothesen, um so zu entscheiden, welche Veränderungsideen wir in welchem experimentellen Rahmen ausprobieren möchten. Die Veränderungen werden soweit möglich nicht unumkehrbar und großflächig eingeführt, sondern zeitlich und organisatorisch begrenzt, beispielsweise auf bestimmte Produkte, Prozesse, Rollen, Teams, Bereiche, Standorte, Arbeitsschichten oder Zeitfenster.

4. Veränderungen erproben

Dann gilt es, die Veränderungsidee(n) auszuprobieren und umzusetzen. Aus dem experimentellen Rahmen ergibt sich auch, wer welche Veränderungen initiiert und verantwortet und darüber hinaus involviert ist.

Zur Vorbereitung der Experimente gehören auch Überlegungen und ggf. konkrete Festlegungen, wann und von wem der Nutzen des Experimentes beurteilt werden kann und wann es abgeschlossen ist.

Mit der Auswertung und Beurteilung des Experimentes beginnt der Kreis erneut damit, Einsichten zu gewinnen.

Ob wir von Experimenten, Erprobungen, Piloten, Werkstätten, Ausprobieren oder Ähnlichem sprechen, sollte eine überlegte Entscheidung sein. Je nach Unternehmenskultur und Beteiligten sind andere Begriffe anschlussfähiger und kraftvoller.

5. Entwicklungen etablieren

Ein Experiment ist eine spezielle Situation mit ausgewählten Rahmenbedingungen und Beteiligten in einem geschützten Raum. In diesem Kontext erfolgreich zu sein, ist das eine, die damit demonstrierten und neu gewonnenen Fähigkeiten in der Organisation nachhaltig zu integrieren und zu etablieren, ist etwas anderes.

Hierzu müssen diese Fähigkeiten in Strukturen, Prozesse und Fertigkeiten der Organisation weitergehend verankert werden. Alle Kollegen oder zumindest auch andere als die am Experiment beteiligten Personen müssen die Anwendungsfälle ebenso sicher reproduzieren können. Und dies nicht nur in trivialen Fällen, sondern in der ganzen Vielfalt und mit allen Widrigkeiten des Arbeitsalltags. Es geht um die Standardisierung innerhalb der Organisation.

In der Visualisierung des agilen OE-Rades ist dies der Keil, der untergeschoben wird, damit Rückschritte vermieden werden und Organisationsentwicklung keine Sisyphos-Arbeit wird.

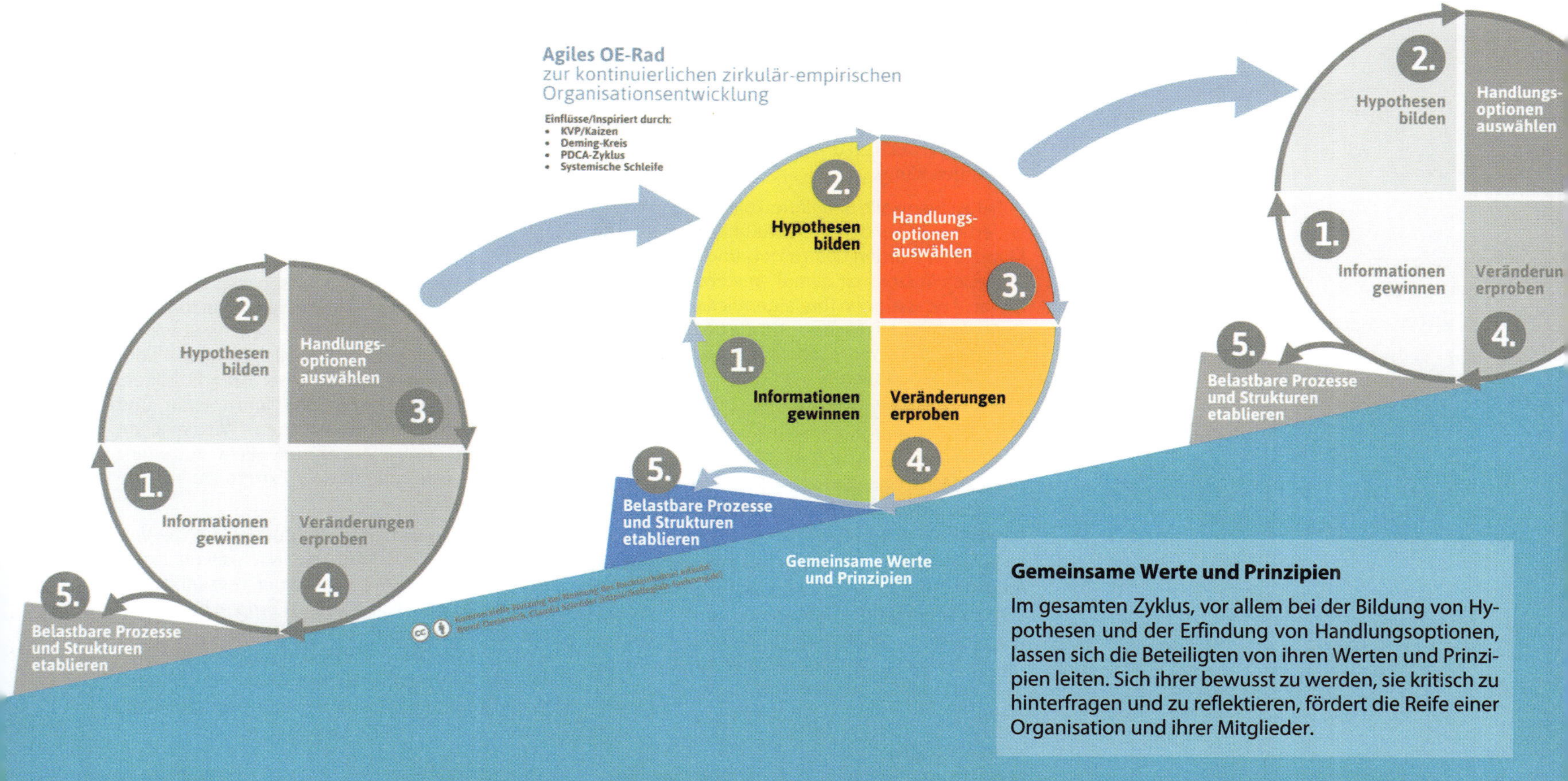

Gemeinsame Werte und Prinzipien

Im gesamten Zyklus, vor allem bei der Bildung von Hypothesen und der Erfindung von Handlungsoptionen, lassen sich die Beteiligten von ihren Werten und Prinzipien leiten. Sich ihrer bewusst zu werden, sie kritisch zu hinterfragen und zu reflektieren, fördert die Reife einer Organisation und ihrer Mitglieder.

Ja, mach nur einen Plan und sei ein großes Licht.
Und mach dann noch einen Plan.
Gehn tun sie beide nicht.

Bertolt Brecht, Dreigroschenoper

1. Kleinschrittiges erprobendes Herantasten

Schrittweise Entwicklung

Bedeutung für die Organisationsmitglieder

Veränderungen in Organisationen betreffen Prozesse, Strukturen, Arbeitsmittel und Prinzipien der Zusammenarbeit. Die beteiligten Mitarbeiter müssen diese verstehen und einüben. Sie brauchen dafür Zeit und sind dabei anfangs noch nicht effizient und fehlerfrei.

Deswegen ist es nicht sinnvoll, zu viele oder große Veränderungen auf einmal oder in kurzer Zeit einführen zu wollen. Es würden mehr Störungen, Überraschungen und Belastungen entstehen, als die Organisation vertragen kann. Zumal es zwischen verschiedenen gleichzeitigen Entwicklungen auch zu unvorhersehbaren Wechselwirkungen käme.

Selbst wenn alle Beteiligten die geplanten Veränderungen zunächst begrüßen würden: Die Mitarbeiter würden überfordert und fokussierten sich nach kurzer Zeit darauf, anstelle der vereinbarten Anpassungen ihre eigentliche Arbeit wieder ordentlich zu machen und die beabsichtigten Veränderungen mehr oder weniger auszublenden oder zu ignorieren.

Die Analogie „ein neues organisatorisches Betriebssystem einführen“ und der Ansatz einer abrupten Umstellung sind daher häufig kontraproduktiv. Menschen sind keine Maschinenteile, denen man ein Verhaltens-Update aufspielt und die dann ab sofort anders arbeiten.

Als Mitarbeiter brauchen wir Zeit, wir müssen neue Praktiken ausprobieren und erlernen, neues Wissen erlangen und integrieren, unsere Zusammenarbeit in gruppendynamischen Prozessen neu verhandeln, den Sinn unserer Arbeit und unsere Wirksamkeit neu erfahren usw. (➡Seite 16, Haltung).

Weiterführendes
➡86 Transformations- und Umstellungsstrategien

Bedeutung für die Planung

Dabei ist es durchaus wertvoll, Veränderungen und Entwicklungen zu planen. Wir gewinnen dabei Erkenntnisse und Ideen über Zusammenhänge, mögliche Vorgehensweisen und Alternativen. Wir bereiten uns damit auf mögliche und wahrscheinliche Szenarien vor – damit wir, wenn sie denn eintreten, schneller reagieren können, als wenn wir erst dann anfangen würden, nachzudenken.

So hilfreich der Vorgang des Planens ist,
so wenig bedeutend ist das Ergebnis, der Plan.

Die meisten Arbeitskontexte sind zu dynamisch, als dass ein Plan lange Bestand hat. Meistens ist er schon einen Gedankengang später veraltet.

Gerade wenn wir nicht wissen, was als Nächstes kommt, kann eine Auseinandersetzung mit möglichen Szenarien hilfreich sein, weil wir im Falle eines Falles dann schneller reagieren können. Wir können Thesen über Trends bilden, mögliche Wechselwirkungen antizipieren und unsere Annahmen hinterfragen. Was machen wir, wenn unsere Annahmen nicht zutreffen? Wenn das eine oder andere Extrem stärker eintritt als gedacht?

Weil es zweifelhaft ist, die Zukunft aus der Vergangenheit abzuleiten, sind Nachkalkulationen nur insofern sinnvoll, wie sie der Thesenbildung dienen. Ebenso sind in einem komplexen und dynamischen Kontext Kontrollen zur Planeinhaltung nutzlos, denn die Ziele werden nicht durch bessere Kontrollen erreicht, sondern durch neue Ideen zum Umgang mit der veränderten Realität.

1. Kleinschrittiges erprobendes Herantasten

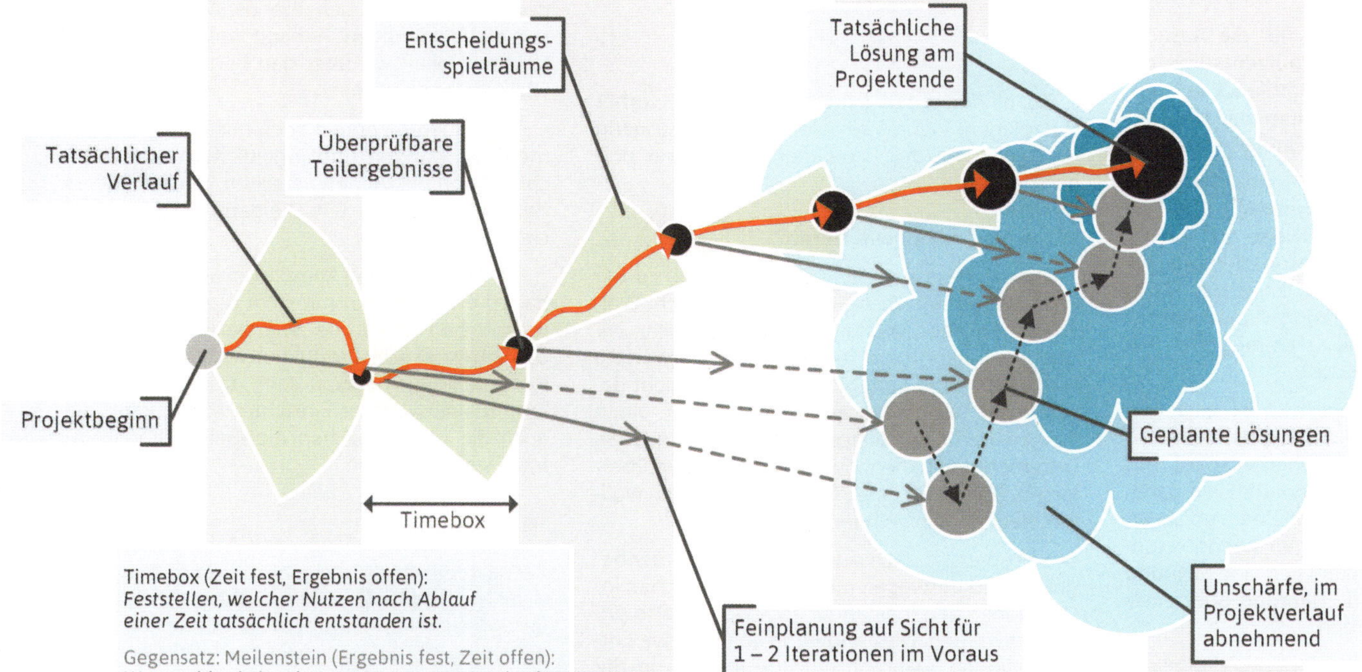

Timebox (Zeit fest, Ergebnis offen):
Feststellen, welcher Nutzen nach Ablauf einer Zeit tatsächlich entstanden ist.

Gegensatz: Meilenstein (Ergebnis fest, Zeit offen):
Warten, bis ein bestimmter Nutzen entstanden ist.

Versuchsweise und geschützte Entwicklung

Die schrittweise empirische Entwicklung geht einher mit einer versuchsweisen, also experimentellen Entwicklung. Versuchsweise bedeutet, nicht nur das Ergebnis abzuwarten (Ergebnisoffenheit) und zu messen (empirische Entwicklung), sondern den jeweiligen Entwicklungsschritt von Anfang an zeitlich oder räumlich zu beschränken, also explizit vorher Grenzen zu benennen.

Schutz durch Begrenzung

Wir begrenzen dabei nicht nur die Ausdehnung des Geschehens und schützen somit die Umwelt vor ungewollten Übergriffen. Die Grenzen bieten auch einen Schutzraum und schützen das Experiment gegen äußere Einflüsse.

Gerade in der Organisationsentwicklung ist ein experimentelles Vorgehen nützlich. Eine Veränderung wird dann beispielsweise erst einmal nur in einem kleinen Bereich ausprobiert oder für eine bestimmte Zeit. Dadurch kann das Risiko von ungewollten Nebenwirkungen oder Fehlinvestitionen reduziert werden. Der mögliche Verlust bleibt ein leistbarer Verlust.

Für die beteiligten Menschen ist eine versuchsweise Organisationsentwicklung meistens angenehmer, weil es ihrem Sicherheitsbedürfnis ganz grundlegend entgegenkommt. Sie müssen sich nicht vorher abstrakt entscheiden, ob sie etwas befürworten oder mittragen können, sondern erhalten die Möglichkeit, sich eine Meinung aufgrund einer konkreten Erfahrung oder eines konkreten Beispiels zu bilden.

Damit entfallen oder reduzieren sich Folgeaufwände durch Widerstände. Im Verlauf der Entwicklung entstehen weniger Widerstände, Einwände und Bedenken bzw. diese können einfacher und sachlich konkreter integriert werden. Diffuse Kompensationsbedürfnisse werden vermieden.

Zu einem guten Experiment gehört, vorher festzulegen, wann wer wie über den Ausgang und Fortgang des Experimentes befindet und entscheidet.

Wann sind wir zu was bereit?

Dazu gehört auch eine Verständigung zu der Frage: Wann sind wir bereit für den Versuch? Welchen möglichen Verlust können und wollen wir uns als Organisation leisten? Ist der erwartete Nutzen attraktiv genug? Dabei geht es nicht darum, eine Amortisationsrechnung oder einen ausgefeilten Geschäftsplan zu entwickeln. Viele Unternehmen haben Innovationen andern überlassen, weil sie für eine Idee vorab beweisen wollten, dass sie sich rechnen wird.

Selbstverständlich sind Ressourcen immer begrenzt und deswegen müssen alle möglichen Investitionen gegeneinander abgewogen, also priorisiert werden. Dies sind dann aber relative Entscheidungen, während ein Businessplan in der Regel auf absoluten Kriterien beruht. Meistens enthält er Prognosen, also Spekulationen, beispielsweise wann der Break-even-Point erreicht wird, wann welche Gewinne erzielt werden usw.

Meistens ist es intelligenter, sich einfach des leistbaren Verlustes bewusst zu werden, also seine Investitionsgrenzen zu ergründen und ansonsten einfach abzuwarten, was sich entwickelt.

Wann entscheiden wir über das weitere Vorgehen?

Zu einem experimentellen Vorgehen gehört auch eine Definition von Fertig: Wann ist die Entwicklung abgeschlossen und beurteilbar? Außerdem ist es sinnvoll, sich über die Akzeptanzkriterien zu verständigen: Anhand welcher Beobachtungen wollen wir über den Fortgang der Entwicklung entscheiden?

Experimente können auch mit Auflagen, Rahmenbedingungen und inhaltlichen oder zeitlichen Abbruchkriterien versehen werden, die es den vorgesehenen Entscheidern einfacher machen.

Da wir es mit einer komplexen Situation zu tun haben und nicht nur mit einer reproduzierbaren technischen Abnahme, wie beispielsweise bei der Software- oder Produktentwicklung, sollte allen Beteiligten bewusst sein, dass die Entwicklung zu unerwarteten Einsichten führen kann, die auch die ursprünglichen Akzeptanzkriterien infrage stellen können.

YAGNI-Prinzip

YAGNI ist die Abkürzung von „You Aren't Gonna Need It" („Du wirst es nicht brauchen.") und ist Teil der agilen Entwicklungsmethode Extreme Programming (XP). Es bezeichnet das Prinzip, erst dann eine Eigenschaft in einem System herzustellen, wenn klar ist, dass diese auch tatsächlich gebraucht wird.

Empirische Entwicklung

In einem komplexen und dynamischen Umfeld können wir keine kausalen Zusammenhänge erwarten. Der Zusammenhang von Ursache, Veränderung und Wirkung lässt sich kaum vorhersehen. Erstens kommt es anders und zweitens als man denkt.

Die einzige Möglichkeit, Entwicklungen bewusst zu gestalten und zu lenken, ist ein empirisches Vorgehen. Wir probieren etwas aus, beobachten dann die Wirkung und entscheiden schließlich, ob die ausprobierte Veränderung hilfreich war, beibehalten und ausgedehnt oder wieder aufgegeben werden sollte. Das Prinzip der empirischen Entwicklung ist deswegen die ideale Ergänzung zum Prinzip des schrittweisen Vorgehens.

Ergebnisoffene Entwicklung

Viele Organisationsentwicklungen werden als zielorientierte Projekte verstanden. Die Ziele werden dabei meistens von einem zentralen Auftraggeber vorgegeben und mit bestimmten Zielkriterien und -werten verbunden. Dementsprechend können die entstehenden Veränderungen dann auch in richtig und falsch unterschieden und quantifiziert werden. Bei einer plangetriebenen Entwicklung mit entsprechenden vorherigen Aufwandschätzungen kann sogar vorab eine Investitionsrechnung und ein Geschäftsplan erstellt werden.

Wie wir schon beim Prinzip der empirischen Entwicklung gesehen haben, existieren in komplexen Situationen kaum Möglichkeiten, belastbare kausale Zusammenhänge zu identifizieren. Ebenso wenig, wie wir aufgrund einer Handlung (Intervention) eine bestimmte Wirkung sicher vorhersagen können, so wenig können wir auch bei bestimmten wahrzunehmenden Veränderungen sicher sein, welche Ursachen dazu geführt haben.

Investitionsrechnungen und Geschäftspläne werden dann leicht zu spekulativen Wunschszenarien. Es ist hilfreich, sich über gewünschte Ergebnisse zu verständigen,

- solange alle Beteiligten in Demut auf das tatsächliche Ergebnis warten können,
- solange alle die innere Bereitschaft haben, dass, was tatsächlich entsteht, als Realität anzunehmen, und
- solange alle bereit sind, sich auch auf unerwartete Ergebnisse einzustellen und vorzubereiten.

Die Bereitschaft zur Ergebnisoffenheit ist eine wichtige Ergänzung des Prinzips der schrittweisen Entwicklung und nur eine andere Sicht (andere Seite der Medaille) des Prinzips empirischer Entwicklung.

Der Zufall begünstigt den vorbereiteten Geist.

Dem Zufall auf die Sprünge helfen

Viele geschäftliche Möglichkeiten beruhen zudem auf Zufall und Glück, auch wenn nachträglich andere Legenden dazu gebildet werden. Deswegen ist es wichtig, Zufällen und Gelegenheiten einen Raum zu geben (➡Seite 255, Serendipität). In jedem Fall ist es eine ungewisse Investition, die gegen einen möglichen Nutzen abzuwägen ist.

Deswegen ist es empfehlenswert, in kleinen Schritten vorzugehen und sich nach und nach dem Ziel zu nähern. In einem dynamischen und komplexen Umfeld bringt mittel- und langfristige Planung keine Sicherheit und wenig Nutzen. Eine schnelle Reaktionsfähigkeit ist wertvoller.

Agile Unternehmen navigieren in solchen Kontexten deswegen auf Sicht. Sie planen den nächsten, allenfalls übernächsten Schritt. Entsprechend reduziert ist auch ihre Dokumentation, denn die veraltet schnell und könnte sogar in die Irre führen.

Soll dennoch ergebnisorientiert vorgegangen werden, kann die Rolle eines Product-Owners zur dynamischen Priorisierung eines Backlogs hilfreich sein (➡Seite 207).

Wir wenden parallel zwei Prinzipien an:

1. Organisationsprinzip: Etablierte Kooperationsbeziehungen

Was vorhersehbar ist, wird vorab verteilt und in Rollen, Strukturen und Prozessen verankert. Wir etablieren feste Kooperationsbeziehungen, die nicht jedes Mal neu ausgehandelt werden müssen – was das Kernprinzip einer jeden Organisation ist, um Transaktionskosten (➡Seite 256) zu sparen.

2. Marktprinzip: Fallweise ausgehandelte Kooperationen

Das Unvorhersehbare wird mithilfe fester Metaprozesse fallweise ausgehandelt. Es entsteht ein Marktplatz für Führungs- und Entscheidungsbedarfe. Hier verwenden wir also typische Markt-Mechanismen, um agil agieren zu können.

Organisationsentwicklung als mitlaufende Metaführung

Da wir beide Prinzipien sowohl für die operativ-inhaltliche (Arbeit im System) als auch für die organisationale (Arbeit am System) Ebene anwenden und diese auch prozessual gar nicht trennen müssen, wird Organisationsentwicklung einfach zum Bestandteil einer kontinuierlich mitlaufenden Metaführung.

Hierarchie

Wenn eine große Menge von Menschen kooperieren möchte, braucht sie auch hierarchische Strukturen. Der Unterschied einer kollegialen Führung gegenüber einer Führung mit festen Führungskräften in einer Linienorganisation besteht darin, dass die Verantwortungsbereiche von den Beteiligten selbst weiterentwickelt und neu ausgehandelt werden können.

2. Kollegial verteilte und ziehende Führung

Kollegiale rollenbasierte Führung

Kollegiale Führung ist die von vielen Kollegen und Kolleginnen nach dem Sogprinzip (Pull-Prinzip) dynamisch und dezentral übernommene Führungsarbeit anstelle von zentralisierter Führung durch einige exklusive Führungskräfte nach dem Schubprinzip (Push-Prinzip).

Im Kontext kollegialer Führung verstehen wir Führung nicht als exklusive Tätigkeit von vorgesetzten Führungskräften, bei der Arbeit und Entscheidungen per Anweisung oder Zielvereinbarung verteilt werden. Stattdessen verwenden wir den Begriff Führungsarbeit, um zu betonen, dass Führung ein selbstverständlicher und integraler Teil der Arbeit einer jeden Kollegin sein kann.

Führungsarbeit: Entscheidungen zu treffen und Verantwortung zu übernehmen ist auch eine Form von Arbeit, ebenso wie auch Produktions-, Dienstleistungs- und Wissensarbeit.

Führung ist notwendig, auch hierarchische Führung. Aber wer wann welche Führungsarbeit übernimmt, hängt eben auch davon ab, wer dafür gerade verfügbar ist, passend ist und über ausreichend Wissen, Können, Vertrauen und Interesse verfügt.

Für vorhersehbare und regelmäßig wiederkehrende Führungsarbeit und Entscheidungen werden Verantwortungsbereiche in Form von Rollen (oder Unterkreisen) kreiert. Deren Rolleninhaber werden regelmäßig von der Kollegenschaft neu besetzt.

Für spontan entstehende Entscheidungsbedarfe und Anliegen lassen sich interessierte Kolleginnen fallweise von der Kollegenschaft ermächtigen.

Wenn die Vertrauenskultur es zulässt oder die Situation es erfordert, ermächtigen sich die Kollegen möglicherweise auch selbst auf der Basis gemeinsamer verabredeter Werte und Prinzipien.

Und für (Führungs-)Arbeit, die keiner übernehmen möchte, die aber wichtig ist, gibt es ebenfalls einfache Prinzipien zur Handhabung, die wir an anderer Stelle (➡Seite 92) vertiefen.

Jede Kollegin kann also auch mal „Führungskraft" werden – sowohl generell als auch für einzelne bestimmte Entscheidungsbedarfe.

Es werden dabei stets zu lösende Probleme und Spannungen verteilt – keine Aufgaben oder Lösungsanweisungen.

Dabei folgt die Führungsarbeit standardmäßig dem Sogprinzip (Pull-Prinzip). Nicht nur Entscheidungs- und Führungsbedarfe, sondern Spannungen und Anliegen jeder Art, deren Verantwortung noch offen ist, werden in die gemeinsame Aufmerksamkeit gebracht und dann wird abgewartet, wer sie sich zieht oder ob sie nicht wichtig genug sind.

Weiterführendes

➡132 Rollen
➡120 Unterkreise
➡36 Sogprinzip

Führung ist zu wichtig,

um sie nur Führungskräften zu überlassen.

Bernd Oestereich

Vielfältige Entwicklung

Bereits durch das Prinzip der versuchsweisen Entwicklung wird eine gewisse Vielfalt in den Entwicklungen gefördert. Statt lange zu überlegen, zu planen und zu kalkulieren, probiert eine agile Organisation in einem begrenzten Rahmen Möglichkeiten aus und entscheidet erst dann, was erhalten oder ausgebaut werden soll.

Die Entscheidungsschwelle ist niedriger, weil die Konsequenzen zunächst begrenzter sind. Es reicht dann, wenn eine Idee gut genug zum Ausprobieren ist und Investition und Risiken verkraftbar sind.

In einem komplexen Umfeld, in dem nicht sicher, umfassend oder rechtzeitig genug bestimmt werden kann, welche Veränderung die passende ist, erhöht eine höhere Vielfalt in den Experimenten die Wahrscheinlichkeit, bedeutsame Entwicklungen zu finden.

Durch die größere Experimentierfreude wird die Wahrscheinlichkeit erhöht, gänzlich unerwartete Ergebnisse hervorzubringen, die sich überraschend als nützlich erweisen. Zufällige und unbeabsichtigte Erfindungen zu machen, wird auch als Serendipität bezeichnet.

Die Vielfalt kann gezielt gefördert werden, indem nicht nur die Entscheidungsschwelle niedrig gehalten wird, sondern bewusst parallele und auch konkurrierende Entwicklungen ermöglicht und verfolgt werden – bis hin zu einem offenen sportlichen Wettbewerb.

Ein gezielter Austausch verschiedener Organisationseinheiten über ihre jeweiligen Erfahrungen mit unterschiedlichen Herangehensweisen und Lösungen ist nützlich. Beispielsweise probiert ein Kreis oder Geschäftsbereich eine neue Weise der Personalauswahl oder Schichtplanung aus als ein oder zwei andere.

Am Ende der Erprobungsphase reflektiert und bewertet jeder Kreis seine Erfahrungen, stellt sie den anderen vor und ermöglicht so eine qualifiziertere Entscheidung, Änderung oder gar die Konvergenz zu einem gemeinsamen Standard.

Zustimmungsabfragen und traditionelle Mehrheitsentscheidungen bewegen sich in einem engeren Lösungsraum als Einwand- und Widerstandsabfragen.

Die Wahl des Entscheidungsprinzips beeinflusst maßgeblich die Vielfalt und Serendipität, zu der eine Organisation fähig wird.

Weiterführendes

➡98 Entscheidungswerkzeuge Überblick
➡146 Entscheidungswerkzeuge Details

Falsche Entscheidungen können korrigiert werden. Nicht getroffene Entscheidungen bringen uns nichts bei.

John Doerr

Wozu?

Um die Anpassungsfähigkeit einer Organisation zu gewährleisten, benötigt sie

- einen ausreichenden Austausch und eine Resonanz mit ihrer Umgebung, also mit den Kunden und dem Absatzmarkt, aber auch mit dem Arbeitsmarkt, mit Lieferanten, mit der Gesellschaft und anderen, um zu erkennen, woran sie sich anpassen soll und wohin sie sich entwickeln soll;
- und die Ermächtigung, dass die Marktresonanz spürenden Kolleginnen die Organisation und das Geschäft maßgeblich eigenverantwortlich und selbstorganisiert weiterentwickeln können. Hierzu müssen sie direkt und unmittelbar mit genau den Kolleginnen kommunizieren und kooperieren, die situativ nützlich sind.

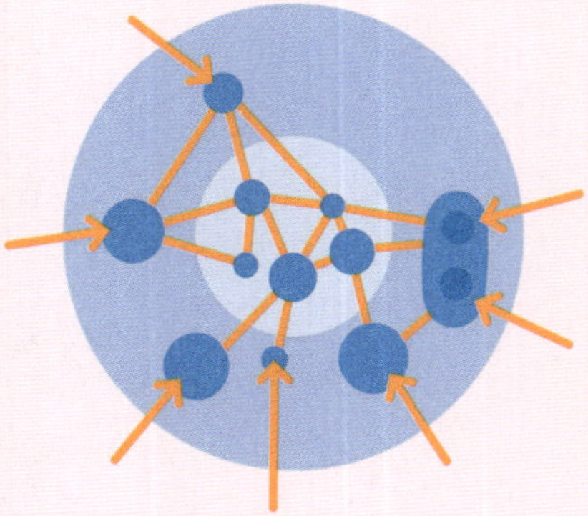

Führung von außen nach innen

Die agile Organisation wird auch von außen nach innen geführt: vom Markt zur innersten Führung.

Entgegengesetzt zur Führungsrichtung verläuft die Wertbildungsrichtung. Das abgebildete kreisförmige Organisationsstrukturmodell (Organisationslandkarte) zeigt dieses Prinzip. Im äußeren Ring befinden sich die Geschäftskreise genannten Organisationseinheiten, die vorwiegend die direkte Wertschöpfung verantworten. Wir sprechen daher auch von Wertschöpfungsteams, Businesszellen u. Ä. Alle weiter innen stehenden Organisationseinheiten repräsentieren die indirekte Wertschöpfung. Dazu gehören zentrale Dienstleistungskreise wie beispielsweise die Lohnbuchhaltung sowie interne Koordinationskreise.

Die Führungsrichtung von außen nach innen ist bei diesem Modell essenziell. Den Einheiten der direkten Wertschöpfung wird die primäre Entscheidungsmacht zugeschrieben. Sie entscheiden über ihre Wertschöpfung (Produkte, Preise, Geschäftsmodelle, Strategien, Lieferanten, eigenes Personal etc.) und (mindestens prinzipiell) über notwendige interne Zulieferleistungen durch Dienstleistungskreise.

Zur übergeordneten Koordination (bspw. für eine gemeinsame Strategie) können sie mit anderen (Geschäfts-)Kreisen Koordinationskreise bilden und somit einen Teil ihrer Zuständigkeiten und Entscheidungsmacht teilen, abgeben und delegieren.

Tayloristische Unternehmen sind ganz anders strukturiert. Dort verläuft die Macht pyramidenförmig von oben nach unten und zusätzlich meistens von den Zentralabteilungen zu den Wertschöpfungseinheiten (➡Seite 175). Das führt dazu, dass bspw. die interne IT-Abteilung den Wertschöpfungsteams vorgibt, mit welchen Arbeitsmitteln sie zu arbeiten haben. In einer agilen Organisation sind die Wertschöpfungsteams autonom und entscheiden selbst darüber.

Als externe Organisationsbegleiter achten wir darauf, dass die Inhaber und obersten Führungskräfte

- ausreichende (zeitliche, inhaltliche, finanzielle) Freiräume gewähren können, damit die Organisationsmitglieder eine gute Balance zwischen Effizienz und Anpassungsfähigkeit entwickeln können
- und den Sinn der Führungsrichtung von außen nach innen mit ihren Implikationen (Resonanz mit der Umgebung, interne Machtverteilung) verstehen, mittragen und unterstützen.

Weiterführendes

➡Reinhard Sprenger: *Das anständige Unternehmen.* DVA, 2015.

➡Götz Werner: *Womit ich nie gerechnet habe: Die Autobiographie.* Econ Verlag, 2013.

➡40 Klare äußere Rahmenbedingungen

➡104 Kreismodell

➡175 Macht- und Einflussrichtungen in der traditionellen Linienorganisation.

2. Kollegial verteilte und ziehende Führung

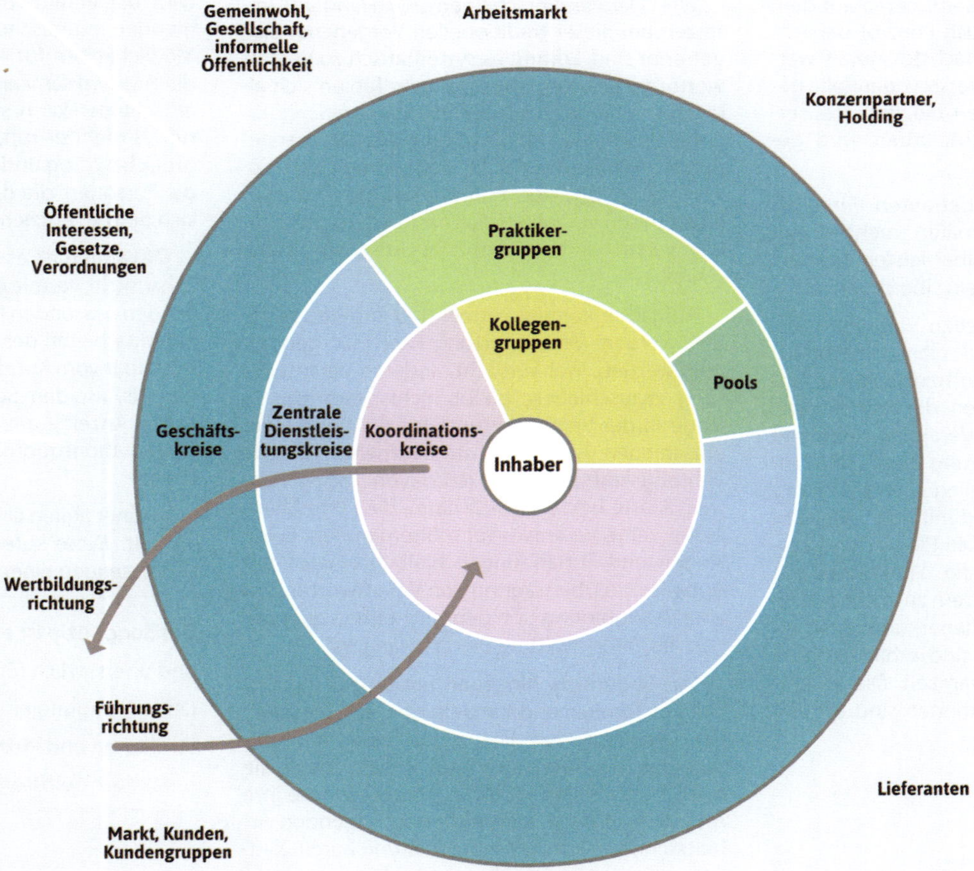

Eine Druckvorlage dieses Modells als Plakat können Sie herunterladen unter https://kollegiale-fuehrung.de/material/

Ziehende Entwicklung (Sogprinzip)

Oben wird gedacht, unten wird gemacht?

Viele Entwicklungsprozesse basieren auf dem Schub- oder Druckprinzip (Push-Prinzip), bei dem die Entscheidung, was als Nächstes getan werden soll, von einer anderen Person oder Rolle getroffen wird als von derjenigen, die dies umzusetzen hat: Oben wird gedacht, unten wird gemacht.

Die mit der Umsetzung betrauten Personen bekommen dadurch regelmäßig mehr Arbeit aufgedrückt, als sie unmittelbar leisten können. An den Engpässen entsteht ein Überdruck.

In den meisten traditionellen Veränderungsprozessen entscheiden und planen beispielsweise Führungskräfte und Auftraggeber mit Unterstützung von Beraterinnen die Reihenfolge, Menge und Zeitpunkte von Veränderungen und Interventionen. Die Umsetzung durch die betroffenen Organisationsmitglieder wird dann an diesen Plänen gemessen und mit den Erwartungen der Planer verglichen. Die Planer- und Entscheiderinnen schreiben die Abweichungen dann regelmäßig den Umsetzern zu, nicht den eigenen Planungen. Weil die Planer- und Entscheiderinnen hierarchisch höher sind, erhalten deren Sichtweisen mehr Aufmerksamkeit. Die so entstehenden Realitätskonstruktionen sind oft einseitig und unausgewogen.

Verantwortung durch Unterdruck provozieren

Weil Denken/Entscheiden und Handeln/Umsetzen bei dieser traditionellen Vorgehensweise getrennt sind, kommt es systematisch zu Verantwortungsverlusten. Die Umsetzer fühlen sich allenfalls verantwortlich für ihr unmittelbares Ergebnis, nicht aber für die Lösung des dahinterstehenden Problems und der Bedeutung der Problemlösung. Und die Führungskräfte sind zwar hierarchisch verantwortlich für ihre Entscheidungen, versuchen aber, diese der Umsetzung zuzuschreiben.

Aufgaben können verteilt und anderen zugeteilt werden. Verantwortung kann nur genommen werden. Wer versucht, anderen Verantwortung zuzuschieben, bleibt nichtsdestotrotz so lange in der Verantwortung, bis der Empfänger entschieden hat, diese zu übernehmen. Jede Führungskraft kann ein Lied davon singen. Führungskräfte beklagen sich dann, dass ihre Mitarbeiter keine Verantwortung übernehmen. Diese Klagen und Ermahnungen bleiben einfach nur Appelle. Die Übertragung von Verantwortung ist eine Vereinbarung und geht nicht ohne oder gegen die innere Haltung des Empfängers.

Das Sogprinzip hingegen basiert auf der Einheit von Denken und Handeln bzw. von Entscheiden und Umsetzen. Die umsetzende Rolle entscheidet. Sie nimmt sich neue Arbeit, sobald sie hierfür wieder Kapazität hat. Dabei stellt sie ihre Arbeitsergebnisse wiederum nachfolgenden Arbeitsschritten zur Weiterbearbeitung bereit. Kanban ist das Musterbeispiel für das Sogprinzip (Pull-Prinzip). Hier wird der Arbeitsfluss vom Ende zum Anfang betrachtet.

Die Arbeit ruft

Ein Sog entsteht durch einen Unterdruck. Hier wird die Verantwortung nicht verteilt oder jemanden zugeschoben. Stattdessen geraten Möglichkeiten für Arbeit und Verantwortung in die Aufmerksamkeit einer Person, die sich dann entscheiden kann, sie zu übernehmen. Die Arbeit ruft. Je mehr sie ruft, desto stärker wird der Unterdruck bzw. Sog und desto schwieriger wird es für die Personen, die dies wahrnehmen und fühlen, sich dem zu entziehen.

Deswegen ist es so wichtig, dass Arbeit möglichst nicht vermittelt wird, sondern unmittelbar bei den passenden Personen wahrnehmbar wird. Ein Mitarbeiter, der eine Kundenreklamation unmittelbar vom Kunden erfährt, kann sich des Mitgefühls, also dem Sog, kaum entziehen. Eine abstrakte Anzeige am Arbeitsort über die aktuelle Reklamationsquote erzeugt deutlich weniger Resonanz.

In einer agilen Organisation werden Probleme verteilt. Diese rufen nach kreativen Lösungen und erzeugen einen Sog.

Das Sogprinzip ist elementar, unverzichtbar und unersetzlich für eine agile Organisation. Ohne Anregung eines Sogs durch geeignete Strukturen und Prozesse wird es zu keiner proaktiven Selbstorganisation kommen.

Weiterführendes

➡88 Führungsmonitor (Company-Board)
➡58 Kontextbrücke
➡209 Kanban

2. Kollegial verteilte und ziehende Führung

Problem:
Zustand, der ein lösendes Handeln erfordert.

Aufgabe:
Vorgedachte, herzustellende Lösung.

„Wer leibhaftig wahrnimmt, dass der Kunde ihn braucht, lernt auch, was dafür zu tun ist."
Reinhard Sprenger

Das Sogprinzip basiert auf dem unmittelbaren, unvermittelten Erkennen und Spüren einer von uns leistbaren, notwendigen und sinnvollen Handlung. Der Sog schwindet, je indirekter oder abstrakter uns notwendige Handlungen vermittelt werden.

Wenn wir spüren, wie es unserem Kunden mit der von uns gelieferten kaputten Maschine geht, motiviert uns dies normalerweise mehr als eine Reklamationsakte, die irgendwie auf unserem Schreibtisch gelandet ist.

Dialogische Entwicklung

Obwohl wir einerseits Zuständigkeiten und Verantwortungsbereiche klar benennen, abgrenzen und sichtbar machen möchten, geht es ebenso stets darum, dass die involvierten und betroffenen Personen in einer vertrauensvollen und belastbaren Arbeitsbeziehung stehen.

Jede Organisationsentwicklungsmaßnahme hat mehr oder weniger Auswirkungen auf die Arbeit einiger, manchmal auch sehr vieler Kolleginnen. Wenn Zuständigkeiten und Abläufe verändert werden, geben einige Kollegen Verantwortung oder Aufgaben ab und andere übernehmen sie. Einige Kollegen werden ermächtigt oder mit besonderen Entscheidungen beauftragt. Diese Übergaben und Ermächtigungen möchten wir als dialogischen Prozess verstehen und hierzu auf das Modell der Kontextbrücke (➡Seite 58) verweisen.

Formal kann Verantwortung schnell übernommen werden – auf der sozialen Ebene bedarf es meistens eines gegenseitigen Vertrauens. Wer Verantwortung neu übernimmt oder etwas Neues ausprobiert, bekommt einen Vertrauensvorschuss der Kollegen oder bisherigen Verantwortlichen. Die neuen Handlungen der Person werden von den anderen beobachtet und die Vertrauenswürdigkeit wird geprüft und bewertet: Wird die Person der Aufgabe gerecht? Macht sie es ausreichend gut? Wie können wir sie gut unterstützen?

Ebenso kann sich auch die verantwortliche Person solche Fragen stellen: Was brauche ich noch? Wie bewerten die anderen meine Arbeit? Bin ich selbst zufrieden?

Je besser alle Beteiligten in Kontakt stehen und sich über solche Fragen austauschen, ihre Erwartungen klären, fallbezogen Feedback geben und eventuelle Konflikte identifizieren, desto einfacher und auch schneller kann die Veränderung gelingen. Hierzu sind kontinuierliche Gespräche notwendig, bis das Thema ausreichend besprochen und gereift ist. Möglicherweise macht es Sinn, Themen kleinteiliger zu gestalten, um in den Zustand für eine mögliche Erprobung zu kommen.

Damit eine solche Dialogkultur entstehen kann, führen wir einfache Kommunikations- und Moderationsformate und -regeln ein, um die bestehende Meeting-Kultur zu ergänzen und zu verbessern. Wir nutzen Formate, wie beispielsweise TZI (➡Seiten 162 und 188, Themenzentrierte Interaktion), die eine ganzheitlichere Betrachtungsweise und insbesondere die Gruppenreifung fördern.

Die bisherige Art und Weise zu denken und zu entscheiden wird von den Mitarbeiterinnen zügig weiter entwickelt und abgelöst, sobald sie die Gespräche als energievoller und sich als auch die Gruppe als wirksamer und effizienter erleben.

Da wir Organisationsentwicklung nicht mehr als große Projekte begreifen, sondern als einen stetigen Fluss kleiner elementarer Erprobungen, sind die Erwartungen, Zuschreibungen und Verantwortlichkeiten weniger diffus und können sich auf einzelne oder zumindest sehr wenige Personen beziehen.

Weiterführendes

➡58 Kontextbrücke
➡188 Themenzentrierte Interaktion (TZI)

Ermächtigende Entwicklung

Selbstorganisation wird immer noch mit dem Vorurteil konfrontiert, zu völlig ineffizienten und aufreibenden Endlosdiskussionen zu führen. Mehrheitsentscheidungen stehen im Ruf, Mittelmaß zu produzieren.

Wer statt wie

Deswegen gilt das Prinzip, soweit möglich in Teams oder Gruppen einfach keine *inhaltlichen* Diskussionen zu führen und Entscheidungen zu treffen, sondern stattdessen eine Person oder Kleingruppe zu bestimmen, die dann über die Inhalte entscheiden.

- Wir benutzen moderierte und strukturierte Kommunikationsformate (bspw. Diskussionsmarktplatz).
- Wir betrachten Entscheidung und Umsetzung als unteilbare Einheit. Wir vermeiden es, anderen die Umsetzung unserer Entscheidung aufzuladen.
- Wir ermächtigen eine Person aus unserer Mitte, Meinungen und Ideen zu einem Entscheidungsbedarf einzuholen, und lassen sie dann vertrauensvoll die Entscheidung für uns treffen (Konsultativer Fallentscheid).
- Oder wir sammeln verschiedene von Einzelnen formulierte Vorschläge und wählen dann den Vorschlag, gegen den der geringste Widerstand besteht (Widerstandsabfrage).
- Wir vertrauen darauf, dass ein Entscheidungsbedarf vielleicht doch nicht so wichtig ist, falls niemand einen Vorschlag ausarbeitet und niemand entscheiden möchte.
- Für bestimmte Fragen und Themen sind inhaltliche Diskussionen in einer großen Gruppe hilfreich: Wir entscheiden explizit und vorher, ob ein Thema wichtig genug ist, im größeren Kreis diskutiert zu werden, und wer dann diesen Diskurs organisiert und moderiert.

Next Level: Selbstermächtigung

Sobald ein Team geübt darin ist, Entscheidungen und Probleme zu delegieren, statt alles gemeinsam entscheiden zu wollen, kann es die nächste Ebene probieren, die Selbstermächtigung.

Selbstermächtigung (im Sinne von: „Lieber einmal hinterher um Verzeihung bitten, als ständig vorher zu fragen.") ist vertretbar, wenn die selbstermächtigten Handlungen in kleinen und gut verkraftbaren Schritten erfolgen und die Handlungen und Ergebnisse systematisch reflektiert werden, um gemeinsam daraus zu lernen.

Selbstermächtigung beginnt mit einem Vertrauensvorschuss der Geführten gegenüber dem Führenden. Die Größe des Vertrauensvorschusses bestimmt die Größe der selbstermächtigten Schritte. Der gemeinsame Lernprozess bestätigt in der Regel den Vorschuss und schafft so systematisch neues Vertrauen.

Je sicherer die Beteiligten sich ihrer gemeinsamen Werte und Prinzipien sind, desto belastbarer und mutiger wird die Selbstermächtigung sein.

Voraussetzung ist eine echte Eigenverantwortlichkeit. Das heißt, die selbständig handelnden Personen müssen auch unmittelbar die Konsequenzen ihres Handelns spüren können. Wenn jemand beispielsweise einen neuen Kollegen einstellt oder eine neue Maschine kauft, dann sollte er auch selbst mit dem neuen Kollegen zusammenarbeiten müssen oder die Maschine selbst benutzen müssen.

Entscheiden und Gewahrsein der Folgen müssen immer beisammenbleiben. Wenn einer entscheidet und der andere es ausbaden muss, ist die Grundlage zur Selbstermächtigung erheblich schwächer.

Verantwortung zu übernehmen bedeutet, sich zu verpflichten für die eventuellen unbeabsichtigten negativen Folgen heilende Anschlusshandlungen und -entscheidungen zu initiieren oder an diesen mitzuwirken.

Wir trennen Diskussionen von Entscheidungen, um uns nicht im Kreis zu drehen.
Wir wählen und ermächtigen Entscheiderinnen, statt gemeinsam inhaltlich zu entscheiden.

Weiterführendes

➜68 Diskussionsmarktplatz
➜152 Konsultativer Fallentscheid
➜154 Widerstandsabfrage
➜136 Organisationale Selbstorganisation

3. Prozess- und Struktursicherheit

Klare äußere Rahmenbedingungen

Rahmen für Koexistenz der Führungssysteme

Da unser Modell nicht darauf basiert, ein bestehendes Führungssystem schlagartig komplett durch ein neues zu ersetzen, ist die Fragestellung der Koexistenz und Abgrenzung verschiedener Führungssysteme relevant. Wir unterscheiden dabei:

- Den jeweils eigenen Führungsrahmen: Was ist selbst gestaltbar und was ist vorgegeben?
- Die Kooperationsbeziehungen zu Bereichen, die nach anderen Führungsprinzipien organisiert sind.

Jedes Führungssystem ist in einen definierten Rahmen eingebettet. Der oberste Rahmen innerhalb einer Organisation wird von den Gesellschafterinnen (Inhaberinnen) durch die Satzung der Gesellschaft und die Geschäftsführungsverträge vorgegeben – beispielsweise, welche Geschäfte durch die Gesellschafterversammlung zustimmungspflichtig sind.

Darunter folgt dann die weitere, meistens mehrstufige, hierarchische Untergliederung in Verantwortungsbereiche, beispielsweise wie die Geschäftsführung die Verantwortung weiter teilt.

Für die kollegiale Führung definieren wir die Rahmenbedingungen in Form einer Delegationsmatrix (➡Seite 56). Daraus geht sowohl hervor,

- welche Zuständigkeitsbereiche und Führungsaspekte kollegial gestaltbar sind,
- als auch, ob und wie weit diese schon durch eine kollegiale Führung adaptiert wurden.

Innerhalb dieses Rahmens könnte eine kollegiale Führung in bestimmten Bereichen auch wieder eine Linienorganisation mit vorgesetzter Führung einsetzen (➡Seite 7, Komplexitätsspezifische Führungsfokusse).

Kooperationsbeziehungen

Jeder Führungsbereich muss darüber hinaus mit Bereichen kooperieren können, die nach anderen Prinzipien und Mustern organisiert sind. Die wichtigsten Organisationsformen, die wir ab ➡Seite 140 näher beschreiben, sind dabei:

- Linienorganisation
- Projektorganisation
- Prozessorganisation
- Matrixorganisation
- Kreisorganisation

Die Matrixorganisation ist dabei das bekannteste Beispiel, wie verschiedene Führungssysteme gekoppelt werden. Meistens existiert hier eine disziplinarische Führung durch Vorgesetzte in einer Linienorganisation orthogonal (rechtwinklig) zu einer inhaltlichen Führung in einer Projektorganisation durch Projektleiter o. Ä.

Die Kommunikation zwischen Bereichen, die nach unterschiedlichen Prinzipien geführt werden und nach unterschiedlichen Mustern strukturiert werden, ist in der Regel dann kein besonderes Problem, wenn die Verantwortungsbereiche halbwegs eindeutig und bekannt sind und Ansprechpartner, d. h. explizite Schnittstellenverantwortliche, benannt sind.

Insofern findet die Kooperation zwischen Mitgliedern eines kollegial geführten Bereiches und Mitgliedern einer Linienorganisation in bekannter Weise statt und funktioniert dann ebenso gut oder schlecht wie bspw. in einer Matrixorganisation.

Kontextmarkierung

Die Koexistenz verschiedener Führungs- und Organisationssysteme funktioniert umso besser, je klarer allen Beteiligten ist, in welchem Kontext sie sich mit welchem Anliegen gerade befinden: Wo gelten welche Spielregeln?

So wie die gleichen Menschen in verschiedenen Kontexten unterschiedliches Verhalten zeigen, beispielsweise in einem Fußballstadion ein ganz anderes als in einem Theaterhaus, so können auch in Organisationen ganz unterschiedliche Verhaltensweisen und damit Kulturen in den verschiedenen Subsystemen sichtbar werden.

Das Verhalten von Menschen ist nicht nur von der Persönlichkeit, sondern maßgeblich auch vom Kontext abhängig (➡Seite 20).

Eine Umstellung von einer Linienorganisation zu einer kollegialen Organisation kann langsam und schrittweise erfolgen und somit zu einer zeitweisen oder dauerhaften Koexistenz der beiden Systeme führen. In diesem Fall ist es sehr wichtig, dass die Kolleginnen den jeweils gültigen Kontext sicher unterscheiden können und beide Welten akzeptiert und anerkannt werden.

Eine unzureichende Prozess- und Struktursicherheit kann dazu führen, dass Kollegen sich zurückhalten, erstarren oder in Konflikte geraten.

Die Klarheit über die Zugehörigkeit zu einem Systemkontext hat deswegen eine höhere Priorität als das umfassende Verständnis oder die Vollständigkeit des Kontextes.

Weiterführendes

➡140 Organisationsmuster (Linie, Matrix etc.)
➡56 Delegationsmatrix
➡7 Kontextabhängige Führungsfokusse

In den meisten uns bekannten Fällen haben Vorgesetzte den Rahmen vorgegeben. Im Rahmen einer Transformation im SBB Contact Center war dies anders – dort haben die Mitarbeiter entschieden, ähnlich wie dies im rechten Teil der Grafik dargestellt wird.

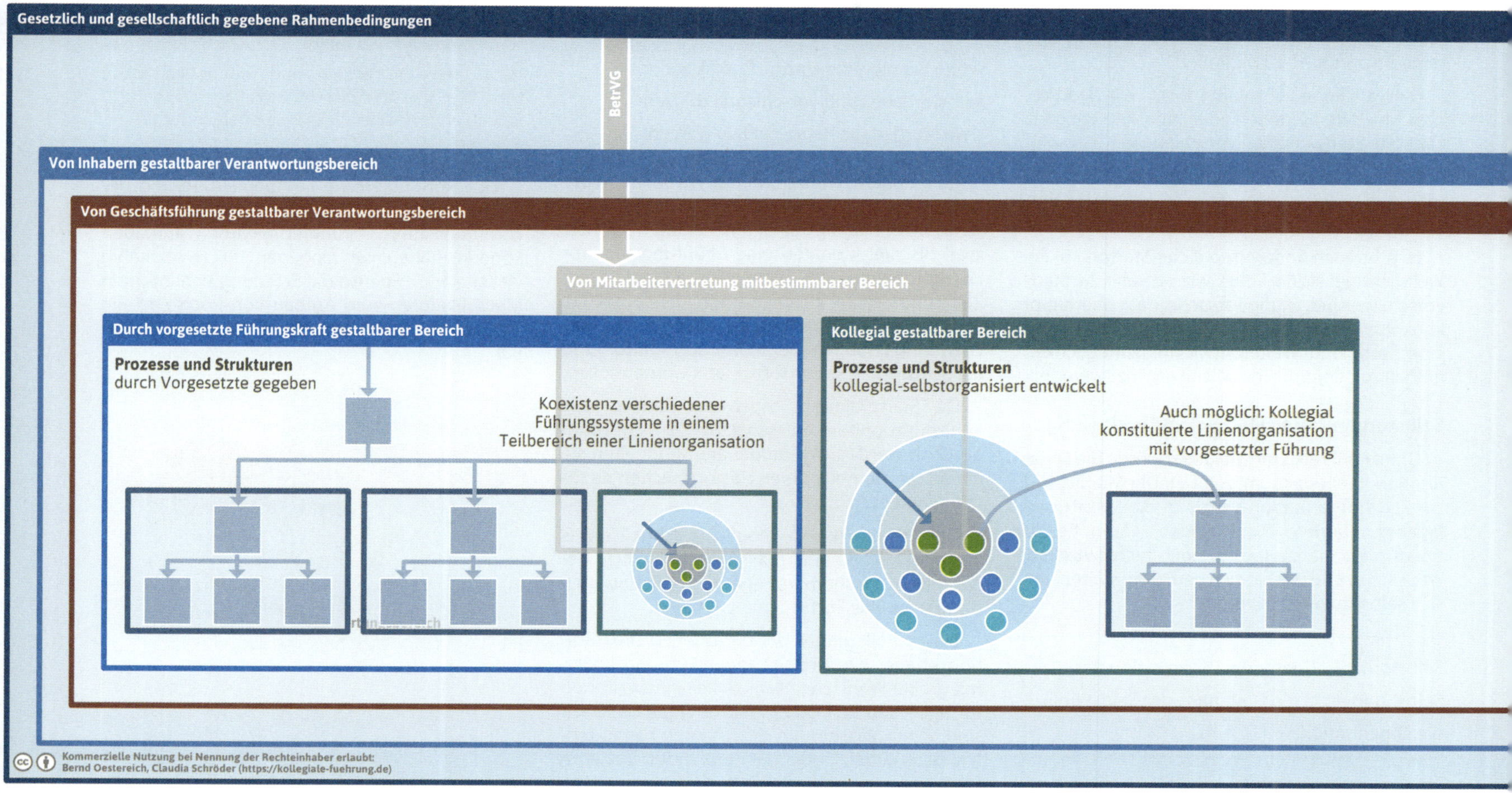

Klare innere Struktur- und Prozessvorgaben zum Start

Start der Metaprozesse

Egal, welchen Entwicklungsstand eine Organisation hat, mit dem Modell des kleinschrittigen erprobenden Herantastens (➡Seite 26) ist sie in der Lage, sich systematisch weiterzuentwickeln, zu lernen und zu verbessern.

Aber wie kommt eine Organisation überhaupt dazu, dieses Modell in Betrieb zu nehmen und seine Anwendung zu beginnen?

Dieses Henne-Ei-Problem lösen wir dadurch, dass wir als Beraterinnen oder Initiatorinnen ganz konkrete Startpraktiken vorschlagen.

Dazu gehören in der Regel der Führungsmonitor (➡Seite 88) sowie wichtige kollegiale Entscheidungswerkzeuge (➡Seite 98).

Es gibt auch andere mögliche Startpraktiken. Viel wichtiger als die Frage, wie passend die Startvorschläge sind, ist die Tatsache, dass überhaupt konkrete Vorschläge existieren und dass diese eine Lern- und Weiterentwicklungsmöglichkeit enthalten oder um eine solche ergänzt werden.

Selbstorganisation statt Selbstüberlassung

Ohne konkrete Startpraktiken würde die Organisation in ein Vakuum geraten. Die Möglichkeit zur Selbstorganisation würde in die Selbstüberlassung münden. Die Kollegen wären heillos überfordert, da sie immer noch nicht wüssten, was sie tun und wie sie sich verhalten sollten, um sich selbst zu organisieren.

Selbstorganisation ist die Organisation des Selbst und nicht die Dominanz des Selbst über die Organisation.

Um unnötige gruppendynamische Prozesse zu vermeiden, beginnt die Selbstorganisation also mit einem Akt der Fremdorganisation. Das mag auf den ersten Blick paradox klingen, entscheidend ist jedoch, dass die (fremd) vorgeschlagenen Praktiken eine Lernschleife und damit die Anpassung auch der initialen vorgeschlagenen Praktiken beinhalten.

Wenn wir nur eine einzige Praktik zur Selbstorganisation vorschlagen dürften – wir würden die Retrospektive wählen.

Ganz konkret würden wir also als Beraterin der Organisation gegenübertreten und beispielsweise vorschlagen, für einen Zeitraum von ca. zwei bis drei Monaten einen Führungsmonitor auszuprobieren. Um dann nach Ablauf dieser Zeit und einer gemeinsamen Retrospektive (➡Seite 102) zu entscheiden, ob oder mit welchen Anpassungen der Führungsmonitor und die Selbstorganisation fortgesetzt werden sollen.

Die Startpraktiken, bspw. das Konzept des Führungsmonitors, müssen dabei gar nicht vorab geschult werden. Wir moderieren und leiten sie einfach an, demonstrieren sie und machen sie somit konkret erfahrbar.

Das Prinzip ist also, möglichst schnell etwas auszuprobieren, erfahrbar und schließlich bewertbar zu machen und erst dann die Entscheidung über eine Fortsetzung zu treffen.

Da die Kolleginnen der betroffenen Organisation, ebenso wie ihre bisherigen Führungskräfte, mit großer Wahrscheinlichkeit keine Expertinnen für agile und kollegial geführte Organisationen sind, ihnen Wissen und Erfahrungen hierzu fehlen, ist es hilfreich oder gar notwendig, dass zum Start eine vertrauenswürdige Expertin Vorschläge macht.

Vorab-Schulungen?

Eine Alternative zum einfach mal ausprobieren wäre, die Kolleginnen der betroffenen Organisation erst einmal zu schulen und sie zu befähigen, selbst kompetent Vorschläge zu entwickeln. Dieser Weg ist jedoch erheblich aufwändiger, er kostet mehr Zeit, Geld und Nerven und wird dennoch kaum ein besseres Ergebnis bringen.

Für ausgewählte Personen und Zielgruppen kann es im Einzelfall sinnvoll sein, Grundlagen, Begriffe, Fragen etc. in kleinen Workshops gemeinsam zu erarbeiten.

Eine kontinuierliche Lernbegleitung, mit der die beteiligten Kollegen ganz grundlegende kommunikative Grundfertigkeiten aufbauen können, halten wir hingegen für zweckmäßig (➡Seite 166). Ebenso die Schulung von internen Multiplikatoren zum Aufbau von Pools (➡Seite 113) oder des Selbstorganisationskreises (➡Seite 80).

Klare Startsituationen auch im Kleinen

Nachdem eine kollegial geführte Organisation(seinheit) zum Start einen kollegial gestaltbaren Rahmen erhalten hat (➡Seiten 40, 56), schlagen wir den Betroffenen grundlegende Prozess- und Strukturelemente zur Selbstorganisation vor. Neue Praktiken und Prinzipien leiten wir erfahrungsorientiert an und führen sie so ein.

Zusätzlich zum äußeren Rahmen erhält die betroffene Organisation(seinheit) also eine Start- und Ausgangssituation für die kollegiale Selbstorganisation.

Als (externe) Organisationsentwicklungsbegleiterinnen schlagen wir im Idealfall folgende Struktur- und Prozesselemente zur Erprobung vor:

- Moderationswerkzeuge wie den Führungsmonitor (Team-Board, Company-Board).
- Kommunikationsformate wie Retrospektiven und Diskussionsmarktplätze.
- Mit den Moderations- und Kommunikationsformaten verbundene regelmäßige Arbeitstreffen.
- Entscheidungswerkzeuge.
- Kreise, Pools, Praktikergruppen und Rollen zur strukturierten Verteilung von Führungsarbeit, beispielsweise Selbstorganisationskreis und Moderations-Pool.
- Kollegengruppen o. Ä. zur kollegialen Personalarbeit – unterstützt durch eine kontinuierliche Lernbegleitung zum Aufbau grundlegender kommunikativer Grundfertigkeiten.

In diesem Kontext ermuntern wir zur Erprobung von Kreisen, Rollen, regelmäßigen Arbeitstreffen und anderen Prozess- und Strukturelementen zur Gestaltung der operativen Arbeit.

Und auch innerhalb dieser Prozess- und Strukturelemente erhalten die betroffenen Organisationsmitglieder ganz konkrete Vorschläge.

- Jeder Kreis braucht einen Namen, einen Zweck, eine eindeutige Mitgliederliste, eine Mindestmenge von Rollen zur eigenen Selbstorganisation (u. a. Gastgeberin, Lernbegleiterin, Dokumentarin) und eine Mindestmenge von Arbeitstreffen bzw. Prozessen, um die grundlegende Arbeitsfähigkeit des Kreises zu gewährleisten (➡Seite 120).
- Ein Team-Board hat eine Menge bestimmter Spalten und Bereiche mit bestimmter Bedeutung.
- Kollegengruppen erhalten zum Start einen Leitfaden, eine Checkliste oder persönliche Anleitung sowie ein Coaching.

Mit diesen konkreten Vorschlägen vermeiden wir, dass Teams zu ihrer Selbstorganisation das Rad neu erfinden müssen. Gleichzeitig enthalten diese Startvorgaben Elemente zur kontinuierlichen Weiterentwicklung, mit denen sich die Teams von den Startvorschlägen loslösen und emanzipieren können.

Wir geben der Organisation ein Toolset, unterfüttern es mit einem minimalen Skillset und begleiten mit dem passenden Mindset.

Beispiel

Wir erinnern uns noch gut an die ersten Versuche zur Selbstorganisation in unserem damals eigenen Unternehmen oose, bei denen wir den Unterschied zwischen Selbstorganisation und Selbstüberlassung das erste Mal deutlich spürten.

Die Mitarbeiterinnen haben sehr weitgehende Freiheiten ohne praktische Grenzen erhalten, wurden damit allein gelassen und gerieten in eine Überforderung. Da klare Grenzen (➡Seite 56, Delegationsmatrix) fehlten, Metaprozesse (➡Seite 58 und 88, Kontextbrücke und Führungsmonitor) nur rudimentär existieren und Strukturelemente (➡Seite 104, Kreismodell) noch wenig erprobt waren, haben viele Kolleginnen aus Sorge, sie könnten etwas schädliches tun, lieber gar keine Führungsarbeit geleistet.

Und soweit es doch dazu kam, waren die Entscheidungen fast immer erheblich defensiver und vorsichtiger, als eine halbwegs erfahrene vorgesetzte Führungskraft sie getroffen hätte.

Damit Menschen in der Arbeitswelt Freiräume auch nutzen, benötigen sie Sicherheit und Vertrauen – ihnen einfach nur Freiräume zu geben, reicht bei weitem nicht aus.

Teil 2

Teil 2: Das Adaptionsmodell

Bei der schrittweisen Umstellung auf eine kollegial geführte agile Organisationsentwicklung sind zu verschiedenen Zeitpunkten typischerweise jeweils andere Aspekte wichtig oder hilfreich. Auch wenn jede Organisation ihre eigene Ausgangssituation und spezifische Absichten und Herausforderungen hat, so lassen sich doch typische Vorgehens- und Handlungsmuster erkennen.

Unsere Einsichten und Ideen hierzu haben wir zu einem Modell verdichtet, das wir in diesem Teil vorstellen.

Das Adaptionsmodell

Für die Einführung agiler Organisationsentwicklungsprinzipien haben wir in den letzten Jahren verschiedene Vorgehensweisen ausprobiert und deren Unterschiede erfahren.

Beispielsweise haben wir die Überforderungen und negativen Nebenwirkungen kennengelernt, die aus einer schlagartigen organisationsweiten Umstellung der Grundprinzipien resultieren können. Oder aus zu unspezifischen Rahmenbedingungen und zu großer Selbstüberlassung.

Aus diesen Erfahrungen heraus haben wir das hier beschriebene Modell entwickelt, dessen erste Version in dem Buch „Das kollegial geführte Unternehmen" erschien.

Begrifflichkeit und Zweck

Zu Beginn hatten wir es Übergangsmodell genannt (und entsprechend auch vom Übergangsteam und Ähnlichem gesprochen), was eine passende Bezeichnung ist, wenn man ein bestehendes Organisations- und Führungsmodell komplett durch ein neues ablösen möchte – was damit auch weiterhin möglich ist.

Die praktische Begleitung von Organisationen hat uns dann aber gelehrt, dass ein kompletter Wechsel oft nicht notwendig oder sinnvoll ist, sondern es vielmehr um die langfristige oder gar dauerhafte Koexistenz von verschiedenen Organisations- und Führungsmodellen geht.

Außerdem suggeriert der Begriff Übergang, dass es ein klares Ziel gibt, mit dessen Erreichung der Übergang abgeschlossen ist. Die Motivation zu agiler Organisationsentwicklung liegt ja aber gerade darin,

- sowohl die generelle Anpassungsfähigkeit (Agilität) einer Organisation zu erhöhen
- als auch einen ergebnisoffenen Prozess zu ermöglichen und nicht einen bestimmten oder gar vorgeplanten neuen Zustand zu erreichen.

Adaption (lateinisch „adaptare") bedeutet anpassen und deswegen sprechen wir mittlerweile vom Anpassungs- oder Adaptionsmodell.

Generisches Metamodell

Dieses Modell ist zudem auch ein Metamodell: Es beschreibt nicht die Anpassung an bestimmte neue Anforderungen, sondern generische Prozesse und Strukturen, um alle möglichen Anpassungen zu unterstützen. Der Weg ist hier das Ziel.

Dabei sind die Prozess- und Strukturelemente (beispielsweise Führungsmonitor ➧Seite 88, Kreiskonstitution ➧ Seite 120, Entscheidungsverfahren ➧ Seite 146) unseres Metamodells selbst weitgehend konkret. Während wir auf der operativen und organisatorischen Ebene kaum konkrete Vorschläge haben, basiert die Metaebene auf einer Reihe von guten und bewährten Praktiken und Werkzeugen, beispielsweise zur Entscheidungsfindung.

Agilität ist das Mittel – eine höhere Anpassungsfähigkeit ist der Zweck.

Weiterführendes

➧Das gegenüber abgebildete Adaptionsmodell ist eine verkürzte Zusammenfassung (damit es auf ein A4-Blatt passt) des Adaptionsmodells unseres Posters, das unter https://kollegiale-fuehrung.de/poster bestellt werden kann.

Modell – nicht Anleitung

Wie jedes Modell, so ist auch das hier beschriebene Modell eine Reduktion auf ausgewählte idealtypische Aspekte. Wir verstehen unser Adaptionsmodell als innere Landkarte und grobes Orientierungsmodell. Es ist weniger eine Anleitung, sondern individuell zu reflektieren und zu konkretisieren. Nichtsdestotrotz haben wir tatsächlich Organisationen begleitet, deren Vorgehen dem Modell sehr nahekamen.

Wichtiger als die Phasen und zeitlichen Aspekte sind die in dem Modell adressierten Grundprinzipien, die die wichtigsten unserer bisherigen praktischen Erfahrungen berücksichtigen:

- Die Vorbereitung beginnt mit der Klärung der Motivation und (Meta-)Ziele des Vorhabens bei der obersten Führungsebene der betroffenen Organisation(seinheit).
- Ebenfalls noch vorbereitend ist die Klärung, welche Rahmenbedingungen und Grenzen für die agile Organisationsentwicklung gelten, also was gestaltbar ist und was nicht.

Danach gelten die Grundprinzipien,

- in dialogischer Weise schrittweise und empirisch rückgekoppelt neue Führungs- und Organisationsprinzipien einzuführen,
- also die alte und die neue Welt eine Zeit lang oder gar dauerhaft parallel existieren zu lassen,
- dabei allen Beteiligten Klarheit darüber zu ermöglichen, wo welche Spielregeln gelten,
- von Anfang an das Sogprinzip zu etablieren
- und systematische Selbstbeobachtung und organisationales Lernen zu üben.

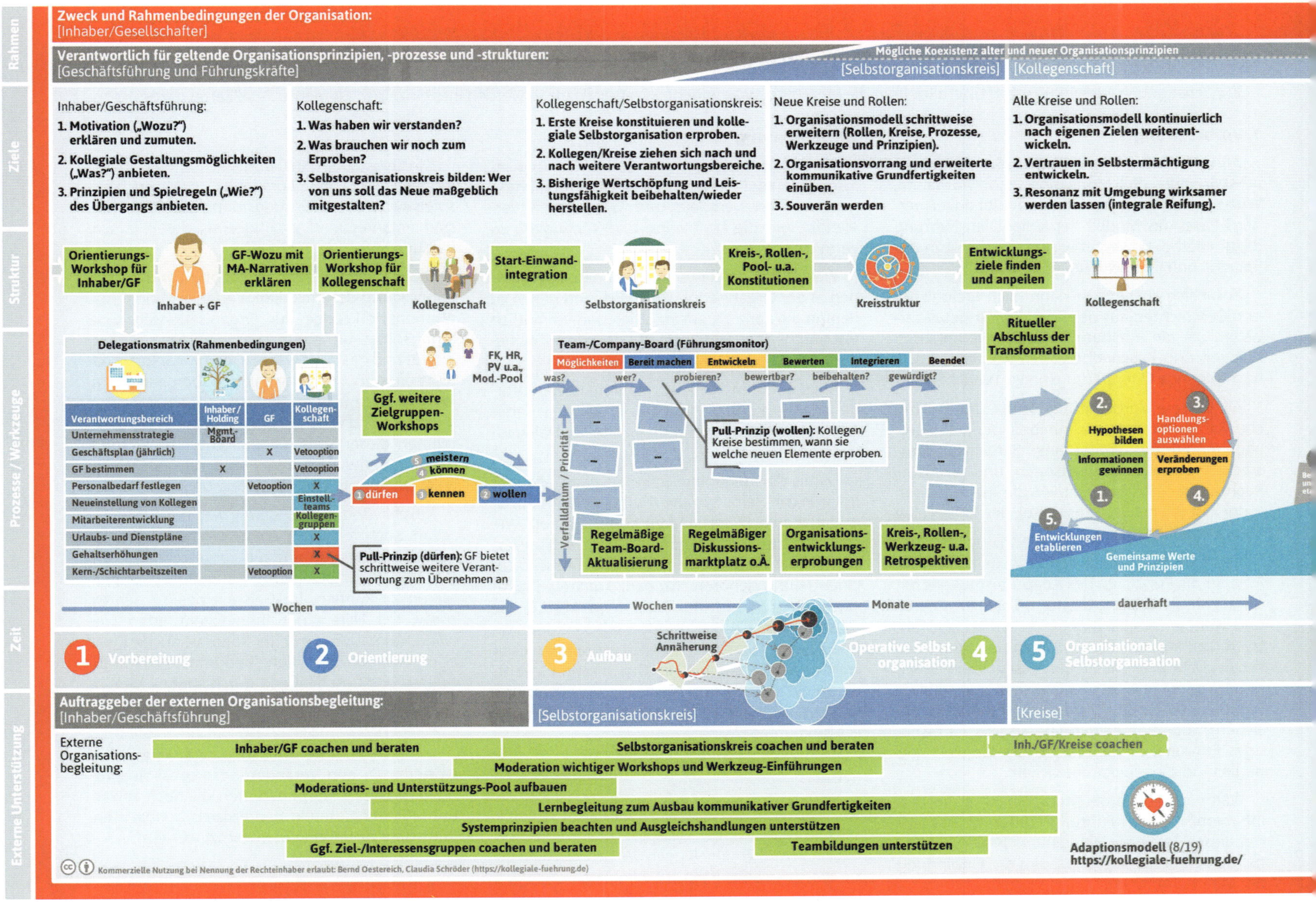

Rahmen
Ziele
Struktur
Prozesse / Werkzeuge
Zeit
Externe Unterstützung
Zweck und Rahmenbedingungen der Organisation:
[Inhaber/Gesellschafter]
Verantwortlich für geltende Organisationsprinzipien, -prozesse und -strukturen:
[Geschäftsführung und Führungskräfte]
Mögliche Koexistenz alter und neuer Organisationsprinzipien
[Selbstorganisationskreis]
[Kollegenschaft]
Inhaber/Geschäftsführung:
1. Motivation („Wozu?") erklären und zumuten.
2. Kollegiale Gestaltungsmöglichkeiten („Was?") anbieten.
3. Prinzipien und Spielregeln („Wie?") des Übergangs anbieten.
Kollegenschaft:
1. Was haben wir verstanden?
2. Was brauchen wir noch zum Erproben?
3. Selbstorganisationskreis bilden: Wer von uns soll das Neue maßgeblich mitgestalten?
Kollegenschaft/Selbstorganisationskreis:
1. Erste Kreise konstituieren und kollegiale Selbstorganisation erproben.
2. Kollegen/Kreise ziehen sich nach und nach weitere Verantwortungsbereiche.
3. Bisherige Wertschöpfung und Leistungsfähigkeit beibehalten/wieder herstellen.
Neue Kreise und Rollen:
1. Organisationsmodell schrittweise erweitern (Rollen, Kreise, Prozesse, Werkzeuge und Prinzipien).
2. Organisationsvorrang und erweiterte kommunikative Grundfertigkeiten einüben.
3. Souverän werden
Alle Kreise und Rollen:
1. Organisationsmodell kontinuierlich nach eigenen Zielen weiterentwickeln.
2. Vertrauen in Selbstermächtigung entwickeln.
3. Resonanz mit Umgebung wirksamer werden lassen (integrale Reifung).
Orientierungs-Workshop für Inhaber/GF
Inhaber + GF
GF-Wozu mit MA-Narrativen erklären
Orientierungs-Workshop für Kollegenschaft
Kollegenschaft
Start-Einwand-integration
Selbstorganisationskreis
Kreis-, Rollen-, Pool- u.a. Konstitutionen
Kreisstruktur
Entwicklungs-ziele finden und anpeilen
Kollegenschaft
Delegationsmatrix (Rahmenbedingungen)
Verantwortungsbereich | Inhaber / Holding | GF | Kollegen-schaft
Unternehmensstrategie | Mgmt.-Board | |
Geschäftsplan (jährlich) | | X | Vetooption
GF bestimmen | X | | Vetooption
Personalbedarf festlegen | | Vetooption | X
Neueinstellung von Kollegen | | | Einstell-teams
Mitarbeiterentwicklung | | | Kollegen-gruppen
Urlaubs- und Dienstpläne | | | X
Gehaltserhöhungen | | | X
Kern-/Schichtarbeitszeiten | | Vetooption | X
FK, HR, PV u.a., Mod.-Pool
Ggf. weitere Zielgruppen-Workshops
5 meistern
4 können
1 dürfen
3 kennen
2 wollen
Pull-Prinzip (dürfen): GF bietet schrittweise weitere Verantwortung zum Übernehmen an
Team-/Company-Board (Führungsmonitor)
Möglichkeiten
Bereit machen
Entwickeln
Bewerten
Integrieren
Beendet
was?
wer?
probieren?
bewertbar?
beibehalten?
gewürdigt?
Verfalldatum / Priorität
Pull-Prinzip (wollen): Kollegen/Kreise bestimmen, wann sie welche neuen Elemente erproben.
Regelmäßige Team-Board-Aktualisierung
Regelmäßiger Diskussions-marktplatz o.Ä.
Organisations-entwicklungs-erprobungen
Kreis-, Rollen-, Werkzeug- u.a. Retrospektiven
Ritueller Abschluss der Transformation
2. Hypothesen bilden
3. Handlungs-optionen auswählen
Informationen gewinnen
1.
Veränderungen erproben
4.
5. Entwicklungen etablieren
Gemeinsame Werte und Prinzipien
Wochen
Wochen
Monate
dauerhaft
Schrittweise Annäherung
1 Vorbereitung
2 Orientierung
3 Aufbau
4 Operative Selbst-organisation
5 Organisationale Selbstorganisation
Auftraggeber der externen Organisationsbegleitung:
[Inhaber/Geschäftsführung]
[Selbstorganisationskreis]
[Kreise]
Externe Organisations-begleitung:
Inhaber/GF coachen und beraten
Selbstorganisationskreis coachen und beraten
Inh./GF/Kreise coachen
Moderation wichtiger Workshops und Werkzeug-Einführungen
Moderations- und Unterstützungs-Pool aufbauen
Lernbegleitung zum Ausbau kommunikativer Grundfertigkeiten
Systemprinzipien beachten und Ausgleichshandlungen unterstützen
Ggf. Ziel-/Interessensgruppen coachen und beraten
Teambildungen unterstützen
Adaptionsmodell (8/19)
https://kollegiale-fuehrung.de/
Kommerzielle Nutzung bei Nennung der Rechteinhaber erlaubt: Bernd Oestereich, Claudia Schröder (https://kollegiale-fuehrung.de)

Grundlegende zeitliche Perspektive (Adaptionsphasen)

Zunächst geben wir einen kurzen Überblick über die einzelnen idealtypischen Phasen. Danach werden ihre einzelnen Elemente detaillierter dargestellt.

1. Vorbereitung

Als erstes hinterfragen und klären wir mit den Inhaberinnen die Motivation zum Vorhaben. Wozu soll die Organisation überhaupt agiler werden? Passt das Modell der kollegialen Führung dazu? Hierbei bewegen wir uns zunächst in der Sprache und Perspektive der Inhaber.

Zusätzlich suchen wir dann nach Ereignissen und Geschichten aus der Erlebniswelt der Mitarbeiter, die die Inhabermotivation exemplarisch belegen und beschreiben, weil wir dies für die nachfolgende Orientierungsphase brauchen.

Als weitere Vorbereitung ist der grundsätzliche Rahmen durch die Inhaber (oder entsprechenden Führungskräfte eines Bereiches) abzustecken: Welche Möglichkeiten und Grenzen, Rechte und Pflichten räumen die Inhaberinnen (oder obersten Führungskräfte) der kollegialen Selbstorganisation ein?

Bevor es dann weitergehen kann, sollten die Inhaber die Prinzipien des Adaptionsmodells mit seinen Möglichkeiten, Grenzen, Chancen, Kosten und weiteren Implikationen verstehen und unterstützen können. Die Auftraggeberinnen müssen der Mitarbeiterschaft ein ernst gemeintes Angebot vorlegen, einen verlässlichen und stabilen Rahmen und einen geschützten Lernraumes zusichern. Zudem müssen sie bereit sein, ihr bisheriges Führungsverständnis zu überdenken und begleitend zu weiterzuentwickeln.

Während die Vorbereitungsphase allein den Inhabern/obersten Führungskräften als Initiatoren dieses Prozesses gilt, geht es in der nun folgenden Orientierungsphase um die Einbindung der Mitarbeiterinnen.

2. Orientierung

Die Kollegenschaft wird über das Vorhaben informiert. Dabei werden die in der vorigen Phase gesammelten Beispiele und Geschichten verwendet, um die Motivation und Wichtigkeit zu vermitteln.

Weil dies nicht das erste Veränderungsvorhaben in der Organisation sein wird, sind gleich zu Beginn die ganz grundsätzlichen und vermutlich überraschenden Unterschiede (➡Seite 66) zu benennen.

Dazu gehören auch die geplante weitere Vorgehensweise und die von den Inhabern gegebenen Rahmenbedingungen (➡Seite 56, Delegationsmatrix).

Damit der gegebene Rahmen nicht abstrakt oder unklar bleibt (➡Seite 40, Innere Klarheit), ist er initial auszufüllen und zu konkretisieren: Wie soll die Entwicklung ganz konkret organisiert sein? Initial heißt hier: So wird angefangen. Zur Orientierung gehören also ganz konkrete Praktiken, Verfahren und Organisationswerkzeuge, die allesamt aus sich heraus oder in ihrer Kombination adaptierbar sind – die also weiterentwickelt werden können, damit die Organisation schrittweise die spezifischen Praktiken, Verfahren und Organisationswerkzeuge findet, die für sie nützlich sind.

Beispiel

Bei der Einführung kollegialer Führung im SBB Contact Center wurden Gestaltungs- und Orientierungshilfen als Empfehlungen der Geschäftsleitung zusammen mit den Rahmenbedingungen bereitgestellt.

Die Selbstadaptions- und Selbstentwicklungsmöglichkeiten der konkreten Praktiken (beispielsweise eines Führungsmonitors, ➡Seite 88) sind entsprechend wichtiger als deren initiale Passung.

Die Metaebene, also die Adaption und Weiterentwicklung der Praktiken, Verfahren und Organisationswerkzeuge zur Organisationsentwicklung, sollte von einem speziellen Kreis verantwortet und gestaltet werden, den wir Selbstorganisationskreis (➡Seite 80), Übergangsteam, Adaptionsteam oder ähnlich nennen. Wer dort mitmacht und welchen Gestaltungsauftrag und -rahmen dieser Kreis hat, sollte geklärt werden, bevor mit der nächsten Phase die eigentliche agile Organisationsentwicklung beginnt.

Abschließend ist zu klären, was der Kollegenschaft noch fehlt, um diese Rahmenbedingungen zu akzeptieren und die vorgestellten Struktur- und Prozesselementen zumindest ausprobieren zu können. Im Geiste eines Konsentes, bspw. mit Hilfe einer themenzentrierten Einwandintegration (➡Seite 156), versuchen wir also Einwände und offene Bedürfnisse zu identifizieren und anschließend durch weitere Vereinbarungen, Erläuterungen, Rahmenbedingungen und Vergleichbares zu integrieren.

Es reicht aus, wenn ausreichend viele Befürworterinnen den Veränderungsprozess ausprobieren wollen. Mitarbeiterinnen, die noch abwarten möchten, können den Prozess beobachten, ohne dass sie unter Druck gesetzt werden.

3. Aufbau und Entwicklung

Erst jetzt wird das alte Organisationsmodell schrittweise dadurch abgelöst oder ergänzt, dass Veränderungen erprobt und neue Strukturen, Prozesse, Regeln, Ziele und Prinzipien ausprobiert und aufgebaut werden – vor allem für die eigentliche Arbeit (operative Ebene).

Für alle zunächst unverändert bleibenden Bereiche, Themen und Organisationselemente gelten weiterhin die bisher existierenden Spielregeln und Verantwortlichkeiten. Hier bleiben die bisherigen Führungskräfte unverändert in ihrer Verantwortung.

Für neue Elemente hingegen sind ganz andere Führungsprinzipien vorstellbar und möglich. Somit kommt es zur Koexistenz verschiedener Organisations- und Führungsparadigmen. Der in der vorigen Phase konstituierte Selbstorganisationskreis wird nun aktiv und führt und koordiniert die Erprobung des Neuen.

Die ersten neuen Elemente können ganz unterschiedlicher Art sein, wie die Wartung von Maschinen neu zu organisieren, neue Lieferanten zu suchen, die Einsatzplanung an einen neuen Kreis zu delegieren, eine Rolle zur regelmäßigen Organisation einer Retrospektive zu kreieren, ein Neueinstellungsteam zu gründen oder eine Abteilung in einen Kreis zu überführen.

4. Operative Selbstorganisation

An der operativen Selbstorganisation (*im* System arbeiten) sind prinzipiell alle Kollegen beteiligt und alle können diese mitentwickeln. Die organisationale Ebene (*am* System arbeiten) würden wir zunächst dem Selbstorganisationskreis vorbehalten.

Wenn beispielsweise ein Wertschöpfungsteam seine operative Arbeit im bestehenden Rahmen intern anders verteilen möchte, kann es dies einfach tun. Wenn jedoch neue Kreise oder neue übergreifende Rollen konstituiert werden sollen oder neue Entscheidungswerkzeuge im Plenum ausprobiert werden sollen, sollten diese Entscheidungen dem Selbstorganisationskreis vorbehalten bleiben.

Bis zur Phase der operativen Selbstorganisation sehen wir die *Umstellung* auf agile Organisationsentwicklungsprinzipien als noch nicht abgeschlossenen Prozess an. Selbstverständlich entwickelt sich die Organisation in der Phase der operativen Selbstorganisation bereits agil weiter. Der Fokus liegt aber darauf, dies einzuüben, und die Frage ist: Wann ist die Umstellung abgeschlossen? Oder auch: Wann ist eine Organisation agil? Wann ist eine kontinuierliche agile Organisationsentwicklung etabliert?

Als Kriterium hierfür empfehlen wir, die Selbstlernfähigkeit der Organisation zu verwenden: Hat die Organisation bereits ausreichend beweisen können, dass sie aus ihren selbstinitiierten Entwicklungen selbständig lernen kann?

Haben die Organisationsmitglieder ohne äußere Initiative eigenen Entscheidungen und Veränderungen kritisch beobachtet, Erkenntnisse gewonnen und daraus gelernt? Wenn die Antworten hierzu erkennen lassen, dass das Lernen eher die Regel als die Ausnahme ist, dann scheint die Selbstorganisation stabil verankert.

5. Organisationale Selbstorganisation

Wichtige Kriterien, die den Übergang in diese Phase markieren:

- Finden systematisch Retrospektiven und Bewertungen zu Veränderungsexperimenten statt?
- Ist allen Beteiligten klar, wer für die Organisation des Lernens zu welchen Themen oder Bereichen zuständig ist, wer beispielsweise zu entsprechenden Veranstaltungen einlädt?
- Gelingt es der Organisation sicher genug, diese Lernschleifen ohne externe Initiativen (bspw. Erinnerungen durch externe Beraterinnen) zu durchlaufen?

Ein weiteres wichtiges Kriterium ist die nachweisbare Fähigkeit zum Organisationsvorrang:

- Werden persönliche und individuelle Interessen in der Organisationsentwicklung von den Interessen der Organisation unterschieden?
- Kann die Organisation den Organisationsinteressen Vorrang geben und egoistische Interessen und Bedürfnisse unterbinden, die keinen Nutzen für die Organisation haben?

Ziel ist es, dass die Organisationsmitglieder eigenständig und proaktiv miteinander ihre Organisation stetig weiterentwickeln können, gerade wenn von außen keine Initiativen, Erinnerungen oder Impulse mehr kommen.

Mit dem Übergang in die organisationale Selbstorganisation verändert sich auch die Aufgabe des Selbstorganisationskreises, der bislang bei der Einführung neuer Prinzipien eine besondere Rolle gespielt hat.

Die Rolle der (externen) Organisationsbegleitung

Die kollegial geführte agile Organisationsentwicklung verläuft ergebnisoffen, empirisch rückgekoppelt und nach dem Sogprinzip. Längerfristige Projektpläne und Interventionsarchitekturen passen wenig dazu.

Die eigentliche Organisationsentwicklung hat die Organisation selbst zu leisten, weswegen wir aus der Beratungsperspektive auch weniger von Organisationsentwicklung, sondern von Organisationsbegleitung sprechen.

Dieses Vorgehen fordert von Organisationsbegleiterinnen, die möglicherweise bislang eher klassisch vorgegangen sind, eine ganz neue Herangehensweise. Der Veränderungsprozess und die Kundenbeziehungen werden anders gestaltet. Diese Umstellung wird häufig unterschätzt, weil nicht nur Wissen und Fertigkeiten aufzubauen sind, sondern eine neue Haltung (➡Seite 17) einzuüben ist.

Auf dem Weg dahin kommt es immer einmal zu Rückgriffen auf alte Handlungsmuster. Die externen Organisationsbegleiter orientieren sich dann doch wieder an einem festen Zielbild und übernehmen Verantwortung für die Erreichung bestimmter inhaltlicher Ergebnisse, statt die Spannung auszuhalten und die Verantwortung bei den Organisationsmitgliedern zu belassen.

Doppelkompetenz: Prozess- und Fachberatung – Selbstverständnis/Haltung

Eine weitere Besonderheit unserer Vorgehensweise ist, dass wir als externe Begleiterinnen nicht allein auf der Prozessebene arbeiten, sondern immer auch als fachliche Experten für kollegiale Führung und agile Organisationsentwicklung, was transparent gemacht werden sollte. Nicht immer verfügen wir über diese Kompetenzen in Personalunion, sodass wir häufig zu zweit arbeiten. Dann kann eine Person eher die Expertenberatung übernehmen und die andere mehr auf der Prozessebene arbeiten. Der eigentliche Veränderungsprozess ist von den Mitgliedern der begleiteten Organisation selbst zu leisten.

Selbstorganisation beginnt mit (Fremd-) Organisation

Die Expertenberatung beginnt frühzeitig im Prozess. Um ein Henne-Ei-Problem zu vermeiden und um keine unnötigen sozialen Dynamiken anzustoßen, beginnen wir die Selbstorganisation mit von uns eingebrachten konkreten Struktur- und Prozessvorschlägen.

Das mag paradox klingen, ist aber für uns ein sinnvolles Vorgehen, um ein günstigeres Entwicklungsumfeld zu kreieren. Es ist Teil unseres Adaptionsmodells.

Ausprobieren statt schulen

Als externe Organisationsbegleiterinnen sorgen wir zu Beginn dafür, dass ein grundlegendes gemeinsames Verständnis wichtiger Konzepte und Begriffe entsteht – allerdings mehr in dialogischer Weise und ohne große Schulungen. Wir fragen und klären, was die Organisationsmitglieder noch benötigen, um bestimmte von uns vorgeschlagene Praktiken und Prinzipien für ein, zwei oder drei Monate auszuprobieren. Wir leiten sie an,

- etwas einmal auszuprobieren,
- sich dann eine eigene Meinung zu bilden und
- erst dann, soweit es dann überhaupt noch notwendig ist, Erklärungen nachzureichen, beispielsweise wie ein Entscheidungsverfahren heißt und im Detail funktioniert.

Mit etwas Verzögerung erfolgt dann noch eine weitere Reflexionsschleife – aus der sich ggf. weiterer Unterstützungsbedarf ergibt.

Selbstverständlich handelt es sich bei unseren Ausprobiervorschlägen um Metaprozesse und -strukturen oder um Praktiken, die von sich aus Lern- und Anpassungsschleifen beinhalten. Wir sagen den Kolleginnen also beispielsweise nicht, was genau sie tun müssen, um eine neue Kollegin einzustellen oder den Schicht-, Dienst- oder Urlaubsplan aufzustellen, sondern leiten sie an, wie sie hierzu ins Ausprobieren, Reflektieren und Entscheiden kommen. Bei herausfordernden Anliegen coachen wir die betroffenen Kolleginnen zudem punktuell.

Pragmatismus: Einfache und voraussetzungsarme Praktiken

Diese hebammenartige Vorgehensweise ist aus unserer Sicht sinnvoll und notwendig, weil sonst die Kollegenschaft erst einmal die Kompetenz über entsprechende Organisationselemente erwerben müsste. Die Kolleginnen bräuchten Schulungen und würden quasi zu Organisationsentwicklerinnen oder Führungskräften ausgebildet. Sie sind aber Buchhalterin, Entwicklerin oder Marketingfachfrau geworden, weil ihnen diese Arbeit Spaß macht und nicht, weil sie unbedingt selbst neue Kolleginnen einstellen, sich mit soziokratischen Kreismodellen oder kollegialen Gehaltsanpassungen beschäftigen wollten. Stattdessen stehen wir als externe Organisationsbegleiterinnen beratend und coachend zur Verfügung.

Die kulturelle Bodenbeschaffenheit, beispielsweise die Gesprächskultur, der Reifegrad der Sozialkompetenzen, die Fähigkeit, wertschätzend Konflikte zu führen, Feedback zu geben usw., ist in vielen Unternehmen mit ganz normalen Mitarbeiterinnen nicht ohne Weiteres ausreichend für anspruchsvolle Praktiken. Auch stehen oftmals die zeitlichen Möglichkeiten gar nicht zur Verfügung.

Daher ist es wichtig, möglichst einfache, niederschwellige, effiziente und unmittelbar anschlussfähige Praktiken zur Selbstorganisation zu finden. Als Probierelemente eignen sich die Delegationsmatrix, die Kontextbrücke, der Führungsmonitor und die Wahlverfahren Aus der Mitte wählen, Kollegiale Rollenwahl, Widerstandsabfrage. Ebenso geeignet sind viele Mikrowerkzeuge (Workhacks) (➡Seite 225).

Ergebnisoffene Anpassung an veränderte Herausforderungen mit dem Sogprinzip

Des Weiteren können wir uns eine agile Selbstorganisation ohne ein wirksames und konsequentes Sogprinzip gar nicht vorstellen. Eigenverantwortung entsteht in Unternehmen dadurch, dass Menschen in direkten Kontakt mit geschäftlichen Herausforderungen kommen und diese unmittelbar spüren können. Es muss ihnen möglich sein, in Resonanz mit dem Markt zu treten. Die Organisationsmitglieder müssen sich an externen Referenzen orientieren können. Sobald Führungskräfte oder Zentralabteilungen dazwischengeraten und die Kunden- und Marktherausforderungen lediglich vermittelt oder nur interne Bezugspunkte gesetzt werden, wird es nur bedingt zur nachhaltigen Selbstorganisation kommen.

Das Tempo, die Auswahl der Veränderungen und Experimente, die Beurteilung und Meinungsbildung dazu und die Entscheidungen über ihre Beibehaltung oder Fortsetzung liegen bei der betroffenen Kollegenschaft und bedingen neue Kommunikationsformate (Runden, Diskussionsmarktplatz, vertieftes Zuhören etc.), um qualitativ sinnvolle Entscheidungen vorbereiten und treffen zu können. Dies ist ein grundsätzlich anderes Vorgehen als in den meisten hierarchisch plangetriebenen Change-Projekten.

Als Folge dieses Sogprinzips ist auch offen, wie weit die Selbstorganisation adaptiert wird. Manchmal reichen die Veränderungen dann nicht sehr weit, was man als Scheitern oder eben maximal genutzte Möglichkeit betrachten kann.

Begleitung der Inhaberschaft – Sparringspartnerschaft auf Metaebene

Bereits in der Anbahnung des Auftrags sind die gegenseitigen Erwartungsbilder an die Begleitung zu klären und ein gemeinsames Verständnis herauszuarbeiten. Auftraggeber gehen manchmal irrtümlich davon aus, man könne Selbstorganisation einkaufen oder als „organisatorisches Betriebssystem implementieren".

Eine rein intellektuelle Auseinandersetzung hierzu im Auftraggeberkreis halten wir für unzureichend. Wir begleiten die Einführung ausschließlich hierarchisch von oben nach unten. Erst das eigene Erleben und Spüren neuer Prinzipien führt zu einer belastbaren Sicherheit. Besonders das mittlere Management würde stärker verunsichert, wenn sich die Agilität von unten ausbreiten würde.

Den Lernprozess auf oberster Ebene begleiten wir in der Praxis kontinuierlich durch Coaching, Metaprozess-Reflexionen und Retrospektiven. Wir verstehen uns als Sparringspartner unserer Auftraggeber, die ihre Interventionen stets am Organisationsnutzen ausrichten sollten. Wir spiegeln Beobachtungen und Thesen in Anwendung der Systemprinzipien, insbesondere des Basisprinzips Verzicht auf Leugnung (➡Seite 185).

Wichtige Einsichten

Unsere wichtigsten Einsichten dazu, welche Kompetenzen und Vorgehensweisen was für eine pragmatische Organisationsbegleitung notwendig sind:

- Eine verinnerlichte Doppelkompetenz auf Prozess- und Expertenebene mit dem entsprechenden Selbstverständnis dazu.
- Klare Prozess- und Strukturvorschläge zum Start durch die externen Organisationsbegleiterinnen.
- Begleitung der Metaebene, als Spiegel fungieren (Verzicht auf Leugnung).
- Einübung und Erprobung in der bestehenden Hierarchie von oben nach unten.
- Kleinschrittiges, erprobendes Herantasten.
- Schrittweise, langsame und partielle Einführung (statt schlagartig und unternehmensweit).
- Daraus resultiert eine übergangsweise (oder auch dauerhafte) Koexistenz verschiedener Führungssysteme.
- Wie jede grundsätzliche Änderung wird die Organisation für einige attraktiver und für andere unpassender, was zu einer entsprechenden Fluktuation führt.
- Wenig bis keine Vorab-Schulungen, sondern Lernen durch Ausprobieren.
- Einfache Praktiken ohne große kulturelle Voraussetzungen (Arbeit am System, nicht am Menschen).
- Eher kurze (oft stunden-/halbtagsweise) punktuelle externe Unterstützungsleistungen, wenn Bedarf erkannt wurde.
- Sich der Organisation und deren Zweck verpflichtet fühlen, statt bestimmten Führungskräften.

Beim nächsten Führungskräftewechsel ist alles wieder weg …

In einem international tätigen produzierenden Unternehmen wurden kollegiale Kreisstrukturen in einem einzelnen Unternehmensbereich eingeführt. Dabei wurden auch kulturelle Eigenheiten bestimmter Regionen berücksichtigt, beispielsweise in China und Asien.

Über einen Zeitraum von ein bis zwei Jahren wurden schrittweise neue Struktur- und Prozesselemente adaptiert und erste kulturelle Entwicklungen sichtbar.

Dann kam oberhalb dieses Bereiches eine neue Führungskraft, die mit diesen Prinzipien nicht viel anzufangen wusste und wieder auf traditionelle Führungs- und Organisationsprinzipien zurückging. Die bisherigen Organisationseinheiten in diesem Bereich wurden nun nach anderen Kriterien geschnitten. Die vorhandene Kreisstruktur war damit obsolet.

Dieses Beispiel ist durchaus typisch für die Nachhaltigkeit organisatorischer Veränderungen in großen Organisationen mit öfter wechselnden angestellten Führungskräften der mittleren Ebene. Inhaber- und familiengeführte Unternehmen hingegen agieren tendenziell langfristiger ausgerichtet.

Die Rolle der Inhaberschaft

In allen uns bekannten und erfolgreichen Beispielen haben letztendlich die Inhaberinnen oder Geschäftsführerinnen des Unternehmens die Initiative ergriffen und entschieden, das Unternehmen künftig kollegial selbstorganisiert führen zu lassen.

Das ist einerseits naheliegend und selbstverständlich, denn zu den wesentlichen Aufgaben der Gesellschafterinnen eines Unternehmens gehören

- die Auswahl und Bestellung der Geschäftsführung,
- die Festlegung von Zustimmungspflichten durch die Gesellschafter in der Satzung und in den Geschäftsführerverträgen,
- die Schaffung von verbindlichen Rahmenbedingungen in der Satzung des Unternehmens.

Andererseits mag es paradox erscheinen, dass ausgerechnet die mächtigste Entscheidungsinstanz die Verteilung und Begrenzung ihrer Macht beschließen soll.

Vor allem im zeitlichen Verlauf wirkt der Kontrast widersprüchlich: Die Entscheidung zur Selbstorganisation ist fremdbestimmt. In einem Moment treffen die Inhaber zusammen mit der Geschäftsführung eine mehr oder weniger disruptive Entscheidung zur Selbstorganisation, was dann zur Folge hat, dass sie selbst bereits im nächsten Moment, soweit sich die Kollegenschaft die Verantwortung zieht, keine Entscheidungen mehr treffen.

Anders geht es aber nicht, schon aufgrund rechtlicher Gegebenheiten. Tatsächlich entsteht mit unserem Modell jedoch keine schlagartige Veränderung. Die Inhaberinnen geben lediglich den Startschuss zu einem schrittweisen Herantasten. Und mit Hilfe der im Folgenden beschriebenen Kontextbrücke entsteht die Möglichkeit zu einem vertrauensvollen Gestaltungsprozess für das Neue.

Weiterführendes

➧40 Klare äußere Rahmenbedingungen
➧36 Ziehende Entwicklung (Sogprinzip)
➧58 Kontextbrücke

Und in Großunternehmen?

Wenn in einer größeren Organisation nur in einem Teilbereich andere Führungs- und Organisationsprinzipien ausprobiert oder verankert werden sollen, sind die Unternehmensinhaber vermutlich nicht mehr die passende Instanz. In diesem Fall nehmen wir die nächsthöhere Führungskraft oberhalb des betroffenen Bereiches als „Inhaber".

Selbstverständlich kann es sinnvoll sein, eine kollegiale Führung erst in einem Teilbereich eines Unternehmens auszuprobieren – aber auch dabei ist die Frage zu stellen, ob dieses Experiment die Rückendeckung der obersten Führung hat, von dieser verstanden worden ist und Teil einer unternehmensweiten Grundsatzentscheidung ist. Oder ob dies nur eine mehr oder weniger geduldete Kuriosität oder Insel der Glückseligen im Gesamtkontext ist.

Querverweise

➧173 Skalierungsprinzipien – große Organisationen und Holdingstrukturen
➧70 Einbindung der Mitarbeitervertretung
➧86 Transformationsstrategien

Orientierung für die Inhaber

Damit die Inhaberinnen darüber entscheiden können, ob und wie weit neue Führungs- und Organisationsprinzipien in ihrem Unternehmen eingeführt werden sollten, benötigen sie eine grundlegende Orientierung.

Hierfür veranstalten wir in der Regel einen 4 bis 8-stündigen Orientierungs-Workshop, in dem erste Prozess- und Strukturideen ausgetauscht werden.

Teilnehmerkreis

Den Teilnehmerkreis versuchen wir klein zu halten (maximal 12 Personen), wobei die Teilnehmerinnen von der Auftraggeberin bestimmt werden. Infrage kommen meistens (in folgender Priorität) folgende Personen:

- Vertreterinnen aus der Gesellschafterversammlung.
- Geschäftsführung.
- Vertraute der Inhaber oder Geschäftsführung, Mitglieder eines Beirates oder Aufsichtsrates, Familienmitglieder bei Familienunternehmen.

- Geschäftsführungsassistenz, thematisch verbundene Stabsstellen, oberste Führungskräfte, Mitglieder der internen Organisationsentwicklung.
- Personalrätin, HR-Mitarbeiterin.

Vorbereitung

Vorab erhalten die Teilnehmerinnen etwas Lesestoff zu grundlegenden Begriffen und Konzepten und dazu die Aufgabe, mit einer Kollegin zusammen zu klären: Was davon habe ich verstanden? Der genaue Inhalt des Lesestoffs ist von den konkreten Personen, Vorkenntnissen, Branchen etc. abhängig.

Diese Art der Vorbereitung erscheint den Teilnehmerinnen der obersten Führungsebene manchmal ungewohnt – und ist dann schon eine erste Intervention.

Workshop

Im Workshop selbst bearbeiten wir dann folgende Fragen:

- Was ist die Motivation der Teilnehmerinnen, kollegiale Führungsprinzipien nutzen zu wollen? Dabei unterscheiden wir die folgenden Perspektiven:
    - Was ist meine Motivation in meiner Rolle, bspw. Inhaberin-Geschäftsführerin?
    - Wozu benötigt die Organisation kollegiale Führungsprinzipien? In welcher Weise wird dadurch der Zweck der Organisation unterstützt?
    - Was ist meine ganz persönliche Motivation?

  Die Antworten sammeln wir, beispielsweise in der nebenstehend abgebildeten Struktur.
- Klärung grundlegender Begriffe und Konzepte: Was ist eine agile Organisation, was ist agile Organisationsentwicklung, was kollegiale Führung und was nicht? Wie sieht eine idealtypische Einführung aus? Welche Rollen und Kreise sind daran beteiligt? Welche Rolle habe ich als Inhaberin, welche Funktion hat das Selbstorganisationsteam?
- Wie kann ein solcher Veränderungsprozess speziell in meinem Unternehmen ablaufen? Welche Pilotprojekte und Anwendungsbereiche würden sich zum Start eignen?
- Was wäre ein erster Entwurf einer Organisationslandkarte (vor allem in Bezug auf mögliche Pilotprojekte)?
- Welche Ziele sind in welcher Zeit und mit welchem Aufwand realistisch erreichbar?
- Welche Voraussetzungen und Rahmenbedingungen sollten dafür gegeben sein?
- Welche Risiken und sozialen Dynamiken können auftreten und welche Vorbereitungen sind hierzu sinnvoll?
- Welche Ressourcen sind in meiner Organisation bereits vorhanden und nutzbar? Welche weiteren Ressourcen wären zu erschließen?
- Welche Personen sollten in einem Selbstorganisationskreis bzw. Adaptionsteam vertreten sein? Wie werden Mitarbeiterschaft, Führungskräfte, Personalrat und andere vertrauensvoll beteiligt?

Idealerweise veranstalten wir den Workshop verteilt auf zwei Tage (ein Nachmittag plus ein Vormittag), um über Nacht vertiefende Fragen und Einsichten reifen lassen zu können.

Ende nach Orientierungs-Workshop

In einem mehrere hundert Mitarbeiter zählenden und auf mehrere Standorte verteilten produzierenden Unternehmen war es dem Geschäftsführer gelungen, das Unternehmen aus einer ernsten wirtschaftlichen Krise zu führen.

Das Buch „Reinventing Organizations" von Frédéric Laloux berührte ihn und ließ in ihm die Vision reifen, sein Unternehmen in diese Richtung zu entwickeln. Nach einem Orientierungs-Workshop mit den obersten Führungskräften versandete dann aber der weitere Prozess, was möglicherweise auch daran lag, dass die von uns gestellte Wozu-Frage nicht schlüssig zu beantworten war.

Was genau sollte der Nutzen für die Organisation sein? Oder ging es eher um eine neue Herausforderung für den Chef selbst?

Ausfall einer Führungskraft

In einem anderen Fall fiel eine Top-Führungskraft von einem Tag auf den anderen für unbestimmte Zeit aus.

Der Inhaber sprang ein, erklärte, dass er den Bereich nur übergangsweise führen könne, da er in der Holding genug zu tun hätte, und fragte die Kollegenschaft, ob sie es (mit externer Hilfe) ausprobieren möchten, sich selbst kollegial zu führen, und was sie dazu bräuchten. Das Warum und Wozu war in diesem Beispiel von Anfang an klar.

Motivation der Inhaber klären

Bevor eine kollegiale geführte agile Organisationsentwicklung in einem Unternehmen gestartet wird, hat die oberste Führung des Unternehmens die Aufgaben,

- zu klären und vermitteln, warum ein adaptives Organisationsentwicklungsmodell sinnvoll ist,
- die neuen Führungsprinzipien selbst zu verstehen, um die Bedeutung und möglichen Veränderungen einschätzen zu können, und
- den Rahmen abzustecken, was künftig kollegial gestaltbar sein soll und was nicht oder ab wann.

Warum überhaupt?

Der Wunsch der Inhaberinnen und Geschäftsführerinnen nach einem agilen Organisationsmodell wird bei der Kollegenschaft sofort Fragen nach den Gründen auslösen. Als Allererstes sollten die Inhaber also ihre Motivation ergründen. Dabei werden die einzelnen Inhaberinnen und Geschäftsführerinnen einerseits sehr individuelle und meistens auch persönliche Gründe haben, andererseits auch Gemeinsamkeiten entdecken.

Neben den vielen sachlichen und zumeist abstrakt klingenden Gründen für eine Umstellung (Zukunftsfähigkeit des Unternehmens sichern usw.) achten die Mitarbeiterinnen meistens sehr aufmerksam auf die persönlichen Gründe.

Ausschließlich rationale Argumente auf einer Sachebene anzubieten, wird viele Kollegen nicht befriedigen. Deswegen sollten Inhaber in sich hineinspüren, was sie hierzu antreibt und welche Hoffnungen und Sorgen sie leiten. Diese Gefühle sollten den Mitarbeitern ebenso zugemutet werden wie die sachlichen und rationalen Gründe.

Systemische Einzel- und Gruppen-Coachings der Inhaber und Geschäftsführer sind ein mögliches unterstützendes Mittel, die notwendige Klarheit zu gewinnen und verständlich kommunizieren zu können.

Manchmal helfen auch ein paar Tage Kloster, wie Bodo Janssen (Inhaber der Hotelkette Upstalsboom) berichtet [Janssen 2016].

Typischerweise können nicht alle Gründe von den Mitarbeitern nachvollzogen werden, denn sie leben als Angestellte normalerweise in einem anderen sozialen und wirtschaftlichen Kontext als ein Inhaber – gerade, wenn es um die mögliche Last von Verantwortung geht. Auch wenn nicht alles von jedem verstanden werden kann, so ist es völlig legitim, wenn sich Inhaber mit ihren Gründen zumuten.

So wie Angestellte ihre individuellen Interessen, Bedürfnisse oder ihre aktuelle persönliche Verfassung ihrem Arbeitgeber zumuten, so dürfen auch die spezifischen Bedürfnisse der Inhaber Raum finden. Der Zweck der Organisation als Gemeinschaftsinteresse steht dabei stets über den individuellen Interessen. Einzelbedürfnisse dürfen nicht das Gesamtsystem dominieren – das gilt für Mitarbeiterinnen ebenso wie für Inhaberinnen.

Nichtsdestotrotz können die Konsequenzen höchst unterschiedlich sein: Wenn ein Mitarbeiter sein Leben grundsätzlich ändern möchte, kann er kündigen, er ist weitgehend für sich selbst verantwortlich. Wenn ein Inhaber-Geschäftsführer hingegen entscheidet, das Unternehmen zu verlassen, kann das die Existenz und Zukunftsfähigkeit der Organisation insgesamt bedrohen und Unsicherheiten für viele andere Menschen auslösen. Für die Betroffenen ist es deswegen sehr relevant, die Gründe zu verstehen.

Weiterführendes

➡62 Interne Kommunikation

Rahmenbedingungen, Dauer und Kosten klären

Rahmenbedingungen

Notwendige Rahmenbedingungen lassen sich systematisch durch negatives Denken gewinnen: Was muss passieren, dass das neue Modell scheitert? Die Antworten darauf führen zu den Inhalten der Rahmenbedingungen. Ansonsten gilt: Was nicht verboten ist, ist erlaubt.

Folgende Fragen haben die Inhaberinnen zusammen mit der Geschäftsführung zu beantworten:

- Was soll kollegial gestaltbar sein und was nicht?
- Welche Möglichkeiten und Grenzen, Rechte und Pflichten räumen die Inhaber der (Geschäfts-) Führung ein? Welche der Kollegenschaft? Was darf entschieden werden? Was bedarf welcher Zustimmung?
- Wie kann das kollegial Gestaltbare von dem nicht Gestaltbaren unterschieden werden? Welche Unterscheidungen, Regeln, Kriterien, Heuristiken, Zuständigkeiten, Prinzipien, Werte u. Ä. sollen hierfür gelten?
- Was muss passieren, damit die kollegiale Führung scheitert?

Beispielsweise könnten Erwerb und Veräußerung von Unternehmensbereichen, Anmietung von Geschäftsräumen, Standortwechsel, Expansion ins Ausland, Verträge und Verpflichtungen über 100.000 Euro u. Ä. den Inhaber-Geschäftsführern vorbehalten bleiben.

Vielleicht müssen aber auch solche Entscheidungen gar nicht konkret aufgelistet werden, sofern die Inhaber (wie ggf. alle anderen auch) an entscheidenden Stellen Vetomöglichkeiten haben – beispielsweise wenn im Plenum oder in einem obersten Führungskreis mit Vetomöglichkeit entschieden wird und eine Inhaberrepräsentantin dort garantiert Mitglied ist.

Das Ergebnis dieses Klärungsprozesses ist eine Delegationsmatrix, wie wir sie auf den folgenden Seiten näher beschreiben (➡Seite 56).

Die Entwicklung der Rahmenbedingungen nimmt Zeit und zu Beginn des Veränderungsprozesses möglicherweise mehrere Gespräche in Anspruch, bis ein ausreichend guter Stand erarbeitet wurde. Im weiteren Verlauf wird sich diese Delegationsmatrix weiterentwickeln, mit neuen Punkten füllen, ergänzen und verfeinern.

Während zu Beginn noch Beraterinnen die Auftraggeberschaft bei der Skizzierung unterstützen, wird die Berücksichtigung und Aktualisierung der Rahmenbedingungen in die interne Organisationsentwicklung bspw. an den Selbstorganisationskreis oder eine vergleichbare Rolle übergeben. Eine aktuelle Version sollte ständig beim Company-Board verfügbar sein.

Was kostet der Übergang?
Wie lange dauert der Prozess?

Die voraussichtliche Dauer, und damit auch die zu kalkulierenden Kosten hängen von vielen verschiedenen Faktoren ab, vor allem von den vorhandenen kulturellen, organisatorischen und personellen Voraussetzungen. Nichtsdestotrotz lassen unsere bisherigen Erfahrungen auf einen Zeitraum von mindestens zwei Jahren schließen.

Um die voraussichtlichen Kosten etwas näher schätzen zu können, verwenden wir folgendes Schema:

- Coaching und Beratung der Auftraggeberin und Geschäftsführung: 1 – 3 Termine pro Monat je 1 – 4 Stunden.
- Kontinuierliche Lernbegleitung der gesamten betroffenen Kollegenschaft (inkl. Führungskräfte) in Lerngruppen zu 6 – 12 Teilnehmerinnen mit 3 – 8 Modulen je ca. 4 – 5 Stunden, verteilt auf 3 – 12 Monate.
- Zielgruppenspezifische Orientierungs- oder Einführungs-Workshops von 4 - 8 Stunden Dauer für ca. 2 – 4 verschiedene Zielgruppen.
- Coaching und Beratung des oder der Selbstorganisationskreise mit 1 – 2 Terminen pro Monat und Selbstorganisationskreis von jeweils 2 – 6 Stunden Dauer.
- Weitere einmalige Workshops oder Großgruppenveranstaltungen beispielsweise zur internen Kommunikation, Einwandintegration etc.
- Initiale Unterstützung der Team-Board-Moderation, bspw. 1 – 2 Stunden pro Woche und Team-Board inkl. Vor- und Nachbereitung für die ersten 10 – 20 Termine.
- Ausbildung der Mitglieder eines Moderations-Pools mit 2 – 6 Terminen je ca. 4 Stunden.

Letztendlich verwenden wir die in der oberen Hälfte unseres Posters bzw. des Adaptionsmodells (➡Seite 46) genannten Workshops und Begleitungsmaßnahmen und bestimmen, welchen Aufwand sie in dem konkreten Auftragskontext erfordern. Zusammen mit der Größe der betroffenen Organisationseinheit und der Anzahl der voraussichtlichen Pilotprojekte kann sich unsere Auftraggeberin dann ausrechnen, wie hoch die externen Beratungskosten und die internen Aufwände sein werden.

Weiterführendes:

➡85 Der Selbstorganisationskreis in einer großen Organisation
➡86 Transformationsstrategien
➡67, 166 Kontinuierliche Lernbegleitung
➡46 Adaptionsmodell

Die Delegationsmatrix

Definition: Die Delegationsmatrix (oder Delegationstafel) ist ein Werkzeug mit dem visualisiert wird, in welcher Art und Weise (Delegationsmodus genannt) ein Inhaber oder Organisationsverantwortlicher einer (kollegial geführten) Organisationseinheit Verantwortung anbietet und welche dieser Angebote sie übernommen hat.

Begriff: Der Begriff *Delegation* kommt aus dem Lateinischen und bedeutet anvertrauen oder übertragen. Der Anglizismus lautet *Delegation-Board*.

Überblick

Vorweg: Die von uns hier beschriebene Delegationsmatrix unterscheidet sich von der Delegationstafel von Jurgen Appelo (Management 3.0), was wir weiter hinten (➧Seite 218) näher erläutern.

Die Spalten der Delegationsmatrix sind nach den an Entscheidungen beteiligten Organisationseinheiten oder sonstigen Instanzen benannt. Die Zeilen wiederum bezeichnen einen Verantwortungs- und Aufgabenbereich und stellen eine inhaltliche Abgrenzung dar. Für jede Zeile wird notiert, ob die Verantwortung für diesen Bereich bei der Geschäftsführung bzw. Führungskraft verbleibt, von der Kollegenschaft wahrgenommen werden kann, bereits wahrgenommen wird und in welcher Weise möglicherweise andere Organisationseinheiten involviert sind.

Farbliche Markierungen können die Lesbarkeit erhöhen. Wir verwenden hierbei die Farben aus der Kontextbrücke (➧Seite 58):

- Rot: Verantwortungsbereiche, die von der Kollegenschaft übernommen werden können, aber noch nicht übernommen wurden.
- Blau oder Gelb: Bereiche, die die Kollegenschaft vorbereitet.
- Grün: Bereiche, die die Kollegenschaft einzelfallweise übernommen hat, deren Belastbarkeit und Leistungsfähigkeit für alle aber noch nicht beurteilbar oder nachgewiesen ist
- Türkis: Bereiche, die vollumfänglich übernommen wurden.

Zusätzlich werden die Rahmenbedingungen noch mit Bedingungen oder Hinweisen versehen. Beispielsweise: „Gehaltstransparenz vielleicht später" oder „Wahrnehmung durch Ökonomiekreis".

Verantwortungsbereiche

Wer welchen Bereich verantwortet, ist somit die wichtigste Unterscheidung und am deutlichsten visualisiert. Pro Zeile (Verantwortungsbereich) wird immer genau einer Spalte (Organisationseinheit) eindeutig die Verantwortung zugeschrieben.

Insbesondere können damit Schnittstellen zwischen der betrachteten Organisationseinheit und den sie umgebenden, bspw. Holding, Schwesterunternehmen, Betriebsrat und andere Interessensgruppen, beschrieben werden.

Sofern eine eindeutige Zuschreibung nicht möglich erscheint und mehrere Organisationseinheiten (Spalten) gleichzeitig als verantwortlich gelten sollen, wäre der Verantwortungsbereich so lange weiter in Untereinheiten zu unterteilen, bis die Verantwortung eindeutig zugeordnet werden kann.

Beispielsweise könnte „Personalverantwortung" unterteilt werden in „Personalbedarf bestimmen", „Neue Kollegen auswählen", „Arbeitsvertrag unterschreiben", „Neue Kollegen einarbeiten" und „Arbeitsverträge eingearbeiteter Kollegen verantworten".

Welche Verantwortungsbereiche?

Die Verantwortungsbereiche sollten so geschnitten sein, dass sie sinnvolle Pakete zur Übernahme bilden. Sind sie zu kleinteilig, wird die Liste unübersichtlich. Sind sie zu grob, sind die Schritte zu groß.

Viel wichtiger ist jedoch, dass mit solchen Verantwortungsbereichen gestartet wird, die zum Sogprinzip (➧Seite 36) passen. Dies sind Verantwortungsbereiche, in denen die Kolleginnen selbst die unmittelbaren Betroffenen ihrer Entscheidungen und Handlungen werden. Die Neueinstellung von Kolleginnen oder die Dienstplanung sind meistens entsprechende Beispiele, weil sie selbst mit den neuen Kolleginnen zusammenarbeiten und sie ggf. in der Probezeit kündigen müssen oder weil sie selbst von der Dienstplanung betroffen sind.

Verantwortungsträgerinnen

Organisationen können mit Verantwortung, die mehr als einer Person zugeschrieben wird, nicht zuverlässig genug umgehen. Es kommt früher oder später zum Phänomen der Verantwortungsdiffusion. Die beteiligten Personen verlassen sich gegenseitig aufeinander, was immer wieder einmal dazu führt, dass tatsächlich niemand die Verantwortung übernimmt oder mehrere in widersprüchlicher Weise.

Sofern mehrere Personen gemeinsam Verantwortung übernehmen möchten, sollte dies deswegen eine interne Angelegenheit dieser Gruppe bleiben und nach außen hin zu jedem Zeitpunkt immer genau eine Person genannt werden.

Kooperationsbeziehungen

Mit zusätzlichen Einträgen kann auf der Delegationsmatrix (pro Zeile) dargestellt werden, in welcher Weise andere Organisationseinheiten (Spalten) einzubeziehen sind:

- Die einzubeziehende Einheit wird über Entscheidungen informiert oder ihr wird die Entscheidung erklärt.
- Die einzubeziehende Einheit wird vor Entscheidungen konsultiert, also um Meinung, Ideen und Rat gebeten.
- Die einzubeziehende Einheit erhält eine Vetomöglichkeit.

In der Praxis nutzen wir diese zusätzlichen Unterscheidungsmöglichkeiten kaum, der Bedarf scheint hierfür gering zu sein. Hauptsächlich notieren wir besondere Vetomöglichkeiten oder an welche besonderen Kreise die Verantwortung delegiert wurde.

Beispiel

Das nebenstehende anonymisierte Beispiel stammt von einem Teilunternehmen aus einer kleinen Konzernstruktur (Holding mit mehreren operativen Untergesellschaften) mit insgesamt rund 100 Mitarbeitern. Es zeigt einen unvollständigen Ausschnitt der realen Rahmenbedingungen.

Die Kollegenschaft kann die allermeisten Verantwortungsbereiche übernehmen. Lediglich bei der Festlegung des Personalbedarfs, der Veränderung der Kern- und Schichtarbeitszeiten und bei der Bildung und Auflösung von Geschäftskreisen hat die Geschäftsführung eine Vetomöglichkeit.

Umgekehrt hat die Kollegenschaft eine Vetooption für die Fälle, bei denen die Geschäftsführung oder Holding (Inhaber) die Verantwortung trägt, also beim jährlichen Geschäftsplan, bei der Bestellung der Geschäftsführung und bei ethischen Richtlinien.

In einigen Fällen ist die Verantwortung seitens der Kollegenschaft bereits konkretisiert, es werden die entsprechenden Teams genannt, bspw. Neueinstellungsteam, Kollegengruppen und Ökonomiekreis.

Das verwendete Farbschema erläutern wir gleich im Abschnitt über die Kontextbrücke (➡Seite 58).

Rahmenbedingungen kollegialer Führung (Delegationsmatrix)

Verantwortungsbereich	Inhaber	Geschäftsführung	Kollegenschaft
Unternehmensstrategie	Management-Board der Holding		
Geschäftsplan (jährlich)		X	Vetooption
Geschäftsführung bestimmen	X		Vetooption
Personalbedarf festlegen		Vetooption	X
Bewerbervorauswahl			delegiert an Holding-HR
Neueinstellung von Kollegen			durch Neueinstellungsteams
Mitarbeiterentwicklung			durch Kollegengruppen
Indiv. Wochenarbeitszeit verändern			durch Kollegengruppen
Gehaltserhöhungen			X
Urlaubs- und Dienstpläne			X
Kern- und Schichtarbeitszeiten		Vetooption	X
Schulungsbedarf/-beauftragung			X
Standardausgaben			X
Individuelle Ausgaben			X
Größere Investitionen			durch Ökonomiekreis
Lieferanten bestimmen			X
Interne Kommunikation			X
Bürogestaltung			X
Geschäftskreise bilden/auflösen		Vetooption	X
Ethische Richtlinien	X		Vetooption
...			

Weiterführendes

➡216 Unterschiede zur Delegationstafel bei Management 3.0

Die Kontextbrücke

Definition: Die Kontextbrücke ist ein Organisationswerkzeug, mit dem sichtbar gemacht wird, in welchem Zustand sich ein bestimmter Verantwortungsbereich (Kontext) befindet, dessen Führungs- und Organisationsprinzip von *Führungskraft* zu *Führungsarbeit* wechseln soll.

Begriff: Wir verwenden den Begriff *Kontext*, um den Wechsel des Führungs- und Organisationskontextes in den Vordergrund zu stellen: vom Kontext Führungskraft zum Kontext Führungsarbeit. Wenn diese Kontexte gleichzeitig nebeneinander in einer Organisation existieren, müssen alle stets genau wissen, welcher wo gilt.

Wer immer Verantwortung überträgt, wird damit konfrontiert, dass nun andere Personen andere Entscheidungen treffen, als man es selbst getan hätte. Dieses Loslassen, und ebenso die An- und Übernahme von Verantwortung, gelingt leichter, wenn Entscheidungen in der ersten Zeit dialogisch unterstützt werden.

Dazu gehört zum einen das Einvernehmen, ob und in welcher Weise die einzelnen Verantwortungsbereiche übergeben wurden. Dabei orientieren wir uns als Metapher an einer Brücke.

Die Kontextbrücke verwenden wir nur für die Bereiche aus der Delegationsmatrix, die kollegial gestaltbar sind, für die also ein „Dürfen“ überhaupt vorliegt.

Weiterführendes

➡61 Shu-Ha-Ri-Prinzip

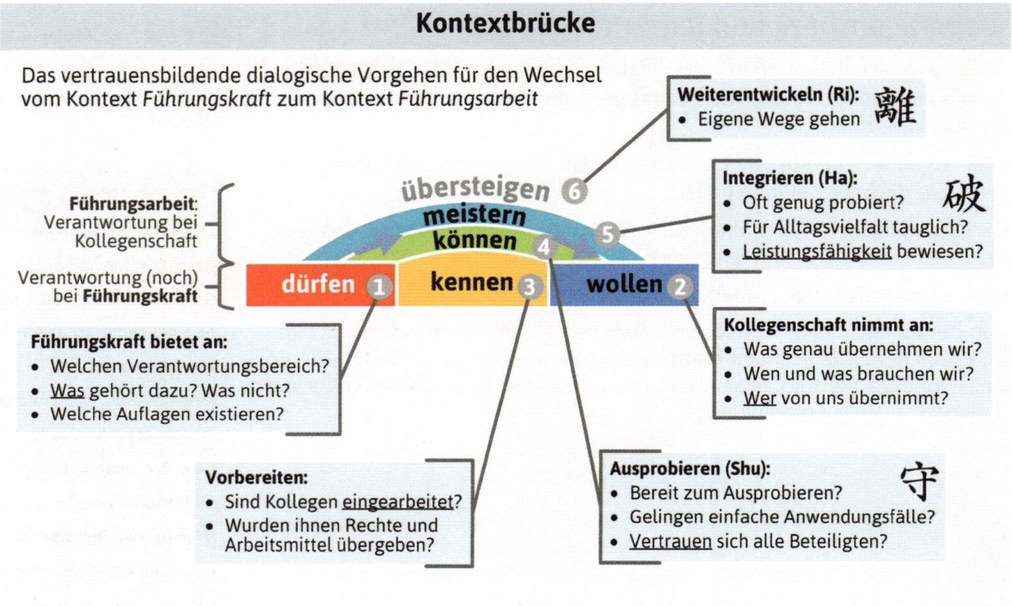

Dürfen (Abgeben)

Welchen Verantwortungsbereich genau hat die Führungskraft einer Kollegenschaft zur Übernahme angeboten? Was (auch mit wichtigen Beispielen beschrieben) gehört dazu und was nicht? Und unter welchen besonderen Bedingungen, Erwartungen, Grenzen oder Auflagen gibt die Führungskraft den Verantwortungsbereich gegebenenfalls ab? Die Antworten auf diese Fragen beschreiben die eine Seite der Brücke.

Was, wenn niemand aus der Kollegenschaft etwas Abzugebendes übernehmen will? Dann bleibt die Verantwortung bei der bisherigen Führungskraft. Die Frage lautet dann: Was braucht die Kollegenschaft, um vielleicht zu wollen?

Wollen (Aufnehmen)

Auf der anderen Seite haben die Kolleginnen zu klären, ob und ggf. was genau sie von dem angebotenen Verantwortungsbereich übernehmen wollen. Wen brauchen sie dafür beziehungsweise welche Kolleginnen übernehmen hierfür welche Rolle? Und was brauchen die Kollegenschaft als auch die bestimmte Rolleninhaberin dafür?

Wie können die notwendigen zeitlichen Freiräume hergestellt werden, etwa durch eine andere Arbeitsorganisation? Welche neuen Arbeits- und Produktionsmittel werden benötigt? Welche Fortbildungen, Zertifikate, Privilegien, Budgets etc. sind für die Verantwortungsübernahme relevant? Kann die abgebende Führungskraft diese in angemessener Weise bereitstellen?

Kennen (Vorbereiten)

Wenn die beiden Seiten der Übergabe soweit geklärt sind, sind oft noch Vorbereitungen zu treffen, bevor die Verantwortung tatsächlich übernommen werden kann. Zugangsberechtigungen, Arbeits- und Produktionsmittel müssen übergeben und eingerichtet werden.

Welche Informationen, Informationszugänge und welches Wissen benötigen die Verantwortlichen? Kennen sie den Verantwortungsbereich ausreichend gut? Haben sie sich auf die wichtigsten erwartbaren Situationen vorbereitet? Welche formalen Voraussetzungen müssen die Kolleginnen erfüllen (Vertraulichkeitsvereinbarungen, formale Vollmachten wie Prokura, Zulassungen etc.)?

Wenn sowohl die Öffnung des Verantwortungsbereiches als auch die Bereitschaft zur Übernahme geklärt sind, bleibt die Frage, was noch zu tun ist, damit die vorgesehenen Kolleginnen auch formal und operativ befähigt und den verschiedenen Erwartungen gerecht werden können.

Können (Überbrücken, Ausprobieren)

Dies ist die eigentliche Brücke. Haben sowohl die abgebende Führungskraft als auch die übernehmende Kollegenschaft das notwendige Vertrauen in das Können der gewählten Verantwortungsträgerin? Zumindest soweit, dass man den Übergang ausprobieren kann? Welche sind die ersten Anwendungsfälle? Reicht der Vertrauensvorschuss dafür?

Hierzu kann es hilfreich sein, das Tempo zu verlangsamen, bewusst mit einfachen Anwendungsfällen zu beginnen, in einem engen Kontakt zu sein und sich mehr als sonst achtsam und respektvoll zu begegnen. Ebenso kann die explizite Begleitung durch eine Kontext-Lotsin hilfreich sein (siehe Randspalte nächste Seite).

Meistern (Integrieren)

Wenn die Brücke für ausgewählte Anwendungsfälle tragfähig genug war und sich erstes Vertrauen entwickelt hat, gilt es, die Brücke fit zu machen für die Vielfalt und Widrigkeiten des Alltags. Es geht darum, Sicherheit zu schaffen für anspruchsvollere Situationen und weniger aufmerksam beobachtete Fälle.

In der gewählten Metapher der Brücke entspricht dies dem Geländer. Es gilt, die neuen Prinzipien, Prozesse, Strukturen und Werkzeuge als selbstverständlich und belastbar zu verankern.

Spätestens jetzt sind auch die Interessen der Mitarbeitervertretung (Betriebsrat) zu integrieren (➡Seite 70). Ebenso könnten nun, nachdem der Aufwand und die Inhalte des Verantwortungsbereiches klarer geworden sind, auch rollenspezifische Vergütungszuschläge überlegt werden (➡Seite 73).

Es gibt noch einen weiteren Schritt, der in der Abbildung nicht dargestellt ist. Spätestens wenn alles nachweislich alltagsrobust übergeben wurde, ist es angebracht, der bisherigen Führungskraft zu danken, sie zu würdigen, (von dieser Aufgabe) zu verabschieden und den Wechsel zu feiern.

Unterstützende Rolle: Kontextbrücken-Lotsin

Die Nutzung der Kontextbrücke kann systematisch oder bedarfsweise durch eine Kontextbrücken-Lotsin begleitet werden. Die Kolleginnen, die sich (stellvertretend für die Kollegenschaft) Verantwortungsbereiche aus der der Delegationsmatrix ziehen, können sich dann inhaltlich fokussieren und vertiefen, während die Prozessebene durch eine andere Person, die Lotsin, begleitet wird.

Aufgaben der Lotsin:

- Im Gespräch mit den verschiedenen Beteiligten den aktuellen Übernahmezustand bestimmen (markiert durch die entsprechende Farbe).
- Diesen Zustand intern kommunizieren, d. h. alle Kolleginnen über Anfang und Ende des Prozesses informieren, die Farbmarkierung in der Delegationsmatrix aktualisieren und ggf. die Führungsarbeit übernehmenden Kolleginnen regelmäßig zu bitten, über den aktuellen Fortschritt zu berichten.
- Im Gespräch mit allen Beteiligten aufmerksam beobachten, welche Spannungen auftreten, wie groß das Vertrauen zueinander ist und ggf. klären, wer wie und womit der weitere Prozess unterstützt werden kann.
- Zu gegebener Zeit eine Retrospektive organisieren.

Kontext-Lotsinnen können Mitglieder des Adaptionsteams, eines Selbstorganisationskreises oder externe Organisationsbegleiter sein, aus anderen vorhandenen Coaching- und Moderatoren-Pools stammen oder aus einem eigens dafür geschaffenen Lotsen-Pool.

Status und Fortschritt identifizieren

Die Kontextbrücke kann nicht nur als Metapher verwendet werden, sondern auch, um den aktuellen Status des Kontextwechsels sichtbar zu markieren und zu visualisieren. Beispielsweise indem in der Delegationsmatrix die Verantwortungsbereiche entsprechend farblich markiert werden. Dadurch wird auch der Fortschritt der Organisationsentwicklung sichtbar.

Wer bestimmt den aktuellen Status? Wir empfehlen, den Status sichtbar zu machen, auf den sich die abgebende Führungskraft und die übernehmenden Kolleginnen einigen können. Durch die Veröffentlichung des Status wird er dann auch nicht nur für andere sichtbar, sondern auch kritisierbar. Gehen die Realitätskonstruktionen zum Status zu weit auseinander, könnte ein explizites Review (➡Seite 101) oder eine Retrospektive (➡Seite 102) angebracht sein.

Wer ist wichtiger als Wie

Die Frage, *wen* wir dafür brauchen und *wer* welche Rolle für den Verantwortungsbereich übernimmt, ist stets vorrangig vor der Frage, *wie* die Verantwortung ausgeübt werden kann. Verantwortung wird von Menschen übernommen, Entscheidungen werden von Menschen getroffen und diese Menschen müssen gefunden und benannt werden. Ist diese Frage nicht geklärt, ist die Brücke nicht belastbar genug.

Und falls es gar keine echten Entscheidungen sind, sondern nur bestimmte Regeln zu befolgen sind, ist auch hier relevant,

- *wer* die Anwendung und Einhaltung der Regeln und
- *wer* die Reflexion und Anpassung der Regeln verantwortet.

Das Shu-Ha-Ri-Prinzip

Im Kontext agiler Praktiken und Prinzipien geht es auch um Haltung. Und die entsteht vor allem durch wiederholte und disziplinierte Übung (➡Seite 16). Da stellt sich die Frage: Wann sollte ein Team beginnen, die angewendete Methode selbst weiterzuentwickeln? Eine Orientierung bietet das Shu-Ha-Ri-Prinzip der japanischen Kampfkünste.

Die japanische Kampfkunst (beispielsweise Aikido) kennt drei Stufen des Lernens, die ein Schüler von den Anfängen bis zur Meisterschaft seiner Kunst durchläuft: erst lernen, dann entfernen, dann weiterentwickeln. Das Konzept soll auf den Japaner Kawakami Fuhaku (1719 – 1807) zurückgehen.

Shu

Der Aufbau des Könnens beginnt mit der Stufe Shu (Bedeutung: erhalten, gehorchen), in der man gegebenen Regeln folgt, beobachtet und die Handlungen eines Lehrers nachahmt. Um sich später über Regeln hinwegzusetzen, so die Idee, muss man sie erst einmal beherrschen.

Schwerpunkte dieser Stufe sind Grundlagen, Einführungen, Regeln und Techniken. Sie werden gelernt und diszipliniert eingeübt. Immer und immer wieder. Ohne Abweichungen aufgrund des eigenen Talentes oder der eigenen Persönlichkeit. Das darin enthaltene Erfahrungswissen stammt von Meistern. Und auch, wenn es viel Literatur, Erklärfilme und Beispiele zum Thema gibt: Die Meister haben nicht alles expliziert, weil sie sich manchmal der Bedeutung bestimmter Details nicht bewusst waren und diese deshalb für sie so selbstverständlich waren. Und umgekehrt müssen auch Schüler erst einmal ihre eigenen Erfahrungen mit einer Technik machen, um sie zu verstehen.

Ha

In der zweiten Stufe Ha (Bedeutung: aufbrechen, frei werden, abschweifen) geht es darum, die gegebenen Regeln und Standards zu variieren und an die eigene Situation anzupassen. Zunächst sind die Hintergründe weit genug zu verstehen, um dann über das reine Befolgen von Regeln hinauskommen zu können.

Aus dem Schüler wird in dieser Stufe ein eigener Meister. Wir experimentieren, reflektieren unser Tun und entwickeln einen eigenen Stil, eigene Variationen. Die Stufe Ha ist ein Kernelement agiler Techniken – im Gegensatz zum Taylorismus, für den es ausreichte, wenn alle Mitarbeiterinnen diszipliniert arbeiteten, also im Shu verharrten. Als Menschen tragen wir das Streben und die Sehnsucht nach Ha in uns – durften dies in tayloristischen Arbeitskontexten jedoch nicht ausleben.

Jetzt, wo Unternehmen ihre Anpassungsfähigkeit radikal erhöhen wollen, wird die Stufe Ha auch im ökonomischen Kontext erlaubt und gar gefordert. Um das Ziel der höheren Anpassungsfähigkeit schneller zu erreichen, tendieren manche Organisationen dazu, die Stufe des Shu überspringen zu wollen.

Ri

In der dritten und höchsten Stufe Ri (Bedeutung: verlassen, trennen, abschneiden) lässt man die gegebenen Muster hinter sich, um –von eigenen Impulsen gesteuert – eigene Wege zu gehen. Dies setzt viel Erfahrung und ein sicheres Beherrschen der Regeln voraus. Dann aber kann man die Lehre überschreiten, unabhängig von ihr werden und seine eigene Kunst entwickeln.

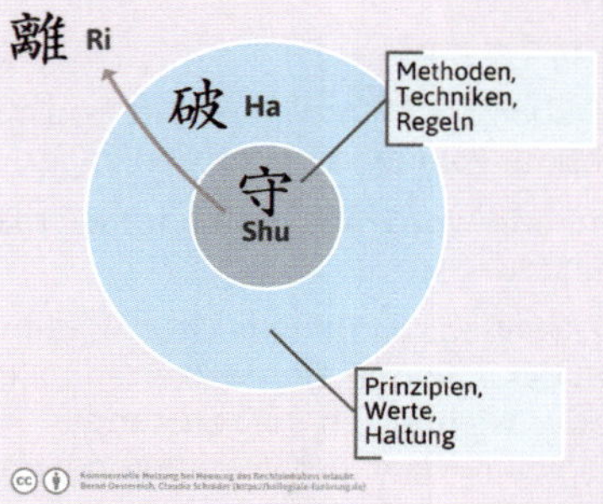

Shu-Ha-Ri als hilfreiche Orientierung

Nur weil es bei einer kollegial geführten Organisation auch um Selbstorganisation geht, wird manchmal unterstellt, dass die Kollegenschaft die Selbstorganisation auch von Anfang an selbst erfinden sollte. Das ist ein Irrtum. Führung, auch die kollegiale und selbstorganisierte, ist zunächst ein zu erlernendes Handwerk.

Der explizite Lerncharakter der Metaprozesse verleitet dazu, gleich mit der Veränderung beginnen zu wollen. Unsere Beobachtung von Scrum-Einführungen (➡Seite 207, Scrum) bestätigt uns allerdings, wie hilfreich es ist, mit dem Ausprobieren von etwas Vorgegebenem zu beginnen.

Vom Wissen zum Können

Scrum erst einmal nach Lehrbuch als Standard anzuwenden, widerstrebt manchen Teams. Vorgaben erst einmal nur zu befolgen, kann sich starr und einengend anfühlen. Manche Teams möchten sofort mit einer eigenen Variante starten, die besser zu ihrer spezifischen Situation passt. Selbst wenn dies so sein sollte, würden sie das in der Methode enthaltene reichhaltige Erfahrungswissen damit ignorieren. Es wäre eine Reduktion auf angelesenes und theoretisches Wissen, ohne die eingeübte Fähigkeit, dies auch praktisch anwenden zu können. Es ist der Unterschied zwischen Kennen und Können.

Kernaussagen und Hypothesen zur Dringlichkeit von Veränderungen

Warum und wozu?

Gegenüber der Mitarbeiterschaft beginnt die beabsichtigte Veränderung mit der Frage:

Warum und wozu muss sich unsere Organisation verändern?

Diese Kernfrage ist für jede Organisation individuell zu beantworten. Die Antworten zu finden, ist eine der wichtigsten vorbereitenden Aufgaben der Initiatorinnen der Veränderung, also der Inhaber und Geschäftsführerinnen.

Die Frage nach dem Warum ist dabei eher in die Vergangenheit gerichtet: Von was möchten wir weg? Die Frage nach dem Wozu zielt auf die Zukunft: Wo möchten wir hin?

Die oben genannte allgemeine Frage kann dabei durch folgende Perspektiven konkretisiert werden:

- **Außen:** Welchen Anforderungen und Erwartungen des Organisationsumfeldes (Mitbewerber, Kunden, Lieferanten, Arbeitsmarkt, Gesetzgeber, Gesellschaft, spezielle Interessensgruppen, technologische Innovationen etc.) können wir mit unserer gegenwärtigen Organisationsform nicht mehr ausreichend gerecht werden?
- **Innen:** Was behindert, bremst und stört uns in unserer Zusammenarbeit und in unserer Wertschöpfung? Welche Kommunikations- und Arbeitsweisen, welche Produktionsmittel und andere interne Ressourcen sind verbesserungsbedürftig oder -würdig?
- **Kern:** Durch welche Veränderungen könnten wir möglicherweise dem Zweck unseres Unternehmens noch viel besser gerecht werden?

Jede dieser drei Perspektiven sollte konkretisiert werden mit der Frage:

Welche tatsächlichen eigenen Beobachtungen, Erlebnisse und Beispiele fallen mir hierzu ein?

Material sammeln

Die Antworten auf diese Fragen können mit Hilfe von einem oder mehreren Workshops mit den passenden oder allen Beteiligten erarbeitet werden, per Umfrage ermittelt oder von speziellen Arbeitsgruppen identifiziert werden.

Es geht also auch darum, Geschichten zu sammeln, bspw. darüber, was schiefgelaufen ist. Diese Geschichten werden oft nebenbei erzählt, sind aber große Geschenke.

Priorisieren und Aussagengruppen bilden

Die gefundenen Antworten, Hypothesen und Beispiele sollten dann

- inhaltlich gruppiert werden
- und danach priorisiert werden, wo Veränderungen am dringlichsten erscheinen,
- um somit die 3 – 10 wichtigsten Aussagengruppen zu finden.

Dabei werden uns sowohl abstrakte Aussagen und Hypothesen begegnen als auch konkrete Beispiele und Geschichten. Wo immer möglich, sollten wir die Beispiele und Geschichten in den Vordergrund stellen. Das beginnt bei den Bezeichnungen der Aussagengruppen.

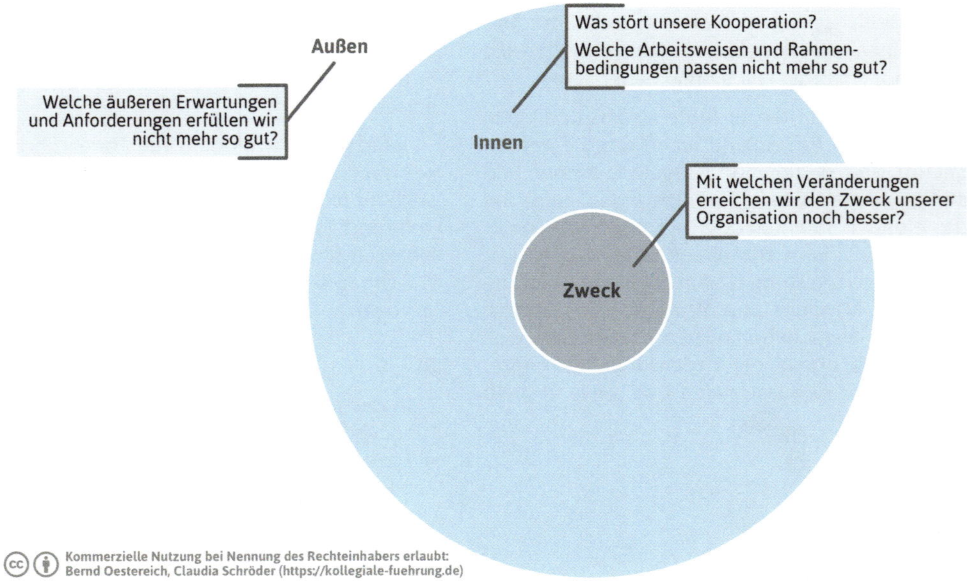

Passende bildhafte (Re-)Formulierungen finden

Die wichtigsten Antworten und Hypothesen sind dann ebenso wie die Beispiele sprachlich auf den Punkt zu bringen, also sauber, klar und kraftvoll zu reformulieren.

Dabei sollten wir besonders auf bildliche Begriffe (Metaphern) achten und jeweils in uns hineinspüren und überlegen, welche Wirkung die unterschiedlichen Bilder auslösen. Unsere Sprache ist durchsetzt mit Bildern: „von Reklamationen *überrannt*“, „Kollegen *ausgebrannt*“, „Lieferanten *drängeln*“, „innerlich *ausgestiegen*“, „Druck machen“ (*drücken*), „Kollegen *bekriegen* sich“, „jemand *steht über* uns“, „die Stimmung ist *gekippt*“ etc.

Wenn wir über anstehende Veränderungen und einen agilen Veränderungsprozess sprechen, haben wir ebenfalls viele verschiedene begriffliche Alternativen. „Experimentieren“ kann in der Interpretation „man experimentiert mit mir“ negativ konnotiert sein. Andere Begriffe wären: erproben, anfangen, (aus-)probieren, Brauchbarkeit prüfen, testen, versuchen, wagen, auf die Probe stellen, sich vortasten, schrittweise prüfen, Werkstatt etc.

In unseren gesammelten Aussagen können wir wichtige Begriffe und Schlüsselwörter markieren und dann bedarfsweise mögliche alternative Begriffe suchen. Die einzelnen Begriffe können dann danach bewertet werden, wie anschlussfähig, treffend, verständlich und ggf. auch anderweitig besetzt oder konnotiert sie sind. In den Reformulierungen wird das entsprechend berücksichtigt.

Heldenreisen-Schema

Vorrangig für die konkreten Beispiele und Geschichten kann das Heldenreisen-Schema angewendet werden, vor allem die ersten Schritte:

- Wie sieht die gewohnte Welt aus? Mit welchen Widrigkeiten, Störungen, Bedrohungen und mit welchem täglichen Wahnsinn muss unsere „Heldin“ und ihre Gemeinschaft klarkommen? Was fühlen die Beteiligten dabei?
- Was hindert unsere Protagonisten daran, Neues auszuprobieren?
- Woran erkennen wir die Bereitschaft unseres Helden aufzubrechen? Was treibt unseren Helden innerlich hierzu an?
- Welche offenen oder versteckten Unterstützer, Befürworter oder Sympathisanten findet unser Held in seinem Kampf? Warum und wofür wird er unterstützt?

Welche „Helden“ gibt es überhaupt? Meistens gibt es verschiedene Betroffene mit unterschiedlichen Handhabungsstrategien.

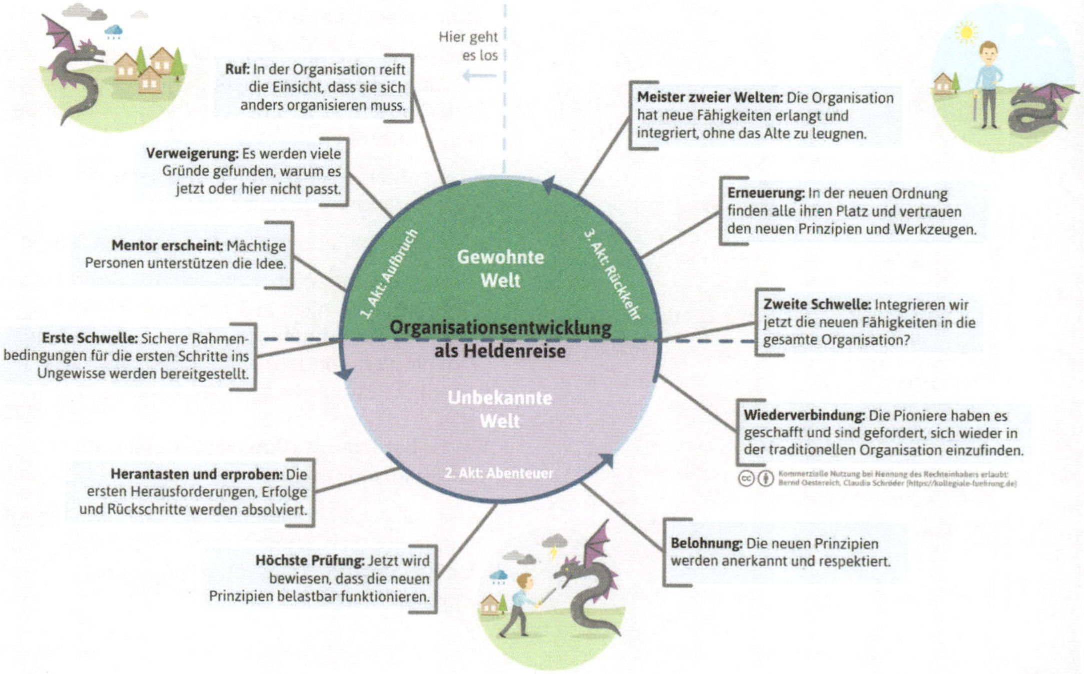

Freiwilligkeit und Widerstand

Grundsätzlich werden wie bei allen Veränderungen auch bei der Umstellung auf kollegiale Führung nicht alle Mitarbeiterinnen gleichermaßen begeistert sein und diesen Weg mitgestalten wollen. Es wird Personen geben, die diesen Veränderungsprozess nicht mitgehen werden.

Frédéric Laloux schätzt diesen Anteil auf ca. drei Prozent der Mitarbeitenden in der Organisation. Diese Beobachtung teilen wir. Die Gründe hierfür sind unterschiedlich:

- Seit längerem vorhandene ungeklärte Konfliktfelder werden transparent, wieder angewärmt und möglicherweise nun durch berufliche Veränderungen gelöst.
- Durch andere Entscheidungsverfahren kommt es zu überraschenden neuen Entscheidungen, Entwicklungen oder auch nur Klarstellungen, aus denen Einzelne dann ebenso klare Konsequenzen ziehen.
- Auch kulturelle Veränderungen können dazu führen, dass Menschen merken, dass ihre persönlichen Bedürfnisse nicht mehr ausreichend von der Organisation befriedigt werden können. Dies gilt beispielsweise für Menschen, die gerne weiterhin direkte Führungskräfte haben und klare Anweisungen erhalten möchten.

Alle diese Phänomene sind normal. Wir empfehlen, keinerlei Zwang oder Druck zum Mitmachen auszuüben.

Interessanterweise übernehmen anfängliche Kritikerinnen später häufig Schlüsselrollen und werden zu wirkungsvollen Unterstützern von Führungsarbeit – und umgekehrt.

Wie: Die betroffenen Kolleginnen verändern ihren eigenen Organisationsbereich herantastend durch schrittweises Ausprobieren (statt einem Masterplan zu folgen).

Wann: Die betroffenen Kollegen entscheiden über (die Etablierung von) Veränderungen erst, nachdem sie sie erprobt und bewertet haben (statt auf Basis von Annahmen oder Wunschdenken).

Wer: Die beteiligten und betroffenen Kollegen entscheiden gemeinsam auf Grundlage ihrer eigenen Erfahrungen (statt externe Berater, Vorgesetzte oder Zentralabteilungen).

Wohin: Sie lassen prinzipiell alle Ideen zu, solange niemand von ihnen ein nicht verkraftbares Risiko für die Organisation begründen kann (statt vorab die Wirtschaftlichkeit nachzuweisen).

Warum, Wozu ➡Seite 62

Kernaussagen und Haltungen zum beabsichtigten Entwicklungsprozess

Die Kollegenschaft bestimmt, wann was verändert wird

Diese vier Kernaussagen sind wichtig, weil sie (für die meisten Organisationen) entscheidende Änderungen gegenüber bisherigen Veränderungsprojekten markieren.

- Den Mitarbeiterinnen werden keine dauerhaften Veränderungen übergestülpt.
- Die Mitarbeiter bestimmen selbst das Tempo.
- Entscheidungen über dauerhafte Veränderungen erfolgen nicht aufgrund von Wunschdenken, Plänen, Annahmen, Theorien, Moden oder Ideologien, sondern auf der Basis konkreter eigener Erfahrungen im eigenen Kontext.

Ein Selbstorganisationskreis bestimmt, was ausprobiert wird

So sehr die Kollegenschaft hier ermächtigt wird, so deutlich ist jedoch zu unterscheiden, von wem die Veränderungsvorschläge zumindest anfangs kommen:

Was: Welche organisationalen Veränderungen wann erprobt werden, entscheidet übergangsweise ein kleines gewähltes Team aus anpackend-befürwortenden Kolleginnen aus verschiedenen Bereichen und Ebenen (Selbstorganisationskreis).

Wir unterscheiden also vorübergehende und dauerhafte Veränderungen:

- Die Erprobungen und Experimente werden maßgeblich von einem Selbstorganisationskreis moderiert und initiiert.
- Die Etablierung und dauerhafte Verankerung entscheiden die Beteiligten.

Zu Beginn kommen die Erprobungsvorschläge vor allem von erfahrenen team-externen Organisationsbegleitern, dann auch von Mitgliedern des Selbstorganisationsteams und wenn die Organisation eigene Metaprozesse und -strukturen etabliert hat (➡Seite 49), kommen die Vorschläge von allen möglichen Kolleginnen.

Zielgruppen der Kommunikation

Welche Zielgruppen existieren?

Welche verschiedenen Zielgruppen (Berufsgruppen, Ebenen, Funktionen, Sprachen, Standorte, Kulturen etc.) existieren in Bezug auf die möglichen organisatorischen Entwicklungen?

Wie sind die Zielgruppen erreichbar?

Sammeln Sie die wichtigsten Zielgruppen und bilden Sie für jede Gruppe Hypothesen zu folgenden Fragen:

- Über welche Kanäle und Medien sind diese Personen am besten zu erreichen?
- Wo sind sie räumlich anzutreffen?
- Zu welchen Zeiten sind sie am besten ansprechbar und erreichbar?
- In welchen sozialen Kontexten (einzeln, im Team, vertraulich, offen, offiziell, informell) sind sie gut erreichbar?
- Welche vorhandenen oder neuen Kommunikationsformate (Betriebsversammlung, Team-Meeting, Personalgespräch, Newsletter etc.) erscheinen geeignet?
- Welche Sprache verstehen oder bevorzugen sie?
- In welchem Tempo, mit welcher Aufmerksamkeitsspanne und mit welchem Zeitgefühl nehmen sie typischerweise wahr, hören sie zu oder lesen sie etwas?

Zielgruppenspezifische Sprache

Prüfen Sie die bislang gesammelten Aussagen, Formulierungen und Geschichten daraufhin,

- für welche Zielgruppen diese jeweils besonders relevant sind und
- welche Formulierungen und Begriffe für welche Kommunikationskanäle und Zielgruppen angepasst werden sollten.

Die konkreten Beispiele und Geschichten passen typischerweise eher und besser zu den Zielgruppen, weil das entsprechende Material auch von diesen stammt oder beeinflusst ist.

Etwas aufwändiger ist meistens die Reformulierung von abstrakteren Aussagen. Soweit es passend und angemessen ist, sollte immer mit dem aus der Organisation stammenden Wort- und Textmaterial gearbeitet werden.

Berichte von Beteiligten – nicht über sie

Im Idealfall werden keine Berichte über Beteiligte formuliert, sondern Berichte von den Beteiligten wiedergegeben. Wortlaute, Zitate, Artefakte und Fotos von den Beteiligten werden einvernehmlich und die Integrität der Personen respektierend wiedergegeben.

Erzählen Sie offen und ehrlich, was ist. Kennzeichnen Sie Erwartungen, Urteile und vorgeblich objektive Bewertungen, besonders von Führungskräften, Funktionsträgern oder Experten, als subjektive Meinungen. Stellen Sie verschiedene Meinungen und Sichtweisen nebeneinander.

Kommunikationsrollen und -kreise

Danach sammeln Sie, welche Personen welche Kommunikationsaufgaben übernehmen können aufgrund ihrer

- verfügbaren Zeit,
- Fähigkeiten,
- Anschlussfähigkeit an Zielgruppe,
- fachlichem Verständnis und
- ihrer Begeisterung fürs Thema.

Bedarfsweise werden die Aufgaben und Zielgruppen auf verschiedene Personen verteilt. Dabei ist es oft einfacher, von den vorhandenen Personen auszugehen, statt erst die Rolle zu definieren, um dann Personen zu suchen.

Weitere Fragen:

- Welche Rahmenbedingungen benötigen die Personen?
- Welche Zielgruppen können noch nicht passend angesprochen werden?
- Welche Personen, Rollen, Ressourcen oder Rahmenbedingungen fehlen ggf. noch?

Die an der Kommunikation beteiligten Personen bilden dann einen Kommunikationskreis oder Mobilisierungskreis. Im Falle einer Einzelperson ist dies dann eher eine Rolle innerhalb des Selbstorganisationsteams.

Orientierung für die Kollegenschaft

Wozu?

Mit folgenden Kernaussagen kann die Wozu-Frage gegenüber der Kollegenschaft beispielsweise beantwortet werden:

- Herausforderung: immer öfter und schneller neue komplexe Entwicklungen in Wirtschaft und Gesellschaft handhaben.
- Immer mehr Entscheidungsbedarfe überfordern die vorhandene Linienhierarchie.
- Vor Ort betroffene Fachkräfte und Mitarbeiter sollten ad hoc, über Hierarchien und Funktionsbereiche hinweg und gleichzeitig verantwortungsvoll direkt miteinander kooperieren und entscheiden.
- Darauf sind unsere Organisationen aber nicht vorbereitet: Sie sind auf Effizienz getrimmt, nicht auf Agilität.

Was ist diesmal anders?

Mit folgenden Aussagen kann die Andersartigkeit beispielsweise begründet werden:

- Die bisherigen Veränderungsprozesse waren vorrangig darauf ausgerichtet, die Effizienz zu steigern.
- Wenige Wissensträger haben (immer noch bessere) Prozesse und Strukturen für die Organisation und ihre Mitarbeiter konzipiert.
- Diesmal ist es ganz anders: Die Betroffenen müssen selbst miteinander die Fähigkeit aufbauen, flexibler zusammenzuarbeiten und zu entscheiden.

Orientierung für weitere Zielgruppen

Neben den unmittelbar am Anpassungsprozess Beteiligten und den davon Betroffenen existieren weitere wichtige Zielgruppen, wie beispielsweise

- Mitarbeitervertretung (Personalrat, Betriebsrat),
- Personalwesen (Human Resources),
- Gesellschafter u. Ä. (Aufsichtsrat, Verwaltungsrat, Stiftungsrat),
- Führungskräfte, vor allem mittleres Management.

Letztendlich ist die Vorgehensweise und grundsätzliche Kommunikation keine andere als gegenüber der Kollegenschaft. Es geht

- um die Motivation und das Wozu sowie
- um die Vorgehensweise und was an ihr diesmal anders ist.

Wie bei der nachfolgend beschriebenen Start-Einwandintegration (➡Seite 75) für die Kollegenschaft bzw. die betroffenen Bereiche und ihre Mitarbeiterinnen, sollten auch für andere Zielgruppen zwei Kernfragen bearbeitet werden:

- Was hat die Zielgruppe über die geplante kollegial geführte agile Organisationsentwicklung verstanden?
- Welche wichtigen Fragen müssen noch geklärt werden, bevor die Mitglieder der Zielgruppe die Erprobung neuer Prinzipien unterstützen können?

Kontinuierliche Lernbegleitung

Innerhalb der kollegialen Führung arbeiten wir mit dem Konzept der kontinuierlichen Lernbegleitung, mit der wir versuchen, in kleinen Einheiten mit wenigen kurzen Theorieschnipseln und dafür mit einem hohen Übungsanteil anhand realer Arbeitssituationen neue Handlungsweisen mit den Beteiligten einzuüben.

Lebendiges Lernen heißt zu leben,

während ich lerne.

Ruth C. Cohn

Lernpaare probieren in der Zeit zwischen den Lernmodulen das neu Gelernte sofort im alltäglichen Arbeitskontext aus und sorgen so für den Transfer in die Organisation. Im nächsten Modul werden diese praktischen Lernerfahrungen in der Gruppe besprochen und reflektiert. Was hat gut funktioniert? Was gelingt noch nicht so gut?

Anschließend folgen neue darauf aufbauende Bausteine. Hierbei reichen unserer Erfahrung nach bereits drei Module zu Beginn eines Veränderungsprozesses aus, um eine Feedbackkultur anzustoßen und im Unternehmen zu etablieren.

Eine situativ gelebte kollegiale Feedbackkultur ist daran erkennbar, dass es kein besonderes Ereignis ist, wenn Kolleginnen Feedback geben oder erhalten. Es findet von ganz allein und selbstverständlich während der Arbeit, als übliche Handlung miteinander statt.

Durch die individuelle Reflexion als auch durch die Reflexion in der Gruppe reifen neue lösungsorientierte Denkstrukturen heran.

Weiterführendes:

➡166 Kontinuierliche Lernbegleitung (ausführlich)

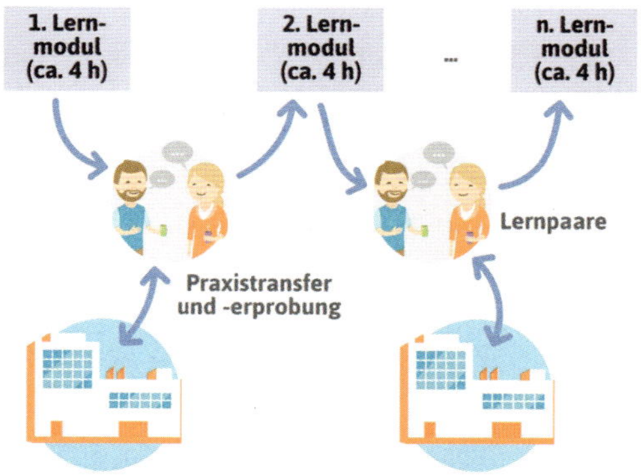

Typische Inhalte der Module

- Ich-Botschaften
- Sprachwirkung
- Wirklichkeitskonstruktion
- Aktives Zuhören
- Eigen- und Fremdbild
- Arbeits- und Verhaltens-Feedback
- Fragetechniken, Prozessfragen
- Team- und Konfliktdynamiken
- Moderation
- Visualisierung
- Ich-Wir-Organisations-Balance
- Entscheidungen
- Rollenreflexion
- Retrospektiven

Damit der Übergang einer Organisation in ein kollegiales geführtes Unternehmen gelingt, ist eine funktionierende Feedbackkultur wirklich wichtig. Sie bildet die Grundlage dafür, eine Lernkultur zu erschaffen.

Die Erfahrungen der von uns begleiteten Unternehmen sind bislang durchweg positiv, was den Transfererfolg anbelangt. Die Teilnehmenden berichten über deutliche Verbesserungen im Umgang miteinander und in ihrem individuellen Verhalten. Sie beginnen, ihr Umfeld zu beobachten und Unterschiede in den Kommunikationen zu bemerken, und erkennen, welche Veränderungen für eine gute Zusammenarbeit förderlich oder eher erschwerend sind.

Zu wissen, wie sie sich gegenseitig beim Lernen unterstützen können, wird häufig von den Teilnehmenden als sehr wirksames Erleben rückgespiegelt. Mitarbeiter fühlen sich häufig erst dann in der Lage, auch kritische oder unangenehme Themen anzusprechen, die die psychosoziale Ebene betreffen, wenn sie eine konstruktive wertschätzende Form dafür kennen.

Dies auch in einer gewaltarmen flexiblen Sprache formulieren zu können, in der es nicht darum geht, feste Standpunkte einzunehmen, sondern darum, unterschiedliche Sichtweisen zu würdigen, Eigen- und Fremdsicht abzugleichen, ein besseres Verständnis füreinander zu entwickeln, Änderungswünsche anzustoßen und miteinander zu lernen, fördert den Möglichkeitsraum und die Kooperation. Die Eigenverantwortung und das Erleben der eigenen Wirksamkeit aufgrund kommunikativer Fähigkeiten werden so genährt.

Diskussionsmarktplatz (Lean Coffee)

Ein Diskussionsmarktplatz ist ein regelmäßig stattfindendes Diskussionsformat für einen strukturierten, zeiteffizienten, offenen und niederschwelligen Austausch von allen Anliegen, die keine unmittelbare Entscheidung beinhalten.

Eine andere Bezeichnung für das Format ist Lean Coffee. Es wurde 2009 von Jeremy Lightsmith und Jim Benson bekannt gemacht.

In einem kollegial geführten Unternehmen besteht ein stetiger Kommunikationsbedarf über alle Kreise und Rollen hinweg. Nicht immer geht es dabei gleich um konkrete Entscheidungen. Vielmehr benötigen die Kolleginnen einen Raum, um sich gegenseitig Ideen zu erzählen, Fragen zu stellen, Bemerkenswertes zu berichten usw. Der Diskussionsmarktplatz ist ein Rahmen für diese vielfältigen Austauschbedarfe.

Vorbereitung

Damit nicht zu jedem Termin individuell eingeladen werden muss, ist ein fester wiederkehrender Zeitpunkt empfehlenswert, beispielsweise jede Woche am Freitag ab 14 Uhr.

Es wird eine feste Maximaldauer bestimmt (ca. 30 – 120 Minuten; Empfehlung zum Start: 45 Minuten).

Jeder Marktplatz hat mindestens einen Moderator und, falls gewünscht, einen Protokollanten. Der Marktplatz startet erst, wenn sich ein Moderator gefunden hat.

Start

Die Moderatorin sammelt auf einem Flipchart oder auf Klebezetteln Beiträge aller Teilnehmerinnen ein. Hierzu schreibt eine Teilnehmerin ihr Thema auf einen Zettel und erklärt es ganz kurz mit ein bis zwei Sätzen.

Nachdem alle Zettel hängen und vorgestellt wurden, fragt die Moderatorin zu jedem Thema kurz per Handzeichen nach dem Interesse, ggf. mit der Begrenzung, dass jeder nur maximal für drei Themen stimmen kann.

Anschließend sortiert die Moderatorin die Themen entsprechend der erhaltenen Priorität. Bei sehr wenigen Beiträgen ist dieser Schritt entbehrlich.

Hauptteil

Die Themen kommen nun der Reihe nach dran. Hierzu stellt sich die Beitragsgeberin jeweils vor die Kolleginnen und macht, was immer sie machen möchte. Für eine begrenzte Zeit hat sie die Aufmerksamkeit aller Anwesenden. Sie kann etwas vorstellen, sprechen, Fragen stellen, nach Meinungen fragen, etwas verteilen, zum Mitmachen auffordern usw. Alles ist erlaubt, nur Entscheidungen dürfen nicht getroffen werden.

Alle Beitragsgeberinnen bekommen initial die gleiche Zeit von beispielsweise 8 Minuten. Nach Ablauf dieser Zeit unterbricht die Moderatorin und bittet alle Teilnehmerinnen um Handzeichen:

- Daumen hoch bedeutet, es gibt zwei Minuten Verlängerung.
- Daumen runter bedeutet „aufhören und das nächste Thema bitte".
- Daumen seitwärts heißt Enthaltung.

Solange mehr Daumen nach oben als nach unten zeigen, gibt die Moderatorin zwei Minuten Verlängerung. Danach wird erneut abgestimmt. Gegebenenfalls gibt es nur maximal zwei Verlängerungen pro Beitrag.

Die Zeitbegrenzung ist hart. Wenn die Zeit um ist und nicht verlängert wird, kommt sofort der nächste Beitrag dran. Sobald die geplante Gesamtdauer der Veranstaltung erreicht wird, werden die dann noch offenen Themen nicht mehr berücksichtigt. Den Themengeberinnen steht es frei, diese beim nächsten Mal wieder einzubringen.

Anmerkungen

Mit diesem Format können in kurzer Zeit sehr viele Themen geteilt werden. Es wird kaum langweilig, weil nur die interessanten Themen Verlängerungen bekommen und die Themen priorisiert sind. Niemand muss befürchten, mit seinem Thema die Kollegen zu nerven.

Immer wieder kommt es zu Überraschungen, dass Themen, die als heiß oder kontrovers angesehen werden, gar nicht viel Zeit bekommen oder benötigen. Umgekehrt ebenso.

Es ist sehr hilfreich, neben der Moderation auch für eine einfache Protokollierung zu sorgen. Thema, Themengeber und ein paar Stichworte oder Kernaussagen sollten festgehalten werden. Wenn das gesamte Protokoll hinterher fotografiert und an alle verteilt wird, haben auch die Abwesenden die Möglichkeit zu erfahren, worüber gesprochen wurde, und können ggf. bei den Themengebern oder anderen nachhaken.

Bei der Einführung dieses Formates können die ersten Veranstaltungen noch etwas holprig verlaufen und die Zeit unzureichend erscheinen. Dies gibt sich höchstwahrscheinlich im Laufe der Zeit. Die Anzahl der Themen sinkt bald und pendelt sich ein, sofern der Diskussionsmarktplatz regelmäßig in kurzen Abständen (1 – 3 Wochen) stattfindet.

Vermeiden Sie Tische. Eher geeignet sind Durchgangsräume, Eingangsbereiche, Pausenräume, interne Cafés etc. Eine freie Wand, Klebezettel und Flipchart-Stifte reichen aus. Typischerweise kommen nur 30 – 50 Prozent der Kollegen.

Das Format funktioniert gut mit 10 – 50 Kolleginnen, in größeren Organisationen passen ggf. bereichsspezifische Diskussionsmärkte. Oder es werden alle eingeladen, aber die Themengeber werden begrenzt auf einen (wöchentlich rotierenden) Bereich.

Integration bestehender Führungskräfte und -ebenen

Wenn Führungsarbeit zum integralen Bestandteil der Arbeit aller Kollegen wird und kollegial, selbstorganisiert und dynamisch an die situativ passenden Personen verteilt wird – was passiert dann mit den bisherigen Führungskräften und -ebenen?

Grundsätzliches dazu:

- Das Modell der kollegialen Führung beinhaltet die temporäre oder gar dauerhafte Koexistenz verschiedener Führungsprinzipien – Führungskräfte müssen also nicht komplett abgeschafft werden.
- Die Weiterentwicklung der Führungs- und Organisationsprinzipien hat gute Gründe und dient der Zukunftssicherung der Organisation. Es ist insgesamt nicht sinnvoll, den Organisationsvorrang (➡Seite 189) für partikulare Interessen aufzugeben.
- Die Arbeit, auch die Führungsarbeit, wird in den meisten Fällen nicht weniger, es gibt in der Regel genug zu tun, die Arbeit wird nur anders verteilt.
- Tatsächlich macht die Führungsarbeit sowieso oft nur einen Teil der Arbeit der Führungskraft aus.
- Das Veränderungstempo der Organisation ist eher mäßig. Die Veränderung verteilt sich zumeist über mehrere Jahre, sodass auch einzelne Mitarbeiter Zeit haben, sich und ihre Aufgaben weiterzuentwickeln oder sich (innerhalb oder außerhalb der Organisation) neu zu orientieren.
- Die vorhandenen Karriere- und Vergütungsmodelle und positionsbezogene Privilegien sind meistens langfristig nicht haltbar oder werden zum aktuellen Stand eingefroren. Dafür eröffnen sich (nicht sofort, sondern eher in späteren Phasen der Umstellung) ganz neue Möglichkeiten. Inwieweit vorhandene Erwartungen und Bedürfnisse zukünftig ausreichend erfüllt werden können, ist jedoch zu klären.
- Die Öffnung der Veränderung erfolgt hierarchisch von oben nach unten. Welche Verantwortungsbereiche zu welchen Zeitpunkten für eine kollegiale Selbstorganisation geöffnet werden, wird von den oberen Führungsebenen entschieden.
- Auch die Veränderung selbst kann von oben nach unten erfolgen, sodass die hierarchisch höheren Mitarbeiterinnen einen Vorsprung nutzen können.

Weiterführendes

➡189 Organisationsvorrang
➡40 Veränderung und Öffnung von oben nach unten

Führungskreise

Ein erster Schritt in die Erprobung neuer Führungs- und Organisationsprinzipien für Führungskräfte kann die Bildung eines speziellen, wenngleich vermutlich nur übergangsweisen, Kreises nur für Führungskräfte sein.

In diesem Kreis erproben die Führungskräfte miteinander neue Führungs- und Organisationsprinzipien. Beispielsweise können sie ihre Arbeit untereinander anders aufteilen oder gemeinsam über die Aufnahme einer neuen Führungskraft entscheiden. Sie verwenden dabei möglicherweise Führungsmonitor, Diskussionsmarktplatz, Selbstorganisationsrollen, kollegiale Entscheidungswerkzeuge etc. Sie werden mit diesen vertraut, bevor sie Ähnliches in den von ihnen geführten Abteilungen respektive Kreisen einführen.

In stark strukturierten Großunternehmen, in denen sich eine Führungskraft dadurch definiert, dass sie disziplinarisch eine bestimmte Anzahl von Personen führt, muss dafür von (ganz) oben die Bereitschaft vorhanden sein (und als Rahmenbedingung gesetzt werden), dass diese Definition nunmehr nicht individuell, sondern für den Führungskräftekreis gemeinschaftlich gilt.

Führungskraft ist dann nicht mehr, wer individuell disziplinarischer Vorgesetzter ist, sondern wer Mitglied im Führungskräftekreis ist. Und der Führungskräftekreis organisiert sich selbst und bestimmt, wie sich seine Mitglieder die Gesamtverantwortung teilen.

Einbindung der Mitarbeitervertretung

Um welche praktischen Fragen geht es typischerweise?

Mit der Einführung neuer Führungs- und Organisationsprinzipien, wie der Umstellung von Führungskräften auf Führungsarbeit, von Abteilungen auf Kreise oder den dynamischen Veränderungen an der Aufgaben- und Führungsstruktur durch Rollen und Selbstorganisation, werden oft auch Mitbestimmungsrechte, Mitwirkungsrechte, Anhörungsrechte und Informationsrechte der Mitarbeitervertretung (Betriebsrat, Personalrat) berührt.

In diesem Kapitel beziehen wir uns auf Deutschland. Für andere Länder können wir keine Aussagen treffen.

Folgende Themen sind für eine Mitarbeitervertretung dabei vorrangig relevant:

- Sorgen um weitere Arbeitsverdichtung.
- Sorgen um die Selbstausbeutung von Mitarbeiterinnen.
- Sorge, dass bei Veränderungen Mitarbeiter freigesetzt werden.
- Sorgen um das gewerkschaftliche Geschäftsmodell.
- Finanzielle Ansprüche hinsichtlich der Führungsarbeit.

Arbeitsverdichtung

Die Sorge um eine weitere Arbeitsverdichtung finden wir durchaus naheliegend, denn wir treffen manchmal auf Geschäftsführungen, die unser Modell zu diesem Zwecke verwenden möchten.

Wir stellen dann klar: Das primäre Ziel einer kollegial-selbstorganisierten Organisationsentwicklung ist die Erhöhung der Anpassungsfähigkeit – nicht aber die Gewinnmaximierung, Effizienzsteigerung oder Arbeitsverdichtung.

Mit agilen Ansätzen können solche Ziele verfolgt und möglicherweise auch erreicht werden – dazu wurden sie aber nicht erfunden.

Der gestiegenen äußeren Komplexität und Dynamik müssen Organisationen eine angemessene innere Komplexität und Beweglichkeit entgegensetzen, sonst geraten sie in Teufelskreise der Überlastung. Agilität ist ein Weg zu Entlastung und nachhaltiger Belastbarkeit – nicht zum Ausreizen und Austesten von Belastungsgrenzen. Hierfür kennt der Taylorismus genug andere Ideen. Wer diese Anwendungsfälle verwechselt, hat die Konzepte, Modelle und Theorien nicht ausreichend verstanden.

Nicht umsonst lautet eines der Grundprinzipien in der agilen Softwareentwicklungsmethode XP „Keine Überstunden". Auch im agilen Manifest wird eine nachhaltige Arbeitsmenge gefordert.

Weiterführendes

➡54 Motivation der Inhaberschaft klären
➡4 Wozu agile Organisationsentwicklung?
➡204 Die Wurzeln agiler Organisationsentwicklung

Selbstausbeutung der Mitarbeiterinnen

Mit der steigenden Popularität von individuellen Zielvereinbarungen als Führungsinstrument in den 1980er und 1990er Jahren stieg auch die Kritik an den dadurch induzierten Verhaltensweisen zur Selbstausbeutung der Mitarbeiterinnen.

Die Mitarbeiterinnen erhielten erheblich größere Freiheiten bei der Gestaltung ihrer Arbeit. Wie, wann und wie viel sie arbeiteten wurde weniger oder gar nicht mehr kontrolliert, solange vorgegebene Ergebnisse und vereinbarte Ziele erreicht wurden.

Mitarbeiterinnen übernahmen Verantwortung für ihre Arbeitsergebnisse und tendierten dann dazu, sich selbst auszubeuten, also mehr zu arbeiten als ihnen guttat oder als sie bezahlt bekamen.

Damit wurde auch die betriebliche Mitbestimmung und Interessensvertretung herausgefordert, denn die Mitarbeiter wurden ja zu nichts gezwungen und taten dies freiwillig.

Insofern ist es zunächst naheliegend, die Übertragung von Führungsarbeit in die gleiche Schublade zu stecken. Und obwohl die bisherigen Erfahrungen hier keine neuen Selbstausbeutungstendenzen erkennen lassen und im Gegenteil sogar durch regelmäßige Retrospektiven und ergebnisoffene Entwicklungen ein aufmerksamerer Umgang hiermit möglich wird, ließe sich das Modell möglicherweise durchaus dazu missbrauchen. Ein Blick auf die Motivation der Geschäftsführung und auf den von ihr erwarteten Nutzen für die Organisation ist daher geboten.

Der gewerkschaftliche Existenzzweck

Eine gelungene kollegiale Führung mindert vermutlich den Bedarf nach klassischer betrieblicher Mitbestimmung. Das Modell zahlt auf ähnliche Ziele ein. Nicht umsonst ist beispielsweise in den Niederlanden seit 1998 die Soziokratie eine gesetzlich legitimierte Alternative zur normalen betrieblichen Mitbestimmung.

Wenn Mitarbeiter in diesem neuen Modell viel besser für sich selbst sorgen können – wozu brauchen sie dann noch eine Mitarbeitervertretung? Wenn die höhere Selbstorganisation auch die Organisation von betrieblicher Mitbestimmung enthält, wozu muss diese dann noch von einer weiteren Partei organisiert werden?

Die Arbeits- und Organisationswelt hat sich in den letzten Jahrzehnten radikal in einer Weise verändert, dass auch Gewerkschaften ihren Sinn und Zweck und ihre Aufgaben weiterentwickeln müssen. Neue Probleme und Herausforderungen gibt es eigentlich genug. Und die betreffen nicht mehr nur angestellte Arbeitnehmer, sondern sind so vielfältig und differenziert wie die Erwerbsbiografien und Lebensumstände der heutigen Menschen.

Gewerkschafts- und Mitarbeitervertretungen, denen die grundsätzliche Bereitschaft zur Weiterentwicklung ihres Zweckes fehlt und die daher vor allem Altbekanntes reproduzieren, verhalten sich aus unserer Sicht zu kurzsichtig. Sie gefährden aus Bequemlichkeit, Unverständnis oder persönlichen Gründen die Zukunftsfähigkeit der Organisation und damit der Arbeitsplätze.

Kennt die Mitarbeitervertretung überhaupt die (aktuellen und tatsächlichen) Interessen und Bedürfnisse der von ihnen vertretenen Mitarbeitenden? Wird über Interessen der Mitarbeiterschaft möglicherweise eher spekuliert? Werden die akut werdenden Interessen möglicherweise unzulässig generalisiert? Oder Interessen von anno dazumal unreflektiert reproduziert?

Gesetzliches Recht

Die betriebliche Mitbestimmung ist gesetzlich verankert und insofern geht es auch ganz grundsätzlich um die Wahrnehmung eines gesetzlichen Rechtes oder gar Auftrages.

Der primäre Zweck einer Organisation ist nicht die Versorgung von Individuen – weder der Inhaber noch der Mitarbeiter. Der primäre Zweck ist es, einen Nutzen für Kunden zu erzeugen.

Erst der sekundäre Zweck ist es, durch diesen Kundennutzen Inhabereinkommen (Ausschüttungen) und Mitarbeitereinkommen zu ermöglichen.

Den Rahmen dafür gibt die Gesellschaft, also der Staat, mit ihrem Rechtssystem vor. Damit wird auch die Machtbalance zwischen den beteiligten Parteien reguliert.

In Zeiten, in denen sich Systeme und Rahmenbedingungen grundsätzlich und radikal (von der Wurzel her) ändern, ist auch die Machtbalance weiterzuentwickeln. Eine Reduktion auf den bislang gesetzlich verankerten Auftrag reicht dann nicht mehr aus, weil nicht alle neu entstehenden Schutzbedürfnisse und Interessen durch das alte System abgedeckt würden.

- Wie bei allen Veränderungen dieser Art ist zu klären, inwieweit diese möglicherweise zum Nachteil der Arbeitnehmer sind.
- Durch die höhere Dynamik und die größere Ergebnisoffenheit der Prozesse verändern sich die Möglichkeiten und Anforderungen der Mitbestimmung ebenso wie die Kommunikation und Kooperation zwischen den Beteiligten.

Kontextbrücke (➡Seite 58) und Delegationsmatrix (➡Seite 56) sind auch für die gesetzliche betriebliche Mitbestimmung hilfreiche Instrumente, weil sie anstelle einer großen weitreichenden Entscheidung die Vereinbarung, Bearbeitung und Erprobung einzelner konkreter Veränderungen erlauben.

Zu berücksichtigende Rechte klären

Die Kombination von Delegationsmatrix und Kontextbrücke fördert eine ergebnisoffene und konfliktreduzierende Herangehensweise:

- Auf der einen Seite existiert ein Angebot zur Übernahme von Führungsarbeit.
- Auf der anderen Seite gibt es ein Interesse daran.
- Und wenn beides zusammenkommt, geht es erst einmal um die Frage, welche Voraussetzungen herzustellen sind und welche Interessen und Bedürfnisse zu berücksichtigen sind.

Sofern eine Mitarbeiterin oder ein Team einen Verantwortungsbereich übernehmen möchte, muss sie/es die Übernahme vorbereiten. Neben der fachlichen Einarbeitung und der Bereitstellung der notwendigen Arbeitsmittel ist immer auch zu klären, welche gesetzlichen betrieblichen Mitbestimmungsrechte zu berücksichtigen sind.

Mit dem Sogprinzip ziehen sich Kollegen nicht nur Entscheidungsbedarfe, diese beinhalten dann auch prinzipiell die Fragen nach der Einbeziehung der Mitarbeitervertretung, wodurch dies ein systemisch komplexes Thema wird.

Rechtlicher Rahmen kollegial initiierter betriebsbedingter Kündigungen

Die Entscheidungsautonomie eines Kreises zur Kündigung eines Mitarbeitenden ist insoweit eingeschränkt, dass die soziale Auswahl sich nicht auf den Kreis beschränkt, in dem der Arbeitsplatz entfällt, sondern auf den gesamten Betrieb auszudehnen ist. Eine betriebsbedingte Kündigung ist also stets eine übergeordnete Angelegenheit, die entsprechend ein übergeordneter Kreis koordinieren sollte, beispielsweise der Topkreis (➡Seite 256). Die Kriterien sind dabei:

- Dauer der Betriebszugehörigkeit
- Lebensalter
- Unterhaltspflichten
- Schwerbehinderung

Kreiszugehörigkeit und Versetzung

Im kollegialen Kreismodell kann jedes Organisationsmitglied Mitglied in verschiedenen Kreisen sein. Für einen guten Anschluss an das Arbeitsrecht ist es hilfreich, wenn jedes Organisationsmitglied einen **Heimatkreis** hat, dessen Wechsel dann formal als Versetzung gilt.

Freisetzung von Mitarbeitern

Fast jede strategische Entscheidung und größere Organisationsveränderung lässt neue Arbeit entstehen und vorhandene entfallen. Gerade das ist ja in der Regel der Zweck. Um die Anpassungs- und Zukunftsfähigkeit einer Organisation zu erreichen, müssen Arbeitsinhalte, Strukturen und Abläufe weiterentwickelt werden.

Das zieht neue Mitarbeiter an und macht die eine oder andere vorhandene Aufgabe unattraktiver oder obsolet. Insofern sollten beide Parteien, Arbeitgeber und Arbeitnehmer, eine Vereinbarung treffen und Prinzipien festlegen, wie diese Veränderungen fair und verantwortungsvoll für alle ablaufen können.

Eine Besonderheit agiler und kollegial selbstorganisierter Unternehmen ist dabei, dass die unternehmerische Entscheidung, die eine betriebsbedingte Kündigung begründet, eine kollegiale Entscheidung sein kann.

Die Kollegenschaft hat damit ein Mitbestimmungsrecht. Es ist keine einsame, willkürliche oder intransparente Entscheidung einer Führungskraft. Obwohl die Kollegenschaft hier faktisch Macht erhält, könnte man seitens der betrieblichen Mitbestimmung natürlich die negative Erwartungshaltung formulieren, dass der Arbeitgeber jetzt sogar den Arbeitnehmern ihre eigene Kündigung überlässt. Letztendlich wirken jedoch einfach die gestiegene Dynamik und Komplexität des Organisationskontextes auch in diesem Bereich und sparen ihn nicht aus – wir sollten deswegen auch hierzu neue passende Antworten finden.

Als Grundprinzip schlagen wir hier vor, dass jeder Kreis innerhalb einer Kreisorganisation die Verantwortung für die von ihm genutzten Beschäftigungsverhältnisse wirtschaftlich, sozial und moralisch übernimmt. So, wie er die Neueinstellung selbst verantwortet, so ist er auch für die Freistellung verantwortlich.

Verantwortung zu übernehmen bedeutet, proaktiv an der Heilung möglicher unbeabsichtigter negativer Folgen der übernommenen Entscheidungen und Handlungen mitzuwirken.

Hat ein Kreis keine oder nicht mehr die gleiche Menge Arbeit für ein Kreismitglied, so unterstützt er das frei werdende Mitglied dabei, eine andere passende Möglichkeit innerhalb der eigenen Organisation zu finden. Solange und soweit für den Kollegen noch nichts Neues gefunden wurde, bleibt er auch wirtschaftlich dem Kreis zugeordnet. Im Rahmen einer Wertbildungsrechnung (➡Seite 200) würde er Teil der Eigenleistung bleiben, d. h. der Kreis zahlt weiterhin das Mitarbeitereinkommen.

Ein Kreis kann frei werdende Mitarbeiterinnen auch dabei unterstützen, außerhalb der Organisation neue Möglichkeiten zu finden, oder die Attraktivität einer Aufhebungsvereinbarung steigern, bspw. durch Fortbildungsleistungen, Übergangsregelungen, Abfindungen o. Ä.

Sofern alle diese Bemühungen zu keiner akzeptablen Lösung führen, bleiben betriebsbedingte Kündigungen eine Option – zumal, wenn die auslösende Organisationsveränderung gerade auch der Zukunftssicherung der Organisation diente.

Hierbei ist dann allerdings zu beachten, dass die Auswahl der freizusetzenden Person nach den arbeits- und sozialrechtlich relevanten Kriterien erfolgt und der Ablauf auch den entsprechenden Anforderungen genügt (Kündigungsschutzgesetz).

Weiterführendes

➡200 Wertbildungsrechnung, Eigenleistung, Mitarbeitereinkommen
➡120 Kreiskonstitution

Praktisches Vorgehen zur Einbindung der Mitarbeitervertretung

Möchte beispielsweise ein Team die Dienst- und Urlaubsplanung neugestalten, muss es auch klären, welche gesetzlichen Mitbestimmungsrechte relevant sind. Und soweit dies der Fall ist, ist dann beispielsweise die Mitarbeitervertretung einzubeziehen:

- Prozessebene: Wer ist wie zu welchen Fragen einzubeziehen?
- Inhaltsebene: Was ist notwendig, um die ggf. notwendige Akzeptanz der geplanten Veränderungen seitens der Mitarbeitervertretung zu erlangen?

Auch das empirische Vorgehen (➡Seite 31) vereinfacht diesen Prozess, denn es geht zunächst selten darum, eine grundsätzliche Änderung zu beschließen und umzusetzen, sondern darum, eine Veränderungsmöglichkeit erst einmal zu erproben. Die Erprobung ist zeitlich und organisatorisch begrenzt.

Die Mitarbeitervertretung kann in die Reflexion, Bewertung und Entscheidung über das weitere Vorgehen einbezogen werden.

Unter Umständen sind auch verschiedene Zeithorizonte in der Reflexion zu berücksichtigen, weil sich bestimmte interessensrelevante Phänomene wie zunehmende Selbstausbeutung vielleicht erst verzögert zeigen.

Die Mitarbeitervertretung kann zum integralen Bestandteil einer kollegialen Führung werden.

Begleitende Mitbestimmungsarbeit

Vielfach ist die Arbeit einer Personalvertretung reaktiv. Die Personalvertreter versuchen, negative Auswirkungen organisatorischer Entwicklungen für die Mitarbeiterschaft zu verhindern.

Eine kollegial-selbstorganisierte Organisationsentwicklung nach dem Modell der kollegialen Führung erlaubt es den Mitarbeiterinnen und ebenso auch der Mitarbeitervertretung, begleitend mitzugestalten, statt nur hinterher zu reagieren.

Hierzu kann die Mitarbeitervertretung in den Selbstorganisationskreis (oder in einen vergleichbaren übergeordneten Koordinationskreis) eingeladen werden.

Die Personalvertretung kann den ergebnisoffenen Rahmen selbst auch nutzen, um neue und passende Formen der Beteiligung und Mitbestimmung zu erproben. Sie kann also auch selbst schrittweise herantastend und empirisch arbeiten.

In einer kollegialen Kreisorganisation wäre die Mitarbeitervertretung vermutlich ein Koordinationskreis, da es vor allem um die Einbeziehung in Entscheidungen geht.

Finanzielle Ansprüche zur Führungsarbeit

Traditionell erhalten Führungskräfte ein relativ höheres Gehalt als die von ihnen geführten Mitarbeiterinnen. Wenn nun Führungsarbeit auch innerhalb der Kollegenschaft verteilt wird, stellt sich die Frage, ob diese Führungsarbeit dann nicht auch höher vergütet werden sollte als die operative Arbeit.

Eine Lösung sind rollenbasierte Gehaltszuschläge, Prämien oder andere Kompensationen. Auch die Frage nach Karrieremöglichkeiten beantworten kollegial selbstorganisierte Unternehmen eher mit Rollenmodellen.

Mehr Geld für Führungsaufgaben?

Unabhängig von den Lösungsmöglichkeiten bleibt zu entscheiden, ob oder wie weit die Tradition, Führungskräften mehr zu bezahlen, fortgesetzt werden soll.

Soweit im Arbeitsmarkt deutliche Gehaltsunterschiede entstehen, kann dies mit entsprechenden rollenbasierten Gehaltsanteilen abgebildet werden. Dabei geht es aber nicht um die Frage, ob es sich um Führungs- oder operative Arbeit handelt, sondern um Angebot und Nachfrage bestimmter Fähigkeiten, Leistungen und Potenziale.

Schon längst verdienen Führungskräfte manchmal weniger als bestimmte von ihnen geführte Fachkräfte, beispielsweise Softwareentwicklerinnen.

Dies gilt umso mehr, als dass viele Verantwortungsrisiken versicherbar sind, in komplexen Umgebungen Verantwortung kaum noch eindeutig Einzelnen zugeschrieben werden kann und angestellte Manager sich durch Firmenwechsel wieder sehr weit aus der Verantwortung ziehen können.

Verhinderungs- vs. Bewegungsenergie

Stärken Veränderungsprozesse die Eigenverantwortung der Beteiligten nachhaltig, erleben Menschen eine immense Zunahme ihrer eigenen Wirksamkeit als Individuum und als Individuum in der Gruppe. Dies wirkt sich auf Menschen und Gruppen förderlich aus, sodass sich das Interesse daran verstärkt, den Veränderungsprozess in ihrem Sinne und im Organisationsinteresse aktiv weiter mitzugestalten. Sie lassen sich von bestehenden Veränderungsimpulsen an- und mitziehen oder gar begeistern. So entsteht eine Art Bewegungsenergie. Die Beteiligten sind intrinsisch motiviert, vorhandene Veränderungsschritte aktiv anzugehen und umzusetzen.

Die Aufgaben von Mitarbeitervertretungen sind historisch stark von Schutzinteressen geprägt, sie schützen Mitarbeiter beispielsweise vor Ausbeutung und Überforderung. Sie sind deswegen geübt darin, eine Gegenenergie bei Veränderungsimpulsen aufzubauen. D. h. sie ziehen ihre Energie eher aus der Verhinderung der Arbeitgeberziele, um ihrem Zweck, dem Schutz der Belegschaft, nachzukommen.

Treffen Bewegungs- und Verhinderungsenergien aufeinander, kommt es zur Konfrontation, da sie unterschiedliche Richtungen verfolgen, mit unterschiedlichen Emotionen aufgeladen sind, die zu Scheuklappendenken führen und dadurch alte Vorurteile nähren. Die eine Partei ist aktiv dabei, etwas zu verhindern, während die andere von Erreichungszielen erfüllt ist und nicht ausgebremst werden möchte.

Menschen können aufgrund ihres biographischen Erfahrungshintergrundes bestimmte Präferenzen entwickeln, die sie unbewusst in passende Arbeitskontexte und Positionen führen, weil sie dort ihre Stärken gut zeigen können. Manchmal zeigen sie diese dann auch unabhängig davon, welche konkreten Einwände, Fragen, Risiken und Chancen zu einer Sache existieren.

Weiterentwicklung des eigenen Methoden-Werkzeugkastens

Wenn die Arbeitgeberseite ergebnisoffene Organisationsentwicklungsprozesse zulässt und Mitarbeiter unmittelbar daran beteiligt (als Gestaltende, nicht nur als Ausführende), kann sich die Mitarbeitervertretung nicht auf die Beurteilung, Verhandlung und Nachbesserung von Ergebnissen beschränken. Ihre Verhandlungspartner sind hier nicht mehr unbedingt, nicht mehr allein oder nicht mehr maßgeblich die Arbeitgeber. Interventionen würden sich also möglicherweise auch gegen die Mitarbeiterschaft richten, die die Ergebnisse maßgeblich mitentwickelt hat.

Die frühzeitige und unmittelbare Begleitung dieser Prozesse durch die Mitarbeitervertretung wird wichtiger. Mitbestimmung und Partizipation werden insgesamt direkter, was auch die Rolle und Präsenz der Personalvertreter in solchen Prozessen verändert. Die Mitarbeitervertretung kann diese neuen Gestaltungsräume nutzen, benötigt dann aber auch selbst entsprechende Fertigkeiten. Die Mitarbeitervertreter stehen ebenfalls vor einem Paradigmenwechsel und müssen ihren beteiligungsorientierten Werkzeugkasten erweitern und ihre neue Rolle finden.

„Ohne die aktive Einbindung der Beschäftigten in die Arbeit der Arbeitnehmervertretung besteht die Gefahr, dass sich die gewählten Betriebsräte von der Belegschaft abkoppeln. Diese direkte Beteiligung erfordert es, dass die Arbeitnehmervertreter ihr beteiligungsorientiertes Methodenrepertoire erweitern. Betriebsräte werden damit zu Partizipationsexperten im Unternehmen" sagt der Gesamtbetriebsratsvorsitzende der Audi AG zusammen mit einigen seiner Kollegen [Mosch 2018].

Zögerlichkeit der Arbeitgeber

Auf der Seite der Arbeitgeber beobachten wir öfter eine zögerliche, zuweilen sogar ängstliche Einbindung der Mitarbeitervertretung. Aus Sorge vor Konflikten werden wichtige Absprachen versäumt oder verzögert.

Der Werkzeugkoffer einer kollegial geführten agilen Organisationsentwicklung enthält selbstverständlich zahlreiche Instrumente, die unterhalb der Schwelle liegen, ab der die Mitarbeitervertretung unbedingt eingebunden werden muss. Beispielsweise wenn es eher die kommunikative Gestaltung von Arbeitstreffen betrifft.

Nichtsdestotrotz ist die Motivation für die Umstellung auf neue Führungs- und Organisationsprinzipien fast immer viel grundlegender (im Wortsinn: radikal), sodass es unwahrscheinlich ist, sich dauerhaft auf niederschwellige Veränderungen beschränken zu können. Dann aber sind auch grundlegende Vereinbarungen mit der Mitarbeitervertretung unausweichlich.

Wir empfehlen die sehr frühzeitige Einbindung der Mitarbeitervertretung. Auch die Mitarbeitervertretung betritt Neuland und muss sich mit neuen Prinzipien vertraut machen. Und gerade auch, wenn das Verhältnis zur Mitarbeitervertretung konfliktreich oder wenig offen ist: Diese neue Form der kontinuierlichen Organisationsentwicklung ist erklärungs- und klärungsbedürftig.

Weil sie kleinteiliger, kooperativer und eben kollegialer sind und weil sie tendenziell eine viel bessere Wahrnehmung der Interessen einer Mitarbeitervertretung ermöglichen können, bieten diese neuen Führungs- und Organisationsprinzipien eine wirklich gute Gelegenheit, Vertrauen und Offenheit wieder zu stärken.

Ebenso werden auch schon länger vorhandene Konflikte sichtbar, die mit der Art der Organisationsentwicklung nichts zu tun haben und auch unabhängig von dieser zu bearbeiten sind.

Start-Einwandintegration

Bevor wir mit der Erprobung der Selbstorganisation und dem Übergang in die Entwicklungsphase (vgl. ➡Seite 46ff.) starten, identifizieren wir wichtige Fragen, Einwände und Ideen aller Beteiligten dazu und suchen nach Möglichkeiten, sie zu klären und zu integrieren.

Damit markieren wir gleich zu Beginn einen deutlichen Unterschied zu traditionellen Organisationsveränderungsprozessen, in denen Mitarbeiterinnen typischerweise weniger Einfluss nehmen können. Für Kleinstorganisationen bis ca. 15 Mitgliedern kommt dabei ein expliziter Konsent (➡Seiten 156, 158) infrage. Für alle anderen Fälle schlagen wir eine Themenzentrierte Einwandintegration vor (➡Seiten 76, 162).

Einwandintegration bedeutet, eine Lösungsvariante zu suchen, die keine schwerwiegenden Einwände mehr provoziert. Das ist Teil der neuen Spielregeln. Zu diesen gehört auch, dass

- nur nicht verkraftbare Schäden für die Organisation schwerwiegende Einwände begründen sollen und dass
- alle gemeinsam nach Ideen suchen, Einwände zu integrieren,
- wozu auch gehört, dass die Einwand vorbringende Person daran mitwirkt und explizit hierzu angesprochen werden kann.

Bei einer organisationalen Entscheidung steht weniger ein mögliches explizites Veto eines Mitgliedes im Vordergrund als vielmehr die offene Frage: *Welche Vereinbarung fehlt aus meiner Perspektive noch, damit mögliche Schäden für unsere Organisation verkraftbar bleiben?* (Die Formulierung lautet nicht: „Was brauche *ich* noch, um den Prozess mitgehen zu können?")

Jeder, der einen Einwand hat, benennt, was er braucht, um den Einwand aufzuheben oder auf ein tragfähiges Niveau zu senken. Diese Vorschläge werden dann als Material verwendet, um die weitere Vorgehensweise gemeinsam so zu konkretisieren, zu ergänzen und zu entwickeln, dass alle Beteiligten ausreichend Sicherheit gewinnen und dem weiteren Prozess vertrauen.

Insgesamt bauen wir darauf, dass sich dieser etwas höhere Aufwand vor dem Beginn des eigentlichen Prozesses rentiert, weil der Prozess selbst dann sicherer, klarer, sozial belastbarer und zügiger abläuft. Viele Einwände sind auch Einladungen, die Motivation, Herausforderungen und Erwartungen zum Vorhaben noch einmal zu schärfen und das gemeinsame Verständnis zu stärken.

In manchen Organisationen liegt bereits nach wenigen Minuten oder Stunden ein weitgehendes Einvernehmen vor. Manchmal dauert es auch Tage oder Wochen. Die beteiligten Personen spüren währenddessen in der Regel auch, ob die Einwandintegration ernst gemeint ist oder nur ein Legitimationsvorwand.

Was tun, wenn schwerwiegende Einwände verbleiben?

Sofern sich nicht alle Einwände ausreichend in angemessener Zeit integrieren lassen, brechen die Initiatoren den Prozess explizit und begründet ab. Damit fällt die Verantwortung auf die Inhaber und Geschäftsführerinnen zurück und sie haben die Möglichkeit, über die Situation zu reflektieren.

Letztendlich steht es den Inhaberinnen und der Geschäftsführung frei, die Art der Führung zu bestimmen und dabei zu berücksichtigen, dass einzelne Kollegen nicht mitmachen können, die Bindung an die Organisation verlieren und sie möglicherweise verlassen. Das Interesse Einzelner ist im Zweifelsfall immer dem Zweck und Nutzen der Organisation unterzuordnen (➡Seite 188, Bedürfnisdreieck).

Haben die Organisationsmitglieder eine Veto-Möglichkeit?

Die Entscheidung darüber, welche Form von Führung es in einer Organisation gibt, ist grundsätzlich eine Entscheidung der Inhaberschaft und Geschäftsführung. Die Inhaberinnen verantworten die Auswahl und Bestellung der Geschäftsführung bzw. des Vorstandes. Und die Geschäftsführung verantwortet dann die weiteren Führungs- und Organisationsprinzipien.

Es ist meistens sinnvoll, Mitarbeiterinnen und Führungskräfte in die Gestaltung und Entscheidungen der Führungsprinzipien einzubeziehen, ihre Meinungen, Ideen, Einwände und Fragen zu hören und auch zu berücksichtigen. Aber es ist die originäre unteilbare Aufgabe der Geschäftsführung, die entsprechenden Festlegungen letztendlich zu verantworten.

Wir halten es für sinnvoll und wichtig, dies vor der Einwandintegration klarzustellen. So wichtig und hilfreich der Einwandintegrationsprozess ist, also die Einbeziehung aller oder vieler Organisationsmitglieder, so wenig sinnvoll wäre es, unpassende Erwartungen enttäuschen zu müssen.

Die Geschäftsführung erhält die Möglichkeit, nicht anschlussfähige Entscheidungen zu vermeiden. Aber sie hat ebenso die Möglichkeit, sich über einzelne Einwände im Interesse der Gesamtheit hinwegzusetzen.

Weiterführendes

➡67 Einbindung der Mitarbeitervertretung

Themenzentrierte Einwandintegration

Die Themenzentrierte Einwandintegration ist ein von uns entwickeltes Workshop-Konzept, das eine für große Organisationen praktikable Synthese aus Konsent und dem Vier-Faktoren-Modell von Ruth Cohn darstellt.

Mit dem Verfahren werden Einwände und Ideen zu einer Fragestellung innerhalb einer großen Gruppe sichtbar und bearbeitbar gemacht.

Es kann als Großgruppen-Workshop, aber auch als Workshop-Serie für Teilgruppen einer größeren Organisation veranstaltet werden. Ausgangspunkt ist ein konkreter Entscheidungsvorschlag, in diesem Fall zu neuen Organisations- und Führungsprinzipien.

Die Methode ist auf ➡Seite 162 in allgemeiner Form beschrieben, während wir hier speziell die Verwendung für die Start-Einwandintegration erläutern.

Organisationsvorschlag

Vor der eigentlichen Einwandintegration beschreibt die Geschäftsführung ihren bisherigen Vorschlag:

- Welche Rahmenbedingungen existieren?
- Welche Prinzipien und Werte sollen handlungsleitend werden?
- Mit welchen Struktur- und Prozesselementen soll gestartet werden?
- Wozu soll diese Entwicklung gut sein?

Dieser Vorschlag ist der Organisation zu präsentieren und zu erklären. Der Vorschlag muss ausreichend sein, um mit seiner Erprobung zu starten, sollte aber keineswegs allumfassend und so detailliert sein, dass die prinzipielle Ergebnisoffenheit des Prozesses aufgehoben würde.

Kleingruppenbildung

Innerhalb des Workshops wird als erstes die Workshop-Gruppe in Kleingruppen von 3 – 5 Personen aufgeteilt.

Verstandenes würdigen

Jede Kleingruppe bearbeitet ca. 10 – 15 Minuten folgende Frage: „Was habe ich zu dem Organisationsvorschlag (also dem Vorschlag zu einer kollegial geführten agilen Organisationsentwicklung) verstanden?"

Entweder wird frei diskutiert, im Kreis gesprochen oder im Kreis aktiv zugehört (➡Seite 232).

Fragen, Einwände und Ideen identifizieren

Anschließend bekommen die unveränderten Kleingruppen einen Klärungsauftrag: „Welche Fragen, Ideen oder Einwände habe ich zu dem Vorschlag, die unbedingt noch vor der Erprobung zu klären sind?"

Zunächst bearbeitet jeder die Frage 1 – 3 Minuten für sich und notiert sich seine Gedanken dazu.

Fragen, Einwände und Ideen sammeln

Zur anschließenden Sammlung der Beiträge kann beispielsweise das Gesprächsformat der aktiv zuhörenden Runde (➡Seite 232) verwendet werden: Alle Teilnehmenden kommen der Reihe nach dran, immer nur eine spricht, nennt jeweils einen Aspekt, der noch nicht genannt wurde, und spricht nur für sich (also ohne die Beiträge der anderen zu bewerten). Die Runden werden wiederholt, bis die Zeit um ist oder niemand mehr einen neuen Beitrag hat.

In jeden Beitrag sind drei Rollen involviert, die mit dem Fortgang der Runde rollieren (jeder kommt also einmal in jede Rolle):

- Die Person (B), die einen **B**eitrag gibt.
- Die Person (Z), die aktiv **z**uhört.
- Die Person (M), die achtgibt und **m**oderiert.

Alle übrigen Personen beobachten und hören passiv zu. Nach jedem Aktiv-zuhören-Dialog fragt die moderierende Person die beitragleistende Person:

„Ist die Spannung oder Frage so dringlich oder wichtig, dass sie unbedingt noch vor dem Ausprobieren geklärt werden muss?"

Wird die Frage negativ beantwortet, wird sie nicht notiert, die Moderatorin bedankt sich bei den anderen beiden und übergibt rollierend ihre Moderationsrolle an die zuvor beitragleistende Person.

Beiträge einordnen

Wird die Frage positiv beantwortet, fragt die Kleingruppenmoderatorin weiter:

„Wäre dadurch ein für unsere Organisation nicht verkraftbarer Schaden zu befürchten?"

Die Moderatorin bittet dann die Beitraggeberin ihren Beitrag auf einen Klebezettel (oder eine Moderationskarte) zu schreiben und dabei folgende Farbcodierung zu nutzen:

- Gelb: Es ist eine Frage oder Idee.
- Grün: Es handelt sich um eine Spannung oder einen Einwand.
- Pink/Rot: Es handelt sich um einen für unsere Organisation nicht verkraftbaren Schaden.

Schließlich bittet die Moderatorin darum, den notierten Beitrag in das passende Segment auf die bereitstehende Pinnwand zu heften:

- **Ich**: Betrifft die Frage ein individuelles oder persönliches Bedürfnis oder Interesse?
- **Wir**: Betrifft die Frage ein Bedürfnis oder Interesse einer Gruppe, eines Teams oder einer Organisationseinheit?
- **Organisationszweck**: Betrifft die Frage die Interessen der Gesamtorganisation oder den Sinn und Zweck der Organisation als Ganzes?
- **Gemeinwohl**: Betrifft die Frage die umgebende Umwelt oder Rahmenbedingungen der Organisation, die Gesellschaft, die menschliche Zivilisation oder die Erde (alle Lebewesen) insgesamt?

Innerhalb einer jeden Kategorie werden die Fragen priorisiert angeheftet: Die schwerwiegenden nach innen, die leichten nach außen, wie in der nebenstehenden Abbildung dargestellt.

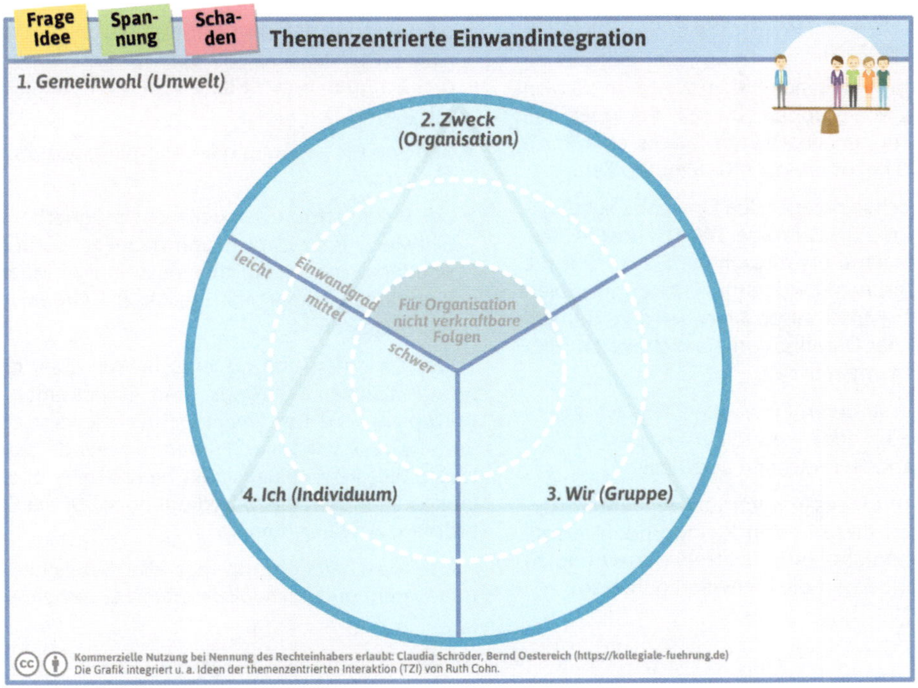

Einwände und Ideen integrieren

Im nächsten Teil des Workshops sammeln die Kleingruppen Ideen zur Integration der Einwände. Dabei werden

- zuerst die schwerwiegenden Einwände bearbeitet, die die Organisation (Zweck) betreffen,
- dann die schwerwiegenden Einwände, die die Gruppe (Wir) betreffen
- und schließlich die das Individuum (Ich) betreffenden Einwände.

Je nach Anzahl der Einwände und der verfügbaren Zeit können anschließend in gleicher Weise die weniger schwerwiegenden Einwände bearbeitet werden.

Die Gruppe teilt sich hierzu weiter in parallel arbeitende Minigruppen von ca. 3 Personen auf. Die Minigruppen bearbeiten jeweils eine Karte zurzeit und bekommen 5 – 10 Minuten Zeit.

Für die schwerwiegenden Einwände zur Organisation lautet die Leitfrage: „Was ist unsere Idee, um den Einwand soweit zu minimieren, dass die neuen Führungs- und Organisationsprinzipien zumindest einmal ausprobiert werden können, ohne dass der Organisation ein nicht verkraftbarer Schaden entsteht?"

Für allen anderen Einwände: „Was ist unsere Antwort oder Idee, um die formulierten Fragen/Einwände hinreichend aufzulösen?"

Nach der Ideensammlung in den Untergruppen werden diese in den Kleingruppen ausgetauscht, ebenfalls auf Haftzetteln notiert und zu den Einwänden auf die Pinnwand geheftet.

Würdigung

Auf jeden Fall bedarf es einer unmittelbaren oder zumindest kurzfristigen Resonanz und Würdigung der vorhandenen Einwände und Ideen durch die Inhaberinnen und Führungskräfte. Idealerweise ebenfalls durch Aktives Zuhören, Paraphrasieren des Verstandenen und möglicherweise weitere Diskursangebote.

Entscheidung

Danach obliegt es den Inhaberinnen und Geschäftsführerinnen, über das weitere Vorgehen zu entscheiden, zum Beispiel

- die Ideen gemeinsam mit dem zu bildenden Selbstorganisationskreis aufzugreifen, zu berücksichtigen und für den weiteren Prozess zu adaptieren,
- den Prozess vorläufig oder endgültig abzubrechen oder
- den Prozess trotz eventuell nicht integrierbarer Einwände fortzusetzen und dabei zu berücksichtigen, dass möglicherweise einige Mitarbeiterinnen früher oder später die Organisation verlassen.

Die Geschäftsführung entscheidet über die grundsätzlichen Führungs- und Organisationsprinzipien – sie tut dies jedoch im Gewahrsein und Bewusstsein aller Fragen, Einwände und Ideen, die die Kollegenschaft hierzu hat, vor allem auch solcher, die unbedingt noch vor der Erprobung zu klären sind.

Die Geschäftsführung hat die Möglichkeit, transparent und nachvollziehbar zu entscheiden.

Nächster Schritt

Der nächste Schritt ist im Idealfall die Bildung eines Selbstorganisationskreises, was im nächsten Abschnitt näher beschrieben wird. Dem Selbstorganisationskreis werden auch die gesammelten Einwände und Ideen zur weiteren Bearbeitung und Berücksichtigung übergeben.

Weitere Anwendungsfälle

Das Verfahren kann auch für andere Fragestellungen verwendet werden, beispielsweise zur Entscheidung über eine Strategie, neue Standorte, Standortschließungen, Fusionen etc.

Weiterführendes

➡ Cornelia Löhmer, Rüdiger Standhardt: *TZI – Die Kunst, sich selbst und eine Gruppe zu leiten, Einführung in die themenzentrierte Interaktion.* Klett-Cotta, 2006.

➡ 162 Themenzentrierte Einwandintegration

➡ 232 Aktiv zuhörende Runde

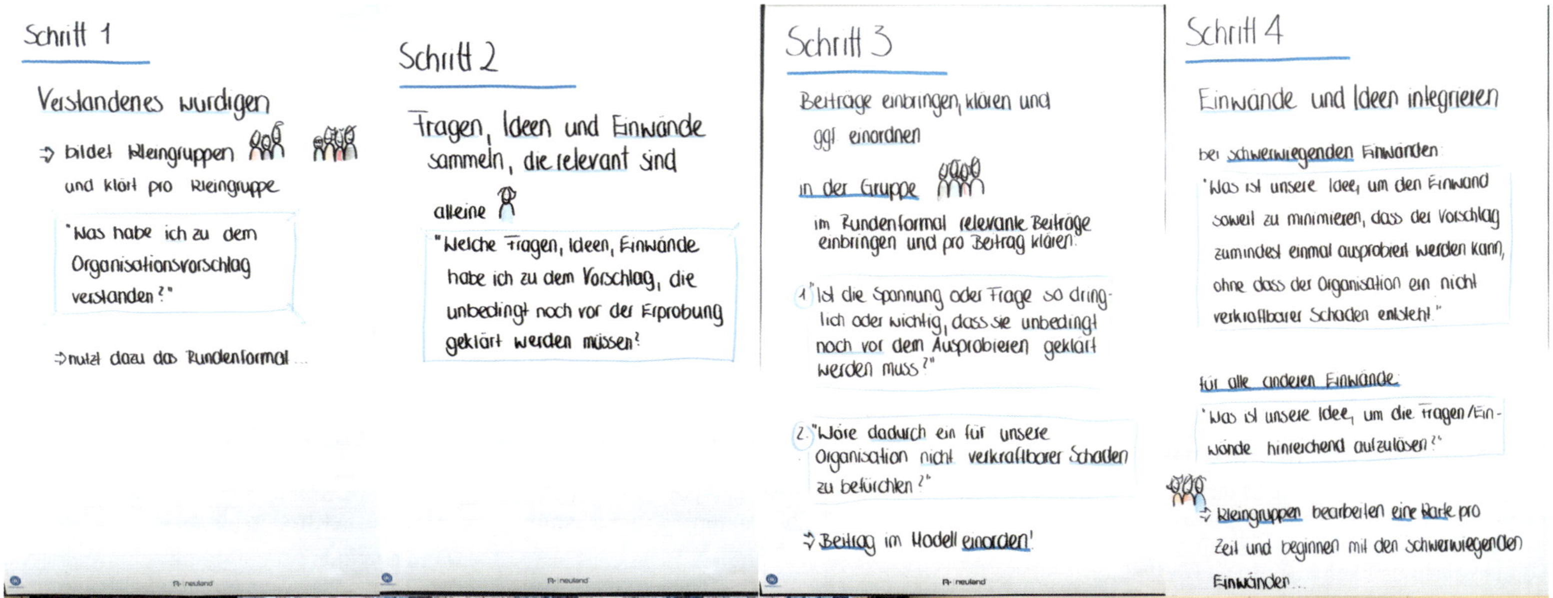
Schritt 1
Verstandenes würdigen
⇒ bildet Kleingruppen
und klärt pro Kleingruppe
"Was habe ich zu dem Organisationsvorschlag verstanden?"
⇒ nutzt dazu das Rundenformat ...
Schritt 2
Fragen, Ideen und Einwände sammeln, die relevant sind
alleine
"Welche Fragen, Ideen, Einwände habe ich zu dem Vorschlag, die unbedingt noch vor der Erprobung geklärt werden müssen?"
Schritt 3
Beiträge einbringen, klären und ggf. einordnen
in der Gruppe
im Rundenformat relevante Beiträge einbringen und pro Beitrag klären
1. "Ist die Spannung oder Frage so dringlich oder wichtig, dass sie unbedingt noch vor dem Ausprobieren geklärt werden muss?"
2. "Wäre dadurch ein für unsere Organisation nicht verkraftbarer Schaden zu befürchten?"
⇒ Beitrag im Modell einordnen!
Schritt 4
Einwände und Ideen integrieren
bei schwerwiegenden Einwänden
"Was ist unsere Idee, um den Einwand soweit zu minimieren, dass der Vorschlag zumindest einmal ausprobiert werden kann, ohne dass der Organisation ein nicht verkraftbarer Schaden entsteht."
für alle anderen Einwände
"Was ist unsere Idee, um die Fragen/Einwände hinreichend aufzulösen?"
⇒ Kleingruppen bearbeiten eine Karte pro Zeit und beginnen mit den schwerwiegenden Einwänden ...
neuland
neuland
neuland

Der Selbstorganisationskreis

Definition: Der Selbstorganisationskreis organisiert die kollegiale Selbstorganisation einer Organisation. Es ist ein kleines Team aus Unterstützern mit komplementärem Wissen und Können, welches die Einführung und Adaption neuer Organisations- und Führungsprinzipien gestaltet und begleitet.

Alternative Bezeichnungen sind Übergangsteam, Adaptionsteam, Evolutionsteam, Einführungsteam, Metateam, Steuerungskreis oder SOK (➡ Seite 46, Begrifflichkeit und Zweck).

Überblick

Warum ein Selbstorganisationskreis?

Führung will geübt sein. Exklusive Führungskräfte, deren hauptsächliche Aufgabe Führung ist, haben viele Gelegenheiten zum Üben und können allein dadurch irgendwann gut führen.

Wenn Führung nun als Führungsarbeit integraler Bestandteil der Arbeit aller (oder zumindest vieler) Kolleginnen wird, ist die Führungsarbeit nur ein kleiner Teil der gesamten Arbeit. Entsprechend weniger Übungsmöglichkeiten ergeben sich.

Beim Übergang auf eine kollegiale Führung haben wir es zunächst mit einer Situation zu tun, in der die wenigen Kolleginnen, die bisher Führungskraft waren, über ein größeres Erfahrungswissen zum Thema Führung verfügen als die meisten anderen, die dies nun jedoch auch in ihre Arbeit integrieren sollen.

Dieses Ungleichgewicht im Erfahrungswissen zum Thema Führung wird noch dadurch komplexer, dass die bisherigen Führungskräfte loslassen und sich zurückhalten sollen, um der Kollegenschaft Führungsmöglichkeiten zu überlassen.

Die einen (bisherige Führungskräfte) wissen also, wie es geht, halten ihr Können aber bewusst zurück. Und die anderen (übrige Kollegenschaft), haben zwar keine Erfahrung, sollen es aber tun. Kann das gut gehen?

Mindestens für die Übergangszeit ist es wichtig, das Können der bisherigen Führungskräfte weiterhin zu nutzen, um

- während des Überganges eine kompetente Führung zu behalten,
- Führungswissen weiterzugeben und zu verteilen,
- einen Gegenpart zum externen Beraterinnensystem zu haben und gemeinsam am System zu arbeiten und
- einen zentralen Anlaufpunkt zu haben für alle Fragen, die bei der Mitarbeiterschaft während des Adaptionsprozesses aufkommen und für deren Belange noch keine neuen Kreise oder Rollen existieren.

Um den Übergang zu kollegialen Prinzipien gut zu gestalten, fehlt jedoch auch den bisherigen Führungskräften die Erfahrung. Sie sind zumeist Experten für eine an Führungskräften orientierte Führung, nicht aber für eine auf Führungsarbeit basierende Führung. Und für den Übergang vom einen zum anderen liegt noch viel weniger Erfahrungswissen vor, weswegen der Prozess in der Regel durch externe Experten begleitet wird.

Die externen Organisationsbegleiter wiederum kennen die Organisation kaum, die sie begleiten. Die Expertinnen für ihre eigene Organisation sind deren Organisationsmitglieder selbst.

Um den Übergang gut zu gestalten, werden deshalb alle gleichzeitig gebraucht:

- Die bisherigen Führungskräfte, um während des Überganges eine kompetente Führung zu behalten und Führungswissen weiterzugeben.
- Organisationsmitglieder, also normale Mitarbeiter, als Experten ihrer Organisation.
- Externe Organisationsbegleiter, um die Veränderung als solche zu führen.
- Inhaber der Organisation oder Organisationseinheit, um die Rahmenbedingungen zu bestimmen und den Prozess zu autorisieren.

Der Selbstorganisationskreis ist der Kreis, in dem alle diese Perspektiven und Könnerschaften repräsentiert sind.

Zweck des Selbstorganisationskreises

Der Zweck des Selbstorganisationskreises ist die Organisation der Selbstorganisation. Die Einführung neuer Organisations- und Führungsprinzipien erzeugt eine Menge Unsicherheit bei allen Beteiligten. Der Selbstorganisationskreis soll diese beseitigen, indem er wichtige Entscheidungen für den Übergang trifft und Orientierung stiftet.

Die Veränderungen erfolgen schrittweise und empirisch reflektiert. Es gibt keinen Masterplan für die neue Organisation, sondern nur ein schrittweises Herantasten. Es müssen neue Prinzipien, Regeln, Strukturen und Werkzeuge ausprobiert werden. Und nachdem sie ausprobiert worden sind, müssen diese Experimente ausgewertet und beurteilt werden: Wurden nützliche Wirkungen erzielt? Sollen die Veränderungen beibehalten und ausgebaut werden? Oder werden sie zurückgenommen, verworfen und durch neue Experimente ersetzt?

Der Selbstorganisationskreis entscheidet,

- wann und in welchem Rahmen welche Experimente starten,
- ob und in welcher Weise die entstandenen Veränderungen nützlich waren,
- in welcher Weise die Veränderungen etabliert oder wieder aufgegeben werden und
- wie eventuell entstandene negative Wirkungen geheilt werden sollen.

Der Selbstorganisationskreis kann diese Aufgaben und Entscheidungen auch delegieren und weitere Kreise oder Personen mit einbinden, bleibt jedoch in der diesbezüglichen Ergebnisverantwortung als auch in der Gesamtverantwortung für das Zusammenspiel aller Einzelmaßnahmen.

Mitglieder des Selbstorganisationskreises

Für jede der bereits genannten Gruppen sollte idealerweise jeweils eine bestimmte Anzahl von Vertretern Mitglied im Selbstorganisationskreis sein. Diese nennen wir Rollenvertreter:

- Ein Mitglied der Geschäftsführung.
- Ein Mitglied der Gesellschafterversammlung.
- Ein oder zwei bisherige Führungskräfte aus dem betroffenen Organisationsbereich.
- Ein bis drei Organisationsmitglieder ohne eine bisherige explizite Führungsrolle, möglichst aus verschiedenen Teams.
- Ein oder zwei externe Organisationsentwicklungsexperten. Sofern nur eine Teilorganisation betroffen ist, können dies auch entsprechende Experten aus anderen Organisationseinheiten oder einer zentralen Organisationsentwicklungseinheit sein, sofern vorhanden.
- Weitere Mitglieder, beispielsweise Vertreter bestimmter Interessensgruppen wie Personalrat oder Personalabteilung. Diese können Mitglied im Selbstorganisationskreis werden, wenn eines der übrigen Mitglieder des Selbstorganisationskreises dieses für zwingend erachtet und eine andere Form der Einbeziehung (Transparenz, Konsultation) nicht ausreichend ist.

In inhabergeführten Unternehmen sind Geschäftsführung und Inhabervertreter möglicherweise identisch. Sofern nur eine Teilorganisation betroffen ist, tritt an die Stelle der Geschäftsführung die Leitung des betroffenen Organisationsbereiches und an die Stelle der Inhabervertretung die Führungskraft oberhalb der betroffenen Bereichsleitung.

Anforderungen an die Mitglieder

Die Mitglieder des Selbstorganisationskreises sollten die Motivation, die Ziele und die Notwendigkeit der Veränderung als solches ohne nennenswerte Einwände teilen und unterstützen. Sie sollten aufmerksame und gerne auch kritische Begleiter sein. In jedem Fall aber müssen sie konstruktiv, wohlwollend und unterstützend dabei sein.

Sofern Mitglieder im laufenden Prozess den Sinn für den Übergang und die Möglichkeit zur konstruktiven Mitarbeit im Selbstorganisationskreis verlieren, sollten sie ersetzt werden.

Die Mitglieder des Selbstorganisationskreises sollten

- eine sichere Organisationszugehörigkeit besitzen, also ungekündigt, unbefristet und außerhalb der Probezeit sein,
- ausreichend Zeit und praktische Möglichkeiten zur Mitarbeit im Selbstorganisationskreis haben,
- Interesse an der Rolle und der Arbeit im Selbstorganisationskreis haben,
- das Vertrauen der Kollegen besitzen, vor allem der Interessensgruppe, die sie eventuell vertreten,
- für die Rolle und Interessensgruppe, die sie möglicherweise vertreten, inhaltlich kompetent sein,
- die Organisation und ihre Ressourcen (Personen, Rollen, Bereiche, Strukturen, Prozesse, Kultur etc.) gut kennen und
- idealerweise über Prozesskompetenzen, Kommunikations- und Moderationserfahrungen verfügen.

Wahl der Mitglieder des Selbstorganisationskreises

Sofern für eine Rollenvertretung nur eine einzelne Person infrage kommt, beispielsweise weil es nur eine Inhaber-Geschäftsführerin gibt, ist diese Person automatisch Mitglied im Selbstorganisationskreis.

Sofern mehrere Personen infrage kommen, ist eine Auswahl zu treffen, und die Frage ist: Durch wen und wie werden die Rollenvertreter bestimmt? Die wichtigsten Möglichkeiten sind:

- Der Inhaber bestimmt alle Mitglieder ganz alleine. Es ist die originäre Aufgabe des Inhabers, die Geschäftsführung auszuwählen. Insofern ist es auch naheliegend, dass er deswegen über die Veränderung dieser Führung bestimmt.
- Die Inhaberin bestimmt eine Geschäftsführerin als weiteres Mitglied und überlässt ihr die Auswahl aller weiteren Mitglieder.
- Die Geschäftsführung wählt bestimmte Organisationseinheiten aus, die jeweils einen Vertreter für den Selbstorganisationskreis bestimmen oder wählen.
- Die Mitgliedschaft wird unternehmensweit ausgeschrieben und die Geschäftsführung wählt Bewerberinnen aus.
- Die Mitgliedschaft wird unternehmensweit ausgeschrieben und die gesamte Kollegenschaft wählt Bewerber aus.
- Die Geschäftsführung bittet die gesamte Kollegenschaft um Vorschläge und wählt anschließend daraus einige aus.
- Die Geschäftsführung bittet die gesamte Kollegenschaft um Vorschläge und lässt anschließend die Kollegenschaft über die konkreten Mitglieder entscheiden.
- Die Geschäftsführung bittet die gesamte Kollegenschaft um Vorschläge und überlässt anschließend der Gruppe der Vorgeschlagenen die Auswahl der konkreten Mitglieder aus ihrer Mitte nach einem vorgegebenen Verfahren.

Für jedes dieser Verfahren wäre zuvor zu klären, wie sichergestellt oder wahrscheinlich gemacht werden kann, dass die Mitglieder die Entwicklungsabsicht mit Herz und Verstand und ohne grundsätzliche Einwände unterstützen.

Die Besetzung des Selbstorganisationskreises sollte sowohl ausreichend Führungserfahrung gewährleisten, Vertrauen herstellen und komplementäre Kompetenzen abdecken als auch den Raum für Interessierte öffnen.

Der Selbstorganisationskreis als Übungsteam

Bevor der Selbstorganisationskreis mit seiner eigentlichen Arbeit beginnt, ist es hilfreich, wenn er selbst als Team erst einmal die Techniken und Prinzipien einübt, zur denen es dann die übrige Organisation unterstützen will.

Damit der Selbstorganisationskreis seine Aufgabe gut wahrnehmen kann, benötigt es neben Wissen vor allem ausreichend Sicherheit mit dem Neuen, welche sich am einfachsten durch eigene Erfahrungen herstellen lässt. Vor allem, weil nicht immer gleich alles rund läuft, es Startschwierigkeiten, Rückfälle in alte Handlungsmuster und unvorhersehbare Widrigkeiten in der Anwendung gibt.

Da hilft es zu wissen und sagen zu können, solche Situationen selbst zu kennen und schon gemeistert zu haben. Deswegen sollte der Selbstorganisationskreis mit der modellhaften eigenen Konstitution beginnen.

Dazu gehört die Beschreibung wichtiger Rollen und Wahl der entsprechenden Rolleninhaber (➡Seite 127, Basisrollen eines Kreises):

- Kreis-Gastgeber.
- Kreis-Dokumentar/Logbuchführer.
- Arbeitstreffen-Gastgeber.
- Kreis-Lernbegleiter.

Ebenfalls Voraussetzung ist die Anwendung grundlegender Selbstorganisationswerkzeuge:

- Willensbildungs- und Entscheidungswerkzeuge für Rollenwahlen und für inhaltliche Entscheidungen.
- Organisation und Koordination der eigenen Führungsarbeit mit Hilfe eines Führungsmonitors oder Ähnlichem.
- Organisation des gemeinsamen Lernens, Reflektierens und Kreierens.

Und ebenso gehört dazu, wichtige Grundprinzipien der Selbstorganisation bewusst einzuüben und anzuwenden:

- Sogprinzip (Pull-Prinzip), d. h. selbständiges Nehmen statt Verteilung von Arbeit.
- Aufgaben, Entscheidungen und Handlungen stets so zu verteilen, dass die Verantwortung dazugehört. Die Konsequenzen des eigenen Handelns müssen sozial und moralisch stets auf die handelnde Person zurückfallen. Die Heilung möglicher negativer Folgen muss von ihr ebenso erwartet werden wie ihr mögliche Erfolge zugeschrieben werden.
- Sich gegenseitig mit Vertrauensvorschuss zu eigenständigen Entscheidungen und Handlungen zu ermutigen, statt alles gemeinsam zu klären.

Unserer Erfahrung nach reichen 2 – 3 kurze externe Startimpulse von insgesamt 8 – 16 Stunden aus, damit der Selbstorganisationskreis ins eigenverantwortliche Arbeiten kommt. Das heißt, dass externe Organisationsbegleiterinnen die Konstitution (Rollenwahlen), Werkzeuganwendungen und Prinzipieneinübung anleiten und sicherstellen.

Danach braucht es weitere 6 – 12 Arbeitstreffen, um alle Strukturen und Prozesse zu etablieren, sowie 1 – 3 anschließende (idealerweise extern beobachtete und ggf. auch unterstützte) Retrospektiven, um miteinander ins Lernen zu kommen und eigenständige Lernschleifen zu etablieren.

Darüber hinaus sollte der Selbstorganisationskreis in der Eigenverantwortung bleiben und lediglich die (zeitliche und finanzielle) Möglichkeit haben, weitergehende punktuelle externe Beratungs- und Coaching-Unterstützung für sich nutzen zu können.

Ausbildungsbedarf des Selbstorganisationskreises

Wie generell für die Einführung, so gilt auch für den Selbstorganisationskreis, dass möglichst vollständig auf Schulungen verzichtet wird und stattdessen alles Wichtige beim Tun und Ausprobieren gelernt werden soll.

Für die Konstitution des Teams sind beispielsweise Rollen zu kreieren und Rolleninhaber zu wählen. Hierfür benötigt das Team entsprechende Rollenwahlverfahren. Der Selbstorganisationskreis wird zum Start von externen Organisationsbegleitern unterstützt. Diese leiten dann auch die ersten Rollenwahlen an.

Darüber hinaus hat der Selbstorganisationskreis zu Anfang weitere Entscheidungen, beispielsweise zur weiteren Vorgehensweise, zur Schwerpunktsetzung, zum Selbstverständnis usw. zu treffen, sodass weitere Entscheidungswerkzeuge benötigt werden.

Ebenso muss der Selbstorganisationskreis die eigene Arbeit intern koordinieren, verfolgen, reflektieren etc. und benötigt hierzu weitere Organisationswerkzeuge, Artefakte, Strukturen und Prozesse, beispielsweise einen Führungsmonitor.

Neben diesen benötigen die Mitglieder des Selbstorganisationskreises auch grundlegende kommunikative Fähigkeiten (➡Seite 169). Im einfachsten Fall startet parallel zum Selbstorganisationskreis eine organisationsweite kontinuierliche Lernbegleitung (➡Seite 166) zum Aufbau, zur Vertiefung und zur Auffrischung dieser Fertigkeiten, an denen die Mitglieder des Selbstorganisationskreises wie alle anderen teilnehmen.

Vorbereitung der agilen Organisationsentwicklung

Während externe Organisationsbegleiter Experten für agile und kollegiale Führung und Organisation sind, sind die Mitglieder des Selbstorganisationskreises Experten für ihre Organisation, für deren Zweck, Besonderheiten, Geschäftsmodelle, Werte und bestehende Prozesse und Strukturen.

Entsprechend ist der Selbstorganisationskreis der übergeordnet verantwortliche Akteur für die Einführung dieser neuen Prinzipien.

Der Selbstorganisationskreis entscheidet und gestaltet maßgeblich,

- In welchen Bereichen mit der Erprobung welche neuen Prinzipien, Strukturen (Kreisen, Rollen), Prozesse, Entscheidungen und Praktiken begonnen werden soll,
- die Herstellung und Gewährleistung der vereinbarten und notwendigen Rahmenbedingungen für die Pilotvorhaben,
- deren ganz konkrete Unterstützung durch praktische Moderationsleistungen,
- die Selbstbeobachtung und Reflexion des Gesamt- und der Einzelprozesse, beispielsweise durch die Organisation von Retrospektiven,
- die Kommunikation gegenüber den Inhaberinnen bzw. Geschäftsführung, der Kollegenschaft und anderen Interessensgruppen inklusive der Wahl passender Begriffe, Metaphern und Geschichten,
- die Identifikation und Nutzung kulturbildender Momente (➡Seite 190)
- die moralische Unterstützung bei Rückfällen in alte Handlungsmuster,
- die Begleitung bei größeren sozialen oder fachlichen Spannungen, Dynamiken oder Konflikten.

Den genauen Leistungskatalog, Verantwortungs- und Zuständigkeitsbereich festzulegen, gehört zu den ersten Aufgaben des Selbstorganisationskreises. Da mindestens ein Mitglied der Geschäftsführung Teil des Selbstorganisationskreises ist, ein grundsätzlicher Konsent zum weiteren Vorgehen durch die Kollegenschaft vorliegt (➡Seite 75) und innerhalb des Teams einwandintegrierend entschieden wird, kann sich der Selbstorganisationskreis hierzu selbst ermächtigen.

Womit startet der Selbstorganisationskreis inhaltlich?

Die Mitglieder des Selbstorganisationskreises werden eigene Ideen einbringen,

- die sich aus der Aufgabe des Selbstorganisationskreises ergeben, beispielsweise Organisationsbereiche zur Erprobung zu finden, und
- die sich aus ihrer eigentlichen Rolle und Aufgabe in der Organisation ergeben, beispielsweise ökonomische oder Mitbestimmungsinteressen wahrzunehmen.

Zusätzlich existieren aus den bislang gelaufenen Schritten zahlreiche Ideen, Anliegen und Aufgaben, beispielsweise die Fragen, Einwände und Ideen aus der Start-Einwandintegration (➡Seite 75).

Ebenso können auch die Kernaussagen und Hypothesen zur Motivation, Wichtigkeit und Dringlichkeit des beabsichtigten Musterwechsels (➡Seite 62) aufgegriffen werden.

Normalerweise hat der Selbstorganisationskreis dann reichlich initiales Material für das Team-Board.

Vom Übergangsteam zum Selbstorganisationskreis

Einige Aufgaben des Selbstorganisationskreises, wie beispielsweise die Auswahl passender Bereiche, in denen mit der Einführung neuer Führungs- und Organisationsprinzipien begonnen wird, sind nur zu Beginn relevant. Andere, wie beispielsweise die regelmäßige Selbstbeobachtung des Prozesses, bleiben dauerhaft relevant.

Wenngleich sich die Aufgaben ändern und vielleicht auch weniger werden, hat der Selbstorganisationskreis dauerhaft und langfristig wichtige Aufgaben.

Anstelle von Selbstorganisationskreis wird der Kreis manchmal auch Übergangsteam genannt (siehe alternative Bezeichnungen Seite 80) – dieser wäre dann irgendwann nicht mehr passend. Wir empfehlen dann eine Umbenennung in Selbstorganisationskreis, spätestens zu dem Zeitpunkt des Überganges in die letzte Phase des Modells (➡Seite 48).

In den Phasen 3 (Aufbau) und 4 (Operative Selbstorganisation) ist der Selbstorganisationskreis meistens auch der Steuerkreis für die Transformation insgesamt und damit während dieser Phasen beispielsweise Auftraggeber für die externen Organisationsbegleiterinnen. Diese Sonderrolle wird mit dem Übergang in die letzte Phase auch beendet.

Alle diese Veränderungen sprechen dafür, diesen Wechsel auch rituell zu markieren, bspw. durch eine würdigende Feier.

Sofern der Selbstorganisationskreis bisher stabil die gleichen Mitglieder hatte, wäre nun eine gute Gelegenheit, ein Rotationsprinzip einzuführen, die Mitglieder regelmäßig neu zu wählen und zu bestätigen, und dabei jeweils einen kleinen Teil mit neuen Mitgliedern zu besetzen.

Der Selbstorganisationskreis in einer großen Organisation

Für die Einführung agiler Organisationsprinzipien in einer kleinen Organisation(-seinheit) von 10, 20 oder 30 Mitarbeiterinnen ist ein einzelner Selbstorganisationskreis ausreichend und passend. Sofern es sich um eine Organisation mit 100 oder mehr Mitgliedern handelt oder wenn parallel verschiedene Pilotvorhaben gestartet werden, können mehrere Selbstorganisationskreise sinnvoll sein.

Welche Struktur sinnvoll ist, hängt immer von den konkreten Umständen ab, sodass wir hier keine allgemeingültige Empfehlung formulieren. Denkbar wäre, dass ein Selbstorganisationskreis mehrere Pilotvorhaben unterstützt und begleitet – möglicherweise mit spezifischen Ansprechpartnern für die einzelnen Pilotvorhaben.

In einem von uns begleiteten Unternehmen entsendeten die Pilotprojekte jeweils einen Vertreter in den Selbstorganisationskreis.

In jedem Fall funktioniert dies nur bei einer kleinen Zahl von zwei, drei oder vielleicht vier Pilotvorhaben, weil der Selbstorganisationskreis sonst zu groß würde.

Eine andere von uns begleitete und deutlich größere Organisation (mehrere tausend Mitarbeiterinnen verteilt auf gut ein Dutzend Einzelgesellschaften) ging den Weg, einen übergeordneten Koordinationskreis einzurichten und parallel dazu einen größeren Unterstützer-Pool (➨Seite 113) aufzubauen, um damit eine Menge von ca. acht parallelen Pilotvorhaben mit einem jeweils eigenen Selbstorganisationskreis zu unterstützen.

Zudem unterschieden sich dort die Piloten in ihrer Bedeutung, Konstitution und auch im Namen voneinander. Einige waren regelrechte Projekte, andere eher kleine Übungsgruppen oder Aktionsgruppen für gezielte Mikrowerkzeuge (Workhacks) (➨Seite 225) in bestimmten Bereichen.

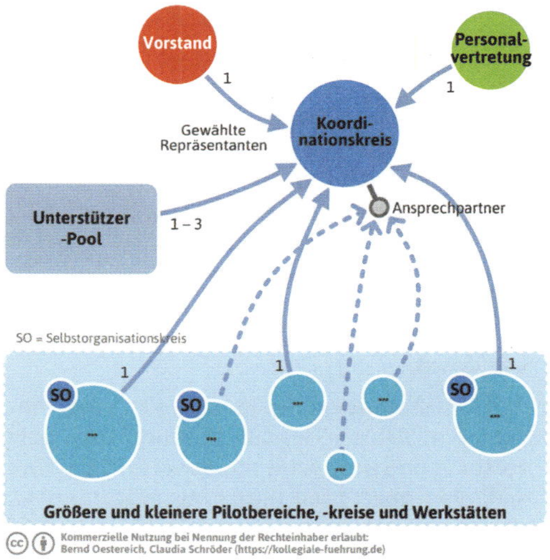

Weiterführendes

➨70 Mitarbeitervertretung
➨86 Transformationsstrategien
➨225 Mikrowerkzeuge (Workhacks)
➨113 Pools

Pilotspezifische Selbstorganisationskreise

Die einzelnen Pilotbereiche und -kreise werden in der Regel durch eigene Adaptionsteams unterstützt. Sofern nur einzelne niederschwellige Elemente ausprobiert werden, sind spezifische Adaptionsteams möglicherweise unnötig.

Top-Selbstorganisationskreis (Koordinationskreis)

Bei einer Vielzahl von parallelen Erprobungen und verteilten Pilotvorhaben ist es sinnvoll, die Erfahrungen gesamtheitlich zu reflektieren, übergeordnete Entscheidungen und Rahmenbedingungen herbeizuführen und bereitzustellen.

Unterstützer- und Moderatoren-Pool

Dieser Pool ist ein wachsendes Sammelbecken für alle Unterstützerinnen, die

- über grundlegende Kommunikations- und Moderationskompetenzen verfügen,
- Interesse haben, ihre Organisation beim Lernen des Anpassungsprozesses durch Moderation zu unterstützen und
- dafür bedarfsweise von ihrer eigentlichen Arbeit freigestellt werden.

Pilotbereiche können aus diesem Pool schöpfen und dafür ausgebildete Kolleginnen aus anderen Bereichen ansprechen, damit sich der Pilotbereich voll und ganz auf die fachliche Ebene einlassen kann.

Weiter lernen die Beteiligten über- und voneinander. Es entstehen mehr Überkreuzkommunikationen und Verflechtungen innerhalb der Organisation sowie ein Nährboden für die Erweiterung von Lösungsräumen.

Interne und externe Berater und Begleiter

In größeren Organisationen werden Pilottransformationen in vielen Fällen durch interne Beraterinnen oder ganze interne Beratungseinheiten unterstützt, womit die Beratungsleistungen günstiger und organisationsspezifischer erbracht werden können. Externe Beraterinnen ergänzen die internen bedarfsweise.

Wir unterscheiden hier zwischen der klassischen Fachberatung, bei der die internen Berater kein fester Teil des Selbstorganisationskreises werden, und einer integrierten Begleitung.

Nach welchem strategischen Grundprinzip soll in einer Organisation eine kollegial selbstorganisierte Führung und Organisationsentwicklung eingeführt werden?

Wir haben in der Praxis ganz unterschiedliche Strategien beobachten können, die wir im Folgenden beschreiben. Diese Strategien sind dabei Idealisierungen, d. h. in der Praxis haben wir diese manchmal weniger klar angetroffen.

Die Wahl der passenden Transformationsstrategie hängt von vielen verschiedenen Faktoren ab, weil jede Strategie unterschiedliche Rahmenbedingungen, Geschwindigkeiten und Implikationen voraussetzt oder beinhaltet.

Bei der SBB haben wir effektiv schon verschiedene Umstellungsstrategien angewendet, evolutionäre und revolutionäre, je nach Herausforderung.

Marcel Reinhard (Innovationscoach bei der Schweizerischen Bundesbahn)

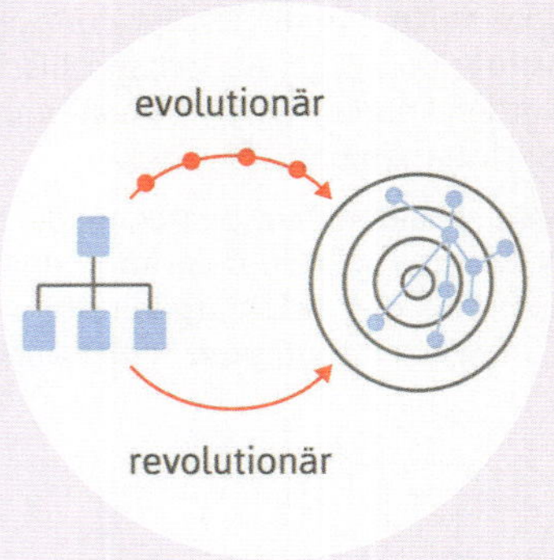

Transformationsstrategien

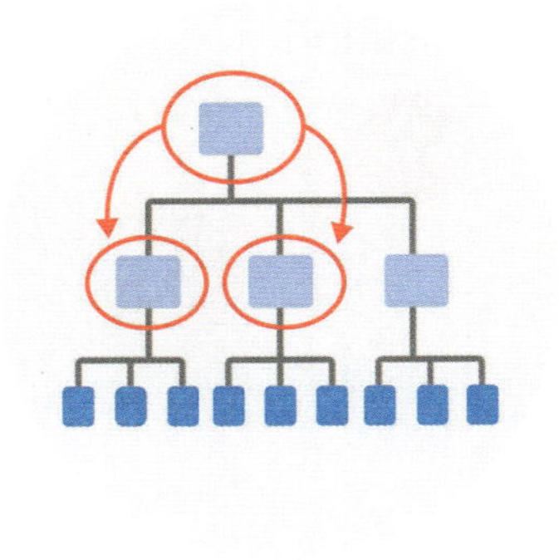

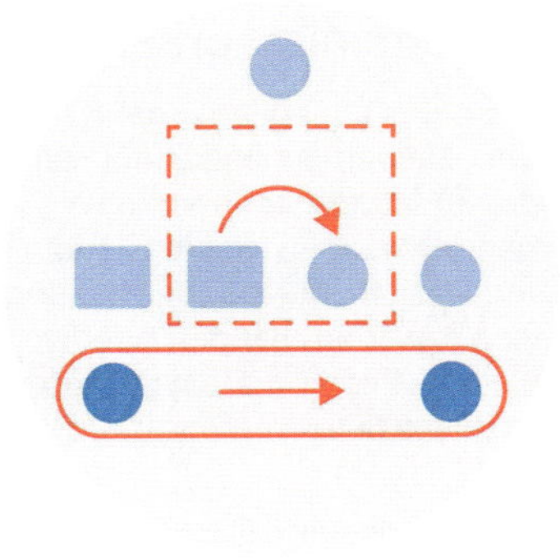

Top down

Bei der Top-down-Strategie beginnt die Transformation bei der Geschäftsführung bzw. beim Vorstand und wird dann schrittweise in der Pyramide von oben nach unten ausgedehnt. Bevor also Mitarbeiter nach neuen Führungs- und Organisationsprinzipien arbeiten, werden diese zuerst von deren Führungskräfte erprobt.

Der Vorteil dieser Strategie liegt darin, dass die Führungskräfte weniger verunsichert werden durch Entwicklungen in ihrer Mitarbeiterschaft, die sie selbst noch nicht kennen.

Außerdem kann hierarchische Führung grundsätzlich nur von oben nach unten geöffnet werden, wie wir dies im Abschnitt Prozess- und Struktursicherheit (➨Seite 40) bereits beschrieben haben.

Weiterführendes

➨67 Führungskreise
➨40 Prozess- und Struktursicherheit
➨56 Delegationsmatrix

Fluss- oder Fließbandprinzip

Beim Flussprinzip wird zunächst eine Organisationseinheit zur Transformation aufgebaut, also eine Art zentraler Selbstorganisationskreis, die die neuen Prinzipien zunächst selbst erprobt und anschließend andere Organisationseinheiten dabei unterstützt.

Je nach Größe dieses Transformationsteams kann es eine oder mehrere Organisationseinheiten parallel begleiten. Sobald eine begleitete Organisationseinheit sich nach den neuen Prinzipien selbst organisieren kann und das Transformationsteam nicht mehr benötigt, kann das Transformationsteam mit der Begleitung einen neuen Organisationseinheit beginnen.

Der Selbstorganisationskreis transformiert also wie am Fließband eine Organisationseinheit nach der anderen.

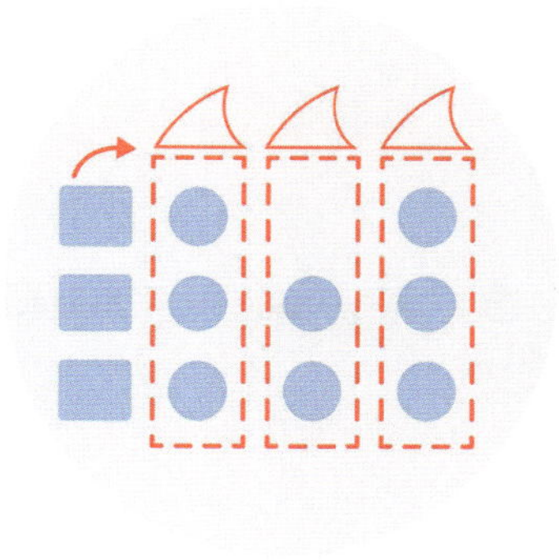

Wellenprinzip

Das Wellenprinzip ist ähnlich wie das Fluss- bzw. Fließbandprinzip, wobei hier immer eine bestimmte Anzahl von Organisationseinheiten parallel unterstützt wird. Gestartet wird immer zu festgelegten Zeitpunkten gemeinsam, bspw. halbjährlich. Beispielsweise können sich Organisationseinheiten als Pilotprojekte bewerben. Aus der Menge der Bewerberteams werden dann einige für die nächste Welle ausgewählt.

Jede Welle endet mit einer Retrospektive der zuletzt begleiteten Organisationseinheiten, um die Erfahrungen für die nächste Welle systematisch zu berücksichtigen und den Adaptionsprozess weiter zu verbessern.

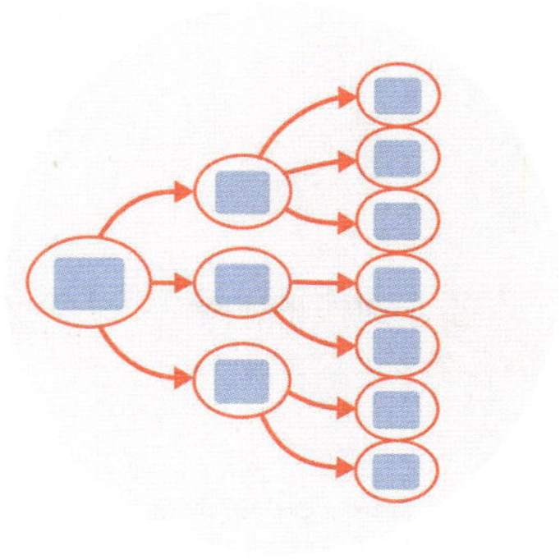

Zellteilungs- und Schneeballprinzip

Beim Zellteilungsprinzip wird eine Organisationseinheit zunächst ganz normal bei der Adaption der neuen Prinzipien begleitet. Sobald diese sich nach den neuen Prinzipien selbst organisieren kann, wird eine Teilmenge der Mitarbeiterinnen ersetzt durch solche, die aus klassisch organisierten Einheiten stammen. Diese später dazukommenden Kolleginnen erleben also nicht die Veränderung der Organisationseinheit mit, sondern kommen in eine bereits umgestellte Einheit, auf die sie sich nunmehr einlassen.

Die frei gewordenen Kolleginnen, die mit den neuen Prinzipien vertraut sind, wechseln wiederum in andere Einheiten, die gerade mit der Adaption starten.

Sofern der Wechsel von erfahrenen Kolleginnen nicht blockweise, sondern sukzessive erfolgt, können wir auch von einem Schneeballprinzip sprechen. In beiden Fällen steigt die Transformationsrate mit der Zeit an, da die Zahl der Multiplikatoren zunimmt.

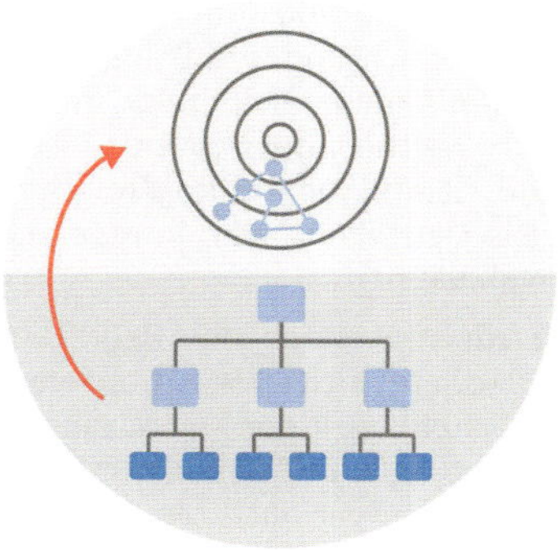

Neugründung

Bei der Neugründung wird parallel zur bestehenden eine ganz neue Organisation aufgebaut. Dadurch entsteht die neue Organisation ohne organisatorische und kulturelle Altlasten. Dafür muss sie jedoch auch eine eigene Marktposition aufbauen.

Revolution

Eine bestehende Organisation wird abrupt komplett auf eine Kreisorganisation umgestellt. Auch wenn wir diese Strategie zu vermeiden suchen, gibt es Situationen, die dafürsprechen und Praxisbeispiele, in denen dies erfolgreich praktiziert wurde.

Sowohl bei der Neugründung als auch bei der Revolution werden erfahrene Kolleginnen gebraucht.

Der Führungsmonitor

Definition: Ein Führungsmonitor dient der gemeinsamen Beobachtung und Bearbeitung führungsrelevanter Aktivitäten. Er zeigt, in welchem Zustand sich welche übergreifenden Entscheidungen und Handlungen eines Kreises gerade befinden. Die Darstellung wird in regelmäßigen Abständen aktualisiert.

Begriff: Wir verwenden den Begriff *Monitor* (lateinisch „monere“, sich erinnern, auf etwas aufmerksam machen), weil der Zweck die gemeinsame Beobachtung und Aufmerksamkeit ist. Alternativ verwenden wir auch die Begriffe Company-Board oder Team-Board, vor allem wenn der Monitor physisch in Form einer Tafel gepflegt wird.

Überblick

In einem dynamischen und komplexen Kontext ist es nicht damit getan, Entscheidungen zu treffen, weil deren Wirksamkeit nicht vorweg kausal, sondern nur empirisch bestimmt werden kann.

Außerdem erfordert es dieser Kontext, Entscheidungsbedarfe dynamisch verteilen zu können, also vor einer inhaltlichen Entscheidung erst einmal zu entscheiden, wer diese treffen soll.

Der Führungsmonitor ist das Werkzeug, um eine Organisation oder Organisationseinheit in einfacher Weise informiert zu halten, in welchem Zustand welche Entscheidungsbedarfe sind und von wem sie bearbeitet werden. Er bietet einen einfachen Weg, neue Entscheidungsbedarfe in eine Organisation einzubringen. Außerdem unterstützt ein Führungsmonitor den Transformationsprozess selbst.

Aus unserer Sicht ist das Team-Board Dreh- und Angelpunkt der agilen Transformation.

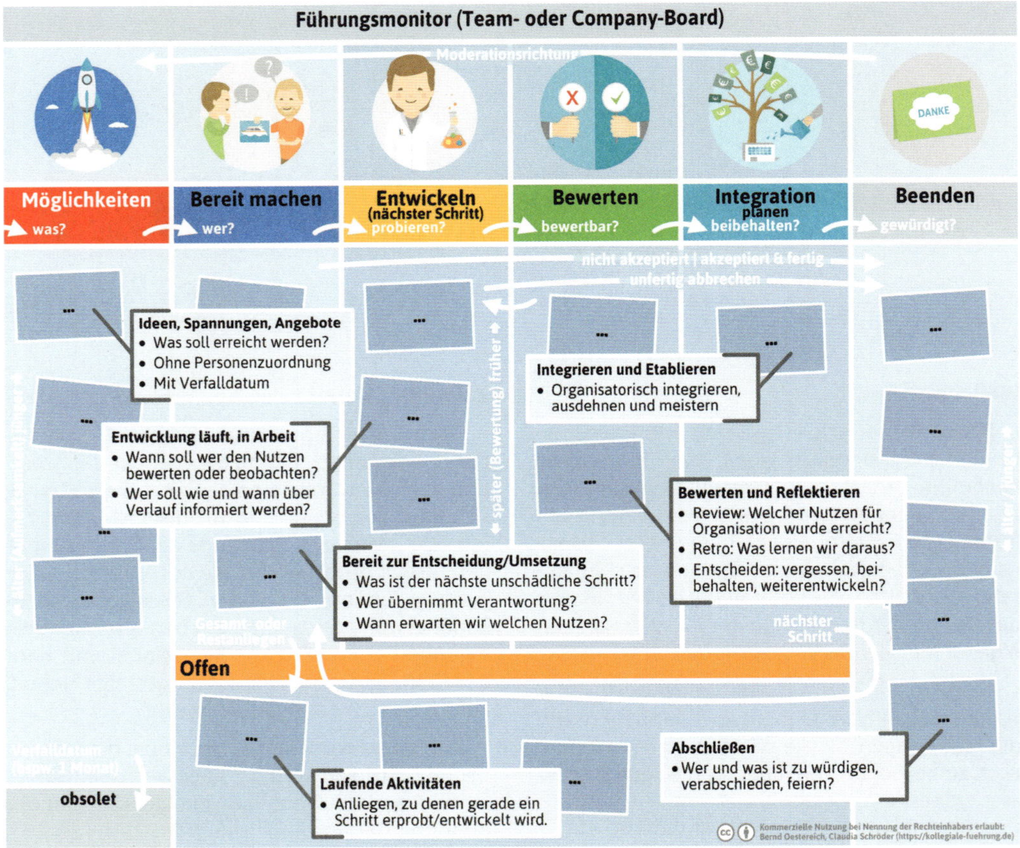

Im Unterschied zu herkömmlichen Kanban-Tafeln oder Backlogs (Arbeitslisten) enthält der Führungsmonitor nicht die Alltagsarbeit und regulären Arbeitsinhalte (für die es festgelegte Prozesse, Strukturen, Artefakte, Rollen etc. gibt), sondern nur solche, die dadurch nicht abgedeckt sind oder zu organisatorischen Veränderungen in diesen führen.

Alles was überraschend, ungeklärt und nicht geplant oder vorgesehen ist, gehört in den Führungsmonitor. Das ganz normale operative Geschäft, egal ob Dienstleistungs-, Entwicklungs- oder Produktionsarbeit, ist kein Inhalt des Führungsmonitors – Veränderungen der Organisation und Führung dieser Arbeit schon.

Grundprinzipien

Für den Führungsmonitor gelten folgende Prinzipien:

- Ein Führungsmonitor gilt immer für den Zuständigkeitsbereich eines Kreises (Teams, Bereiches, einer Abteilung oder des Plenums). Er betrifft immer die eigene Arbeit der betreibenden Gruppe – andere Themen und Zuständigkeiten nur soweit, wie der Kreis hierzu von anderen ermächtigt wurde.
- Der Führungsmonitor stellt nur solche Inhalte dar, die von kreisweiter oder unklarer Bedeutung sind. Was eine Rolle oder ein Kreismitglied unabhängig von anderen entscheiden kann, bleibt in deren Bereichen.
- Für jede (mögliche) Entscheidung existiert ein eigener Eintrag (bspw. eine Karte oder ein Zettel).
- Eine Reihe von Spalten visualisiert die verschiedenen Zustände, in denen sich Entscheidungen befinden können.
- Dargestellt werden sowohl operative als auch organisationale Inhalte, bedarfsweise werden diese unterschieden.
- Sicherheit und Nachvollziehbarkeit vermittelt der Monitor dadurch, dass seine Inhalte nicht unbemerkt verändert werden, sondern ausschließlich in den hierfür bekannten Arbeitstreffen des Kreises. Jede Aktualisierung erfolgt also im möglichen Beisein aller Betroffenen.
- Soweit nichts anderes vereinbart wurde, entscheiden die jeweils Anwesenden mit dem Universellen Entscheidungswerkzeug (➡Seite 158).

Die Abbildung auf der vorigen Seite zeigt ein mögliches Schema eines Führungsmonitors. Die genaue Struktur wird vom Kreis der Nutzerinnen selbst festgelegt und weiterentwickelt.

Die einzelnen Einträge sollten (je nach Erfordernis des aktuellen Zustandes) folgende Informationen vermitteln:

- Gegenstand und Inhalt: Worum geht es?
- (Vorgesehener) Entscheider: Welche Rolle, welcher Unterkreis oder welches einzelne Mitglied entscheidet oder verantwortet den Inhalt?
- Welches spezielle Entscheidungsverfahren soll ggf. angewendet werden?
- Welcher Nutzen wird erwartet? Wie kann der Nutzen ermittelt werden? Durch wen?
- Ggf. erwarteter Termin für nächste Statusänderung.

Nachfolgend erläutern wir die einzelnen abgebildeten Spalten.

Als externe Organisationsbegleiter schlagen wir eine Struktur vor, lassen diese 5 – 10 Mal ausprobieren, bevor wir eine Retrospektive zum Führungsmonitor organisieren und somit eine Weiterentwicklung des Führungsmonitors durch und für den jeweiligen Kreis initiieren.

Vorbereitungsfragen und Checkliste für die Einführung eines Führungsmonitors

- Welche Zustände (Spalten) mit welchen Kriterien sollen unterschieden werden?
- Welche Informationen sollen die Einträge (ggf. für welche Zustände) enthalten?
- Wie oft und wann wird der Monitor gemeinsam bearbeitet?
- Welche Rolle oder welcher Kreis ist für den Aktualisierungs- und Bearbeitungsprozess verantwortlich?
- Sollen Aktualisierungen elektronisch verteilt und archiviert werden?
- Welche Verfallsfrist für Ideen soll verwendet werden?
- Sollen für den Übergang von Bereit machen zu Entwickeln bestimmte Priorisierungs- oder Auswahlkriterien verwendet werden?
- Wie oft soll über den Monitor selbst eine Retrospektive stattfinden?

Pull statt Push – das Sogprinzip

Anstatt Aufgaben zu verteilen, basiert der Führungsmonitor auf dem Prinzip, das sich jemand eine Aufgabe nimmt.

Jeder kann neue Ideen in die erste Spalte hängen, ohne deswegen gleich befürchten zu müssen, noch mehr Arbeit zu bekommen. Um das deutlich zu machen, werden die Ideen explizit nicht mit Personennamen versehen, sondern nur die Ideen (oder Unzufriedenheiten) selbst benannt. „Man müsste mal […]", „Sollten wir nicht einmal […]" und ähnliche Impulse führen zu neuen Karten in der Spalte.

Ebenso lassen sich gezielt Einladungen zur Übernahme von Verantwortung auf diese Weise einbringen. Eine (Noch-)Führungskraft kann beispielsweise abzugebende Verantwortungsbereiche anbieten.

Die Möglichkeiten-Spalte verdeutlicht also: Es kann viele Veränderungsideen geben, aber es braucht immer jemanden, der bereit ist und genügend Energie hat, der unzufrieden oder begeistert genug ist, sich einer Idee anzunehmen, sie zu bearbeiten, zu verfolgen und umzusetzen und sie damit in die nächste Spalte („Bereit machen") zu ziehen. Und auch erst dann wird interessant, wer die Verantwortung übernimmt (➡Seite 36, Ziehende Entwicklung).

Möglichkeiten – Welche Ideen haben genug Kraft?

Der Führungsmonitor beginnt links mit der Spalte für Spannungen, Möglichkeiten und neue Ideen. Ideen sind mögliche Entscheidungen. Typischerweise haben die Menschen in Organisationen viel mehr Ideen, als sie wirklich umsetzen können. Eine Idee resultiert oft aus Unzufriedenheit und benennt eine mögliche Veränderung zur Verbesserung einer Situation. Insofern haben in dieser Spalte auch Hindernisse und Risiken Platz.

Wir benutzen gerne den Begriff Spannung, weil er allgemein jede Form von Unterschied (positiven wie negativen) zwischen einem gewünschten und dem aktuellen Zustand beinhaltet und auch eher ein Gefühl benennt, also Menschen intrinsisch antreiben kann.

Die Möglichkeiten-Spalte hat eine grundsätzlich befreiende und entlastende Funktion. Jeder kennt die Situationen am Ende von Arbeitstreffen, in denen dann Aufgaben verteilt werden: Wer stellt bis wann welches Ergebnis her? Alle erhalten regelmäßig noch mehr Arbeit, was sich oft belastend anfühlt und vor allem bürokratische Tätigkeiten produziert: Die Aufgaben werden nachverfolgt („Wie ist der Stand?", „Bist du fertig?", „Was fehlt?" etc.).

Filter und Energiemesser

Wie kraftvoll ist die Idee? Statt auf Personen wird in dieser Spalte der Fokus auf das vorhandene Energieniveau gelegt. Manchmal hat eine Idee schon ein paar Tage später ihre Kraft verloren. Oder umgekehrt steckt manche Idee andere mit an und wird damit kraftvoller.

Ideen mit Verfalldatum

Genau dies wird in der Spalte sichtbar gemacht: Jeder Eintrag bekommt ein Verfalldatum. Wie eine Milchpackung, also beispielsweise zwei, drei oder vier Wochen Haltbarkeitsdauer – bis zu diesem Verfalldatum bleibt die Idee auf dem Führungsmonitor.

Bei jeder Monitoraktualisierung wird jede einzelne Karte kurz aufgerufen und gefragt, ob seit dem letzten Aktualisierungstreffen jemand an die Idee gedacht hat, sie vielleicht sogar weiterentwickelt hat. Dann wird das Verfalldatum aktualisiert, also die Frist verlängert. Beispielsweise, indem ein neues Datum auf die Karte geschrieben wird, ein neuer Klebezettel darüber geklebt wird oder der Zettel einfach wieder nach oben bewegt wird.

Das Kriterium zur Aktualisierung ist bewusst unscharf: „Oh, ich habe mich gerade gestern mit Oliver darüber unterhalten" reicht völlig aus, ebeso wie „Erst gestern habe ich mich wieder darüber geärgert, hier muss wirklich mal etwas passieren". Manchmal verändert sich die Idee auch, sodass nicht nur ein neues Verfalldatum, sondern auch eine neue Beschreibung verwendet wird. Die Ideen reifen. Umgekehrt, wenn sich bis zum Verfalldatum niemand mehr mit der Idee beschäftigt hat, wird die Karte nochmal gewürdigt und dann im Bereich „Obsolet" archiviert oder weggeworfen.

Die Möglichkeiten-Spalte ist also ein Instrument, um die vorhandene Energie für bestimmte Ideen und Unzufriedenheiten zu messen und eine natürliche Bereinigung und Entlastung zu bewirken.

Und wo wird diskutiert?

Ein regelmäßiger Diskussionsmarktplatz (➡Seite 68) ist die passende kommunikative Ergänzung des Führungsmonitors, speziell der Möglichkeiten-Spalte. Jede Organisation braucht Zeit und Raum, um Ideen zu streuen, reifen zu lassen, auszutesten und Meinungen reifen zu lassen.

Bereit machen

„Bereit machen" klingt einfach, ist aber eine der anspruchsvollsten Spalten und damit Tätigkeiten. Hier geht es darum, aus einer vagen und unscharfen Idee einen konkreten Nutzen und einen nächsten Schritt abzuleiten.

Sofern es sich bei dem Anliegen noch nicht um eine Lösungsidee, sondern noch um eine Problembeschreibung handelt, gilt es außerdem, Lösungsideen zu entwickeln. Ein Problem zu benennen ist einfach – doch welcher Nutzen, welche Veränderung soll als Lösung beobachtbar werden? Hier ist eine konkrete Maßnahme vom herzustellenden Nutzen zu unterscheiden.

Nutzen statt Aktivität

Stellen Sie sich beispielsweise vor, dass eine Maschine zu viel Ausschuss produziert. Da besteht der beobachtbare Nutzen darin, die Menge oder den Wert des Ausschusses zu reduzieren. Mögliche Maßnahmen wären, eine neue Maschine zu kaufen, die Maschine warten oder reparieren zu lassen oder nur noch solche Teile mit der Maschine herzustellen, die weitgehend fehlerfrei produziert werden können.

Oder wenn wir uns vorstellen, dass es im Sommer im Büro unerträglich heiß ist. Dann wären mögliche Maßnahmen der Einbau einer Klimaanlage, die Verlegung der täglichen Arbeitszeit in die Morgen- und Abendstunden, generelle Betriebsferien in der Sommerzeit, mehr Pausen, freie Getränke und Eis für alle o. Ä.

Die Kosten, Aufwände und Implikationen dieser verschiedenen Lösungen sind höchst unterschiedlich. Wir neigen dazu, zu schnell eine konkrete Lösung zu beschreiben, bspw. den Einbau einer Klimaanlage, und den beobachtbaren Nutzen zu vernachlässigen. Der Nutzen wäre vielleicht, die durch Hitze provozierte unproduktive und ineffiziente Arbeitszeit zu reduzieren.

Irgendwann landet die Karte in der Spalte „Bewerten" und dann benötigen wir beobachtbare problembezogene Kriterien. Wir könnten möglicherweise feststellen, dass jetzt eine Klimaanlage vorhanden ist – aber bringt sie auch den erwarteten Nutzen? Oder vielleicht auch ganz neue Probleme?

Coaching

Für das „Bereit machen" von Anliegen ist es hilfreich, dass die Verantwortlichen größerer Anliegen unterstützt und gecoacht werden. Entweder durch die Moderatorinnen des Führungsmonitors, durch spezifische Coaches, durch Mitglieder des Selbstorganisationskreises oder einfach nur durch passende Kolleginnen. Im einfachsten Fall fragen die Unterstützerinnen nur eine Checkliste ab.

Checkliste

- Ist der nächste sinnvolle Schritt des Gesamtanliegens identifiziert worden?
- Ist der nächste Schritt innerhalb von 1 – 3 Wochen (oder Führungsmonitor-Treffen) bewertbar abzuschließen?
- Ist ein konkret beobachtbarer bzw. beurteilbarer Nutzen beschrieben? Was sind die Kriterien bzw. woran lässt sich der Fortschritt erkennen?
- Ist es ein Nutzen für die Organisation oder eine Organisationseinheit? Oder ist es eher ein persönlicher oder organisationsfremder Nutzen?
- Ist das Problem mit anderen Kolleginnen besprochen worden? Welche Rückmeldungen gab es und welche Einsichten hat das bei dir hervorgebracht?
- Wurde(n) die verfolgte(n) Lösungsidee(n) mit anderen Kolleginnen besprochen und was kam dabei heraus?
- Welche Erwartungen existieren zum Arbeitsaufwand, zur Dauer, den Kosten und Risiken?
- Welche für die Organisation möglicherweise entstehenden nicht verkraftbaren Schäden sind bekannt?
- Inwieweit passt das Anliegen zu der aktuellen Strategie bzw. zu gültigen strategischen Entscheidungen der Organisation?

Häufiger Fehler: zu große Anliegen

Ein oft zu beobachtendes Problem bei der Verwendung eines Führungsmonitors sind zu große Aufgaben. Beschriebene Ideen, Probleme und Spannungen auf dem Führungsmonitor repräsentieren oft auch größere Themen, die sich nicht sofort oder innerhalb weniger Tage oder Wochen lösen lassen. Zunächst wandern diese großen Anliegen auf dem Monitor weiter nach rechts. In der Spalte „Entwickeln" beginnen große Anliegen dann zu stören: Sie verstopfen die Spalte und bewegen sich nicht mehr vom Fleck. Sie bleiben über Wochen und Monate in derselben Spalte.

Zusätzlich zum reinen Platzproblem auf der Tafel entsteht ein psychologisches Problem, weil alle Beteiligten das frustrierende Gefühl bekommen, dass es keinen Fortschritt und keine Weiterentwicklung gibt.

Dieses Problem lässt sich einfach umgehen, indem große Anliegen spätestens beim Übergang von „Bereit machen" zu „Entwickeln" geteilt bzw. geschnitten werden,

- in einen kleinen nächsten Schritt und
- in den Rest oder einen Platzhalter für das Gesamtanliegen.

Geht es beispielsweise um die Beschaffung neuer Produktionsmittel und Maschinen, wären mögliche erste Schritte:

- Passende Maschinen und Anbieter finden.
- Eine Reihe von Angeboten einholen.
- Eine Teststellung (Probebetrieb) organisieren.
- Referenzen und Erfahrungsberichte einholen.
- Eine Vorauswahl treffen.

Kommt es immer wieder zum Phänomen zu großer Anliegen, probieren Sie die Einführung von WiP-Limits (➡Seite 209, Kanban), auch wenn diese möglicherweise für Führungs- und Organisationsarbeit nicht so gut greifen wie bei Produktions- und Entwicklungsarbeit.

Verantwortung zeigen

Grundsätzlich gilt das Sog- oder Zugprinzip (➡Seite 36): Aufgaben und Anliegen werden nicht zugeteilt oder verteilt, sondern werden von Kolleginnen gezogen. Beiträge ab der Spalte „Bereit machen" haben einen eindeutigen Verantwortlichen. Eine konkrete Person ist bereit, Verantwortung für diesen Beitrag zu übernehmen.

Unter Verantwortung verstehen wir

- zu entscheiden,
- die Entscheidung umzusetzen und danach zu handeln und
- Konsequenzen persönlich gewahr zu werden und bei unerwünschten Folgen heilende Folgehandlungen anzuschließen.

Eskalationsprinzip

Was tun, wenn niemand die Aufgabe zieht, sie aber unbedingt getan werden muss?

In diesem Fall kann das Anliegen auf der Metaebene gelöst werden: Jemand bringt den Entscheidungsvorschlag ein, sich (oder jemand anderes) zu ermächtigen, die zu erledigende Aufgabe per disziplinarischer (und damit bei Arbeitsverweigerung vermutlich abmahnfähiger) Anweisung an jemanden zu übertragen.

Wenn sich niemand ein dringliches Anliegen zieht, dann bestimmt die Gemeinschaft eben einen Entscheider, der die Aufgabe zwangsweise zuteilt.

Auf die Idee zu dieser Eskalationsmöglichkeit kommt ein Team meistens nicht von selbst. Es braucht hier Unterstützung.

Zum Glück wird dieser Eskalationsmechanismus fast nie gebraucht. Die meisten Anliegen, die sich niemand zieht, sind einfach nur nicht wichtig genug.

Organisationen, die sich noch kein selbstermächtigendes Handeln zutrauen, nutzen den Übergang von der Spalte „Bereit machen" zu „Entwickeln", um den Verantwortlichen explizit zu ermächtigen.

Bereit machen bedeutet, die erwarteten Folgen (Nutzen, Ressourcenverbrauch und sonstige Konsequenzen) zu formulieren, um das Vorhaben entscheidbar zu machen.

Wenn niemand Verantwortung übernehmen mag und niemand mit dem Anliegen mit seinem Namen oder Gesicht der Kollegenschaft gegenübertreten mag, dann sollte nicht entschieden werden. Dann ist das Anliegen nicht wichtig genug oder es fehlen passende Ressourcen, Rahmenbedingungen oder Voraussetzungen, die dann erst einmal zu klären und herzustellen sind.

Die Entscheidung oder Ermächtigung erfolgt idealerweise lediglich im Hinblick darauf, ob der nächste Schritt oder eine Erprobung für die Organisation ausreichend sicher und verkraftbar genug ist. Es geht nicht darum, wie viele Organisationsmitglieder die Idee gut finden.

Sofern es sich um eine Erprobung handelt, ist es notwendig, zu einem passenden Zeitpunkt das Ergebnis zu bewerten und über den weiteren Umgang zu entscheiden. Ebenso, wenn es sich mehr um ein Projekt handelt, bei dem ein bestimmtes Ziel erreicht oder etwas Spezielles hergestellt werden soll.

Es gibt aber auch einfache Entscheidungen, denen keine Retrospektive oder Bewertung folgen muss, weil sich der Entscheidungsgegenstand dafür nicht eignet, trivial ist oder kein besonderer Nutzen aus einer Retrospektive zu erwarten ist. Solche Beiträge können dann unmittelbar in die Spalte „Beendet" überführt werden.

Offen (Teilschritt läuft)

Der Bereich „Offen" ist keine Spalte wie die anderen, bei denen der Fortschritt eines Anliegens, also der Wechsel von einem Zustand zum nächsten verfolgt wird. Der Bereich ist vielmehr ein Parkplatz für Anliegen und Ideen, die zu groß sind, als dass sie in einem Stück umgesetzt werden sollten.

In der Spalte „"Bereit machen" wird der jeweils nächste möglichst kleine sinnvolle Schritt zu einem Anliegen identifiziert. Riskante oder unklare Anliegen werden auf den nächsten überschaubaren und verkraftbaren Schritt reduziert. Ebenso wie alle Vorhaben, die viel Zeit beanspruchen und nicht bis zu den nächsten zwei bis drei Führungsmonitor-Aktualisierungen abgeschlossen werden können.

Die dadurch entstehenden jeweils nächsten Schritte kommen in die Spalte „Entwickeln" (Ausprobieren, Umsetzen). Große Anliegen werden also geteilt und es entstehen neue Karten oder Klebezettel:

- zum einen der nächste Schritt (für die Spalte „Entwickeln"),
- zum anderen ein Platzhalter für das eigentliche Gesamtvorhaben bzw. den Rest des Anliegens (für den Bereich „Offen").

Der Platzhalter für das Gesamtvorhaben wird in den Bereich „Offen" verschoben, sobald der nächste Teilschritt in „Entwickeln" wandert.

Beide Karten sollten jeweils Referenzen aufeinander beinhalten.

Sobald der nächste kleine Schritt dann integriert und beendet ist, wird das ursprüngliche Gesamtanliegen im Bereich „Offen" wieder gesucht und aktualisiert: Ist das Gesamtanliegen noch aktuell? Was hat sich geändert? Was wäre der nun folgende nächste kleine Schritt?

Entwickeln (Teilschritt)

In dieser Spalte hängen die Karten, die einen möglichst überschaubaren nächsten Schritt beschreiben und sich gerade in Bearbeitung befinden. Hier wird der nächste kleine Schritt umgesetzt, entwickelt, hergestellt oder ausprobiert.

Dabei kann es sich um einen relevanten Aufwand handeln, sodass beispielsweise mehrere Kolleginnen viele Stunden und Tage daran arbeiten. Beispielsweise, wenn es darum geht, einen Organisationsprozess wie die Neueinstellung von Mitarbeitern oder einen Mentorenprozess zu entwickeln.

Es kann sich aber ebenso um geringe oder gar zu vernachlässigende Aufwände handeln, die beispielsweise mit einem kurzen Telefonat oder einer E-Mail erledigt sind, beispielsweise eine Ware oder ein Gerät zu bestellen oder ein Angebot anzufordern. Die passende Flughöhe ist auszuprobieren.

Bei konsultativen Fallentscheidungen (➨ Seite 152) umfasst die Phase „Entwickeln" die Konsultation, die eigentliche Entscheidung und die Bekanntgabe der Entscheidung. Dies wird sich normalerweise über mehrere Tage, typischerweise einige Wochen erstrecken.

Während des beispielsweise wöchentlichen Arbeitstreffens zur Aktualisierung des Führungsmonitors wird eine konsultative Fallentscheiderin dann typischerweise kurz berichten: „Ich habe letzte Woche einige Kollegen zum Problem konsultiert und erste Lösungsideen erhalten. Nächste Woche werde ich erste Rückmeldungen zu den Lösungsideen einsammeln. Ich hoffe, dann in ca. drei Wochen entscheiden zu können."

Bewertung, Reflexion

Sobald die Entwicklung, Erprobung oder Umsetzung abgeschlossen ist, bewegt sich die Karte in die Spalte „Bewerten". Nun geht es darum, das Ergebnis zu bewerten und zu beurteilen und über den Ablauf als solches zu reflektieren.

Das Ziel ist, sowohl über den Inhalt als auch über die Vorgehensweise zu lernen. Meistens ist inhaltlich eine Art Soll-Ist-Abgleich möglich: Welchen Nutzen hatten wir erwartet? Welcher Nutzen ist tatsächlich eingetreten? Und was bedeutet dies für das weitere Vorgehen? Und auf der Prozessebene: „Welchen Aufwand hatten wir für diesen Schritt erwartet? Welchen hatten wir tatsächlich? War es dies wert? Wie können wir künftig solche Anliegen effizienter bearbeiten?"

Die konsultative Fallentscheiderin berichtet dann möglicherweise, wie solche Entscheidungen beim nächsten Mal anders ablaufen sollten. Oder Kolleginnen melden zurück, was ihnen am Prozess gefallen oder nicht gefallen hat: „Danke, dass du so viele Aspekte berücksichtigt hast und dir die Zeit genommen hast." Oder: „Das Ergebnis hätten wir früher benötigt. Was sollten wir nächstes Mal anders machen, um schneller zum Ergebnis zu kommen?"

Auch die inhaltliche Bewertung des Erreichten gehört dazu, wie beispielsweise: „Alle Angebote sind ganz erheblich teurer, als wir gedacht und geplant hatten. Bevor wir weitermachen, sollten wir erst einmal entscheiden, ob wir uns dies wirklich leisten wollen und können." Der nächste kleine Schritt wäre dann vermutlich eine Entscheidung hierzu herbeizuführen.

Sofern in dem Schritt etwas im Kleinen erprobt wurde, das eigentlich grundsätzlich eingeführt werden soll, ist zu bewerten, ob eine Ausdehnung und Integration in weitere Bereiche oder in die Gesamtorganisation nun möglich und sinnvoll ist oder was noch fehlt. Was wären in diesem Fall die nächsten Schritte?

Physischer oder digitaler Monitor?

Wir finden es ein interessantes Phänomen, dass in der agilen Softwareentwicklung, also in einem Kontext von Menschen, die typischerweise technikaffin und -begeistert sind, sehr stark physische Mittel wie Klebezettel, Flipcharts und Tafeln zur Arbeits- und Selbstorganisation verwendet werden.

Wir nehmen in der Praxis einen deutlichen qualitativen Unterschied zwischen der Nutzung physischer und digitaler Hilfsmittel wahr. Ein digitales Team-Board ist in der Regel weniger kraftvoll.

Auch wenn ein digitales Team-Board verwendet wird, empfehlen wir, es immer nur gemeinsam zu pflegen, es also nur während expliziter Arbeitstreffen hierfür zu ändern. Ansonsten leidet die Transparenz, Nachvollziehbarkeit und Verbindlichkeit.

Es gibt Teams, die primär einen physischen Ort verwenden, jedoch alle Änderungen nicht nur für ein Fotoprotokoll fotografieren, sondern alle Änderungen stets in der digitalen Kopie nachtragen.

Digitale Kanban-ähnliche Werkzeuge findet man im Internet bei der Suche nach „Trello und Alternativen".

Integration planen

Sofern die Ausdehnung, Etablierung oder Fortsetzung entschieden wurde, die dafür notwendigen nächsten Schritte zu planen.

Dabei geht es zum einen darum, die während der Bewertung und Reflexion entstandenen Einsichten systematisch zu berücksichtigen. Wie können wir den erwarteten Nutzen doch noch herstellen oder verbessern? Wie können wir erkannte Risiken minimieren? Wie können wir erkannte Hindernisse umgehen oder handhaben? Welche weiteren Ressourcen können wir nutzen?

Zum anderen geht es darum, die nächsten Schritte zu planen und vorzubereiten, also beispielsweise wieder auf das ursprüngliche im Bereich „Offen" geparkte Gesamtanliegen zurückzukommen und dieses zu aktualisieren. Für viele Anliegen ist diese Spalte weniger oder gar nicht relevant. Wenn die Bewertung ergeben hat, das Anliegen nicht fortzusetzen, ist möglicherweise gar nichts zu tun.

Möglicherweise ist auch deshalb nichts Spezielles zu planen, weil es dafür funktionierende Standards gibt. Handelte es sich bei dem Anliegen beispielsweise um eine Einstellungsentscheidung für eine weitere Mitarbeiterin und existieren klare und bewährte Personalprozesse, dann besteht die Arbeit für die Spalte „Integration planen" lediglich in der Entscheidung, den Prozess (Einarbeitung, Probezeit etc.) wie üblich zu betreiben.

Beendet

Im einfachsten Fall werden abgeschlossene Anliegen einfach hierher verschoben, um deutlich zu machen und zu dokumentieren, dass sie erledigt sind.

Die vorhandenen beendeten Anliegen werden nach unten verschoben, frisch abgeschlossene Karten werden oben platziert. Wenn es zu eng wird, werden die ältesten Karten abgenommen und entsorgt. Manchmal entstehen dicke Klumpen von übereinander klebenden erledigten Beiträgen.

Der Wechsel in die Spalte „Beendet" ist jedoch eine Möglichkeit und Gelegenheit zu rituellen Abschlüssen und Würdigungen. Möglicherweise wird die Führungsmonitor-Moderation kurz unterbrochen oder es wird angekündigt, nach dem Arbeitstreffen noch ein Ritual (➡Seite 237) zu absolvieren (➡Seite 183, Soziale Systemprinzipien).

Je nachdem, worum es ging, wird den Beteiligten explizit gedankt und ihre Arbeit gewürdigt: „Vielen Dank, dass du dich so engagiert hast", „Vielen Dank, das war nicht einfach, aber wichtig für uns", „Wir haben [...] etwas abgeschlossen, lassen dies hinter uns. Es hat uns lange begleitet, uns etwas bedeutet und nun beginnen wir etwas Neues", „Vielen Dank [Führungskraft], dass du diesen Raum geöffnet und uns [...] übergeben hast", „Vielen Dank [Kolleginnen], dass ihr mir dies nun abgenommen und mich entlastet habt."

Eine Druckvorlage für dieses Plakat können Sie herunterladen unter https://kollegiale-fuehrung.de/material/

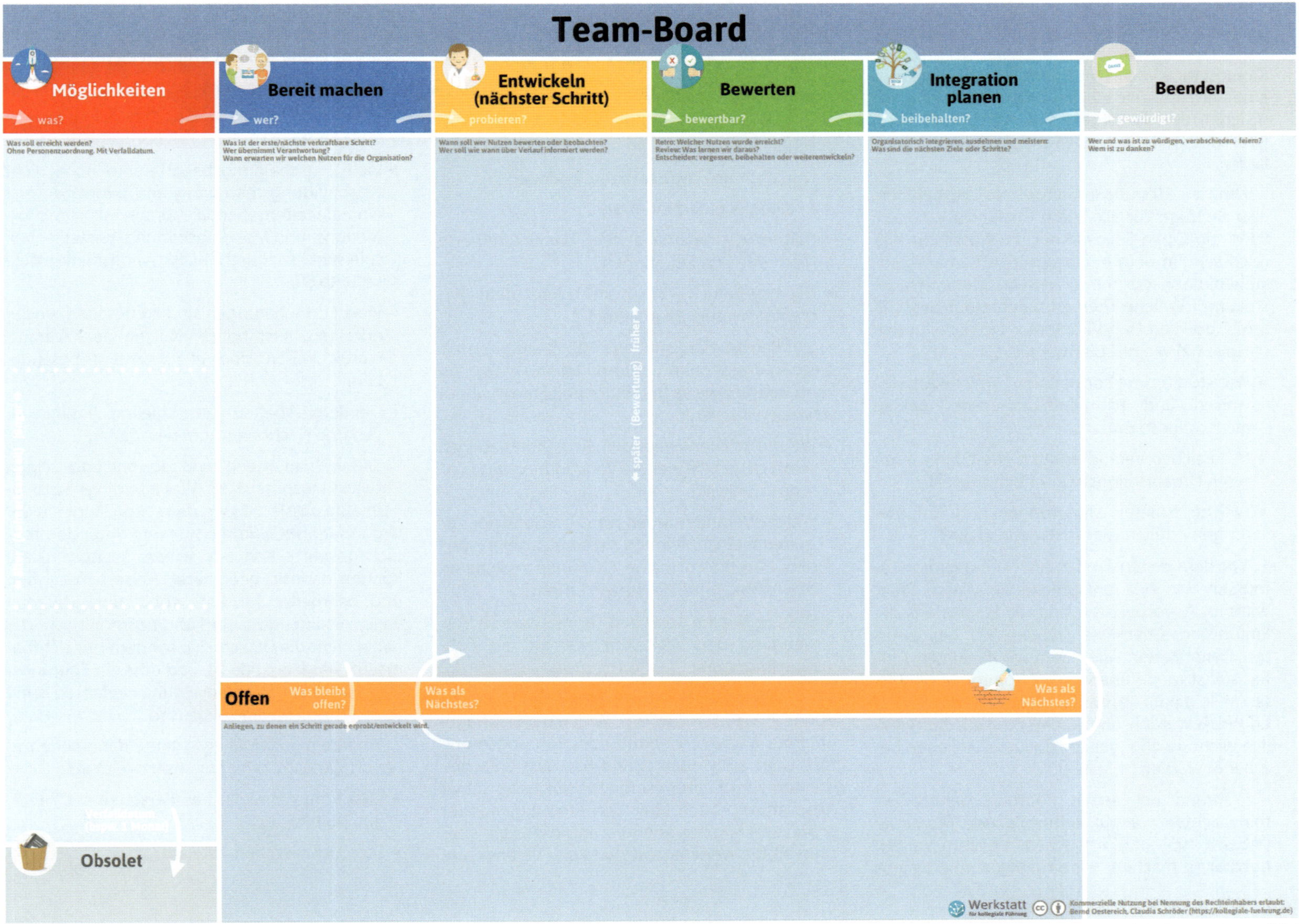

Einführung des Führungsmonitors

Zur Einführung des Führungsmonitors schlagen wir in der Rolle der externen Organisationsbegleiterin der Organisation(-seinheit) vor, den Monitor für 5 – 10 Termine auszuprobieren, dann eine Retrospektive zu den Erfahrungen zu organisieren, um die Organisationsmitglieder dann über die weitere Verwendung entscheiden zu lassen.

Um den Führungsmonitor initial zu befüllen, also Beiträge für die erste Spalte zu erhalten, kann ein Open-Space-ähnlicher Workshop hilfreich sein, in dem entsprechende Beiträge entstehen. Entweder mit einer sehr offenen Fragestellung („Welche Themen möchtet ihr bearbeiten?") oder an Hand konkreter Fragestellungen (➡Seite 62) wie beispielsweise:

- Was stört unsere Kooperation? Welche Arbeitsweisen und Rahmenbedingungen passen nicht mehr so gut?
- Mit welchen Veränderungen erreichen wir unseren Organisationszweck noch besser?
- Welche äußeren Erwartungen und Anforderungen erfüllen wir nicht mehr so gut?

Vor dem ersten Treffen am Führungsmonitor müssen wir eine entsprechende Wand, Pinnwand o. Ä. vorbereiten und die Punkte aus der Einführungs-Checkliste (➡Seite 91) beantworten. Dann starten wir, indem wir die ersten Treffen selbst moderieren. Dabei kommt es die ersten Male darauf an, dass die Grundprinzipien gut erfahrbar werden, und weniger darauf, dass wirklich wichtige oder gar spektakuläre Anliegen bearbeitet werden (➡Seite 90).

Während der ersten Führungsmonitor-Termine achten wir auf kulturbildende Momente (➡Seite 190) und versuchen, sie zum Lernen nutzbar zu machen. Wir empfehlen, mindestens bis zur ersten Retrospektive systematisch folgende Informationen zu sammeln:

- Anzahl der neuen Anliegen pro Termin.
- Anzahl der Verschiebungen in nächste Spalte.
- Anzahl der insgesamt beteiligten unterschiedlichen Personen.
- Durchschnittliche Bearbeitungsdauer.
- Anzahl der Entscheidungen.
- Kulturbildende und andere bemerkenswerte Momente und Situationen.
- Die insgesamt 3 – 10 (positiv oder negativ) bemerkenswertesten Anliegen.

Zur Retrospektive (➡Seite 102) bearbeiten wir diese Informationen auf und stellen sie vor. Sie kann beispielsweise mit folgenden Fragen abgeschlossen werden:

- Welche schwerwiegenden Einwände habe ich selbst gegen die weitere Verwendung des Führungsmonitors?
- Welche Veränderungen zum Führungsmonitor sollten meiner Meinung nach ausprobiert werden, damit sich meine Einwände reduzieren bzw. der allgemeine Nutzen erhöht?
- Welche Nutzen sprechen für die weitere Verwendung und Weiterentwicklung des Führungsmonitors?

Ggf. moderieren wir eine explizite Entscheidung (beispielsweise als Widerstandsabfrage) über die Weiterverwendung des Führungsmonitors. Oder wir weisen darauf hin, dass Entscheidungen zum Führungsmonitor (inklusive seiner Abschaffung) auch über den Führungsmonitor prozessiert werden können. Grundsätzlich ist es sinnvoll, die Weiterentwicklung und Veränderungen des Führungsmonitors auch über eben diesen zu prozessieren, soweit dies nicht dem Selbstorganisationskreis obliegt (Seite ➡80).

Typische Phänomene beim Start eines Führungsmonitors:

- Viele Beiträge sind zu groß oder anspruchsvoll.
- Viele Entscheidungsbedarfe sind noch nicht entscheidungsreif genug und benötigen erst einmal weitergehender Vorab-Diskurse, Informations- und Meinungsbildungsprozesse, beispielsweise durch Diskussionsmarktplätze (➡Seite 68).
- Viele Formulierungen sind zu unscharf, unklar oder missverständlich, Nutzen oder Verantwortlichkeiten sind unzureichend beschrieben.
- Die Bereitschaft zu Lernschleifen, Auswertungen und Nachbereitungen ist gering.

Diese Phänomene sind normal und zeigen Entwicklungspotenziale. Was allerdings auch regelmäßig passiert: Es werden schon länger in der Organisation schlummernde und unter den Teppich gekehrte Konflikte wieder sichtbar. Diese können dann in geeigneter Weise aufgegriffen und bearbeitet werden, wobei unterschieden werden sollte, dass ein Führungsmonitor in der Regel nicht die Ursache ist, sondern nur sichtbar macht, was längst da ist, und dass ein Führungsmonitor und auch Entscheidungsverfahren keine Konfliktlösungswerkzeuge sind.

Andere manchmal erwartete Phänomene treten oft gar nicht oder nur ansatzweise auf:

- Dass immer die gleichen Personen mit Beiträgen dominieren.
- Dass sich niemand beteiligt.

Moderationsprinzipien

Aktualisierung von rechts nach links

Das Konzept des Führungsmonitors basiert zumindest ansatzweise auf Kanban (➡Seite 209) und daher wird die Tafel grundsätzlich von rechts nach links bearbeitet (gezogen). Der Moderationsprozess beginnt in der rechten Spalte und bewegt sich dann Spalte für Spalte nach links.

In jeder Spalte werden die Inhalte dann von oben nach unten aktualisiert. Dabei geht es zum einen darum, ob eine Karte den Bearbeitungszustand ändert und eine Spalte weiter nach rechts verschoben wird. Zum anderen geht es um den Austausch anderer wichtiger Informationen zu einer jeden Karte.

Regelmäßige Treffen

Das Treffen am Führungsmonitor sollte streng regelmäßig stattfinden, beispielsweise jeden Dienstag von 13.00 – 13.30 Uhr. Auch zweiwöchentliche oder monatliche Treffen können sinnvoll sein, wobei der Zeitbedarf pro Treffen dann meistens höher ist. Die Dauer sollte nach Möglichkeit auch halbwegs fest und damit planbar sein. Unserer Erfahrung nach reichen für die meisten Organisationen 20 – 60 Minuten.

Eingeladen sind immer alle Mitglieder der Organisationseinheit, für die der Monitor betrieben wird. Gestartet wird unabhängig davon, wie viele dabei sind. Wir beobachten, dass durchschnittlich zwei Drittel der Mitglieder oder mehr teilnehmen. Im Normalfall gilt die Regel: Die jeweils Anwesenden entscheiden uneingeschränkt und berücksichtigen dabei die Interessen der nicht anwesenden Mitglieder.

Vorbereitung mit Unterstützung der Moderatorinnen

Damit die wertvolle und teure gemeinsame Zeit der Führungsmonitor-Treffen gut genutzt wird, hilft Folgendes:

Die Moderatoren treffen sich 30 – 60 Minuten vorher, gehen vorab alle Karten einmal durch und antizipieren mögliche Zustandsänderungen, Komplikationen, Informations-, Diskussions- und Entscheidungsbedarfe. Falls erforderlich, nehmen Sie hierzu auch vorher Kontakt mit den Verantwortlichen bestimmter Karten auf.

Die Moderatoren stehen in dieser Zeit vor dem eigentlichen Treffen auch für alle Teilnehmerinnen zur Vorbereitung zur Verfügung, beispielsweise um Inhalte und Formulierungen bestimmter Anliegen durchzusprechen.

Wer eine Entscheidung während des Treffens herbeiführen möchte, ist angehalten, dies den Moderatorinnen vorher anzuzeigen und mit ihnen die Formulierung und die Moderation der Entscheidung abzustimmen. Noch besser ist es, wenn die Kolleginnen ihre Entscheidungsvorschläge vorher bereits mit ausgewählten anderen Kolleginnen durchgegangen sind, um die Entscheidungsreife sowie die verständliche Formulierung von Problem und Lösung sicherzustellen. Die Moderatoren können dann beim Feinschliff helfen.

Es sollte einen Standard geben, wie entschieden wird, beispielsweise mit dem Universellen Entscheidungsverfahren (➡Seite 158).

Situative Moderationsentscheidungen

Die Moderatorinnen können die Bearbeitung von einzelnen Karten ablehnen oder vertagen. Beispielsweise, weil sie Beiträge trotz Bemühungen inhaltlich nicht verstehen können, um wegen fehlender Zeit zu priorisieren oder weil der Führungsmonitor nicht der passende Rahmen oder Ort für das Anliegen ist.

Die Rollen der Moderatorinnen wurden klar gegenüber der Gruppe angesprochen und geklärt. Sie dienen dem Prozess und tragen selbst nicht inhaltlich bei. Gefordert ist eine straffe und klare Leitung, was erst einmal ungewohnt wirken kann.

Zu jeder Karte müssen die Moderatorinnen verschiedene Arten von Kommunikationsarten aufmerksam unterscheiden und spezifisch handhaben:

Werden notwendige und sinnvolle Informationen mitgeteilt? Wenn jemand nicht auf den Punkt kommt, unverständlich spricht oder über belanglose Inhalte, ermahnen die Moderatorinnen die Sprecherinnen und unterbrechen notfalls deren Beiträge.

Dient der laufende Prozess gerade noch dem Zweck des Führungsmonitors oder geht es um etwas anderes?

Werden Verständnisfragen gestellt oder werden als Fragen verkappte Meinungen geäußert? Ein Führungsmonitor-Treffen dient nicht der Diskussion oder Meinungsbildung. Eventuell müssen Anliegen, die offensichtlich noch hohen Diskussionsbedarf haben, in andere Formate und Treffen verwiesen werden. Für die Moderatorinnen ist diese Unterscheidung immer herausfordernd, da sie selten eindeutig und fast immer nur graduell ist.

Wichtige Hilfsmittel der Moderatorinnen sind eine kongruente Sprache, aktives Zuhören (im Sinne von Carl Rogers), simultane Visualisierung sowie offene Prozessfragen. Diese Methodenkompetenz ist erlernbar (➡Seite 166).

Weiterführendes

➡94 Digitale Team-Boards
➡169 Aktives Zuhören, Lernbegleitung
➡158 Universelles Entscheidungsverfahren

Entscheidungswerkzeuge (Überblick)

Alle Entscheidungswerkzeuge werden ab ➡Seite 142 detailliert beschrieben.

Aus der Mitte wählen

Aus der Mitte wählen (➡Seite 148) ist ein Rollenwahlverfahren, bei der nach Klärung der Rolle oder des Entscheidungsbedarfes jede Teilnehmerin für sich die Bereitschaft klärt, ob sie hierzu die Entscheidung und Verantwortung übernehmen würde.

Nach kurzer Bedenkzeit werden alle dazu bereiten Personen gebeten, in die Mitte des Raumes zu gehen. Dieser innere Kreis bestimmt dann (ohne weitere Vorgaben) unter sich, wer die Rolle oder Entscheidung übernimmt. Der Klärungsdialog wird offen geführt, sodass die äußeren Teilnehmer den Prozess beobachten und mithören können.

Geht nur eine Person in die Mitte, ist diese automatisch bestimmt, da es keine Alternative gibt. Es ist zulässig, für ein Veto in die Mitte zu gehen. Im Falle eines Vetos sowie wenn die innere Runde nach 5 Minuten Klärungsdialog noch immer kein Ergebnis erzielt hat, wird der Prozess abgebrochen und zu einem anderen Verfahren gewechselt. Der Zeitbedarf ist gering, es sind normalerweise keine besonderen Moderationskompetenzen erforderlich.

Kollegiale Rollenwahl

Die Kollegiale Rollenwahl (➡Seite 150) ist ein ressourcen-basiertes, wertschätzendes und pragmatisches Verfahren, um Rolleninhaber, Prozessverantwortliche oder Kreismitglieder zu wählen.

Es kann in verschiedener Weise variiert werden (von soziokratisch bis geheim).

Das Verfahren beinhaltet positives Feedback für viele Personen, da in einem Rundenformat ausgesprochen wird, was für eine Person spricht, die Rolle zu übernehmen. Die Kollegiale Rollenwahl eignet sich gut, um Macht- und Aufmerksamkeitsverklumpungen zu verflüssigen und ihnen vorzubeugen. Häufig treten auch introvertierte oder neue Mitarbeiterinnen in das Blickfeld der Eignung.

Der Zeitbedarf ist 10 – 30 Minuten, das Verfahren kann gut zu zweit moderiert werden und setzt grundlegende Moderationskompetenz voraus.

Konsultativer Fallentscheid

Der Konsultative Fallentscheid (➡Seite 152), auch Einzelentscheid genannt, kombiniert eine Rollenwahl mit einem einzelnen Entscheidungsbedarf (Fall).

Dabei wird eine Person von einem Kreis beauftragt und ermächtigt, für einen einzelnen formulierten Entscheidungsbedarf eine für den Kreis verbindliche Entscheidung zu treffen. Daran gekoppelt ist der Wunsch, bestimmte Personen, Rollen oder Interessenvertreter zu Problem- und Lösungsfragen zu konsultieren sowie ggf. weitere Auflagen (bspw. einen Termin) zu berücksichtigen.

Es ist ein zweitstufiger Entscheidungsprozess, bei dem erst entschieden wird, wer entscheiden soll, und dann der gewählte Entscheider die eigentliche Entscheidung trifft. Er eignet sich auch für kontroverse und heikle Entscheidungen.

Die Rollenwahl geht schnell, die eigentliche Entscheidung kann dauern. Für anspruchsvolle Entscheidungsaufträge ist zur Unterstützung der gewählten Person ein Coaching und eine kontinuierliche Prozessbegleitung hilfreich.

Widerstandsabfrage

Die Widerstandsabfrage (➡Seite 154) ist ein quantitatives Entscheidungsverfahren. Bei einer Widerstandsabfrage (auch systemisches Konsensieren genannt) bewerten die Teilnehmer ihren Widerstand gegen jede Alternative auf einer Skala (bspw. von 0 = kein Widerstand bis 5 = maximaler Widerstand) und meistens durch entsprechende Handzeichen.

Pro Alternative wird dann die Summe gebildet. Die Ist-Situation ist auch immer eine Alternative. Die Alternative mit dem geringsten Widerstand gilt als neue Entscheidung.

Das inhaltliche Verständnis der vorliegenden Alternativen vorausgesetzt ist der Zeitbedarf gering. Es ist eine grundlegende Moderationskompetenz ausreichend und wenig Übung erforderlich.

Das Verfahren bietet sich für Alltagsentscheidungen an, die nicht viel Zeit kosten. Eine Erweiterung ist das universelle Entscheidungsverfahren, das sich für die Arbeit am Führungsmonitor und auch für Verfahrensfragen eignet.

Kollegiale Einwandintegration

Dieses Entscheidungsverfahren (➡Seite 156) ist ein sehr strukturiertes Moderationsformat, mit dem ein Entscheidungsvorschlag gemeinsam so weiterentwickelt wird, dass Einwände minimiert werden. Es wird nicht nach Zustimmung gefragt, sondern danach, ob der Vorschlag sicher genug ist, ihn auszuprobieren.

Es existieren spezifische Ausprägungen des Verfahrens beispielsweise in der Soziokratie (Konsent) oder Holokratie sowie Varianten zu den Einwand- und Vetomöglichkeiten usw.

Häufig wird streng moderiert, in Runden gesprochen und Fragen/Einwände werden einzeln bilateral geklärt. Manchmal wird eine mit Handzeichen darstellbare Einwandskala (keine, leichte, schwere Bedenken, Veto u. a.) verwendet.

Der Zeitbedarf ist eher hoch (20 – 70 Minuten) und die Moderation ist sehr anspruchsvoll. Es ist eine fortgeschrittene professionelle Moderationskompetenz erforderlich.

Universelles Entscheidungsverfahren

Das Universelle Entscheidungsverfahren (➡Seite 158) erlaubt die gleichzeitige Berücksichtigung von inhaltlichen, personellen und Verfahrensvorschlägen zu einem Entscheidungsbedarf und ist dadurch sehr flexibel und offen einsetzbar.

Es ist im Kern eine fünfstufige Widerstandsabfrage, bei der zu einem Entscheidungsbedarf über heterogene Arten von Entscheidungsobjekten (Inhalte, Personen, Wahlverfahren) in einem Zusammenhang abgestimmt wird. Es ermöglicht größtmögliche Flexibilität bei gleichzeitig hoher Effizienz und Vermeidung von Entscheidungsketten (erst Verfahren bestimmen, dann Entscheider, dann Inhalt). Varianten: geheim/offen, physisch/online, mit/ohne Veto.

Das Verfahren eignet sich gut für die Moderation am Führungsmonitor (Team-/Company-Board).

Der Zeitbedarf ist vergleichbar mit der Widerstandsabfrage. Die Moderation ist etwas anspruchsvoller.

Macht und Einflussnahme bei Entscheidungsverfahren

Kollegiale Entscheidungsverfahren bringen etwas Neues und Ungewohntes in die klassische Arbeitswelt. Macht und Einflussnahme sind nun weniger verdeckt, da die kollegialen Entscheidungsverfahren für mehr Transparenz und Nachvollziehbarkeit von Beschlüssen sorgen und Menschen offener Position beziehen müssen.

Der Raum für Personen, die bisher großen Einfluss aufgrund ihrer Machtposition hatten, verändert sich zu einem Spielfeld mit transparenteren Regeln. Die Entscheidungsprozesse wirken auf zwei Ebenen: der Sach- und der Beziehungsebene (➡Seite 142).

Gefühle werden berücksichtigt

Mitarbeiterinnen werden nicht mehr nur nach ihrer rationalen Meinung zur Entscheidung gefragt, sondern nach einer ganzheitlichen Körperreaktion (Spannung in Form von Widerstand). Die Möglichkeit, diese Spannungen und Befindlichkeiten aussprechen zu können, baut Anspannung auf der Körperebene ab und reduziert den Widerstand. Stagnierende Situationen verflüssigen sich viel eher.

Gleichzeitig wird streng diszipliniert

Gleichzeitig basieren die meisten agilen und kollegialen Entscheidungsverfahren auf einer disziplinierten Moderation. Diese vermeidet langatmige inhaltliche Diskussionen und behält den Lösungsraum im Blick. Hinterzimmer-Absprachen und verdeckte Allianzen wird es weiterhin geben, doch haben sie es schwerer, weil die Gruppenprozesse offener, unmittelbarer und weniger planbar sind.

Es geht zumeist darum, wer Führungsarbeit für ein Anliegen übernehmen will und konkrete Vorschläge macht, um die Verbesserung einer Situation zu erlangen. Wenn sich niemand dafür findet, verbleibt das Anliegen in der Gruppe und erzeugt so eine Spannung, die regelmäßig auf dem Führungsboard auftaucht.

So erhöht sich sukzessive Spannung, wenn sich beispielsweise niemand für unliebsame Aufgaben finden sollte. Wenn eine Aufgabe getan werden muss, finden sich erfahrungsgemäß nach einer gewissen Zeit und ab einer bestimmten Spannung fast immer Menschen, die sie übernehmen. Und ansonsten wird eskaliert, wie auf ➡Seite 92 beschrieben.

Damit wir zu qualitativ reifen Entscheidungen kommen, die gemeinschaftlich belastbar getragen werden, ist es notwendig, Widerstände oder Spannungen gegen bestimmte Entscheidungen zu erkennen und durch Weiterentwicklung der Entscheidungsvorschläge zu minimieren.

Dieses transparente dialogische Vorgehen verändert grundsätzlich etwas in jeder Unternehmenskultur. Es entsteht ein Raum, in dem Dinge an- und ausgesprochen werden dürfen, für die sich bislang niemand interessiert hat. Häufig wurden Einwände unter den Teppich gekehrt und emotionale Diskussionen oder Entladungen fanden in der Teeküche oder vertraulich statt.

Nun gilt es, individuell zu lernen und miteinander zu sprechen statt übereinander (siehe auch Feedback ➡Seite 170). Dabei ist festzustellen, dass sich die Stärke des Widerstandes oder auch der Spannung bereits durch das Aussprechen verändert, häufig sogar auflöst. Ein wertschätzender Umgang (➡Seite 169, Aktives Zuhören) durch die Moderation unterstützt dies zusätzlich.

Unterschiedliche Rollenwahlverfahren unterstützen dabei, dass sich bisherige Machtverklumpungen auflösen, Rollen und Führungsarbeit abgewechselt werden. Bei der Besetzung einer Rolle wird offen besprochen, wer sich für das Aufgabenbündel durch vorhandene Kompetenzen eignet und was bei der Besetzung beachtet werden muss.

Eine besondere Rolle mit unterschiedlichen Stufen der Einflussnahme kommt der Moderation zu. Je nachdem, welches Verfahren ausgewählt wird und wie der Prozess gestaltet wird (holokratisch, soziokratisch, kollegial), ändern sich der Einflussraum sowie die Anteile rationaler und emotionaler Einwände.

Die Herausforderung für jede Moderation ist es, das Spannungsfeld zwischen der persönlichen Einflussmöglichkeit und einer möglichst hohen Neutralität auszubalancieren und sich dem Organisationsnutzen verpflichtet zu fühlen. Wie Moderatoren diese Rolle konkret leben, bleibt ihnen überlassen. Wir empfehlen eine inhaltliche Mitarbeit zu vermeiden.

Weiterführendes

➡146 Wann welche Entscheidungswerkzeuge?
➡142 Sach- und Beziehungsebene
➡144 Moderation von Entscheidungen: Wechsel zwischen Neutralität und Führung
➡Kurzanleitungen zum Herunterladen: https://kollegiale-fuehrung.de/entscheidungswerkzeuge/

Reviews zur Standortbestimmung

Ein Review ist ein Arbeitstreffen zur Begutachtung von Arbeitsergebnissen.

In komplexen Kontexten existieren keine verlässlichen Ursache-Wirkungs-Zusammenhänge, sodass die tatsächlichen erreichten Ergebnisse jeweils zu ermitteln sind.

Für Reviews haben sich die drei Phasen Information, Inspektion und Adaption bewährt.

Ziele, Teilnehmer

Die Ziele eines Reviews sind die Sichtbarmachung, Begutachtung und Bewertung von Arbeitsergebnissen sowie die Entscheidung über das weitere Vorgehen.

Teilnehmen sollten neben der Moderatorin das Umsetzungsteam (oder die umsetzende Person), Repräsentanten des beauftragenden Kreises, Repräsentanten der betroffenen Zielgruppe, Anwender oder Nutzer.

1. Information (durch die Entwickler)

Hilfreiche Fragen für die Informationsphase sind:

- Welcher Nutzen oder Wert sollte geschaffen werden?
- Was wurde tatsächlich erreicht und ist beobachtbar geworden?
- Was fehlt und wurde nicht erreicht, funktioniert noch nicht oder ist noch nicht praktisch sichtbar?
- In welchem größeren Zusammenhang ist der geschaffene Nutzen zu sehen?
- Wie war der zeitliche Verlauf der Entwicklung? Wer war beteiligt? Welche Aufwände und Kosten sind angefallen?
- Wer waren die Betroffenen, die Anwender, Empfänger, Nutznießer oder die Zielgruppe?

Bei der Information über den Wert und Nutzen ist stets das beobachtbare Ergebnis relevant, nicht der investierte Aufwand oder die verbrauchten Arbeitsstunden. Maßgeblich sind auch nicht die entwickelten Konzepte oder Pläne – außer, dass genau dies der explizite Auftrag war.

2. Inspektion (durch die Nutzer)

Für die dann folgende Inspektionsphase sind folgende Fragen hilfreich:

- Wie beurteilen die Nutzer/Betroffenen/Empfänger das Ergebnis?
- Welche anderen potenziellen Nutzer gibt es und wie ist deren Meinung dazu?
- Welchen Mehrwert hat das Ergebnis der Organisation gebracht?
- Was funktioniert, ist brauchbar oder hilfreich – und was nicht?
- Ist das Ergebnis ausreichend und akzeptabel? Soll es erhalten bzw. beibehalten werden?
- Soll das Ergebnis nicht weiterverwendet oder verfolgt werden? Was soll stattdessen passieren?
- In welcher Weise soll das Ergebnis ggf. weiterentwickelt werden?
- Was wären die wünschenswerten nächsten Schritte?

3. Adaption (durch den verantwortlichen Kreis)

Nachdem alle Informationen vorliegen und sich alle eine Meinung zu dem Ergebnis gebildet haben, geht es in der letzten Phase darum, über das weitere Vorgehen zu entscheiden oder entsprechende Möglichkeiten zu priorisieren.

- Was muss auf jeden Fall noch integriert werden?
- Was sollte nach Möglichkeit noch dazukommen?
- Was könnte idealerweise noch berücksichtigt werden?
- Was sollte nicht berücksichtigt werden?

Allgemeines

Beim Review geht es nicht ums Schulterklopfen, Schönreden oder Schwafeln und auch nicht um das Zurschaustellen der Mitwirkenden, sondern einfach darum, kritisch würdigend das Erreichte zu erkennen und zu bewerten.

Ergebnisse, die noch nicht in der endgültigen nutzbaren Weise umgesetzt worden sind, werden in keiner Weise berücksichtigt: „Fast fertig" zählt gar nicht. Es zählen nur die echten und nachweisbaren Anwendungsfälle.

Ging es beispielsweise darum, die Dienst- und Urlaubsplanung in neuer Form zu organisieren, dann zählt, ob tatsächlich für jemanden der Dienst oder Urlaub damit geplant wurde. Nicht, ob man kurz davor war, dies theoretisch hätte tun können oder nur noch die Freigabe durch HR fehlt.

Damit dies möglich ist, dürfen die einzelnen Arbeitsschritte nicht zu groß werden (➡Seite 92).

Ein Review ist von einer Retrospektive zu unterscheiden, bei der es darum geht, *wie* ein Ergebnis erreicht wurde und was eine Gruppe aus dem Vorgehen lernt.

Retrospektiven für die selbstlernende Organisation

Eine Retrospektive ist ein Arbeitstreffen mit dem Ziel, die Zusammenarbeit sowie die Arbeitsprozesse und -strukturen zu reflektieren und zu verbessern. Im Gegensatz zum Review (➡Seite 101) geht es weniger darum, *was* operativ erreicht wurde, sondern vor allem darum, *wie* hierzu (zusammen)gearbeitet wurde.

Teilnehmerinnen

Eine Retrospektive bezieht sich stets auf einen klar abgrenzbaren Verantwortungsbereich, also auf bestimmte Kreise, Rollen oder Geschäftsbereiche. Dabei kann es sich auch um einmalige oder temporäre Verantwortlichkeiten handeln, beispielsweise um einen Konsultativen Fallentscheid (➡Seite 152) oder ein Projekt.

Teilnehmerinnen der Retrospektive sind stets die Mitglieder des Verantwortungsbereiches. Im Falle einer Rolle ist dies der Kreis, der die Rolle kreiert und die Rolleninhaberin gewählt hat (oder Repräsentanten davon). Die Retrospektive sollte von jemandem moderiert werden, der selbst nicht Teil des retrospektierenden Teams ist.

Die Veranstaltung ist normalerweise vertraulich, d. h. weitere Gäste und Teilnehmerinnen sind nicht vorgesehen und es werden nur explizit freigegebene Ergebnisse transparent gemacht.

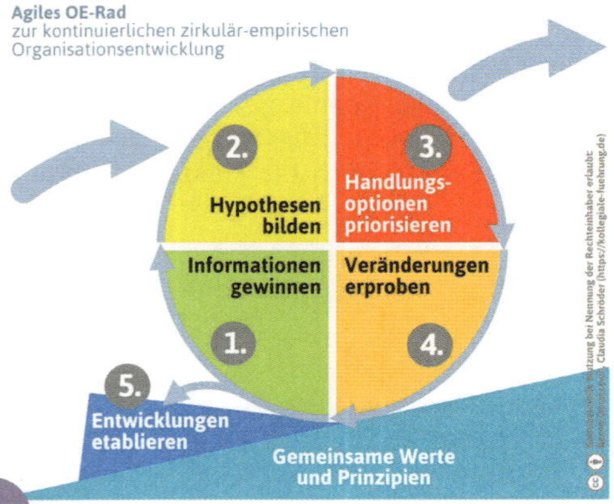

Zeitpunkte

Für temporäre Verantwortungsbereiche sollte auf jeden Fall zu deren Abschluss eine Retrospektive stattfinden. Ebenso, wenn für eine Rolle die Neuwahl eines Rolleninhabers ansteht. Für längere Projekte oder unbefristet arbeitende Kreise und Rollen sollte ein passender Rhythmus gefunden werden. Der passende zeitliche Abstand hängt davon ab, wie stabil und etabliert in dem Verantwortungsbereich gearbeitet wird und ob ausreichend Potenzial für neue Einsichten vorhanden ist.

Mindestens einmal jährlich sollte jedoch die eigene Arbeit reflektiert werden, bei besonderen Veränderungen und Anlässen öfter. Bei neuen Kreisen oder Rollen sollte die erste Retrospektive stattfinden, sobald erste wichtige Einsichten möglich sind, also in der Regel bereits nach wenigen Wochen oder Monaten. In dieser ersten Retrospektive kann dann auch entschieden werden, wann oder in welchem Abstand die nächste(n) Retrospektive(n) folgen sollen.

Eine Retrospektive sollte immer einen ganz bestimmten Zeitraum betrachten – im Normalfall den Zeitraum seit der letzten Retrospektive. Wenn dieser zu lang ist oder wenn mittlerweile so große Veränderungen stattfanden, dass mögliche Einsichten zu der Zeit davor nicht mehr interessant sind, wird ein kürzerer Zeitraum festgelegt.

Vorbereitung

Der Aufwand für die Vorbereitung einer Retrospektive ist nicht zu unterschätzen. Damit eine Retrospektive gut funktioniert, müssen sich die Teilnehmerinnen die Vergangenheit wieder vergegenwärtigen.

Dies gelingt, indem wichtige Ereignisse, Daten und Fakten aus dem Zeitraum gesammelt und verdichtet werden, was durchaus aufwändig und zeitintensiv sein kann. Möglicherweise sind Protokolle von Dutzenden Arbeitstreffen sowie andere Materialien zu besorgen, zu sichten und auszuwerten, um damit eine Präsentation oder Infografik zu erstellen.

Das abgebildete Flipchart zeigt ein Beispiel für eine Retrospektive zu einem Company-Board. Jede Woche fand dort ein Company-Board-Treffen statt und am Ende wurde das Company-Board jeweils fotografiert. Anhand der ganzen Fotos konnten die auf dem Flipchart enthaltenen Informationen ermittelt werden.

Ablauf

Der grundsätzliche Ablauf (zusätzlich zu Begrüßung, Check-in, Agendavorstellung, Einstimmung etc.) folgt dem OE-Rad (➡Seite 27), wobei die ersten drei Schritte Teil der Retrospektive sind und der vierte und fünfte Schritt dann im Organisationsalltag nach der Retrospektive folgen.

Informationen sichten

Die vorbereiteten Zahlen, Daten, Fakten, Impressionen und Geschichten aus dem Betrachtungszeitraum werden vorgestellt, damit die Gruppe sich den vergangenen Zeitraum wieder vergegenwärtigen kann.

Hierfür gibt es viele verschiedene Formen und Möglichkeiten. Beispielsweise können Stichwörter und Materialien als Zeitstrahl auf den Boden gelegt oder auf Pinnwände befestigt werden, es können Infografiken gezeigt, Geschichten erzählt, Collagen und Filme gezeigt werden usw.

Hypothesen bilden

Die Teilnehmer werden gebeten, ihre Hypothesen, Meinungen, Sichtweisen und Realitätskonstruktionen zu den betrachteten Informationen zu formulieren und sich gegenseitig vorzustellen.

- Wie ist es dazu gekommen?
- Wie erklären wir uns das Geschehene?
- Warum hat es sich so entwickelt?
- Was hatten wir eigentlich erwartet?
- Worauf bin ich stolz? Worauf weniger?
- Wozu war das Geschehene gut? Wozu weniger?

Dabei kommt es nicht darauf an, sich auf bestimmte Hypothesen zu einigen oder diese als richtig oder falsch zu bewerten, sondern einfach die verschiedenen Sichtweisen nebeneinanderzulegen und zu würdigen. Jede Teilnehmerin hat ihre spezifische Perspektive.

Sofern Sachverhalte beurteilt werden, ist dies auch eine gute Möglichkeit, Ich-Botschaften zu üben (➡Seite 169).

Bei einer großen Zahl von Hypothesen kann es aber durchaus sinnvoll sein, diese zu priorisieren, um eine klare gemeinsame Basis für die nächsten Schritte zu bilden.

In einem komplexen Umfeld helfen uns Bewertungen von richtig und falsch nicht weiter - wir brauchen eine Multiperspektivität.

Handlungsoptionen priorisieren

Jetzt geht es darum, Veränderungsideen zu entwickeln. Was könnten wir ausprobieren, um etwas Bestimmtes zu verbessern oder zu erreichen? Was wollen wir konkret wie ändern?

Welchen Nutzen erwarten wir von welchen Ideen? Welchen Aufwand, welche Ressourcen und welche Kosten/Risiken würde die Umsetzung dieser Ideen erfordern?

Die Teilnehmer stellen sich ihre Ideen gegenseitig kurz vor und klären ggf. Fragen dazu – am besten mit Zeitbegrenzung pro Idee.

Anschließend sollten die Ideen priorisiert werden, da die Umsetzungsmöglichkeiten gewöhnlich begrenzt sind. Die Ideen liegen idealerweise in einer Qualität vor, wie wir es für Beiträge der Spalte „Bereit machen" des Führungsmonitors beschrieben haben (➡Seite 91).

Abschließend werden die Ideen zur Übernahme in den Führungsmonitor des Teams bereitgestellt, d. h., es wird gefragt, wer sich welche Ideen ziehen und sie umsetzen möchte.

Falls der Teilnehmerkreis keinen gemeinsamen Führungsmonitor betreibt, ist jede einzelne Teilnehmerin aufgefordert, sich hoch priorisierte Ideen zu ziehen und in passender Weise zu übernehmen, beispielsweise zur Weiterleitung an einen anderen Kreis.

Optional kann anstelle des Sogprinzips auch das Druckprinzip verwendet werden, beispielsweise in dem der Teilnehmerkreis entscheidet, wer welche Ideen umsetzen soll.

Abschluss

Alle weiteren Schritte des OE-Rades sind kein Teil der Retrospektive, sondern sind im Anschluss umzusetzen, zu erproben und werden wieder Bearbeitungsgegenstand der nächsten Retrospektive.

Die Retrospektive sollte jedoch damit abgeschlossen werden, Vereinbarungen und Absichten festzuhalten.

Zu guter Letzt wird ein Rückblick auf die Retrospektive selbst geworfen. Mit welchem Gefühl gehen wir aus dem Termin? War die Zeit gut investiert? Was wollen wir beim nächsten Mal anders oder wieder so machen? Welches Arbeits-Feedback (➡Seite 170) möchte ich den Moderatorinnen und anderen Beteiligten geben?

Weiterführendes

➡Retromat: https://retromat.org/de

➡Esther Derby, Diana Larsen: *Agile Retrospektiven: Übungen und Praktiken, die die Motivation und Produktivität von Teams deutlich steigern*. Vahlen, 2018.

➡Rolf Dräther: *Retrospektiven kurz und gut*. O´Reilly, 2014.

Das Kreismodell als Führungsmodell

Definition: Ein kollegiales Kreismodell beschreibt und visualisiert die Führungsstruktur einer Organisation. Es zeigt, welche Kreise (Führungseinheiten) existieren und welcher Art sie sind (Geschäftskreis, Dienstleistungskreis, Koordinationskreis etc.).

Das Modell gibt damit einen ersten Überblick zur Führungsstruktur einer Organisation. Viele weitere Informationen (wer in welchem Kreis Mitglied ist, die Beziehungen der Kreise untereinander etc.) fehlen hier der Übersicht halber.

In dem Modell wird die Organisation sowohl vom Marktumfeld (außen) und eventuellen Nachbarunternehmen innerhalb eines Konzerns, als auch von den Inhaberinnen unterschieden. Es definiert die Systemgrenzen.

Intern wird es in verschiedene Ringe und Bereiche untergliedert, um verschiedene Arten und Qualitäten von Führungseinheiten zu unterscheiden. Wie die einzelnen Kreise intern organisiert sind, zeigt es nicht.

Wir bezeichnen es bewusst als Führungsmodell, weil es beschreibt, wie die Führung strukturell organisiert ist. Es zeigt nicht unbedingt, wie die operative Arbeit organisiert ist. Arbeits- und Führungsorganisation können sich unterscheiden. Soweit der Unterschied zwischen ihnen wenig relevant ist, kann man es in vereinfachender Weise auch als Organigramm, Organisationsmodell oder Organisationslandkarte bezeichnen.

Das nebenstehende Modell zeigt das prinzipielle Schema. Die Unterscheidungen von außen nach innen haben dabei eine Bedeutung, d. h. Koordinationskreise sind bewusst weiter innen und Geschäftskreise weiter außen.

Weiterführendes

➡120 Kreiskonstitution
➡197 Spiral Dynamics

Darüber hinaus sind die Positionen der einzelnen Segmente eher willkürlich: Dass die Praktikergruppe weiter oben (zwischen 11 und 14 Uhr) liegt, hat beispielsweise keine besondere Bedeutung. Ebenso wenig, wo welche Umfeldaspekte (Arbeitsmarkt, Kunden etc.) liegen. Die Wahl der Farben korrespondiert allenfalls entfernt und partiell mit den Spiral Dynamics-Farben.

Auf den folgenden Seiten beschreiben wir die wichtigsten Modellelemente einer kollegialen Kreisorganisation.

Das Kreismodell als Pinnwand

Sie können sich das Modell als Großformatplakat drucken, auf eine Pinnwand aufziehen, die einzelnen Kreise beispielsweise inklusive Namenskürzel der Mitarbeiterinnen auf Moderationskarten notieren und anheften und das Modell an einem zentralen Ort Ihrer Organisation aufhängen.

Eine leere Druckvorlage des Modells (➡Seite 105) können Sie herunterladen unter https://kollegiale-fuehrung.de/material/

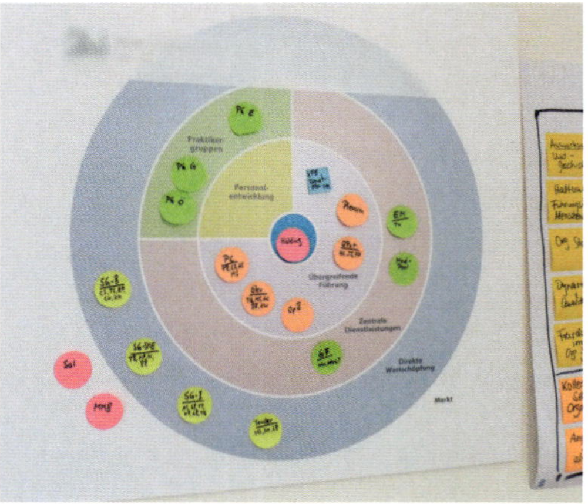

Das Kreismodell als Führungsmodell

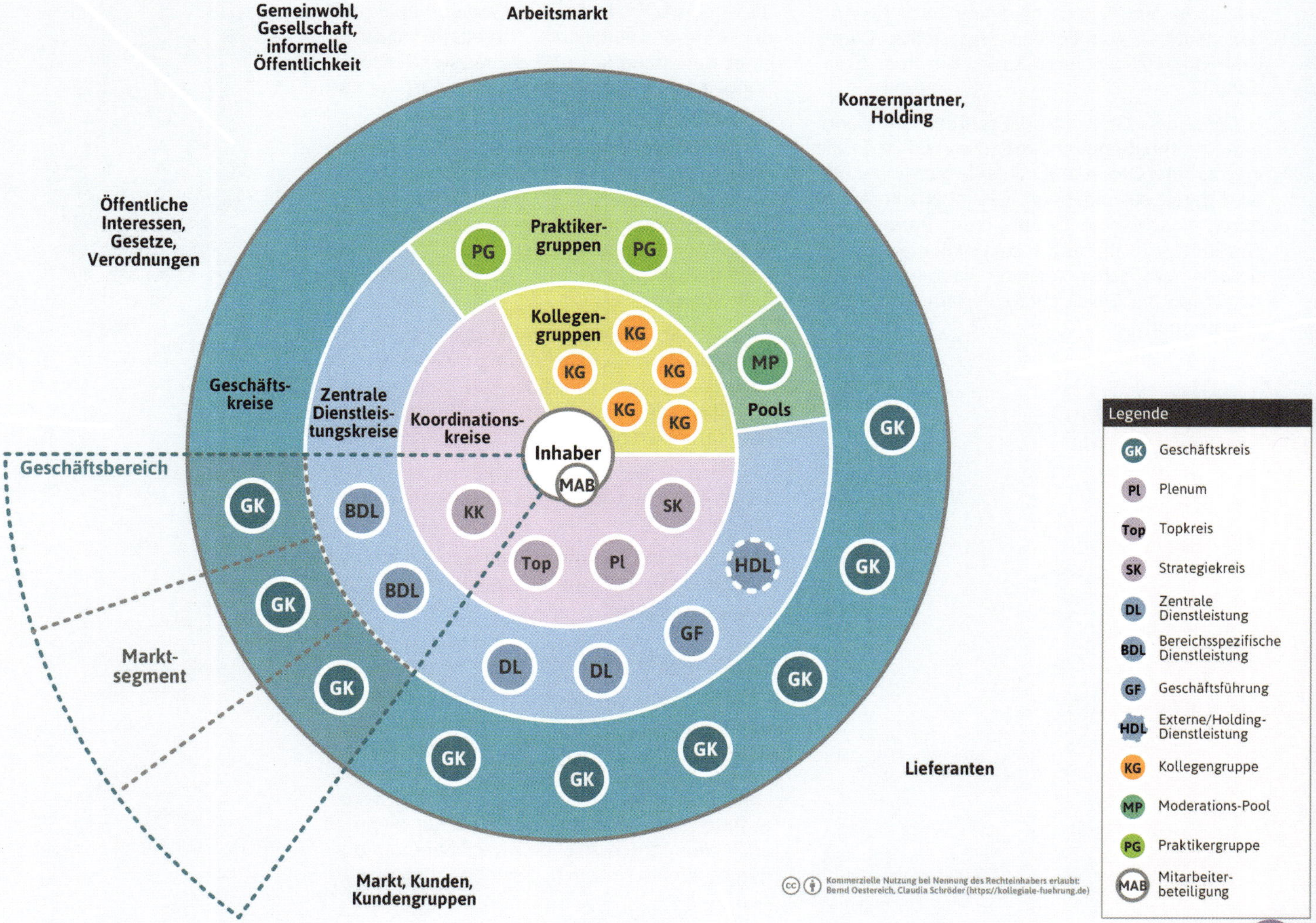

Markt und Umfeld

Als Erstes grenzen wir die Organisation von ihrer Umwelt ab. Eine Grenze verläuft dabei zwischen der Organisation und dem Markt. Zum Markt rechnen wir (mögliche) Kunden, Lieferanten, Kooperationspartner, Wettbewerber, die Gesellschaft, den Gesetzgeber und auch den Arbeitsmarkt, also mögliche Angestellte. Dieses Umfeld betritt die Organisation mit ihrer Gründung.

Die andere Grenze ist die zu ihren Gründerinnen und Inhaberinnen. Irgendjemand hatte die Idee zu einer Organisation, hat sie gegründet und wird damit zur Inhaberin. Die Inhaberschaft ist durch einschlägige Gesetze vom Bürgerlichen Gesetzbuch (BGB) bis hin zum Aktienrecht geregelt. Bei juristischen Personen werden die Inhaber durch die Gesellschafterversammlung o. Ä. repräsentiert.

Inhaber (Kapital)

Im innersten Kreis stehen die Gründerinnen bzw. Inhaberinnen der Organisation. Ihre Konstitution ist normalerweise nicht kollegial oder soziokratisch, sondern durch GmbH- und Aktienrecht vorgegeben. Beispielsweise verteilen sich die Stimmrechte in der Regel proportional nach der Höhe des eingelegten Gesellschaftskapitals eines Gesellschafters und die meisten Entscheidungen fallen demokratisch nach Zustimmung mit einfacher Mehrheit.

Die Gründer und Inhaber sind die Keimzelle, aus der die Organisation erwachsen ist, sie sind aber kein operativer Teil der Organisation. Ihre Führungskompetenzen sind reglementiert, im Aktien- und Genossenschaftsrecht bspw. sind Vorstände nicht an Weisungen der Gesellschafter gebunden.

Die Inhaber bestimmen mit der Satzung und der Wahl der Geschäftsführung maßgeblich die Organisationsform. Eine kollegiale Kreisorganisation, die nicht auf den Gestaltungswillen der Inhaber zurückgeht, ist fragil.

Sofern eine Mitarbeiterbeteiligungsgesellschaft existiert, notieren wir diese auch im inneren Kreis.

Für Bereiche in großen Unternehmen wird die Inhaberschaft ggf. durch eine Bereichsleitung o.Ä. repräsentiert.

Organisationszweck

Mit den Gründerinnen verbunden ist auch der Geschäftszweck des Unternehmens. Zwar gibt es gelegentlich Gründer, die ein Unternehmen nur des Unternehmens oder eines gewünschten passiven Einkommens oder Verkaufserlöses wegen gründen – sie funktionieren jedoch nur, wenn sie auch einen geschäftlichen Zweck haben und einen konkreten Nutzen für Kunden erzeugen können.

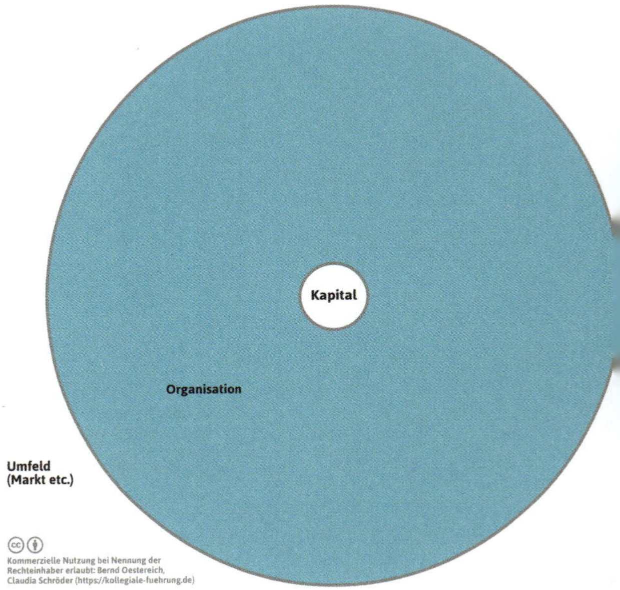

Geschäftskreise

Der äußerste Ring (Peripherie) enthält per Definition die Kreise der direkten Wertschöpfung. Hier sind alle die Rollen, Aufgaben und Prozesse versammelt, die unmittelbar eine verkaufbare Wertschöpfung erbringen.

Direkt wertschöpfende Leistungen sind alle die, die unmittelbar einen von einem Kunden bezahlten Nutzen erzeugen.

Wertbildende Leistungen sind also typischerweise Produktion, Transport, Beratung und Nutzungsrechte.

Diese Kreise werden Geschäftskreise, Geschäftsteams oder Geschäftszellen genannt, die ihrerseits möglicherweise weiter untergliedert sind.

Wollte man eine minimal funktionierende Organisation kreieren, dann wäre dies ein Geschäftsteam.

Kernkompetenzen der Wertschöpfung

Wertschöpfungskreise sollten soweit möglich interdisziplinäre Teams sein, in denen alle Disziplinen und Kompetenzen vertreten sind, die zur Kernkompetenz der Wertschöpfung gehören. Aber was genau heißt „Kernkompetenzen der Wertschöpfung"?

Zum einen gibt es eine Reihe von Disziplinen, die typischerweise der indirekten Wertschöpfung zugerechnet werden und nicht in einem Wertschöpfungsteam vorhanden sein müssen, wie beispielsweise Buchhaltung oder Personalbüro. Diese befinden sich dann im Ring Zentrale Dienstleistungskreise.

Allerdings müssen auch nicht alle der direkten Wertschöpfung zuzuordnenden Disziplinen in einem Wertschöpfungsteam vertreten sein, sondern nur solche, die einen für den Markt relevanten Unterschied ausmachen.

Die Frage lautet also: Wenn wir die Leistung extern einkaufen würden, würde dies für den Kunden einen entscheidenden Unterschied machen?

Wir möchten dies mit zwei Beispielen verdeutlichen. Wenn die Leistung darin besteht, hochwertige Küchen für Privathaushalte einzubauen, dann gehören wahrscheinlich Tischler und Designer zur Kernkompetenz, vermutlich auch ein Elektriker und ein Klempner. Vielleicht sind die Klempnerleistungen jedoch soweit austauschbar, dass es für den Kunden und die Wertschöpfung insgesamt keinen spürbaren Unterschied macht, ob dieser Teil des Teams ist oder bedarfsweise hinzugezogen wird.

Das andere Beispiel spielt in einer speziellen Kfz-Werkstatt. Diese bietet ihren Kunden für Standardtermine von 45 – 90 Minuten Dauer den besonderen Service an, sich in der Wartezeit die Haare schneiden zu lassen. Diese Leistung macht einen deutlichen Unterschied in der Wertschöpfung gegenüber anderen Kfz-Werkstätten.

Es gibt also keine universelle Regel für die Frage, welche Disziplinen in einem Wertschöpfungsteam vertreten sein sollten, sondern es ist eine individuelle und möglicherweise strategische Entscheidung.

Exklusive Marktsegmente

Typischerweise sind die Geschäftskreise in einer kollegialen Organisation weitgehend wettbewerbsexklusiv, das heißt, sie stehen untereinander in keinem bedeutsamen Wettbewerb. Der Marktdruck oder -sog wird exklusiv nach bestimmten Unterscheidungsmerkmalen verteilt. Beispielsweise nach

- Ländern und Regionen,
- Produktgruppen oder -komponenten,
- Branchen, Zielgruppen, Kundengruppen,
- Dienstleistungsarten oder Geschäftsmodellen,
- Vertriebskanälen.

Und selbstverständlich sind nie-mals ganz eindeutige Abgrenzungen möglich, sodass es zu einem prinzipiellen, aber eben vernachlässigbaren Wettbewerb kommen kann.

In jedem Fall sollte es ein klares **Unterscheidungsmerkmal** geben.

Geschäftsbereiche

Geschäftsbereiche sind Aggregationen von Kreisen, die für einen abgrenzbaren geschäftlichen Bereich grundsätzlich enger kooperieren oder gemeinsam agieren.

Für die Untergliederung in Geschäftsbereiche kann es verschiedene Gründe geben:

- Von außen nach innen

  Eine Gruppe von inhaltlich ähnlichen oder verbundenen Geschäftskreisen bildet gemeinsame Kreise für spezielle zentrale Dienstleistungen oder zu ihrer Koordination. D. h. ansonsten eigenständige und unabhängige Kreise geben bestimmte Verantwortungsbereiche in übergeordnete Kreise ab, die sie sich mit anderen teilen. Dadurch entstehen zwischen diesen Kreisen freiwillige Abhängigkeiten.

- Von innen nach außen

  Das Unternehmen ist in seiner grundsätzlichen Architektur in verschiedene Geschäftsbereiche gegliedert. Die Entscheidung für Geschäftsbereiche entsteht also nicht emergent aus den Geschäftskreisen heraus, sondern durch Initiativen und Entscheidungen bestehender zentraler Führungs- und Koordinationskreise, bspw. des Topkreises oder des Strategiekreises.

Dabei müssen nicht alle Kreise einem Geschäftsbereich zugeordnet sein. Vor allem Dienstleistungs- und Koordinationskreise erbringen ihre Leistungen oft über alle Kreise (und damit auch über alle eventuellen Geschäftsbereiche) hinweg.

Letztendlich sind Geschäftsbereiche lediglich visuelle und über den Namen möglicherweise identitätsstiftende Bereiche. Aus ihnen folgen zunächst keine spezielle Konstitution und keine neuen Rollen. Praktisch gibt es die natürlich, möglicherweise auch eine Art Topkreis für einen Bereich, sie entstehen aber nicht durch die Darstellung eines Geschäftsbereiches, sondern resultieren aus spezifischen organisatorischen Gründen.

Geschäftsbereiche sind Bereiche, innerhalb derer Kreise größere Abhängigkeiten und mehr Koordination haben als mit außerhalb gelegenen. Dies ist natürlich auch implizit möglich, ohne dieser Menge von Kreisen eine explizite Bereichsidentität zu geben.

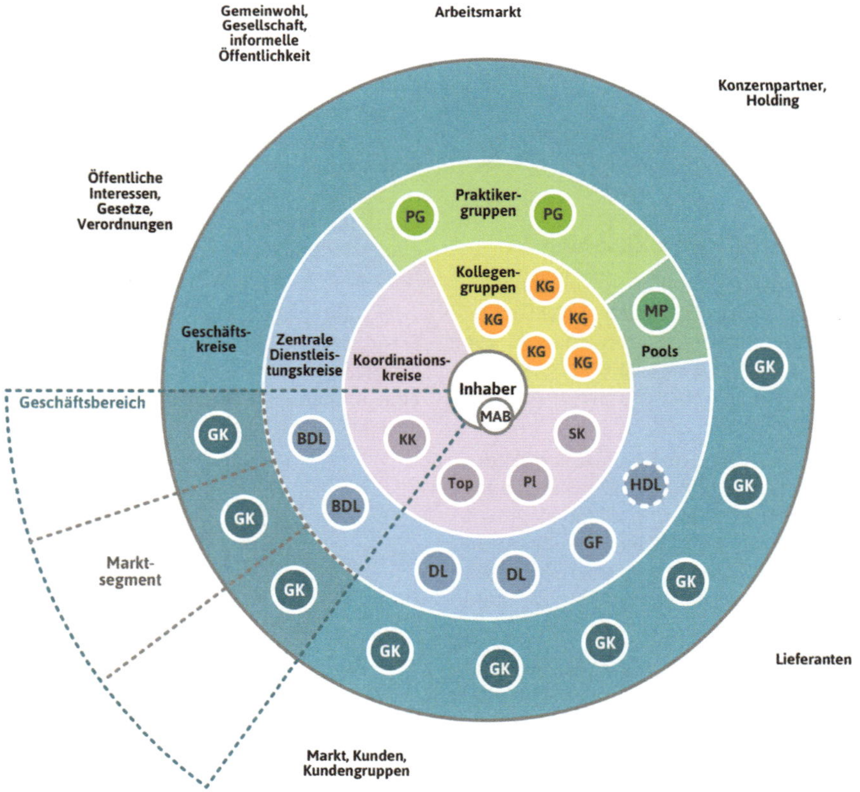

Dienstleistungs- und Unterstützungskreise

Die Geschäftskreise konzentrieren sich unmittelbar auf die direkte Wertschöpfung, verwenden aber typischerweise eine Reihe von (zentralen) Unterstützungsleistungen, um nicht alles selbst machen zu müssen. Aus diesem Bedarf heraus entstehen Dienstleistungs- und Unterstützungskreise, wie beispielsweise:

- Buchhaltung,
- Marketing,
- Personalwesen,
- Interne IT,
- Forschung, Innovation,
- Produktentwicklung,
- Verkauf,
- Geschäftsführung,
- Einstellungsteams.

Generell sind die Geschäftskreise als interdisziplinäre ganzheitliche Einheiten anzusehen, die alle für die Wertschöpfung notwendigen Fähig- und Fertigkeiten in sich vereinen – was jedoch nicht immer sinnvoll oder praktikabel ist.

Traditionell: Machtvolle Zentrale. In pyramidenförmigen Linienorganisationen sind Zentralabteilungen dadurch gekennzeichnet, dass sie hierarchisch Macht über die Organisationseinheiten der direkten Wertschöpfung ausüben: Die Marketingabteilung schreibt ein bestimmtes Grafikdesign vor, die IT-Abteilung die zu verwendenden IT-Arbeitsmittel, die Personalbuchhaltung die Auflagen zur Reisekostenabrechnung usw.

Kollegial: Primat der direkten Wertschöpfung. In von außen nach innen organisierten und kollegial geführten Unternehmen ist es genau umgekehrt. Ich nenne es Primat der direkten Wertschöpfung. Die Zentrumskreise sind Dienstleister für die Peripherie. Das Zentrum bietet Leistungen wie in einem Laden an, die Peripherie kauft dort diese Leistungen ein.

Im Abschnitt Führung von außen nach innen (➡Seite 34) ist die Wertbildungsrichtung deswegen von innen nach außen eingezeichnet und die Führungsrichtung entgegengesetzt, was bedeuten soll, dass sich die Organisation vom Markt führen lassen möchte und nicht von den Zentralabteilungen.

Generell ist die Zentralisierung bestimmter Fertigkeiten eine sinnvolle Arbeitsteilung, da Spezialwissen, Expertentum, Standards, Effizienz und Skalenvorteile nutzbar werden. Nicht jeder Mitarbeiter möchte oder kann seinen Computer selbst installieren.

Dies gilt aber eben auch nur für solche Aufgaben und Funktionen, die von der Komplexität und Dynamik des Marktes weitgehend unabhängig sind und dadurch auf stabilen Prozessen basieren können.

Eine Organisation muss deswegen erkennen und laufend überprüfen, ob und welche Prozesse stabil sind und daher separiert, delegiert und zentralisiert werden können und welche Marktreize dynamisch sind, komplexes Verhalten zeigen und entsprechend direkt an der Schnittstelle zum Markt kreativ zu handhaben sind, damit die Überraschungen nicht aufs Zentrum durchschlagen und dort stabile Prozesse stören.

Die Frage, welche Kreise kreiert werden und in welchem Ring sie in dem Modell positioniert werden, ist also auch eine organisationsgestalterische Entscheidung.

Weiterführendes

➡34 Führung von außen nach innen

Es ist ein wenig wie beim Kochen zu Hause

- Viele Zutaten kaufen wir fertig ein, weil sie austauschbar, standardisiert und günstig sind, ohne dass dies das Ergebnis negativ beeinflusst. Im Gegenteil, meistens würden wir selbst gar nicht die Zeit haben oder die Qualität bei diesen Zutaten erzielen können. Reis, Nudeln, Butter, Käse, Gemüse, Fisch und Fleisch sind solche typischen Zutaten, die wir von anderen herstellen lassen.
- Andere Zutaten stellen wir selbst her, weil sie das Ergebnis unverwechselbar oder zu etwas Besonderem machen. Wenn wir aus Mehl, Wasser und Hefe selbst den Pizzaboden herstellen und dann belegen, schmeckt die Pizza ganz anders als eine Tiefkühlfertigpizza.

Es ist immer eine Frage, was wir wollen: Ist das Geheimnis die raffinierte selbstgemachte Sauce zu den Fertignudeln oder sind es die selbstgemachten Nudeln mit einer einfachen Sauce?

Koordinationsprinzipien

Wir können mehrere Arten von Koordination unterscheiden:

- Mehrere voneinander unabhängige Akteure, beispielsweise Rolleninhaber oder Kreismitglieder, klären **bedarfsweise miteinander** einen Sachverhalt und sorgen unabhängig voneinander dafür, dass entsprechende Vereinbarungen und Entscheidungen in ihren jeweiligen Arbeits- und Führungskontexten wirksam werden.
- Mehrere voneinander unabhängige Akteure vereinbaren eine feste Form der Kooperation, beispielsweise **regelmäßige Arbeitstreffen** oder gegenseitige Informations-, Zustimmungs- oder Freigabeverfahren.
- Mehrere voneinander unabhängige Akteure gründen einen **gemeinsamen Koordinationskreis**, übertragen diesem einen Teil ihrer Entscheidungskompetenz und entscheiden dann gemeinsam in diesem Kreis entsprechend der für den Kreis vereinbarten Entscheidungsverfahren.

Die Varianten unterscheiden sich also hinsichtlich der Abhängigkeiten und Freiheiten im Rahmen der Kooperation.

Koordinationskreise

Jeder Kreis führt sich und seinen Zuständigkeitsbereich selbst. Der Zweck einer Organisation ist jedoch eine auf Vertrauen basierende Zusammenarbeit der einzelnen Organisationseinheiten, um auf diese Weise Transaktionskosten zu sparen. Das unterscheidet eine Organisation vom Markt.

Im Unterschied zu einer Organisation wird die Zusammenarbeit in einem Markt immer wieder neu ausgehandelt. Dadurch ist der Markt flexibler, hat aber auch höhere Transaktionskosten (➡Seite 256).

Zusätzlich zu dem Prinzip, dass sich jeder Kreis selbst führt, muss in einem Unternehmen auch übergreifende und unternehmensweite Führungs-, Entscheidungs- und Koordinationsarbeit geleistet werden. Dies ist die Arbeit der hier Koordinationskreise genannten Kreise.

Wenn jeder Geschäftskreis erfolgreich am Markt ist und prinzipiell macht, was er selbst bestimmt, so haben alle gemeinsam normalerweise dennoch den Bedarf, gegenüber dem Markt koordiniert aufzutreten und zu kommunizieren. Also eine gemeinsame Marke zu bilden, als Gesamtheit und Identität wahrgenommen zu werden, voneinander zu lernen, gemeinsam Skaleneffekte zu realisieren und vieles mehr. Immer dann kommen Koordinationskreise und -rollen ins Spiel.

Das hat dann einen anderen Charakter als beispielsweise sich eine zentrale Buchhaltung zu teilen, wenngleich die Unterscheidung zwischen zentralen Dienstleistungen und zentraler Führung sicherlich nicht immer eindeutig ist.

Dieser Unterscheidung folgend, werden die Geschäftsführung, eine zentrale Produktentwicklung und alle anderen zentralen Dienstleister im Dienstleistungsring notiert. Ein Topkreis, ein Strategie- und Visionskreis und alle anderen Koordinationskreise sind im inneren Ring notiert.

Um Machtverklumpungen und Funktionärstum zu vermeiden, ist es hilfreich, die Mitglieder von Koordinationskreisen regelmäßig neu zu wählen und die Zugehörigkeitsdauer der Mitglieder zu limitieren (Rotationsprinzip). Die genaue Balance zwischen Kontinuität und Erneuerung ist für jeden Kreis spezifisch zu finden.

Praktikergruppen

In unterschiedlichen Kreisen gehen bestimmte Mitglieder regelmäßig ähnlichen Aufgaben nach wie andere Mitglieder in anderen Kreisen.

- Zum einen haben verschiedene Kreise teilweise die gleichen oder ähnlichen Rollen, beispielsweise einen Kreis-Gastgeber, Ökonomen, Oberkreis-Repräsentanten etc.
- Zum anderen tritt in kreuzfunktionalen und interdisziplinären Teams das Phänomen auf, dass bestimmte Spezialisierungen und Qualifikationen in allen oder vielen dieser Teams gleichermaßen vertreten sind, innerhalb eines Teams aber jeweils nur einmal. Beispielsweise arbeitet in verschiedenen Softwareentwicklungsteams jeweils ein Experte für User-Experience.

Diesen Beispielen gemeinsam ist, dass die jeweiligen Expertinnen innerhalb ihrer Kreise mit ihrem Expertentum allein sind und dort niemanden zum Austausch auf fachlicher Augenhöhe haben. Um dies zu ermöglichen, können Praktikergemeinschaften (Communities of Practice), Rollengemeinschaften o. Ä. gebildet werden.

Beispielsweise können sich alle Kollegen, die immer wieder Retrospektiven für ihre jeweiligen Kreise organisieren, regelmäßig in einer Praktikergruppe treffen, um sich über Retrospektiven auszutauschen. Sie können dort Tipps, Tricks und Erfahrungen weitergeben, sich gegenseitig kollegial beraten, gemeinsam Fortbildungen zum Thema organisieren usw.

Herkunft des Begriffes Community of Practice

➡Jean Lave, Étienne Wenger: *Situated Learning: Legitimate Peripheral Participation*. Cambridge University Press, 1991.

➡Étienne Wenger: *Communities of Practice: Learning, Meaning, and Identity*. Cambridge University Press, 1998.

Beispielhafte Rollengruppen

- Kreis-Gastgeber (➡Seite 127).
- Ökonominnen, Controller (➡Seite 129).
- Lernbegleiter (➡Seite 129).
- Coaches und Moderatorinnen.
- Aufnahmeteams, Mentorinnen.
- In Geschäftskreisen verteilte Fachdisziplinen ohne zentrale Dienstleistungskreise (möglicherweise Marketing, Vertrieb, Einkauf, Datenschutz, Arbeitssicherheit, Teamassistenzen etc.).

Ebenso könnten sich Vertrieblerinnen aus verschiedenen Kreisen und übergreifend über alle Geschäftsbereiche zu einer Praktikergruppe zusammenfinden.

Praktikergruppen (Communities of Practice) sind regelmäßige selbstorganisierte und informelle Treffen von Spezialisten eines Fachgebietes, um gemeinsam Erfahrungen und Wissen auszutauschen und miteinander zu lernen.

Die Gemeinschaften sind in verschiedener Weise hilfreich:

- Sie erhöhen ganz allgemein die kommunikative und soziale Dichte und somit die Komplexität der Organisation.
- Novizen, also Personen, die zum ersten Mal eine Rolle einnehmen, erhalten kollegiale Unterstützung und Einarbeitungshilfe.
- Alte Hasen hingegen können ihr Erfahrungswissen in einfacher Weise weitergeben.
- Strukturelle und übergreifende Organisationsphänomene werden eher identifiziert und gemeinschaftlich bearbeitbar.
- Lokal erfolgreiche Innovationen verbreiten sich schneller im Unternehmen.
- Die Wahrscheinlichkeit, trotz autonomer Geschäftskreise gemeinsam Skaleneffekte nutzbar zu machen, steigt.

Formate und Varianten

Rollen- und Praktikergruppen lohnen sich gerade auch bei nur wenigen Mitgliedern. Vor allem, wenn es wenig Menschen mit der gleichen Spezialisierung in einem Unternehmen gibt, mit denen man sich über Fachfragen unterhalten kann, sind solche Austauschmöglichkeiten wertvoll.

Davon abgesehen gibt es mittlerweile aber auch für fast jede Art von Fachdisziplin unternehmensunabhängige regionale Stammtische, User Groups, Barcamps u. Ä.

In vielen Fällen funktionieren die Zusammenkünfte als **Open Space** oder **Barcamp**. Manchmal mit einem Impulsvortrag vorweg, manchmal aber auch im Stil eines **Hackathons**, in dem gemeinsam etwas für die Gruppe Nützliches geschaffen wird. Für größere Gruppen ist empfehlenswert, bei jedem Treffen die Gastgeberin oder ein Gastgeberteam für das nächste Treffen zu bestimmen und damit auch die Verantwortung für das jeweilige Format zu übertragen.

Für die individuelle Weiterentwicklung gilt das Grundprinzip: Jede Kollegin ist für ihre eigene fachliche und persönliche Entwicklung zuständig und verantwortlich. Dazu gehören

- die eigene Arbeitsorganisation,
- die Gestaltung des eigenen Arbeitskontextes,
- die Beschaffung von persönlichen Arbeitsmitteln,
- die eigene Arbeitszufriedenheit,
- die eigenen Beiträge zur Gesamtheit und
- die eigene persönliche und fachliche Weiterentwicklung.

Um diese Verantwortung wahrzunehmen, brauchen wir unsere Kolleginnen – wir können uns nicht im luftleeren Raum selbst führen. Wir benötigen Rückmeldungen, Beurteilungen, Fremdbilder, andere Perspektiven, Anregungen, kritische Fragen, Bestätigungen, Rückhalt und Konflikte.

Kollegengruppen

Eine Kollegengruppe ist eine feste, mindestens mittelfristig stabile Gruppe von Kolleginnen, die sich gegenseitig vertraulich in ihrer persönlichen und fachlichen Weiterentwicklung unterstützen sowie gemeinschaftlich auch Arbeitgeberaufgaben übernehmen. Die Kollegenentwicklung (traditionell Personalentwicklung genannt) hat zwei Aspekte:

- Einerseits leistet sie einen Beitrag zur Organisationsentwicklung.
- Andererseits geht es um die individuelle Weiterentwicklung, für die jede Kollegin selbst zuständig und verantwortlich ist.

Zur Unterstützung der individuellen Weiterentwicklung führen in einem traditionellen Unternehmen die Führungskräfte regelmäßig Personalgespräche. In einer kollegialen Organisation, in der es Führungskräfte in dieser Form nicht mehr gibt, können die Kollegen dies miteinander leisten.

Größe und Zusammensetzung: Eine Kollegengruppe sollte aus 3 – 5 Personen bestehen, da Zweiergruppen zu sehr aufeinander bezogen sind (sie sind alternativlos an jeder Interaktion beteiligt) und bei mehr als fünf Personen die Untergruppenbildung zunimmt. Mit zunehmender Größe verlieren Kollegengruppen außerdem ihre Effizienz und Vertraulichkeit.

Es ist nicht notwendig, eine heterogene Gruppe (Alter, Aufgabengebiet etc.) zusammenzusetzen. Für homogene Konstellationen spricht möglicherweise ein tieferes Verständnis des Aufgabengebietes und Arbeitskontextes. Dagegen ermöglicht die Heterogenität vielfältigere Perspektiven, die sich oftmals nicht auf den ersten Blick erschließen lassen. Eine Kollegengruppe arbeitet vertraulich. Nach außen hin ist lediglich bekannt, dass es die Gruppe gibt, wer dort Mitglied ist und dass die Gruppe halbwegs funktioniert.

Während alle anderen Kreise in einer kollegialen Organisation prinzipiell transparent, offen und für alle nachvollziehbar arbeiten, sind Kollegengruppen vertrauliche Kreise, haben keine Ober- oder Unterkreise und unterhalten keine Verbindungs- bzw. Repräsentantenbeziehungen.

Ziel ist die kollegiale Personalentwicklung und Mitarbeiterführung:

- Kollegiale Personalentwicklung: Unterstützung bei der fachlichen und persönlichen Weiterentwicklung.
- Kollegiale Personalführung: Rückmeldungen und Beurteilungen zum Verhalten und zu den Leistungen.

Daraus folgenden Aufgaben der Kollegengruppe:

- Sich gegenseitig in der persönlichen und fachlichen Weiterentwicklung unterstützen bspw. durch Rückmeldungen und Fremdbilder.
- Sich gegenseitig bei besonderen fachlichen und sozialen Herausforderungen in der Arbeit und in der Organisation zu unterstützen bspw. durch kollegiale Beratung und kollegiales Coaching.
- Füreinander Teile der Arbeitgeberrolle wahrnehmen bspw. Beurteilungen und Informationen für Arbeitszeugnisse sammeln.

Mitglieder einer Kollegengruppe sind füreinander Entwicklungs- und Karrierebegleiter. Anstelle einer Kollegengruppe wären alternativ auch Paare aus einem (zu unterstützenden) Kollegen und einem Entwicklungsbegleiter denkbar. In diesem Fall würde vermutlich ein Pool von Entwicklungsbegleitern eingerichtet und eine entsprechende Praktikergruppe initiiert.

Pools

Pools sind Gruppen von Kolleginnen mit speziellen Fähigkeiten, die bedarfsweise dafür angefragt werden können.

Während des Transformationsprozesses ist der frühzeitige Aufbau eines Moderatorinnen-Pools sinnvoll. Kolleginnen, die bereits Moderationsfähigkeiten mitbringen oder parallel hierzu qualifiziert werden, können dann von Kreisen bedarfsweise angefragt werden. Beispielsweise um eine Retrospektive oder eine Entscheidung zu moderieren.

Zum einen erhalten diese Kolleginnen dann zusätzliche Gelegenheiten, ihre Moderationsfähigkeiten weiter auszubauen und Erfahrungen zu sammeln. Zum anderen müssen die anfragenden Kreise sich nicht selbst moderieren, können sich ganz auf ihr eigentliches Anliegen konzentrieren und die Moderation ist neutraler.

Letztendlich unterstützen sich verschiedene Kreise gegenseitig und leihen Kollegen untereinander aus. Der Pool ist die Plattform oder Instanz, die Angebot und Nachfrage koordiniert und vermittelt – eine Aufgabe, die von einer Pool-Betreuerin wahrgenommen werden kann und auch weitgehend digitalisierbar ist.

Da mit den über den Pool vermittelten Leistungen Arbeitszeit umverteilt wird, kann der Bedarf nach einem Verrechnungsmodus entstehen, beispielsweise wenn der Heimatkreis (allgemein: die Gehalt zahlende Einheit) ein Problem in den Zusatzaufgaben sehen. Die über den Pool organisierten Leistungen sind Neben- oder Fremdtätigkeiten aus Sicht der Heimatkreise der vermittelten Kollegen. Andererseits erzeugt eine Verrechnung möglicherweise Bürokratie und Konkurrenzdenken.

Sofern die Kolleginnen in einem Pool diese speziellen Leistungen hauptberuflich erbringen, würden wir den Kreis als zentralen Dienstleistungskreis ansehen.

Matrix- und Projektorganisationen verfügen oftmals auch über Pool-ähnliche Organisationseinheiten oder -strukturen, aus denen dynamisch Projektteams gebildet werden. Dieses Organisationsprinzip ermöglicht und erfordert eine hohe personelle Flexibilität und beinhaltet das Risiko, dass Kolleginnen sich heimatlos fühlen. Die soziale Zugehörigkeit ist schwächer.

Ein Pool ist kein Heimatkreis, deutlich einfacher konstituiert und mit weniger Rollen und Arbeitstreffen selbstorganisiert als ein normaler Kreis.

Möglicherweise bilden die gleichen Kolleginnen, die Mitglied eines Pools sind, auch eine Praktikergruppe zu dem Thema. Deren Zweck ist dann aber ein anderer, wobei die Übergänge in der Praxis unscharf sein können.

Zusätzlich oder alternativ zu Pools mit internen Mitarbeiterinnen können auch solche mit Externen sinnvoll sein. Wir empfehlen beispielsweise, zu Beginn eines agilen und kollegialen Transformationsprozesses einen Pool von Konfliktklärerinnen und Mediatorinnen anzulegen.

Sofern im laufenden Prozess emotionsgeladene Spannungen entstehen und die Beziehungsebene zwischen Kolleginnen kriselt, ist es hilfreich, sehr kurzfristig Unterstützung anzubieten. Wenn diese von außen geholt werden muss und erst langwierig Angebote und Bestellungen angestoßen werden müssen, wird dies den Anforderungen nicht gerecht. Ein Pool in diesem Sinne ist dann eine Adressliste von Spezialisten, mit denen feste Konditionen ausgehandelt sind oder präventiv Rahmenverträge existieren.

Merkmal	Praktikergruppe	Pool	Koordinationskreis	Dienstleistungskreis
Zweck	Unverbindlicher fachlicher Austausch	Spezialfähigkeiten flexibel nutzbar machen	Übergreifende Entscheidungen treffen	Interne Dienstleistung zentral anbieten
Entscheidungsmacht	Nur Empfehlungen	Nein	Ja	Ja
Größe	Unbegrenzt	Unbegrenzt	2 – 11 Mitglieder	2 – 11 Mitglieder
Konstitution	Offen, informell, keine messbaren Verpflichtungen, mit Gastgeber	Mit Gastgeber, fallweise Verpflichtungen für Mitglieder, Aufnahmeregeln	Formal, klarer Verantwortungsbereich, formale Mitgliedschaft, kein Heimatkreis	Formal, klarer Verantwortungsbereich, formale Mitgliedschaft, typischer Heimatkreis

Kein Masterplan

Wir starten bei der Einführung von kollegialen Methoden und Prozessen nicht damit, einen großen Plan und ein Zielbild in Form eines Kreismodells für ein Unternehmen zu malen und steigen auch in keine Diskussion mit der Kollegenschaft hierzu ein. Wofür sollte dies gut sein? Veränderungen und Ungewohntes strengen Menschen immer an. Daher ist genau zu überlegen, was wann in die interne Kommunikation eines Unternehmens gegeben wird.

Das Organisationsbild neu denken

Eine kraftvolle Intervention kann es nach unserer Erfahrung sein, die vorhandene (Linien-)Organisation unverändert einfach als Kreismodell zu notieren und dies organisationsintern zu publizieren.

Wir haben Unternehmer kennengelernt, die ihr bestehendes Organigramm ohne inhaltliche Änderungen und ohne Ankündigung oder Kommentar einfach in die Notationsform eines Kreismodells übertragen haben und auf einer großen Pinnwand bzw. einem Poster an einem zentralen Ort im Unternehmen aufgehängt haben.

Auf diese Weise wurde dann eine weitgehend angstfreie Reflexion und Diskussion über die eigene Organisations- und Führungsstruktur angeregt. Vor allem aber hat sich das innere und kommunizierte Bild vieler Beteiligter geändert. Kolleginnen sahen nun anders auf ihre Organisation, ihre Wertschöpfung und ihr Marktumfeld: Mehr von außen nach innen statt von oben nach unten.

Vorgehen zum Aufbau eines Kreis- und Rollenmodells

Kreis- und Rollenmodelle bilden andere Strukturkriterien ab als Organigramme, daher können sie nur bedingt miteinander verglichen werden.

Kreismodelle machen in komplexen Kontexten Sinn. Ein Unternehmen soll in diesem Modell so strukturiert werden, dass es sich bei unvorhersagbaren Marktereignissen rasch anpassen kann, d. h. schnell reagieren, reflektieren und sich fluid an situative Veränderungen einstellen kann, ohne auf Standards angewiesen zu sein.

Das Unternehmen wird dazu von außen (Markt) nach innen (Inhaberschaft) gedacht und strukturiert, d. h. die Wertschöpfung steht im Fokus. Dabei kann folgende Frage helfen: Wofür sind Kundinnen bereit zu zahlen? Worin sehen Kunden einen Wert?

Kreismodelle gliedern die Entscheidungs- und Gestaltungsmacht einer Organisation entlang der Wertschöpfungsrichtung und orientieren sich dabei am Nutzen für den Markt. Ein Kreismodell ist ein Führungsmodell, das beschreibt, in welchen Kreisen welche Entscheidungen kollegial getroffen werden. Klassische Organigramme beschreiben eher die Aufbauorganisation und orientieren sich an operativen Tätigkeiten, deren Effizienz und vorgesetzten Führungskräften.

Szenarien für die Auftraggeberschaft

Zu unterschiedlichen Zeitpunkten der Organisationsbegleitung erfüllt die Entwicklung eines Kreismodells unterschiedliche Zwecke. Dies hängt auch vom speziellen Auftrag und der jeweiligen Zielgruppe ab: Innerhalb eines Orientierungsworkshops mit den Auftraggebern, der Inhaberschaft und Führungskräften hilft die Skizzierung eines Kreismodells, das Unternehmen visionär zu denken und den Zweck einer agilen und kollegialen Organisationsentwicklung zu hinterfragen.

Anhand einer Skizze können interessante Fragen diskutiert, Thesen abgeleitet und später überprüft werden, um zu klären, wie die Umstrukturierung und Ausrichtung am Markt zu einer Verbesserung beitragen würde. Wie sollte das Unternehmen idealerweise am Markt ausgerichtet sein, um gut für Unvorhergesehenes gewappnet zu sein?

Pilotbereiche identifizieren

Auch lassen sich möglicherweise günstige Einstiegspunkte für erste Erprobungen und Pilotbereiche finden.

Wir verwenden ein Kreismodell nicht als zu erreichendes Zielbild. Vielmehr verläuft der Entwicklungsprozess evolutionär und das Kreismodell entsteht sukzessive.

Orientierung für die Kollegenschaft

Für die Mitarbeiterschaft warten wir in der Praxis darauf, wann ein guter Zeitpunkt sein könnte, das Kreismodell einzuführen, ohne dadurch für Verwirrung oder Überforderung zu sorgen. Wir erkennen den passenden Zeitpunkt oft daran, dass die Organisationsmitglieder beginnen, den Überblick zu verlieren, welche Kreise und Rollen es schon gibt – ein sicheres Signal, um visuell für Klarheit zu sorgen.

Wir beginnen dann, die bereits vorhandenen Kreise und Rollen abzubilden, um für ein einheitliches Verständnis zu sorgen. Für die Kolleginnen ist diese Arbeit meist nicht mehr so spektakulär. Sie ergänzen das Bild meist rasch selbst um weitere Kreise und Rollen, die sie beobachtet haben. Das Modell wird dann sukzessive weiterentwickelt und bleibt doch stets eine Beta-Version. Die Vorgehensweise ist hierbei eher ethnographisch.

Selbstorganisation und Führung eines Kreises

Was ist ein Kreis?

Unserer Meinung nach sind lediglich die acht nachfolgenden Regeln wirklich verbindlich. Diese Regeln repräsentieren ein Meta-Metamodell und sind entsprechend abstrakt formuliert.

Alle anderen in diesem Buch beschriebenen Inhalte sind also lediglich Angebote und Ideen, um die letzte Regel in einfacher Weise individuell erfüllen zu können.

Gestaltungsprinzip:

So wenig Kreise, Rollen und feste Beziehungen wie möglich
(zur Reduktion von Kooperationskosten)

und so viel wie nötig
(für die Orientierung der direkt Betroffenen).

---

1. Kreise Um den spezifischen Organisationszweck zu erfüllen, gliedert sich die Organisation in eine Reihe von sich nicht überschneidenden Verantwortungsbereichen, die Kreise genannt werden.	**5. Inhaberinnen** Die obersten Entscheiderinnen (bspw. Inhaberinnen) der betroffenen Organisation(-seinheit) konstituieren den obersten Kreis, sind in diesem repräsentiert und legen die Rahmenbedingungen (Grenzen) der kollegialen Selbstorganisation fest.
2. Hierarchie Jeder Kreis kann Unterkreise gründen (und wieder auflösen), an die er Teile seines Verantwortungsbereiches delegiert. Mindestens eine vom Kreis gewählte Person ist dann in beiden Kreisen Mitglied.	**6. Rolle** Ein Verantwortungsbereich, der bewusst nur von einer einzelnen Person wahrzunehmen ist, wird Rolle genannt.
3. Mitglieder Ein Kreis besteht aus 1 – 10 Personen und entscheidet selbst, wer als Mitglied aufgenommen oder ausgeschlossen wird. Jedes Organisationsmitglied ist Mitglied in einem vorrangigen Heimatkreis und beliebig vielen weiteren Kreisen.	**7. Repräsentantin** Ein Mitglied, das von einem Kreis mit einem definierten Anliegen in einen anderen Kreis entsendet wird, wird Repräsentantin genannt.
4. Entscheidungen In einem Kreis entstehen Entscheidungen dadurch, dass ein Mitglied einen Vorschlag macht und kein anderes Mitglied schwerwiegende Einwände dazu erklärt. Auf diese Weise kann der Kreis auch andere Entscheidungsverfahren beschließen.	**8. Spezifika** Diese Regeln sind durch weitere spezifische Regeln, Prinzipien und Standards zu ergänzen.

Wie funktioniert die Selbstorganisation eines Teams?

Ein Kreis organisiert und führt sich selbst durch seine Mitglieder, indem er für die Selbstorganisation notwendige Prozesse (wiederkehrende Aktivitäten) verantwortlichen Rollen zuschreibt und für diese entsprechende Rolleninhaber bestimmt.

Bereits mit einigen wenigen Standardrollen, wie wir sie nachfolgend gleich beschreiben, kommt ein Kreis in die Selbstorganisation. Jede dieser Rollen ist für eine oder mehrere Aufgaben und Prozesse verantwortlich und führt diesen Verantwortungsbereich. Das bedeutet, dass die Rolleninhaberin Entscheidungen trifft, die dann für alle übrigen Kreismitglieder gelten und zu befolgen sind.

Führen und Folgen bedingen einander, ebenso wie Informieren und Reflektieren.

In der einen Rolle ist ein Kreismitglied also führend und entscheidet. Gleichzeitig wird es geführt und folgt den Entscheidungen der übrigen Rolleninhaberinnen.

Mit Rollen schaffen wir eine Klarheit darüber, wer gerade zu welchen Fragen entscheidend und führend tätig ist und Führungsarbeit leistet. Die Rolleninhaberinnen werden vom Kreis gewählt. Auch die operative Arbeit kann mit Rollen organisiert werden.

Darüber hinaus werden nur die Handlungs- und Entscheidungsbedarfe, deren Zuständigkeiten unklar sind oder über einen rollenspezifischen Verantwortungsbereich hinausgehen, im Plenum des Kreises entschieden.

Standardmäßig sind alle Kreismitglieder gleichermaßen entscheidungsberechtigt: Zugehörigkeit und Stimmrecht sind deckungsgleich. Personen, die die operative Arbeit eines Kreises unterstützen, selbst aber kein stimmberechtigtes Mitglied im Kreis sind, nennen wir Unterstützer oder unterstützendes Mitglied.

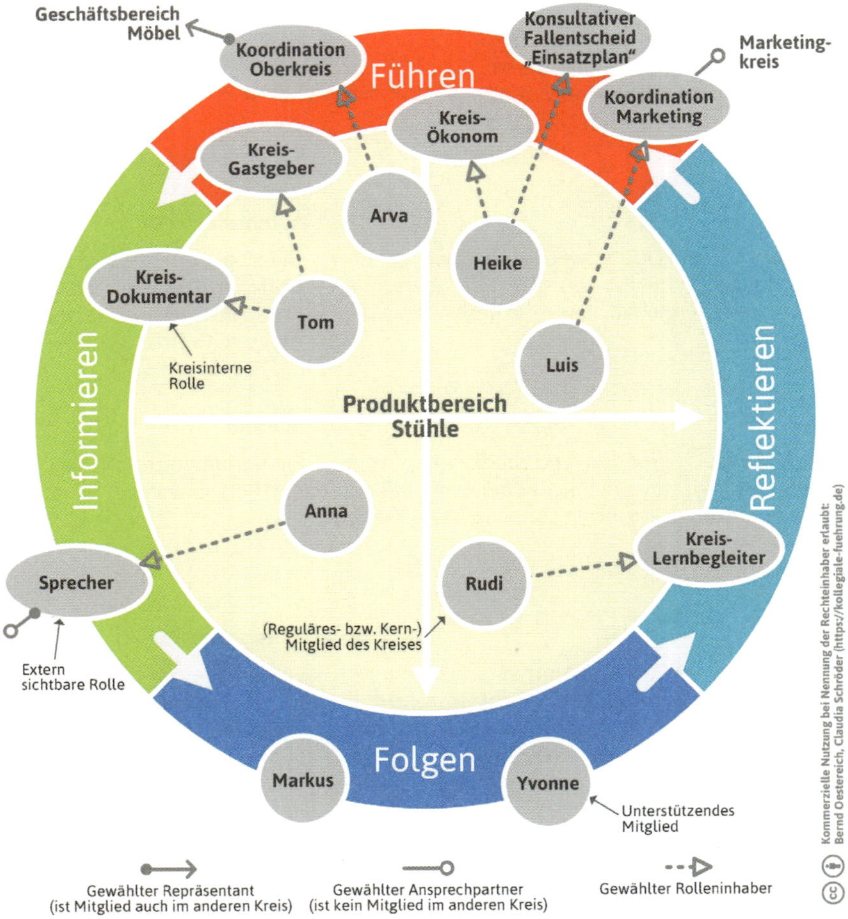

Keimzellen der Selbstorganisation

Die Basis und Keimzelle der kollegialen Selbstorganisation ist die minimale Etablierung der Prozesse bzw. der dafür verantwortlichen Rollen, die notwendig sind, um genau diese übergeordneten und gemeinsamen Anliegen systematisch bearbeiten zu können:

- Eine Gastgeberin, die zu regelmäßigen Entscheidungstreffen einlädt.
- Eine Dokumentarin, die die gemeinsam getroffenen Entscheidungen festhält, damit alle informiert bleiben.
- Eine Lernbegleiterin, die regelmäßig Retrospektiven veranstaltet, um über die eigene Arbeit und Selbstorganisation zu reflektieren und daraus zu lernen, also um gemeinsam Verbesserungen zu vereinbaren.

Alle weiteren notwendigen Rollen ergeben sich daraus. Selbst wenn ein Kreis nur diese drei Rollen (Prozessverantwortungen) etabliert, würde er doch schon bei der ersten Retrospektive erkennen, dass es nicht sinnvoll ist, alle möglichen Entscheidungen stets im Plenum zu treffen und deswegen bestimmte Verantwortungsbereiche an weitere und neue Rollen delegieren.

Diese drei Basisrollen (sowie auch die Rolle des Ökonomen) werden gleich näher beschrieben (➡Seite 127).

Sicherheitsnetz

Zusätzlich benötigt eine Selbstorganisation noch redundante Mechanismen, um Ausfälle abzusichern:

- So kann jeder Rolleninhaber selbständig Vertretungen organisieren, beispielsweise für Urlaubszeiten.
- Vor allem aber erhält die Gastgeberin des Kreises die Verantwortung, dafür zu sorgen, dass alle anderen Rollen stets besetzt sind. Fällt also ein Rolleninhaber aus, beispielsweise durch Kündigung, kümmert sich die Gastgeberin um die Neuwahl.
- Außerdem entsteht jeder Kreis durch einen Oberkreis und wird von diesem durch einen entsprechenden Rolleninhaber betreut. Sollte also die Gastgeberin eines Kreises ausfallen oder ein Kreis aus anderen Gründen völlig führungslos oder arbeitsunfähig werden, springt der Oberkreis ein.

Führung hat die Aufgabe,

- passende Unterscheidungen zu finden,
- hierzu Entscheidungen zu treffen und
- diese anschlussfähig zu kommunizieren.

Kernaufgaben von Führung

Die Kernaufgaben von Führung lassen sich in verschiedene Bereiche (Kunden, Lieferanten, Personal, Ökonomie etc.) gliedern, für die wiederum eine Reihe von Aspekten (Marktbeobachtung, Preismodelle etc.) relevant sind.

Die Aspekte sind organisations- und sogar kreisspezifisch. Insofern sind die nachfolgend genannten Aspekte lediglich gängige Beispiele:

- Kunden (Absatzmärkte, Kundenrückmeldungen, Geschäfts- und Preismodelle, Marken- und Marktkommunikation, Marktbeobachtung).
- Personal (Bedarfsbestimmung, Arbeitgebermarke, Personalauswahl, Personalentwicklung, Personalverantwortung/Arbeitgeberschaft, Mitarbeitereinkommen).
- Arbeitsmittel (Fabriken, Maschinen, Werkzeuge, Lizenzen, Hard- und Software, Algorithmen).
- Produktionsmittel (Materialien, Rohstoffe, Vorprodukte, Daten).
- Lieferanten (externe Kooperationspartner, Konzernpartner, interne Kooperation (andere Kreise), Rahmenbedingungen bzw. Verantwortungsrahmen).
- Inhaber (Gesellschafter, Stammkapital, Organisationszweck, Geschäftsführung).
- Ökonomie (Geschäftspläne, Investitionsentscheidungen, Finanzierung, Budgets, Rückstellungen).
- Zukunft (Strategie, Leitbilder, Visionen, Forschung, Innovation, Geschäftsentwicklung).
- Wertschöpfung (ZDF-/KennzahlenReflexion, Qualitätssicherung, Produktionssteuerung).
- Gemeinwohl (Gesellschaft, Interessensgruppen, Ökologie, Recht, Planet/andere Lebewesen).

Selbstbeobachtung

Da Führung nur Mittel zum Zweck ist, muss die Effizienz und Effektivität der Führungsarbeit beobachtet und gestaltet werden. Hierfür ist es hilfreich, zumindest grob zu unterscheiden und zu verstehen, wie hoch der Aufwand für welchen Teil der Führungsarbeit ist. Außerdem sollte jeder Kreis gemeinsam die Prioritäten und eventuelle Aufwands- oder Risikogrenzen aller relevanten Führungsaspekte festlegen.

Für die Selbstbeobachtung werden dann entweder kreisinterne neue Rollen definiert, Unterkreise gebildet oder bestehenden zugeordnet.

Folgende Beispiele zur Selbstbeobachtung und -reflexion haben wir in kollegial geführten Organisationen kennengelernt:

- Jede Woche treffen sich im Rahmen eines Jour fixes (wechselnde) Vertreter aus verschiedenen Wertschöpfungsteams zur gemeinsamen Reflexion der in der Woche entstandenen Reklamationen.
- Jedes Wertschöpfungsteam wählt jeweils für die Dauer eines Jahres einen Ökonomen, der verschiedene Kennzahlen aufbereitet, für die kreisinterne Reflexion hierzu sorgt und zusätzlich in einer Praktikergruppe und einem übergeordneten Koordinationskreis mit den Ökonomen anderer Kreise mitwirkt.
- Jede Schicht beginnt mit einer kurzen Stehung aller Kollegen, um die Auslastung, Arbeitsschwerpunkte und notwendigen Kapazitätsausgleiche für die kommende Schicht zu klären.
- Einmal jährlich findet eine mehrtägige bereichsweite Strategietagung statt, auf der gemeinsam Investitions-, Personal- und Geschäftspläne verabschiedet werden.

Arten von Arbeit

Operative Arbeit

Die operative Arbeit betrifft direkt den Zweck eines Kreises, einer Rolle oder sonstigen Organisationseinheit. Die Frage lautet: Dient diese Arbeit unmittelbar dem Zweck unseres Kreises (oder meiner Rolle)?

In einem Supermarkt gehören Kassieren, Kundenberatung, Regalbefüllung, Inventur etc. zur operativen Arbeit. Für einen Softwareentwickler zählen Programmieren, Beschreibung von Anforderungen, Konfigurationsmanagement etc. dazu. Für den Kreis Company-Board-Moderation passen die Moderation des Company-Boards inklusive Vor- und Nachbereitung dazu. Für ein Einstellungsteam ist es die Bearbeitung von Bewerbungen, Interviews, Auswahlentscheidungen usw.

Führungs- und Kulturarbeit

Unter Führungsarbeit verstehen wir alle Tätigkeiten, die zur Koordination, Organisation und Entscheidung der operativen Arbeit notwendig sind. Die Frage lautet: Dient diese Arbeit der Organisation und Koordination unserer operativen Arbeit?

In einem Supermarkt und für einen Company-Board-Moderationskreis gehören die Urlaubs- und Dienstplanung, Info- und Koordinationstreffen u. Ä. dazu. Für einen Softwareentwickler sind beispielsweise Aufwandschätzungen, Iterationsplanung und -review Führungsarbeit.

Auch Fortbildungen, soziale und kulturelle Aktivitäten, Strategietreffen, Arbeits-Feedback und -Beurteilungen, Konfliktklärungen, die Verfolgung und Reflexion von Kennzahlen zur Ökonomie und Qualität rechnen wir zur Führungs- und Kulturarbeit.

Selbstorganisationsarbeit

Hierunter verstehen wir Tätigkeiten, die der Beobachtung, Reflexion, Gestaltung und Weiterentwicklung der operativen Arbeit und Führungsarbeit dienen. Vor allem geht es um die Fragen, welche Unterkreise, Rollen, Prozesse, Aufgaben- und Verantwortungsteilung ein Kreis (oder eine Rolle) benötigt, um die operative und Führungsarbeit gut leisten zu können.

Die Wahl von Rolleninhabern, Repräsentanten, Fallentscheidern, die Definition von Rollen und Unterkreisen, die Durchführung und Teilnahme an Retrospektiven dienen der Selbstorganisation.

Abgrenzungsfragen

Die Unterscheidung der verschiedenen Arten von Arbeit ist nicht immer einfach, aber auch nicht immer notwendig. Die wöchentliche Aktualisierung des Führungsmonitors (Company-Boards) beinhaltet normalerweise sowohl Führungs- als auch Selbstorganisationsarbeit. Bedarfsweise könnte man wiederum die einzelnen Beiträge auf dem Führungsmonitor danach unterscheiden, welche Art der Arbeit sie vorwiegend darstellen.

Diese Unterscheidung ist jedoch kein Selbstzweck, sondern soll einfach die Reflexion und organisatorische Weiterentwicklung vereinfachen. Dafür reicht meistens eine grobe Unterscheidung. Wenn beispielsweise ein regelmäßiges Koordinationstreffen wie die Dienstplanung unerwartet viel Aufwand erzeugt und dennoch unbefriedigende Ergebnisse zeigt, dann ist dies ein Anlass für eine kritische Reflexion.

Kreiskonstitutionsposter

Zur einfachen und systematischen Klärung und Dokumentation der Aspekte einer Kreiskonstitution haben wir nebenstehendes Kreiskonstitutionsposter (Kreiskonstitutions-Canvas) entwickelt, das wir im Folgenden erläutern.

Die im Poster mit * gekennzeichneten Bereiche sind dabei aus unserer Sicht Mindestvoraussetzungen zur Konstitution eines Kreises. Je nach Art des Kreises (Geschäftskreis, Dienstleistungskreis, Koordinationskreis, Pool, Praktikergruppe) sind die verschiedenen Segmente unterschiedlich relevant und die Schwerpunkte anders. Beispielsweise sind Produktionsmittel für Koordinationskreise meistens weniger wichtig.

Kreiskonstitution

Ob ein Kreis eine Verantwortung einer Rolle, einem Unterkreis oder einem Prozess zuschreibt, ist letztendlich nachrangig. Dies sind jeweils nur verschiedene Mittel, die immer den Zweck haben, Verantwortung eindeutig zu verteilen (➡Seite 123, Unter-/Oberkreise).

Die untenstehende Abbildung zeigt die drei wichtigsten Delegationsmuster für einen Kreis:

- Im Normalfall organisiert sich ein Kreis mithilfe selbstbestimmter Rollen und verteilt die absehbare Führungsarbeit auf einzelne Kreismitglieder.
- Wenn es sich um einen Verantwortungsbereich handelt, der nicht von einem einzelnen Kreismitglied wahrgenommen werden kann, gründet der Kreis einen Unterkreis hierfür, beispielsweise einen Personaleinstellungskreis.
- Möchte ein Kreis bestimmte wiederkehrende Entscheidungen gemeinsam mit anderen Kreisen treffen, überträgt er die entsprechende Entscheidungsbefugnis einem gemeinsamen (Koordinations-)Oberkreis, beispielsweise einem Strategiekreis.

Sofern ein Unterkreis gebildet wird oder eine Verantwortung gemeinsam mit anderen Kreisen einem übergeordneten Koordinationskreis übertragen wird, ist stets ein Kreismitglied als Repräsentant, Delegierter oder Ansprechpartner involviert.

Und auch im Falle eines Prozesses, hierzu zählen auch regelmäßige Arbeitstreffen zu spezifischen Führungsaspekten, lässt sich die Verantwortung stets auf ein Kreismitglied zurückführen, da jeder Prozess einen eindeutigen Prozessverantwortlichen haben soll.

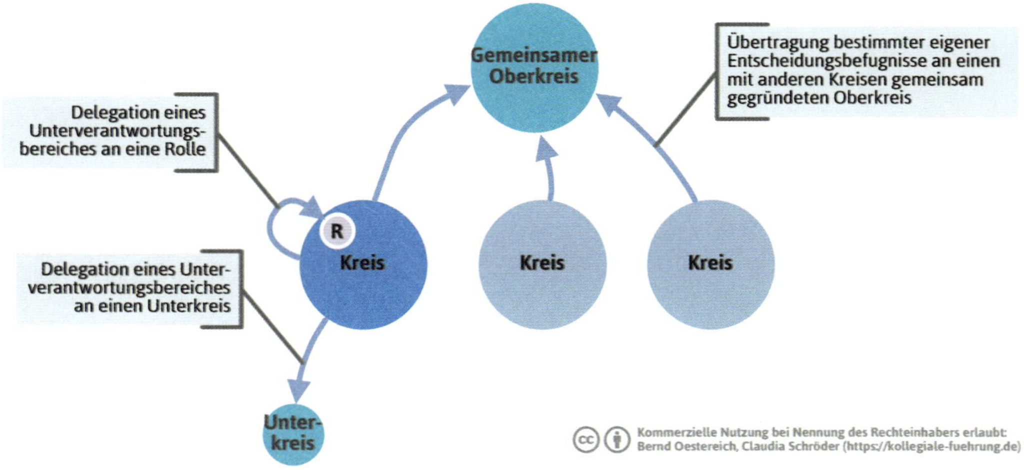

Eine Druckvorlage für dieses Plakat können Sie herunterladen unter https://kollegiale-fuehrung.de/kreiskonstitution/

Kollegiale Kreiskonstitution

Name des Kreises*

Weiterführende Informationen

Regulatorischer Rahmen

Kunden, Leistungsempfänger, Umsatzgeber*

Zweck, Art, Verantwortungsbereich*

Zukunft

Externe Referenzen

Leistungskatalog Fakultativ

Gegenstand	Preis/Einheit	Anz.	Summe

Konstituierender Oberkreis*

Unter- und gemeinsame Oberkreise*

Kreisname	Betreuer

Lieferanten, Kooperationspartner

Mitglieder und Rollen*

Person	OA h/W.	Rolle	h/Einh.
		Gastgeber	
		Lernorganisator	
		Ökonom	
		Dokumentar	

OA=Operative Arbeit; SO=Selbstorganisation; FA=Führungsarbeit; *=Pflichtelemente

Arbeitstreffen und Prozesse*

Bezeichnung	Rhythmus	Gastgeber
Team-Board-Treffen	*wöchentlich*	
Diskussionsmarktplatz	*wöchentlich*	
Retrospektive	*quartalsweise*	

Arbeitsmittel

Produktionsmittel

Ökonomie

	Fakultativ	Ist
Externer Umsatz	€	€
Interner Umsatz	€	€
Gesamtumsatz	**€**	**€**
Externe Kosten (Fremdleist.)	€	€
Interne Kosten (Vorleist.)	€	€
Gesamtkosten	**€**	**€**
Arbeitseinkommen	€	€
Inhabereinkommen	€	€
Investitionsrücklagen	€	€
Gemeinwohl	€	€
Summe Eigenleistung	**€**	**€**
Umsatzrendite	%	%
Eigenleistungsquote	%	%
Arbeitseinkommen	€/h	€/h
Operative Arbeit	h	h
Führungsarbeit	h	h
Persönliche Arbeit (Fortbild.)	h	h
Bezahlte Fehlzeiten	h	h
Urlaub	h	h

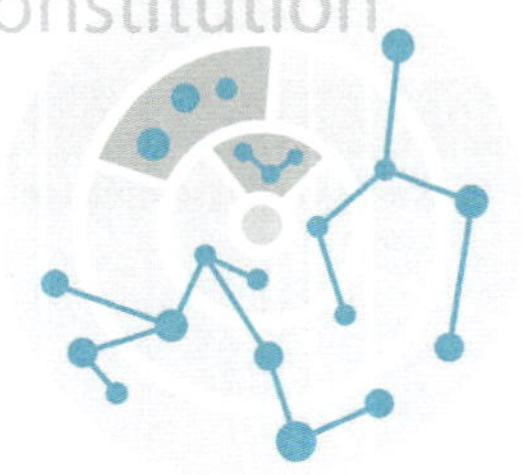

Zweck, Art und Verantwortungsbereich

Was ist der Zweck des Kreises? Wofür ist er zuständig und verantwortlich?

Der Zweck eines Kreises sollte mit wenigen Sätzen so beschrieben werden, dass ein neuer Kollege, der selbst nicht Mitglied des Kreises ist, ihn gut und schnell versteht.

Weiterführende Informationen

Wo existieren weiterführende Informationen zur Konstitution des Kreises, beispielsweise zu Entscheidungen, Protokollen von Arbeitstreffen etc.

Die Informationen können physisch auf Flipcharts, Pinnwänden oder Klebezetteln hängen oder online in einem virtuellen Raum.

Konstituierender Oberkreis

Jeder Kreis (abgesehen vom allerobersten) hat einen konstituierenden Oberkreis, der ihn einmal ins Leben gerufen hat, ihm eine Untermenge eigener Zuständigkeiten übertragen hat und der den Kreis auch wieder auflösen oder seinen Zweck und Zuständigkeitsbereich wieder ändern kann. Das Plenum oder ein Topkreis können auch konstituierende Oberkreise sein.

Mitglieder und Rollen

Wer sind die Mitglieder des Kreises und welche Rollen nehmen sie aktuell wahr? Für die ökonomische Konstitution eines Kreises ist zusätzlich zu dokumentieren, mit wie viel Arbeitszeit jedes einzelne Mitglied dem Kreis angehört. Diese Arbeitszeit umfasst alle Arten von Arbeit für den Kreis, sowohl die operative als auch Führungs-, Kultur- und Selbstorganisationsarbeit.

Die Arbeitsteilung innerhalb eines Kreises kann mit der Zuordnung von Rollen untergliedert werden: Wer hat welche Rolle? Dabei gibt es

- eine Reihe von Rollen, die für die Selbstorganisation relevant sind, wie Gastgeberin, Lernbegleiterin, Ökonomin und Dokumentarin,
- Rollen, die zur Führung der operativen Arbeit notwendig sind, wie Dienstplanung, Qualitätssicherung, Arbeitsdisposition etc. und
- Rollen für spezielle operative Aufgaben, wie beispielsweise Kundenberatung, Herstellung, Vertragsschluss, Rechnungslegung usw.

Die zur Ausübung einer Rolle notwendige Arbeitszeit ist Teil der Gesamtarbeitszeit, die der Rolleninhaber für den Kreis leistet, und geht damit von der operativen Arbeit ab.

Für jede Rolle sollte der Aufwand geschätzt werden, beispielsweise wie viele Arbeitsstunden pro Woche, Monat oder Jahr sie erfordert. Sofern ein besonderer Nutzen entsteht, können auch die tatsächlichen Aufwände erfasst und mit der Schätzung abgeglichen werden.

Arbeitstreffen und Prozesse

Prozesse, also wiederkehrende Arbeitsschritte, sind ebenfalls in ihrer Verantwortung und Zuständigkeit zu klären. Diese Prozessverantwortungen verstehen wir als Rollen. Die regelmäßige Organisation einer Retrospektive (➡Seite 102) oder eines operativen Treffens werden jeweils von einer Person aus dem Kreis verantwortet. Diese Rolle wird Gastgeber, Prozessverantwortlicher oder ähnlich genannt.

Welche regelmäßigen Arbeitstreffen, Aktivitäten und Prozesse plant der Kreis und wer verantwortet diese bzw. ist ihr Gastgeber?

Sofern hier Aufwände geschätzt werden, beziehen sich diese auf die Durchführung selbst. Besteht ein Team beispielsweise aus 7 Mitgliedern, die sich einmal im Jahr zu einer dreistündigen Retrospektive treffen, kann daraus ein Aufwand von 21 Stunden pro Jahr abgeleitet werden.

Die Organisation, Vor- und Nachbereitung dieser Retrospektiven wiederum ist Aufwand für den Rolleninhaber, in diesem Beispiel für den Lernorganisator.

Sofern kreisexterne Personen einbezogen werden, beispielsweise eine organisationsinterne Moderatorin oder eine externe Beraterin, betrifft dies nicht die Arbeitszeit der Mitglieder, dies sind Vor- und Fremdleistungen, die als Kosten zu berücksichtigen sind.

Unter- und gemeinsame Oberkreise

Ein großer Zuständigkeitsbereich kann weiter untergliedert werden, indem ein Kreis entsprechende Unterkreise ausbildet. Dies ist immer dann sinnvoll, wenn die Größe eines Kreises auf 5 – 10 Personen beschränkt werden soll oder wenn es sich um eine sehr spezielle und klar abgrenzbare Teilverantwortung handelt, die weitgehend exklusiv nur von einer Teilmenge der Mitglieder wahrgenommen wird.

Gemeinsame Oberkreise wiederum haben den Zweck, bestimmte Entscheidungen gemeinsam mit anderen Kreisen zu treffen (bspw. gemeinsame strategische oder Investitionsentscheidungen), wobei jeder der beteiligten Kreise einen Teil seiner Entscheidungsmacht dem gemeinsamen Oberkreis überträgt.

Wir nennen dies Oberkreis, weil damit eine Weisungshierarchie aufgebaut wird. Die Entscheidungen des Oberkreises sind für die ihn konstituierenden Kreise verbindlich. Die Macht wurde abgegeben. Die den Oberkreis konstituierenden Einzelkreise können sich ihre Entscheidungsmacht zurückholen, indem sie aus dem Oberkreis austreten oder ihn wieder auflösen.

Ein normaler Oberkreis, der einen Teil seiner Verantwortung an einen eigenen Unterkreis delegiert, den er nicht mit anderen Kreisen teilt, ist als konstituierender Oberkreis immer weisungsfähig.

Zukunft

In diesem Bereich notieren wir strategische Entscheidungen, Leitbilder, Visionen oder Ziele des Kreises. Wohin möchten wir uns entwickeln? Was möchten wir künftig erreichen?

Bei der Gründung eines Kreises wird es fast immer darum gehen, den Zweck des Kreises überhaupt erst einmal zu erfüllen und arbeitsfähig zu werden. Spätestens nach der ersten Retrospektive wird ein Kreis jedoch höchstwahrscheinlich sehr spezifische Anliegen im Hinblick auf die Zukunft des Kreises haben.

Regulatorischer Rahmen

Jede Organisation und damit jede Organisationseinheit unterliegt einer Reihe von vorgegebenen Regeln, Verordnungen und Gesetzen, beispielsweise Handelsrecht, Steuerrecht, Arbeitsschutz etc. Soweit diese selbstverständlich sind, werden sie in diesem Segment nicht notiert.

Erwähnt werden nur die kreisspezifischen Rahmenbedingungen, die sich aus den speziellen Produkten, Geschäftsmodellen, Märkten oder Ähnlichem des Kreises ergeben.

Dies ist beispielsweise der Fall, wenn bestimmte Tätigkeiten nur von speziell dafür zugelassenen Personen ausgeübt werden dürfen. Ein Kranken- oder Altenpflegeteam hat beispielsweise spezifische Dokumentationspflichten, die sich aus dem Sozialversicherungsgesetzbuch ergeben. Für den Kreis Lohnbuchhaltung wäre dies höchstwahrscheinlich nicht relevant.

Externe Referenzen

Jeder Kreis, vor allem interne Dienstleistungskreise, muss für seine Zukunfts- und Wettbewerbsfähigkeit sorgen. Kreise, deren Leistungen jedoch überwiegend nicht direkt von Kunden oder dem Markt gekauft werden, sondern die vorwiegend nur interne Kunden haben, brauchen daher andere externe Referenzen.

Die prinzipielle Frage lautet: Wo kann unsere Leistung außerhalb unserer eigenen Organisation eingekauft werden und welche Faktoren bestimmen hier die Wettbewerbsfähigkeit?

Die externen Referenzen finden sich dann teilweise auch im Leistungskatalog wieder, beispielsweise in Vergleichspreisen. Was würde die Lohnbuchhaltung oder IT-Betreuung kosten, wenn wir einen externen Anbieter einsetzen würden?

Externe Referenzen sind aber auch mit dem spezifischen Geschäftsmodell verbundene Faktoren, beispielsweise Preissteigerungsraten und andere statistische Daten, Börsen- und Wechselkurse und vor allem wirtschaftliche Kennzahlen (Umsatz, Margen, Absatzzahlen, Retourquoten etc.) von Mitbewerbern.

Arbeitsmittel

Welche Arbeitsmittel verwendet der Kreis? Welche Werkzeuge, Hard- und Software, Maschinen, Lizenzen, Algorithmen, Fahrzeuge usw. gehören dazu?

Die meisten Kreise werden eine Büroinfrastruktur mit Büroraum, Schreibtisch, PC, Telefon und Besprechungsräumen nutzen, was zu einer Pauschalposition zusammengefasst werden kann. Hinzu kommen dann meistens noch spezielle Softwares.

Außendienstmitarbeiter, beispielsweise ein häuslicher Pflegedienst, werden wahrscheinlich Fahrzeuge und Smartphones/Tabletcomputer verwenden. Produzierende Unternehmen brauchen spezielle Maschinen.

Kreise in einer kollegialen Kreisorganisation sollen möglichst autonom und selbständig über alles bestimmen, was ihre Wertschöpfung anbelangt. Hierzu ist es relevant, alle wichtigen Arbeitsmittel zu identifizieren. Zum einen entsteht dadurch erst ein umfassendes Bewusstsein, wofür der Kreis verantwortlich ist, und zum anderen stärkt es die Eigenständigkeit gegenüber den (vermutlich) bisher dominierenden Zentralabteilungen, die dem Kreis die wichtigsten Arbeitsmittel vorgaben.

Produktionsmittel

Zu den Produktionsmitteln zählen Materialien, Rohstoffe, Vorprodukte und Daten. Welche sind für die Wertschöpfung und den Zweck des Kreises relevant?

Wie auch bei den Arbeitsmitteln und Lieferanten soll die Identifikation und Reflexion der Produktionsmittel die Selbständigkeit des Kreises anregen und stärken, vor allem gegenüber zentralen Einkaufsinstanzen. Wo können wir als Kreis die Skaleneffekte (bspw. Mengenrabatte) eines zentralen Einkaufs gut nutzen und wo können wir durch eigene Wahl der passenden Produktionsmittel anpassungsfähiger und agiler werden?

Lieferanten, Kooperationspartner

Wer sind unsere wichtigsten Lieferanten und Kooperationspartner? Welche besonderen Abhängigkeiten bestehen von, zu oder zwischen diesen? Welche besonderen Rahmenbedingungen und -verträge existieren hier?

Kunden und Leistungsempfänger

Die Frage, wer die Kunden und Empfänger der Leistungen eines Kreises sind, ist in einem komplexen Kontext oft weniger klar, als man es auf den ersten Blick vermuten würde.

Durch die starke Arbeitsteilung sind die Leistungsempfänger vieler Kreise andere Kreise und Organisationseinheiten. Das gilt für die zentralen Dienstleistungskreise, aber in einem bestimmten Grad auch für die Geschäftskreise.

Hinzu kommt, dass die Bezahlung nicht immer unmittelbar für die bereitgestellte Leistung erfolgt oder Leistungsempfänger und Leistungsbezahler unterschiedliche Instanzen sind.

Viele Online-Dienstleistungen bieten die eigentliche Leistung kostenlos oder vergünstigt an und finanzieren sich indirekt, beispielsweise über Werbung oder Vermittlungsprovisionen. Bei vielen medizinischen und sozialen Leistungen existiert ein staatlicher oder staatlich regulierter Kostenträger, wodurch eine Dreiecksbeziehung zwischen Leistungserbringer, Kunde/Patient und Kostenträger entsteht (➡Seite 175).

Leistungskatalog

Der Leistungskatalog nennt nicht die Leistungen, die ein Kreis tatsächlich erbringt, sondern die, die er seinen Leistungsempfängern gegenüber abrechnen kann.

Ein Einrichtungshaus verkauft Möbel und berechnet diese – berät aber auch seine Kunden und bietet ihnen möglicherweise auch einen Kaffee an, ohne diese Leistungen gesondert abzurechnen. Kunden, die dann doch nichts kaufen, wurden dann ohne finanzielle Kompensation beraten und bewirtet. Es ist eine Mischkalkulation, bei der die Käufer die Beratung der Nichtkäufer mitbezahlen.

Online-Shops erhalten relativ viele Retouren, weil die Ware nicht gefällt oder nicht passt. Auch diese Leistungen werden in der Regel nicht gesondert vergütet, sondern in die Produktpreise einkalkuliert.

Ein interner Lohnbuchhaltungskreis wird nicht nur die monatlichen Lohnabrechnungen erstellen, sondern gelegentlich auch Auskünfte geben, Änderungen von Steuerklassen, Lohnpfändungen, Arbeitsvertragsänderungen u. Ä. bearbeiten.

Die Idee des Leistungskataloges ist es, die Leistungen des Kreises auf wenige und gut quantifizier- und abrechenbare Einheiten zu reduzieren. Diese werden mit einem Preis versehen und gelten als interne oder externe Preise und Verrechnungssätze.

So könnte eine zentrale Lohnbuchhaltung vielleicht auf zwei Leistungspositionen reduziert werden: Neuaufnahme eines Mitarbeitenden und monatliche Lohnabrechnung.

Verkaufte Leistung	Preis/ Einheit	Anzahl/ Jahr	Umsatz/ Jahr
Lohn-abrechnung	€ 7,40 pro Mitarb. und Monat	2.400	€ 17.760
Neuaufnahme	€ 50,00 pro Mitarb.	20	€ 1.000

Über den Leistungskatalog sind meistens auch externe Referenzen einfach zu bestimmen. So werden Lohnabrechnungen beispielsweise zu Pauschalpreisen zwischen 5 und 10 Euro pro Stück angeboten (Stand 2019).

Ökonomie

In diesem Segment geht es um einen Überblick über die wichtigsten ökonomisch relevanten Kennzahlen des Kreises. Wir orientieren uns hier an der Wertbildungsrechnung (➡ Seite 200), die zwischen Umsätzen, Kosten und Eigenleistung unterscheidet und dabei das Mitarbeitereinkommen nicht in die Kosten, sondern in die Eigenleistung einrechnet.

Das Ziel ist üblicherweise, die Eigenleistung zu erhöhen, also möglichst viel Geld für das Mitarbeitereinkommen, das Inhabereinkommen, die Investitionsrücklagen und das Gemeinwohl (Steuern, Spenden) zu erwirtschaften.

Die Autonomie und Entscheidungsfreiheit der Kreise, durch die deren Anpassungsfähigkeit und Agilität verbessert werden soll, benötigt eine entsprechende ökonomische Grundlage und ökonomische Möglichkeiten. Die Wertbildungsrechnung unterstützt die Kreise, über ihre ökonomische Situation und Möglichkeiten zu reflektieren und ihre verantwortbaren Gestaltungsspielräume zu erkennen.

Weiterführendes
➡ 200 Wertbildungsrechnung

Beispiel

Kollegiale Kreiskonstitution

Name des Kreises*

Topkreis

Weiterführende Informationen

Version vom 13.4.2019
https://intern.dynamische.org/topkreis

Regulatorischer Rahmen

Delegationsmatrix, Gesellschafter-, GF- und Management-Board-Beschlüsse, Betriebsverfassungsgesetz

Kunden, Leistungsempfänger, Umsatzgeber*

Plenum

Zweck, Art, Verantwortungsbereich*

Zweck dieses Koordinationskreises:

- *Alle übergeordneten Entscheidungen treffen, soweit sie nicht vom Plenum getroffen werden.*
- *Den Zweck und das effiziente und effektive Funktionieren der Gesamtorganisation sicherstellen.*

Zukunft

Externe Referenzen

Leistungskatalog Fakultativ

Gegenstand	Preis/Einheit	Anz.	Summe
Operatives Treffen	*1.080 €/Monat*	*12*	*12.960 €*

Konstituierender Oberkreis*

Plenum

Unter- und gemeinsame Oberkreise*

Kreisname	Betreuer

Lieferanten, Kooperationspartner

Mitglieder und Rollen*

Person	OA h/W.	Rolle	h/Einh.
Luise		*Gastgeberin*	*2,0 h/M.*
Tom		*Lernorganisator*	*4,0 h/Q.*
Joachim		*Ökonom*	*5,0 h/J.*
Bülent		*Dokumentar*	*5,0 h/J.*
Sara			
Rosalie		*Repr. GF*	
Selin		*Repr. Mitarbeitervertr.*	
rollierend		*Gastgeber Op. Treffen*	*2,0 h/M.*

OA=Operative Arbeit; SO=Selbstorganisation; FA=Führungsarbeit; *=Pflichtelemente

Arbeitstreffen und Prozesse*

Bezeichnung	Rhythmus	Gastgeber
Operatives Treffen	*monatlich*	*rollierend*
Retrospektive	*jährlich*	*Tom*

Arbeitsmittel

Büroinfrastruktur

Produktionsmittel

Workshop-Räume

Ökonomie

		Fakultativ	Ist
Externer Umsatz	€		0,00 €
Interner Umsatz	€		12.960,00 €
Gesamtumsatz	€		12.960,00 €
Externe Kosten (Fremdleist.)	€		0,00 €
Interne Kosten (Vorleist.)	€		960,00 €
Gesamtkosten	€		960,00 €
Arbeitseinkommen	€		10.920,00 €
Inhabereinkommen	€		907,20 €
Investitionsrücklagen	€		112,80 €
Gemeinwohl	€		0,00 €
Summe Eigenleistung	€		11.940,00 €
Umsatzrendite	%		7,0 %
Eigenleistungsquote	%		92,1 %
Arbeitseinkommen	€/h		35,00 €/h
Operative Arbeit	h		210,0 h
Führungsarbeit	h		102,0 h
Persönliche Arbeit (Fortbild.)	h		h
Bezahlte Fehlzeiten	h		h
Urlaub	h		h

Basisrollen eines Kreises

Gastgeberin

Der Kreis-Gastgeber hat die Verantwortung, den Kreis organisatorisch (nicht inhaltlich) zu führen, sodass der Kreis, wie von seinen Mitgliedern vereinbart, funktioniert.

Andere Bezeichnungen sind Mission-Owner, Zweckhalter oder Entropievermeider.

Die Gastgeberin kümmert sich um die interne Führung und organisiert die Führungsarbeit des Kreises. Wie die Gastgeberin einer Party sorgt die Kreis-Gastgeberin dafür, dass alle Teilnehmer sich wohlfühlen und orientieren können, gut informiert und miteinander in Kontakt sind. Sie hält den Raum und organisiert die Beseitigung eventueller Störungen.

Ein Kreis-Gastgeber nimmt bestimmte Aufgaben wahr:

- Vereinbarte Konstitution des Kreises sicherstellen. Folgende Fragen sind dabei zu klären:
  - Sind alle Rollen des Kreises besetzt oder sind Rolleninhaber zu wählen?
  - Sind Repräsentanten für Ober-, Unter- und Nachbarkreise gewählt und aktiv?
  - Haben alle vereinbarten Prozesse einen Verantwortlichen?
- Alle vereinbarten Arbeitstreffen organisieren oder sicherstellen, dass jemand anderes diese Verantwortung übernommen hat. Hierzu gehören wiederum folgende Punkte:
  - Ort und Zeit festlegen.
  - Alle Mitglieder einladen.
  - Ggf. vorweg Diskussionsthemen und Entscheidungsbedarfe sammeln.
  - Moderatoren, Protokollanten und notwendige Arbeitsmittel gewinnen.

Der Kreis-Gastgeber ist nicht der Chef, Anleiter oder Antreiber des Kreises. Er achtet lediglich darauf, dass der Kreis seinen selbst vereinbarten Aufgaben und Zielen und der übernommenen Verantwortung in passender Weise nachkommt. Sofern der Gastgeber hier Defizite entdeckt, wird er aktiv und versucht, entweder selbst oder durch Delegation, die Lücken zu schließen:

- Hat ein Kollege gekündigt und ist dadurch eine Rolle verwaist, so initiiert er die Neuwahl eines Rolleninhabers.
- Wurden eine oder mehrere Rolleninhaber für einen Zeitraum gewählt und nähert sich die Amtszeit dem Ende, initiiert er deren Neuwahl bzw. Bestätigung.
- Hat der Kreis vereinbart, die Agendapunkte für ein regelmäßiges Arbeitstreffen vorab an einem bestimmten Ort zu sammeln, aber niemand hält sich daran, dann initiiert der Gastgeber die Reflexion und Aktualisierung (ggf. Abschaffung) dieser Vereinbarung.

Der Gastgeber kann dem Kreis keine Inhalte und Vorgehensweisen aufzwingen. Er hat aber das Recht und die Pflicht, die Aufmerksamkeit des Kreises auf Dysfunktionalitäten zu lenken und für Transparenz zu sorgen.

Gelingt es dem Kreis trotz Initiativen des Gastgebers nicht, seinen selbst vereinbarten Regeln und Prinzipien zu folgen, muss der Gastgeber diesen Sachverhalt sichtbar machen und dokumentieren.

In schwerwiegenden Fällen hat der Gastgeber die Störung des Kreises dem Oberkreis, dem Topkreis oder einem anderen dafür passenden Kreis zu melden.

Sofern die Gastgeberrolle selbst nicht besetzt ist oder nicht aktiv ausgeübt wird, liegt eine Störung des Kreises vor, die in jedem Fall gemeldet werden sollte. Dabei ist nicht wichtig, ob es die Gastgeberrolle genau in der hier beschriebenen Form gibt, solange die Verantwortung in vergleichbarer Weise wahrgenommen wird. Verfügt ein Kreis jedoch über gar keinen Mechanismus der Selbstbeobachtung seiner formalen Konstitution, dann birgt er ein Risiko für die Organisation insgesamt.

Der Gastgeber kooperiert bedarfsweise mit den anderen Kreisrollen wie dem Kreis-Dokumentar, Kreis-Ökonomen oder Lernbegleiter.

Dokumentar

Die Aufgabe des Kreis-Dokumentars ist es, die Arbeit des Kreises, insbesondere seine Entscheidungen und Ergebnisse, allen sichtbar und einfach zugänglich zu machen.

Andere Bezeichnungen sind Kommunikator oder Logbuchführer.

Der Kreis-Dokumentar hat folgende wichtige konkrete Aufgaben:

- Aktualisierung des Logbuches

  Alle Entscheidungen des Kreises, außer solche, die nur kurzfristig relevant sind, werden im Logbuch dokumentiert. Der Dokumentar ist verantwortlich für die Vollständigkeit und Korrektheit des Logbuches.

- Aktualisierung der Beschreibung der Kreiskonstitution

  Die Mitgliederliste, der Kreiszweck, die vom Kreis kreierten Rollen und ihre aktuellen Rolleninhaber und alle anderen zur Kreiskonstitution gehörenden Informationen (➡Seite 120, Kreiskonstitution) sind an den dafür vorgesehenen oder passenden Stellen zu dokumentieren, sodass alle Mitglieder der Gesamtorganisation die Möglichkeit haben, die aktuelle Verfassung des Kreises zu verstehen.

  Der Dokumentar arbeitet hierzu mit dem Kreis-Gastgeber zusammen, der dafür verantwortlich ist, dass alle Rollen besetzt sind und die Konstitution des Kreises valide ist.

- Dokumentation ökonomischer Kennzahlen und des Leistungskataloges

  Für die Bereitstellung der Inhalte ist der Kreis-Ökonom verantwortlich, mit dem der Dokumentar deshalb zusammenarbeitet.

- Sonstiges

  Dokumentation von allen Protokollen und Arbeitsergebnissen aller Arbeitstreffen, Prozesse und Verantwortungsbereiche des Kreises.

Soweit Verantwortungsbereiche des Kreises an spezielle Rollen delegiert sind, obliegt es dem Dokumentar, mit den jeweiligen Rolleninhabern zu vereinbaren, wer sich um welche Dokumentation kümmert. In jedem Fall muss der Dokumentar sicherstellen, dass bei Verwaisung oder Wegfall einer Rolle die bisherigen Dokumente weiterhin zugänglich sind oder Übergaben stattfinden.

Soweit Verantwortungsbereiche an Unterkreise ausgelagert wurden, obliegt den Unterkreisen die Dokumentation. Der Dokumentar des Oberkreises hat lediglich sicherzustellen, dass der Unterkreis angemessen dokumentiert.

Der Kreis-Dokumentar ist nicht die Person, die jedes Arbeitstreffen protokolliert, am Flipchart steht, ein Fotoprotokoll erstellt und deshalb an jedem Arbeitstreffen teilnimmt. Diese Aufgabe übernimmt der Arbeitstreffen-Gastgeber oder -Protokollant. Wenn aber der Protokollant eines Arbeitstreffens seine Dokumente über den jeweiligen Teilnehmerkreis hinaus verteilen, ablegen oder sichern möchte, dann unterstützt oder übernimmt dies der Kreis-Dokumentar.

Der Kreis-Dokumentar ist auch für die Angemessenheit der Dokumentation verantwortlich. Es geht dabei weniger darum, jedes Ereignis vollständig zu dokumentieren, noch alle Dokumente auf Hochglanz zu bringen, sondern nur so viel Aufwand zu betreiben, wie notwendig ist, um die Ansprüche und Erwartungen der Kreismitglieder, der übrigen Organisation und externer Interessenten (bspw. Gesetzgeber, Aufsichts- und Prüfungsverbände, Aufbewahrungsfristen) angemessen erfüllen zu können.

Sofern der Kreis mit vertraulichen Daten arbeitet, obliegt es auch dem Dokumentar, für einen angemessenen Datenschutz zu sorgen, indem er beispielsweise darauf achtet, vertrauliche Informationen zu anonymisieren, unkenntlich oder nur den berechtigten Rollenträgern zugänglich zu machen.

Jeder Kreis ist verpflichtet, dem Rest der Organisation gegenüber Rechenschaft abzulegen und transparent zu sein, soweit dies möglich und sinnvoll ist. Nur so ist eine gegenseitige soziale Kontrolle und der verantwortungsvolle Verzicht auf zentrale Kontrollinstanzen möglich.

Weiterführendes

➡145 Dokumentation von Entscheidungen

Ökonom

Die Aufgabe des Kreis-Ökonomen ist es, seinen Kreis zu befähigen, seine ökonomische Situation zu verbessern.

Er stellt die notwendigen Kennzahlen, Auswertungen und sonstigen Informationen bereit, kann sie erklären und unterstützt den Kreis, seine Leistungen zu reflektieren. Dass bestimmte Kennzahlen erreicht werden, ist die Aufgabe des gesamten Kreises.

Jeder Kreis muss sich (weil es keine Vorgesetzten mehr gibt) selbst die Frage stellen, ob er seinen Zweck gut erfüllt und für seine externen oder internen Leistungsempfänger (➡Seite 124) die passenden Leistungen mit angemessenem Aufwand erbringt.

Welche Aspekte hier relevant sind, hängt auch von der Art des Kreises ab. Für einen wertschöpfenden Kreis können das beispielsweise die extern erzielten Umsätze abzüglich der eingekauften Fremdleistungen und der Vorleistungen aus anderen Kreisen sein. Für einen internen Koordinationskreis sind dies eher effiziente und effektive Arbeitstreffen und Aufgabenbearbeitungen. Ein interner Dienstleistungskreis kann interne Verrechnungspreise oder Kosten für die erbrachten internen Leistungen prüfen.

Ein wichtiges Hilfsmittel für die Zweckbestimmung eines Kreises sind interne Leistungskataloge der Kreise (➡Seite 125).

In der Holokratie ist es üblich, dass der jeweilige Oberkreis die Wirtschaftlichkeit seiner Unterkreise beurteilt – damit werden die Unterkreise jedoch wie in der traditionellen Linienorganisation ein Stück weit aus der Verantwortung genommen. In kollegial geführten Unternehmen ist der Kreis selbst dafür verantwortlich.

Die Kreis-Ökonomen aller Kreise können eine Praktikergemeinschaft (Community of Practice) bilden, um sich gegenseitig in ihrer Rolle zu unterstützen und mögliche Standards herauszuarbeiten. Oder sie bilden alternativ (oder zusätzlich) einen zentralen Ökonomiekreis (klassisch vielleicht Controlling oder Finanzvorstand genannt), der die ökonomische Situation des Gesamtunternehmens beobachtet und zu gestalten versucht und übergeordnete ökonomische Entscheidungen trifft oder unterstützt.

Die Rolleninhaber sollten nicht zu oft gewechselt werden, da ein besonderes Maß betriebswirtschaftlichen Wissens aufgebaut werden muss und eine längere Erfahrungszeit notwendig ist, um ein Gefühl für Zahlen entwickeln zu können.

In welchen Abständen der Kreis-Ökonom seinen Kreis informiert sowie zur Reflexion und Verbesserung anregt, hängt vom konkreten Geschäft des Unternehmens ab. Für viele Unternehmen wird es ausreichend sein, monatlich zu informieren und quartalsweise an konkreten Verbesserungen zu arbeiten.

Ökonomische Schulung, Ökonomiekreise

Da normalerweise die wenigsten Kolleginnen betriebswirtschaftlich ausgebildet sind, fehlt der Kollegenschaft häufig entsprechendes Fachwissen und eine ökonomische Kompetenz – vom „Gefühl für Zahlen" ganz zu schweigen.

Je nach gezogenen Verantwortungsbereichen ist dies jedoch hilfreich oder erforderlich. Andererseits ist es nicht sinnvoll, alle Mitarbeiter deswegen zu Ökonomen auszubilden. Es gilt also herauszufinden, wer hierfür bereits über Kompetenzen verfügt oder daran interessiert ist.

In dem Unternehmen 24translate hat der Geschäftsführer ein Jahr lang einmal pro Woche für eine Stunde eine ökonomische Schulung für interessierte Mitarbeiterinnen eines selbst organisierten Geschäftsbereiches angeboten. Dadurch wurden einige Kolleginnen befähigt, eine BWA (Betriebswirtschaftliche Auswertung) zu lesen, Deckungsbeitragsstufen oder Buchungskonten zu unterscheiden.

Zusätzlich wurden die Mitarbeiterinnen über eine Mitarbeiterbeteiligungsgesellschaft am Unternehmen beteiligt, wodurch zusätzlich ein eigener Bezug zum Thema entstand.

Die Organisation hat zwei ökonomische Kreise gebildet:

- einen **Ökonomiekreis**, der über die Gesamtsituation reflektiert und an der jährlichen Geschäftsplanung im Management-Board der Holding und der eigenen Budgetplanung beteiligt ist;
- einen **Freigabekreis**, der anfangs alle laufenden individuell und fallweise entschiedenen Ausgaben freigab – was aber viel Aufwand für wenig Nutzen erzeugte. Der Kreis fokussierte sich stattdessen dann auf die Beobachtung der Ausgaben (in Relation zum Geschäfts- und Budgetplan), um eher bedarfsweise nachzufragen oder zu intervenieren.

Lernbegleiter

Der Lernbegleiter unterstützt einen Kreis, eine Rolle oder ein Mitglied bei seiner individuellen Weiterentwicklung durch Moderations- und Coaching-Dienstleistungen.

Andere Bezeichnungen sind Entwicklungshelfer, Entwicklungsbegleiter oder Prozessmoderator

Jeder Kreis hat die Pflicht gegenüber der Gesamtorganisation, einen angemessenen (wirtschaftlichen, inhaltlichen, organisatorischen, sozialen) Beitrag für die Gesamtorganisation und deren Zweck zu erbringen. Daraus ergibt sich die Notwendigkeit, die Angemessenheit regelmäßig zu beobachten, zu bestimmen, zu reflektieren und weiterzuentwickeln: Erfüllt der Kreis noch seinen Zweck? Erfüllt er den Zweck mit angemessenem Aufwand, Risiko und angemessenen Chancen? Sind die Kreismitglieder zufrieden mit ihrer Arbeit und den Rahmenbedingungen?

Die Aufgabe des Kreis-Lernbegleiters ist es, den Kreis bei seiner Weiterentwicklung zu unterstützen und ihn zur Weiterentwicklung zu befähigen. Er ist entweder selbst ein Coach und Prozessbegleiter oder er organisiert entsprechende Prozessbegleitungen. Für die Ergebnisse und Fortschritte ist der Kreis selbst und insgesamt verantwortlich.

Dies sind die wichtigsten konkreten Aufgaben des Lernbegleiters:

- Regelmäßige Organisation einer Retrospektive für den Kreis (mindestens einmal jährlich)

  Sofern er es passend findet, kann der Lernbegleiter eine Retrospektive (➨Seite 102) auch selbst moderieren, wobei er dann, da er selbst Kreismitglied ist, in einen Interessens- und Aufgabenkonflikt geraten kann. Deshalb ist es meistens hilfreicher, einen kreisexternen Moderator zu engagieren (➨Seite 113, Moderations-Pool).

- Retrospektiven inhaltlich unterstützen

  Beispielsweise kann die Lernbegleiterin zusammen mit dem Kreis-Dokumentar hilfreiche Informationen zusammenstellen und vorbereiten (wichtige Entscheidungen und Ereignisse der zurückliegenden Reflexionsperiode).

Im Normalfall lässt die Lernbegleiterin den Kreis entscheiden, wie oft, mit welchen Schwerpunkten und in welchem Rahmen Retrospektiven und andere Entwicklungsaktivitäten stattfinden sollen. Die Lernbegleiterin kann darüber hinaus aber auch selbständig initiativ werden, wenn sie entsprechenden Bedarf identifiziert.

Neben Retrospektiven kann die Lernbegleitung weitere Aspekte bearbeiten, soweit diese nicht Teil der Retrospektiven werden. Folgende Beispiele sind denkbar:

- Weiterentwicklung und Veränderung des Kreiszweckes.
- Strategische Entscheidungen und Entwicklungen des Kreises zu seinen Leistungen, Produkten und Geschäftsmodellen.
- Qualität und Hindernisse in der Zusammenarbeit innerhalb des Kreises und mit Kreisexternen.
- Aufteilung oder Fusion des Kreises, Bildung oder Auflösung von Unterkreisen, Einrichtung oder Aufgabe von Rollen und ähnliche konstitutive Veränderungen.
- Unterstützung und Mediation bei Konflikten.
- Neuaufnahme oder Ausschluss von Mitgliedern.
- Organisation von Fortbildungen.
- Weitere soziale und organisationale Themen und Anliegen.

Spezifische Rollen

Ein Fachentscheider (oder eine Fachrolle) ist eine Rolle in einem Kreis, der bestimmte fachliche Entscheidungen und Aufgaben dauerhaft übertragen werden.

Ein Kreis kann damit den ihm übertragenen Verantwortungsbereich weiter aufteilen und verfeinern, wobei hier ein Teil an eine Rolle übertragen wird. Ebenso könnte der Kreis auch Teile an einen Unterkreis auslagern, was für umfangreichere Bereiche sinnvoller sein kann.

Beispielsweise könnte ein Produktbereich einen Verantwortlichen für die Preisgestaltung benennen oder einen Verantwortlichen für die Arbeitssicherheit. Oder ein interner Dienstleistungskreis wie Finanzen könnte spezielle Fachrollen für den Jahresabschluss und für Steueroptimierung einrichten.

Die genauen Aufgaben und die Verantwortung sind in der Rollenkonstitution zu beschreiben. Darin wäre auch festzulegen, welche Entscheidungen der Rolleninhaber eigenständig trifft und welche er möglicherweise seinem Kreis zur Entscheidung vorlegt.

Fachrollen entwickeln häufig den Bedarf, mit anderen Rollen und Ansprechpartnern vor allem auch außerhalb des eigenen Kreises zu kooperieren. Insofern ergeben sich indirekt auch feste Kooperationsbeziehungen zu anderen Kreisen und Rollen. Somit erfüllt die Fachrolle eine ähnliche Funktion wie eine Verbindung mit einem Nachbarkreis oder eine Ansprechpartnerrolle. Im Unterschied zu diesen Rollen hat die Fachrolle organisational mehr Eigenverantwortung und größere Gestaltungsmöglichkeiten. Sie bestimmt eigenständig, mit wem sie sich in welcher Form abstimmt oder zusammenarbeitet. Die Fachrolle kapselt Kooperationsbeziehungen und Abhängigkeiten und schirmt den Kreis davon ab.

Wenn beispielsweise zwei Fachrollen aus verschiedenen Kreisen zu einem Fachthema oder gemeinsamen Anliegen regelmäßig zusammenarbeiten und sich abstimmen, bilden sie letztendlich informell eine Art Unterkreis, ohne dass dieser aber explizit benannt und konstituiert wird.

Fachrollen bieten also bei speziellen Fachthemen einfache Möglichkeiten zu Kooperation. Treffen mehr als zwei Fachrollen regelmäßig zusammen, sollten die Beteiligten jedoch überlegen und bewusst entscheiden, ob sie ihren emergenten, faktisch entstandenen Kooperationskreis auch explizit gründen, also ihren Kreisen die entsprechende Konstitution vorschlagen.

Kreis oder Rollenkooperation?

Der wesentliche Unterschied zwischen einer einfachen Kooperationsbeziehung und einem expliziten Kreis sind die höheren formalen Anforderungen an den Kreis und die Verlagerung der fachlichen, organisatorischen (wer wählt wen und entscheidet was) und ökonomischen (eigener Leistungskatalog, eigene ökonomische Beobachtung) Verantwortung.

- Ein Kreis entscheidet gemeinsam einvernehmlich und nimmt die Verantwortung für einen Bereich gemeinsam wahr.
- In einer Kooperationsbeziehung hingegen hat jeder Partner seinen eigenen Verantwortungsbereich.

Ob also nun ein Kreis oder eine Kooperationsbeziehung sinnvoll ist, ist abhängig davon individuell zu entscheiden. Einfacher und unbürokratischer ist die informelle Kooperationsbeziehung zwischen Fachrollen.

Der Product-Owner als Fachentscheider

Für Produktentwicklungskreise ist die aus Scrum bekannte Rolle des Product-Owners eine Fachentscheiderrolle. Die Rolleninhaberin entscheidet darüber, *was* gemacht wird, das Team entscheidet, *wie* es die Eigenschaften und Anforderungen herstellt und umsetzt.

Rollenkonstitution

Wenn ein Kreis eine Rolle kreiert, d. h. einen Aufgaben- und Zuständigkeitsbereich definiert, der einem Kreismitglied übertragen werden soll, dann gehört hierzu eine Definition, was genau die Rolle beinhaltet.

Hilfreiche Definitionselemente

Diese sollte folgende Informationen beinhalten:

- Wie heißt die Rolle?
- Welche Aufgaben und Zuständigkeiten umfasst die Rolle?
- Zu welchem Kreis gehört die Rolle?
- Wie (mit welchem Entscheidungswerkzeug) soll die Rolleninhaberin gewählt werden?
- In welchen Abständen und mit welchen Auflagen soll die Rolle neu besetzt oder bestätigt werden?
- Wer ist der aktuelle Rolleninhaber?

Manchmal sind noch ein paar weitergehende Festlegungen nützlich:

- Welche formalen Anforderungen, Voraussetzungen etc. existieren möglicherweise?
- Sind bestimmte Vertretungsregelungen notwendig, beispielsweise für Urlaubszeiten?
- Welchen durchschnittlichen Arbeitsaufwand erfordert die Rolle? Gibt es ein Zeitbudget?
- Gibt es einen rollenspezifischen Gehaltszuschlag?
- Gibt es ein Finanzbudget?

Diese Informationen müssen jederzeit einfach und aktuell für alle zugänglich sein, weil sonst die Kooperationsfähigkeit der Organisation leidet. Die Vorteile einer kollegialen Führung gegenüber einer traditionellen Linienorganisation bestehen in der höheren internen sozialen Dichte und kommunikativen Vernetzung. Diese Vernetzung würde erschwert, wenn unklar ist, wer sich für was zuständig fühlt.

Das klingt ein wenig bürokratisch, doch die Delegationsmatrix (➡Seite 56), das Kreismodell (➡Seite 104) und die Kreiskonstitutionen (➡Seite 120) bilden zusammen mit den Rollenkonstitutionen das formale Rückgrat der Organisation. Wenn sich die Mitglieder der Organisation darauf nicht mehr verlassen können, leidet nicht nur die Kooperationsfähigkeit insgesamt, sondern es werden auch Missverständnisse, Unsicherheiten und Konflikte provoziert.

Andererseits reicht es meistens zu wissen, welcher Kreis für was zuständig ist. Die genaue Rollenverteilung innerhalb des Kreises kann dann beim Kreis erfragt werden. Innerhalb eines Kreises kann auch ohne formale Dokumentation klar sein, wer welche Rollen hat. Damit lässt sich der formale Aufwand reduzieren. Jeder Kreis und jede Rolle hat also abzuwägen, wie formal die kreisspezifischen Rollen beschrieben werden sollen.

Beispiele

Wir kennen Organisationen, in denen alle Rollenbeschreibungen Teil einer „How to work at …"-Broschüre sind (➡Seite 192), die regelmäßig redaktionell aktualisiert wird.

In anderen Organisationen erstellen die Rolleninhaber ein Flipchart mit allen wichtigen Informationen und hängen dies in der Nähe ihres Arbeitsplatzes auf.

Oder es gibt ein zentrales internes Wiki oder einen zentralen internen Blog, in dem die Rolleninhaber entsprechende Beschreibungen posten.

Umfeld

Wie auch auf der Seite zu Retrospektiven (➡Seite 101) beschrieben, sollten regelmäßig Retrospektiven zu Rollen und Rollenbesetzungen stattfinden – vor allem vor der Neuwahl oder Bestätigung.

Die meisten Rollen gibt es nicht nur in einem Kreis, sondern mehrfach, beispielsweise sollte jeder Kreis eine Kreisgastgeberin haben. In vielen Fällen ist es für die Rolleninhaber interessant, sich gezielt mit anderen auszutauschen und eine Praktikergruppe (➡Seite 111) speziell für die Inhaberinnen einer Rolle zu bilden.

Bestimmte anspruchsvolle Rollen erfordern spezielle Übergaben oder Einarbeitungen durch die Vorgängerin. Manchmal ist auch ein kontinuierliches begleitendes Coaching hilfreich, beispielsweise für konsultative Fallentscheiderinnen.

Rollen-Canvas

Anders als beim Kreiskonstitutionsposter (➡Seite 121) hat das Poster zur Rollenkonstitution viel weniger Inhalt und viele Felder sind auch nur für bestimmte Fälle relevant.

Jede Rolle wurde von einem Kreis kreiert und viele Rollen erbringen auch nur für diesen Kreis Leistungen, sind also nur kreisintern tätig oder leisten reine Koordinationsarbeit. Daher ist, anders als bei der Kreiskonstitution, die Betrachtung der Eigenleistung und die Aufstellung eines Leistungskataloges für eine Rolle normalerweise nicht wichtig.

Stattdessen reicht es zu wissen, wie viel Arbeitszeit die Rolleninhaberin benötigen und ggf. wie viel Budget zu kalkulieren ist. Im Falle rollenspezifischer Gehaltsanteile kann ein entsprechendes Stundengehalt bestimmt werden.

Rollenkonstitution		
Kreis/Rollenname*	**Weiterführende Informationen**	**Leistungsempfänger**
Marketingkreis/Ökonom	*Version vom 13.4.2019* *https://intern.dynamische.org/marketingkreis/oekonom*	*Marketingkreis*
Zweck und Verantwortungsbereich*	**Aktuelle Rolleninhaberin***	**Ökonomie (ggf. Eigenleistung, Leistungskatalog)**
Leistungskatalog und Wertbildungsrechnung für den Marketingkreis jährlich aktualisieren. *Den Marketingkreis einmal jährlich zur Reflexion über die Angemessenheit der Eigenleistung anregen.*	*Merit Krugmann*	***Aufwand:** ca. 2 h/Monat * 12 Monate = 24 h/Jahr* ***Rollenspezifisches Stundengehalt:** brutto 32 €/h* ***Eigenleistung:** 24 h/Jahr* 32 €/h = ca. 768 €/Jahr*
	Stellvertretung	**Arbeits- und Produktionsmittel**
	Nicht notwendig	*Keine besonderen*
Anforderungen, Voraussetzungen, Rahmen	**Wahlmodalitäten***	
Keine besonderen	***Zeitraum:** 12 Monate* ***Verfahren:** Kollegiale Rollenwahl* ***Retrospektive:** vor Neuwahl* ***Wiederwahl:** möglich*	
* Pflichtelemente		 Werkstatt für kollegiale Führung Download dieses Blattes unter https://kollegiale-fuehrung.de/rollenkonstitution

Basisprozesse eines Kreises

Jeder Kreis braucht zu seiner Selbstorganisation eine Reihe von Basisprozessen, also regelmäßig wiederkehrende Aktivitäten. Beispielsweise muss ein Kreis Entscheidungen treffen und es ist kaum sinnvoll, die Arbeitstreffen hierfür immer fallweise und individuell zu organisieren, das Rad sozusagen ständig neu zu erfinden. Es sind vielmehr Standards zu entwickeln.

Für das Vertrauen der Kreismitglieder in die Selbstorganisation, für die Sicherheitsbedürfnisse der Einzelnen und ebenso für die Zuverlässigkeit sind reproduzierbare und vorhersehbare Prozesse hilfreich.

Da Prozesse nicht von selbst laufen und schnell wieder einschlafen können, ist die Verantwortung explizit zu teilen, statt sie dem Zufall und der Gruppendynamik zu überlassen. Für jeden Prozess braucht es eine Prozessverantwortliche. Siehe hierzu die vorigen Abschnitte (➡ Seite 127ff.) zu den Basisrollen eines Kreises.

Reflexion mit Retrospektiven

Jeder Kreis sollte regelmäßig über die eigene Arbeit reflektieren und diese weiterentwickeln, u.a. die operative Arbeit, die Führungs- und Kulturarbeit und die Selbstorganisationsarbeit (➡ Seite 119, Arten von Arbeit).

Retrospektiven (➡ Seite 102) sind hierfür ein bewährtes Mittel. Mindestens einmal jährlich, besser halbjährlich oder quartalsweise, sollte eine Retrospektive stattfinden. Je nach Bedarf können Retrospektiven bestimmte und ggf. rollierende Schwerpunkte haben – beispielsweise zum Jahresende hin inhaltliche, wirtschaftliche und strategische Fragestellungen zur eigentlichen Wertschöpfung und zum Zweck des Kreises. Und in der ersten Jahreshälfte vielleicht mit dem Schwerpunkt Zusammenarbeit, Führung, Kultur und Selbstorganisation.

Operative Koordination

Je nach operativer Arbeit sind mehr oder weniger operative Koordinationsprozesse notwendig. Die Auslastung schwankt, Kollegen werden krank, Maschinen sind gestört usw. Sofern komplexe Leistungen erbracht werden, haben die Kolleginnen einen erhöhten Abstimmungs- und Informationsbedarf. Sie müssen beispielsweise wissen, woran gerade welche Kollegin arbeitet oder wann sie welche Teilergebnisse erbringt, um die eigene Arbeit darauf abzustimmen.

Die daraus resultierenden Fragen und Entscheidungen können fallweise geklärt werden – in komplexen Arbeitssituationen haben sich jedoch regelmäßige sehr kurze Arbeitstreffen bewährt, beispielsweise täglich jeden Morgen zu Beginn einer Schicht. Häufig werden die Treffen im Stehen durchgeführt, um sie kurz zu halten (➡ Seite 230, Stehung, Standup).

Beispiel: Strategietreffen

In unserem ehemaligen Unternehmen oose waren diese Strategietreffen der Ausgangspunkt und die Keimzelle zur Selbstorganisation. Von Beginn an (Ende der 1990er Jahre) haben wir uns drei- bis viermal jährlich für 3 – 5 Tage auswärts zur Klausur mit allen Mitarbeitenden aus allen Bereichen (inkl. Azubis) getroffen. Die Treffen fanden vor allem anfangs so häufig statt, um das Wachstum und die Organisation des jungen Unternehmens und der Mitarbeiterinnen gemeinsam zu gestalten. Später wurden die Treffen etwas weniger.

Entscheiden mit dem Führungsmonitor-Treffen

Viele Teams treffen sich einmal pro Woche oder alle zwei Wochen vor ihrem Team-Board, um alle über das unmittelbare Tagesgeschäft hinausgehenden und übergreifenden Fragen systematisch zu bearbeiten, d. h. darüber entscheiden zu können. Der Zweck ist, Entscheidungen einzuleiten, zu treffen und deren Auswertung zu organisieren (➡Seite 88).

Informieren und Diskutieren mit dem Diskussionsmarktplatz

Während die operative Koordination und die Führungsmonitor-Treffen den Zweck haben, kurz- oder langfristige Entscheidungen zu treffen, benötigt eine Organisationseinheit auch Möglichkeiten zum fachlichen Austausch, zur Diskussion, zur Meinungsbildung. Ohne den Druck, immer gleich eine Entscheidung treffen zu müssen. Und ohne den Anspruch, Fragen und Lösungen schon vorbereitet oder verstanden zu haben.

Deswegen sollte hierfür ein regelmäßiger Ort geschaffen werden. Ein bewährtes Format ist das Lean-Coffee-Format, zu Deutsch der Diskussionsmarktplatz (➡Seite 68).

Sich gemeinsam ausrichten mit Strategietreffen

In größeren zeitlichen Abständen sollte die eigene Arbeit auch einmal aus größerer Distanz betrachtet, reflektiert und weiterentwickelt werden. Hier geht es ums Große und Ganze, die generelle Ausrichtung und strategische Entscheidungen.

Um sich gedanklich vom Tagesgeschäft frei zu machen und die innere Distanz zu den Themen zu erlangen, ist es hilfreich, auch räumlich in Distanz zu gehen, weswegen diese Treffen oft auswärts stattfinden (Offsite-Meetings).

Aus pyramidalen Unternehmen kennen wir Varianten in Form von Unternehmenskonferenzen oder Führungskräftetreffen – also exklusive Veranstaltungen für bestimmte Zielgruppen, was für kollegial geführte Unternehmen weniger passt.

Organisationale Selbstorganisation

Die Aufbauphase und die Phase der operativen Selbstorganisation (➡Seite 46) werden in der Regel mehrere Monate, möglicherweise auch ein Jahr oder mehr dauern. Dabei lernen die Kolleginnen eine ganze Reihe von neuen Praktiken und Prinzipien kennen, sie werden Rollen und Kreise kreieren und schrittweise Verantwortungsbereiche übernehmen.

Einiges wird auf Anhieb gut funktionieren, anderes wird nicht richtig in Gang kommen. Die Beteiligten werden eigene Interpretationen, Varianten und Praktiken erfinden und entdecken, Rückfälle in alte Handlungsmuster registrieren usw.

Die Organisation wird ihre eigene Ausprägung von Führungsarbeit und Selbstorganisation finden, die mit dem hier vorgestellten Adaptionsmodell oder Kreismodell nicht mehr viel Ähnlichkeit haben muss, auch wenn dies der Ausgangspunkt war.

Auf diesem Weg sind zwei Zeitpunkte interessant:

1. Wann hat die Organisation ausreichend Erfahrungen gesammelt und ausprobiert, um aufgrund eigener Erfahrungen beurteilen und entscheiden zu können, ob diese Art von Führung und Organisation weiter betrieben und ausgebaut werden soll oder ob das Experiment abgebrochen werden soll, um zu einem anderen oder zum alten Führungs- und Organisationssystem zu wechseln?
2. Wann hat die Organisation die möglicherweise maximale Ausbaustufe agiler kollegial geführter Organisationsentwicklung erreicht?

Die erste Frage steht in direktem Zusammenhang mit der Start-Einwandintegration (➡Seite 75). Bei dieser wurde in der Regel nicht über die endgültige Einführung und Ablösung entschieden, sondern darüber, erst später nach einer Phase des Ausprobierens auf Basis eigener konkreter Erfahrungen endgültig zu entscheiden.

Dementsprechend ist irgendwann über den Abbruch oder die Fortsetzung zu entscheiden. Wann dieser Zeitpunkt gekommen ist, lässt sich schwer vorhersagen. Sofern kein fester Zeitrahmen festgelegt wurde, sollte der Selbstorganisationskreis regelmäßig prüfen und entscheiden, ob mittlerweile ausreichend Erfahrungen vorliegen.

Nach dem Ende der Experimentierphase wird eine Retrospektive durchgeführt, um herauszufinden, ob die Erprobungen zu einer Verbesserung, zu keiner Veränderung oder einer Verschlechterung geführt haben.

- Welchen Zeitraum wollen wir betrachten?
- Wann fanden welche (für die Fragestellung relevanten) Aktivitäten statt?
- Wann konnte wer welche konkreten Unterschiede beobachten?
- Wie bewerten wir diese Unterschiede (besser, schlechter, gleichbleibend)?

Aufgrund der Ergebnisse entscheiden die Beteiligten dann die weitere Fortführung oder möglicherweise auch Beendigung.

Sofern die Start-Einwandintegration wiederholt wird, verwenden wir diesmal die Frage: „Welche für unsere Organisation nicht verkraftbaren Folgen drohen, die wir klären müssen, bevor wir die jetzt erprobte Art und Weise der Organisation und Organisationsentwicklung unbefristet beibehalten?"

In einer vorher laufenden Retrospektive könnten folgende Fragen bearbeitet werden:

- Welche Situation hatten wir früher (vor der Erprobung)?
- Was haben wir seitdem erreicht?
- Was wollen wir beibehalten oder nicht wieder aufgeben?
- In welche Richtung wollen wir uns als Organisation weiterentwickeln?

Auch die Fragen aus der Abbildung von ➡Seite 62 können nochmal hervorgeholt werden. Welche Entwicklungen, zu denen anfangs noch der Mut fehlte, können nun möglicherweise noch einmal verfolgt werden?

Das kollegiale Führungsmodell enthält noch viele Angebote und Elemente, Entscheiderinnen und Rolleninhaberinnen gemeinschaftlich zu ermächtigen. Vielleicht ist jetzt der Zeitpunkt, mehr Selbstermächtigung auszuprobieren?

Und in welcher Weise kann Führungsarbeit möglicherweise mehr standardisiert oder gar digitalisiert werden (➡Seite 219).

Dauerhafte Koexistenz verschiedener Führungssysteme

Obwohl die Möglichkeit vorgesehen ist, das alte Führungssystem komplett zu ersetzen, kommt dies praktisch nur manchmal und eher in kleineren Organisationen vor.

Unser Adaptionsmodell provoziert kein Entweder-oder oder eine Ja-nein-Entscheidung. Stattdessen kommt es zu einer Vielzahl von Einzelentscheidungen und zu einem Sowohl-als-auch. Es geht vielmehr um die Frage, welche Elemente beibehalten werden sollen und welche nicht.

Eine Retrospektive (➡Seite 102) zum Wechsel in die Phase der organisationalen Selbstorganisation ist inhaltlich als auch rituell (➡Seite 237) sinnvoll. Eine explizite Einwandintegration ist oft gar nicht mehr notwendig, eben weil es weniger eine Ja-nein-Entscheidung ist als die Frage, welche der Einzelelemente passend sind. Die Organisation findet empirisch heraus, welche Elemente der Selbstorganisation für sie passen. Letztendlich geht es also immer um die Frage nach der passenden Ausbaustufe.

Zu einem bestimmten Zeitpunkt wird deutlich, dass, obwohl die Delegationsmatrix weitere Verantwortungsbereiche zur kollegialen Übernahme (➡Seite 56) erlauben würde, der Prozess zu einem Abschluss gekommen ist. Die Kollegenschaft zieht sich keine weiteren neuen Verantwortungsbereiche. Der erreichte Status quo erscheint ausreichend.

Anstatt sich gemeinsam unter Druck zu setzen, den Prozess fortzusetzen, um eine maximale Selbstorganisation zu erreichen, kann auch gemeinsam die Entscheidung getroffen werden, es beim Erreichten vorläufig oder endgültig zu belassen. Es bleiben dann neue und ältere Führungs- und Organisationssysteme dauerhaft nebeneinander bestehen.

Insofern ist in unserem Modell die langfristige Koexistenz verschiedener Führungs- und Organisationsprinzipien der Normalfall.

Wir schalten nicht abrupt auf ein neues oder einheitliches Organisationssystem um und wir führen den Prozess auch nicht stur bis zur vollständigen Ablösung des vorigen Systems, sondern die Organisation entwickelt schrittweise und empirisch rückgekoppelt die spezifisch für sie passenden Elemente.

Natürlich kann die Weiterentwicklung zu einem späteren Prozess erneut aufgenommen werden, sofern dies für die Organisation Sinn macht. Möglicherweise ist erneuter Anpassungsbedarf vorhanden.

Evolutionär zur Revolution

Das Ergebnis des Adaptionsprozesses kann dabei durchaus eine radikale Veränderung der Organisation sein, also eine Revolution. Der Weg dahin ist jedoch ein evolutionärer.

Gesetzliche Rahmenbedingungen

Es geht darum, die Teile der Führung als Führungsarbeit zu organisieren, die eine schnelle Anpassung auf Marktgegebenheiten ermöglichen. Probleme, die die Mitarbeiter unmittelbar spüren können.

Es wird weiterhin Führungsthemen geben, die zentral verwaltet werden sollten, weil wir sonst Effizienz und Effektivität verlieren würden, oder die an bestimmte gesetzliche Rollen gekoppelt sind, wie beispielsweise Geschäftsführerin, Prokuristin, disziplinarische Personalverantwortung, Mitarbeitervertretungen, Aufsichtsrat.

Von daher finden sich in einer Organisation weiterhin alle benötigten und vielfältige Führungsfokusse (➡Seite 7) wieder. Nur ein kleiner Teil der Organisation benötigt möglicherweise agile Methoden, während in anderen Bereichen weiterhin andere Führungsstrukturen zieldienlicher sind, um die Leistungsmöglichkeit zu gewährleisten.

Musterwechsel

Normalerweise wird die Leistung einer Vorgehensweise oder eines Systems schrittweise und evolutionär verbessert und weiterentwickelt. Ab und zu kommt es durch eine neue Idee jedoch zu einem Musterwechsel mit einem radikalen Leistungssprung. Ein bekanntes Beispiel ist der Wechsel vom Wälzsprung (Straddle) zum Fosbury-Flop beim Hochsprung. Der Hochspringer Dick Fosbury wurde bei den Olympischen Spielen 1968 in Mexiko wegen seiner neuen Sprungtechnik zunächst für einen Spinner gehalten.

Er übersprang die Messlatte in einer Rückwärts- statt in einer Vorwärtsbewegung und stellte einen neuen Weltrekord auf. Später übernahmen alle anderen Sportler die Technik.

Ein ähnliches Beispiel ist die V-Sprungtechnik, die vom Skispringer Jan Boklöv erfunden wurde und um 1990 die bis dahin als Standard geltende Parallel-Sprungtechnik ablöste.

Musterwechsel wirken in der Regel disruptiv, d. h. sie machen die bis dahin geltenden Standards obsolet.

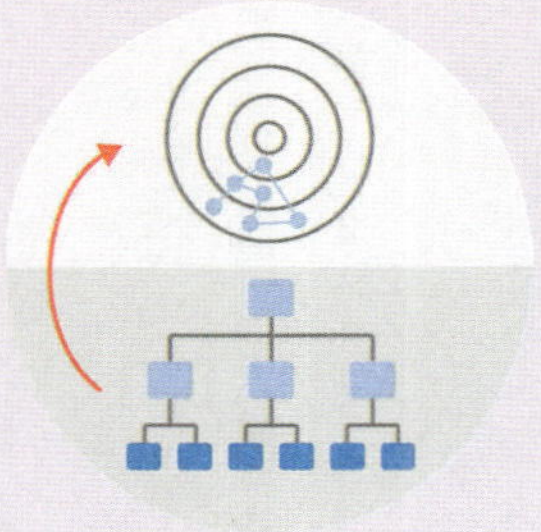

Teil 3

Teil 3: Werkzeuge und Hilfsmittel

Hier finden Sie weitere Orientierungspunkte, Vertiefungen und Modelle sowie ganz praktische Anleitungen, Hilfestellungen, Beispiele und konkrete Ideen, um in Ihrer Organisation die ersten Veränderungsschritte zu probieren oder sie theoretisch zu verstehen.

Organisationsformen

Die perfekte Organisationsform gibt es nicht

Im Laufe der letzten einhundert Jahre haben sich eine ganze Reihe von Strukturmustern für Organisationen herausgebildet. Die wichtigsten und bekanntesten beschreiben wir hier in Kurzform.

Diese sind in jedem Fall Idealisierungen. In der Praxis sind sie unterschiedlich ausgeprägt und es existieren zudem zahlreiche Mischformen.

Alle Formen haben ihre Vor- und Nachteile und spezifischen Anwendungsfälle. Häufig optimieren sie einen einzelnen Aspekt zu Lasten anderer. Matrixorganisationen bieten beispielsweise eine hohe Flexibilität und einen bedarfsgerechten Mitarbeitereinsatz. Dafür sind dort Kompetenzkonflikte zwischen den Dimensionen an der Tagesordnung und Mitarbeiter werden dadurch öfter widersprechend geführt, was frustrierend wirken kann. Auch die Teamzugehörigkeit wechselt in einer Matrixorganisation öfter. Mitarbeiter fühlen sich dann sozial verloren, heimatlos und auch weniger mit der Gesamtorganisation verbunden.

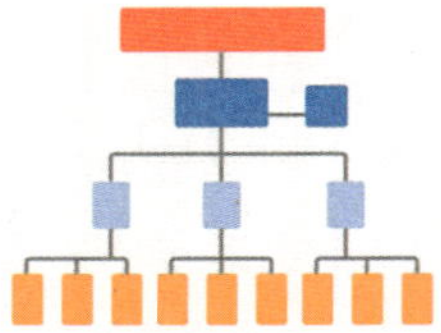

Funktionale Organisation

Die funktional gegliederte Organisation ist vermutlich die bekannteste Organisationsform. Hierbei werden die Organisationseinheiten entlang fachlicher Disziplinen gebildet. Beispielsweise Verwaltung, Vertrieb, Produktion etc., die wiederum ebenfalls funktional weiter unterteilt werden, beispielsweise in Lohnbuchhaltung, Controlling, Recht, IT etc.

Die Vorteile dieser Organisationsform sind die hohe Spezialisierung, die Erzielung von Skaleneffekten und die Vermeidung von Redundanzen. Der Preis dafür ist die erschwerte und aufwändigere Kooperation und Koordination der einzelnen Einheiten, ein mangelndes Gesamtverständnis und eine geringe Markt- und Ergebnisorientierung.

Prozessorientierte Organisation

Die prozessorientierte Organisation orientiert sich an den Wertschöpfungsprozessen. Ausgangspunkt ist die Abfolge der einzelnen Wertschöpfungsschritte vom Eintreffen eines Wertschöpfungsbedarfes im Unternehmen bis zu seinem Abschluss.

In einem Kino beginnt der Prozess beispielsweise mit der Auswahl und Ankündigung der Filme, geht über den Verkauf von Karten, die Vorführung bis zum Aufräumen und Säubern des Saales nach der Vorstellung.

Der Gesamtprozess wird dabei typischerweise sowohl in Teilprozesse aufgeteilt als auch durch unterstützende und indirekt wertschöpfende Prozesse ergänzt wie beispielsweise Personalprozesse, Gebäudemanagement etc. Entsprechend existieren Prozessverantwortliche und Prozessteams.

Vorteile dieser Organisationsform sind die starke Fokussierung auf die Wertschöpfung, also auf Markt und Kunden, sowie eine gegenüber der funktionalen Organisation einfache Zusammenarbeit der einzelnen Einheiten.

Dafür können Skaleneffekte und Effizienzvorteile verloren gehen und eine übertriebene Prozessorientierung kann zu einer Bürokratisierung und Verantwortungsdiffusion führen.

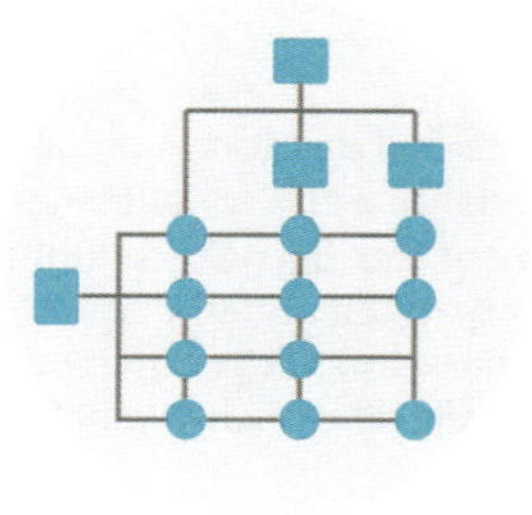

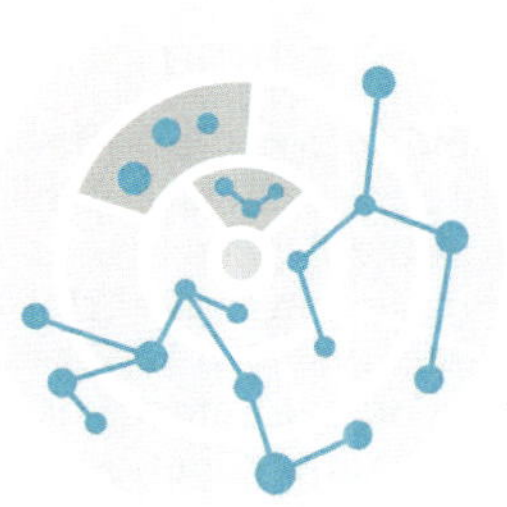

Projektorganisation

Projekte sind zeitlich begrenzte Organisationen zur Erreichung eines bestimmten Ziels. Projektorganisationen sind insofern nicht mit den anderen hier genannten Organisationsformen unmittelbar vergleichbar, weil sie nicht auf Dauer, sondern zur Erreichung einer spezifischen komplexen Aufgabe angelegt sind.

Projekte sind normalerweise in eine herkömmliche Organisation eingebettet. Wenn die Durchführung von Projekten die übliche Form der Wertschöpfung einer Organisation ist, nennen wir diese Form Projektorganisation.

Viele Architektur- und Bauunternehmen, Agenturen und Softwareentwicklungshäuser sind Projektorganisationen.

Die Vorteile einer Projektorganisation ist die klare Fokussierung auf die spezifische Wertschöpfung und die Möglichkeit, über pauschale Festpreise hohe Margen zu erzielen.

Typische Herausforderungen für Projektorganisationen entstehen aus vergleichsweise abrupten Auslastungsschwankungen. Sobald ein Projekt zu Ende ist, haben ihre Mitglieder keine Arbeit mehr. Projektorganisationen benötigen deswegen eine bestimmte kritische Größe, um diese Schwankungen ausgleichen zu können.

Matrixorganisation

In einer Matrixorganisation wird die Führung in zwei unabhängige Dimensionen geteilt. Beispielsweise durch zwei rechtwinklig zueinander stehende funktionale Linienorganisationen oder durch eine Linienorganisation zu der quer eine Projektorganisation steht. Die Mitarbeiter unterliegen damit zwei unterschiedlichen Weisungshierarchien. Beispiele:

- Im Falle einer querliegenden Projektorganisation unterteilt sich die Führung in eine inhaltlich-fachliche Führung durch eine Projektleitung und in eine disziplinarisch-persönliche Führung durch einen Linienvorgesetzten.
- Im Falle einer fachlich-funktionalen Matrixorganisation wird eine Achse funktional untergliedert (Einkauf, Produktion, Marketing etc.) und die andere beispielsweise nach Produkten oder Regionen.

Die Trennung von fachlicher und disziplinarischer Führung ist oftmals fokussierter und damit einfacher. Spezialisten können bedarfsgerechter eingesetzt werden und Auslastungsschwankungen sind insgesamt einfacher auszugleichen. Trotzdem kommt es tendenziell immer wieder zu herausfordernden individuellen Über- und Unterlastungsphasen.

Wertschöpfungsorganisation

In dieser Form der Organisation werden die operativen Einheiten so gebildet, dass sie alle für die spezifische Wertschöpfung entscheidenden Disziplinen und Funktionen enthalten, sodass diese interdisziplinär zusammenarbeiten. Einkauf, Produktion, Qualitätssicherung und Vertrieb beispielsweise für ein Produkt, bilden eine Einheit. Für ein anderes Produkt gäbe es dann eine andere spezifische Einheit. Die kollegiale Kreisorganisation ist ein Beispiel für eine an der direkten Wertschöpfung orientierte Organisation. Weniger selbstorganisierte Formen werden auch dezentrale Spartenorganisation genannt.

Findet die Unterscheidung der Wertschöpfungseinheiten nicht auf unterster, operativer Ebene statt, sondern auf der Ebene von Geschäftsbereichen, spricht man auch von einer Spartenorganisation oder divisionalen Organisation.

Die Vorteile liegen in einer hohen Flexibilität, Anpassungsfähigkeit und Marktorientierung. Dafür sind Skaleneffekte weniger nutzbar, Auslastungsschwankungen schwieriger zu handhaben und die strategische Gesamtausrichtung schwächer.

Sach- und Beziehungsebene

Kulturell sind auch heute noch viele Organisationen darauf ausgerichtet, ausschließlich sachliche und rationale Aspekte in der Willens- und Entscheidungsbildung zu berücksichtigen. Es ist jedoch ein Irrglaube, man könne in der Arbeitswelt rein sachlogisch miteinander arbeiten. Im Gegenteil, diese Überzeugungen wirken kontraproduktiv.

In uns Menschen entsteht dann ein Mangel, den wir in anderer Art und Weise zu kompensieren versuchen. Wir schieben Sachthemen oder Geschäftsordnungsfragen vor, lenken ab, hören nicht mehr richtig zu oder nehmen unversöhnlich einseitige Positionen ein. Die Folge ist meistens eine Form von Schuldkultur, in der eine Unterscheidung von Richtig und Falsch wichtiger ist als der mögliche Nutzen für die Organisation.

Das Eisbergmodell der Kommunikation illustriert dies. Immer dann, wenn wir auf einer Ebene, beispielsweise auf der Sachebene (Inhalt), partout keine Lösung miteinander finden, obwohl die Vorschläge dazu inhaltlich durchaus konstruktiv sind, liegt die Ursache höchstwahrscheinlich eine Ebene tiefer.

Die Inhalts- und die Geschäftsordnungsebene liegen in dem Bild dabei über der Wasseroberfläche, was bedeutet, dass wir diese im Unternehmen offen benennen und ansprechen können. Gefühle, Ängste, unbefriedigte Bedürfnisse, Spannungen, persönliche Konflikte u. Ä. sind in vielen Organisationen jedoch kein üblicher Kommunikationsgegenstand. Deswegen sind sie in dem Bild unterhalb der Wasseroberfläche dargestellt.

Gerade diese aber wirken dann auf die darüberliegenden Ebenen. Vielleicht haben zwei Kolleginnen in einem anderen Kontext einen ungelösten Konflikt, der ihre vertrauensvolle und offene Zusammenarbeit negativ überlagert.

Der Anspruch, sich dennoch rein sachlich verhalten zu müssen, führt dann unweigerlich zu Überlagerungen der Kommunikationsebenen.

„Ich bin immer noch verärgert und gekränkt und deswegen gönne ich dir jetzt deinen Erfolg nicht und nutze die Gelegenheit, es dir heimzuzahlen", wäre keine angemessene Kommunikation.

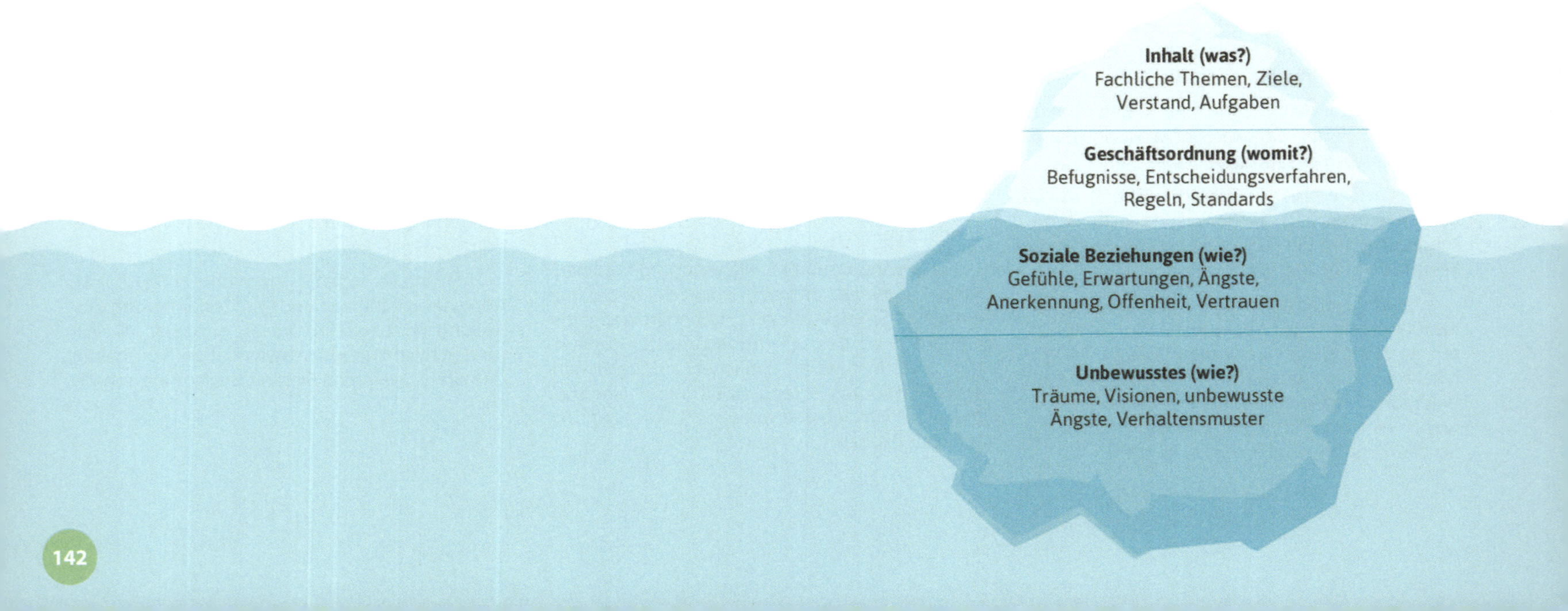

Stattdessen schieben wir dann sachliche Argumente vor: „Steht das überhaupt im Einklang mit unseren Compliance-Regeln? Berührt die Entscheidung nicht strategische Fragen und sollte die Entscheidung nicht deswegen an den Topkreis delegiert werden?" Das klingt vernünftig, selbst wenn es nur vorgeschoben ist.

Jedes Entscheidungsverfahren hat seine Besonderheiten: ob und in welcher Weise es Diskussionen, Meinungsbildung, Meinungsäußerungen, individuelle Interessen, Gruppeninteressen und Organisationsinteressen, Gefühle und Stimmungen zulässt, fördert oder ausbremst.

In jedem Fall aber stehen uns einige Entscheidungsverfahren zur Verfügung, die mehr als nur die reine Sachebene bearbeiten. Und wir können sie auch ganz bewusst ergänzen um weitere förderliche multiperspektivische Kommunikationspraktiken.

Die Kollegiale Rollenwahl und Aus der Mitte wählen (➡Seite 150) regen immerhin an, nicht nur die Sachebene im Blick zu haben. Konsent bzw. Einwandintegrationsverfahren (➡Seite 156) oder Dynamic Facilitation (➡Seite 190) öffnen gar weitere Ebenen.

Dabei geht es nicht darum, dass die Sachebene von Gefühlen oder unsachlichen Äußerungen verdrängt wird und wir uns in emotionale Diskussionen verzetteln. Vielmehr soll die Existenz der unteren Ebenen überhaupt anerkannt werden, während die daraus resultierenden Kommunikationen dann gleichzeitig streng moderiert werden.

Meistens funktioniert dies in der Art und Weise, dass jeder der Reihe nach (➡Seite 230, Rundenprinzip) seine Meinung und Resonanz zu einem Thema oder Vorschlag mitteilen darf und dafür einen geschützten Raum erhält. Es erhalten also nicht nur die das Wort, die sich aktiv melden, sondern jeder kommt der Reihe nach dran. Gleichzeitig unterbindet die Moderation Erwiderungen und Diskussionen zu einem Redebeitrag.

Alleine die Möglichkeit, bestimmte Widerstände, Vorbehalte, Sorgen, Ängste, Spannungen, Ideen, Fragen, Unsicherheiten ohne zu erwartende Störung, Unterbrechung oder sofortige Kommentierung aussprechen zu können, löst viele Spannungen schon zu einem gewissen Grad (vgl. Macht und Einflussnahme ➡Seite 100).

Andererseits lassen wir Beitragsgeberinnen und Gruppe auch herausarbeiten und unterscheiden, ob die Spannung eher ein individuelles Bedürfnis, ein Gruppeninteresse oder den Organisationszweck betrifft (➡Seite 162, Themenzentrierte Einwandintegration).

Dadurch öffnen wir also den Raum über die reine Sachebene hinaus und sorgen gleichzeitig sehr diszipliniert für eine strukturierte Kommunikation mit refokussierenden semantischen Unterscheidungen.

Menschen erleben sich selbstwirksam, wenn sie Möglichkeiten und Methoden kennen, Themen im Sinne eines gemeinsamen Lernens und in einer wertschätzenden Art und Weise miteinander zu besprechen, statt eine Schuldkultur mit den binären Zuständen Richtig und Falsch zu reproduzieren.

Weiter lernen sie, aktiv konstruktive konkrete Vorschläge zu formulieren, was wiederum eine Bewegungsenergie anregt.

Tauchen während des Entscheidungsverfahrens Konflikte auf, die schon vorher existierten und nun durch die raumgebende Kommunikation transparent werden, werden diese in separaten Konfliktlösungsmethoden weiter prozessiert.

Entscheidungswerkzeuge sind keine Konfliktlösungswerkzeuge

Kollegiale Entscheidungsverfahren führen immer wieder dazu, unterschwellige Konflikte der Organisation schnell sichtbar zu machen.

Auch wenn einige Verfahren viele Widerstände und Spannungen verflüssigen, sind sie jedoch kein Konfliktlösungsformat, da eine konkrete Entscheidung und nicht die Konfliktlösung im Fokus des Verfahrens steht.

Das ist stets auseinanderzuhalten.

Tipps und Tricks für Moderatorinnen

- Ich nehme nur Moderationsaufgaben an, für die ich mich aufgrund meines Erfahrungswissen gut geeignet fühle. Themen, die noch Unsicherheit bei mir auslösen übe ich erst einmal in Ko-Moderation oder mache dies vorher der Gruppe transparent. Ggf. entstehen dadurch weitere hilfreiche Lösungen.
- Ich erläutere zu Beginn eines Entscheidungsprozesses meine Rolle und wie ich sie wahrnehmen möchte. Möchte ich beispielsweise mitabstimmen oder eigene inhaltliche Vorschläge einbringen? Ich kläre, ob dies für die Gruppe passt oder möglicherweise ein anderer Moderationsstil oder -person für diesen konkreten Entscheidungsbedarf hilfreicher wäre.
- Bei jedem Entscheidungsverfahren nehme ich mir die Zeit und den Raum, das einheitliche Verständnis in der Gruppe zum jeweiligen Entscheidungsverfahren als auch dem Aufgabenpunkt zu erzielen.
- Ich wende kontinuierlich Aktives Zuhören, Ich-Sprache, Hypothesen sowie offene Prozessfragen an.
- Ich sorge für einen gelingenden Prozess und würdige die Ergebnisse der Gruppe, auch wenn ggf. keine Entscheidung getroffen wurde, der Prozess abgebrochen werden musste, etc. Das Ergebnis ist Eigentum der Gruppe und einen Wert.
- Ich hole mir regelmäßig Feedback und nutze Supervision, um meine Moderation zu hinterfragen und mein individuelles Lernen voran zu bringen. Dazu nutze ich auch interne Praktikergruppen.

Moderation: Wechsel zwischen Neutralität und Führung

Leitungsverständnis aktualisieren

Sowohl die Moderatorinnen als auch die Teilnehmerinnen von Gesprächsformaten tragen gemeinsam die Verantwortung für das, was im Gespräch inhaltlich geschehen soll. Die Moderation hilft dabei, Gespräche effizienter und zielgerichteter durchzuführen und ist für die Prozessgestaltung verantwortlich. Sie versteht sich als Dienstleister für den Gruppenprozess.

Die Gruppe ist für die inhaltlichen Ergebnisse verantwortlich und jede/r hat die Aufgabe zwischen rein individuellen, gruppenspezifischen Bedürfnissen und den Bedürfnissen der Organisation eine stimmige Balance zu finden und so konstruktiv zu einem ausreichend guten Ergebnis beizutragen. Teilnehmerinnen sind also keine Konsumenten in moderierten Gesprächen, sondern Dienstleister für die Organisation, indem sie konstruktive pragmatische Ergebnisse beitragen. Die Moderation unterstützt dabei, den situativ passenden Weg hierzu zu finden.

Verantwortung der Moderatorinnen

Entscheidungsverfahren sind für rein prozessorientiert erfahrene Moderatorinnen eine Herausforderung, da einige der Verfahren die Möglichkeit bieten, sich inhaltlich an der Gestaltung der Ergebnisse sowie der Wahl zu beteiligen und das Ergebnis inhaltlich zu beeinflussen. Diese Möglichkeit kann sowohl die Gruppe als auch die Moderatorin irritieren, da man von prozessorientierter Moderation eher ein neutrales und allparteiliches Verhalten gewohnt ist. Ob und wie weitgreifend diese Möglichkeit von den Moderatorinnen ausgeschöpft wird, ist deren individuelle Entscheidung.

Unsere Beobachtung ist, dass eine inhaltliche Beeinflussung sowohl Spannungen und Befindlichkeiten in der Gruppe auslösen („Wer entscheidet hier eigentlich fachlich?") als auch die Eigenverantwortung („Der Moderator hat ja entschieden, das Ganze geht mich nichts an!") der Anwesenden geschwächt wird.

Ansonsten gibt es wie bei allen moderierten Gesprächsformate drei Tätigkeitsphasen: die Vorbereitung, Durchführung und die Nachbereitung.

Vorbereitung

- Organisation (Zeit, Raum, Dauer, Materialien, Einladung, Zeitpuffer einplanen, etc.).
- Im Vorfeld TeilnehmerInnen unterstützen, Vorschläge zu formulieren.
- Sich in die Thematik des Entscheidungsverfahrens einarbeiten und Materialien vorbereiten.
- Notwendigkeit einer Ko-Moderation, Rolle etc. klären?

Durchführung

- Einheitliches Verständnis über das Verfahren abfragen, ggf. Verfahren erläutern und Fragen klären.
- Regeln erläutert, ggf. auf harsche und starke Moderation hinweisen.
- Rollenverantwortung der Moderation, etwaiger Helfer und der TeilnehmerInnen erklären.
- Rolle, Aufgabe etc. klar verständlich machen.

Nachbereitung

- Ergebnisse festhalten und archivieren, ggf. an Dokumentar-Rolle geben.
- Nachbearbeitungsaufgaben erledigen.
- Feedback durchführen.

Verantwortung der Teilnehmerinnen

Für Mitarbeitende ist es anfangs erst einmal wichtig, ihre Führungsverantwortung zeitlich in ihre Arbeit zu integrieren und dafür kleinere Zeitpuffer zu planen. Wann stehen welche Entscheidungen an? Wie und wann bereite ich mich gut vor, um mich einbringen zu können? Wann notiere ich erste Entwürfe für Entscheidungsvorschläge und suche die Moderation auf, um gemeinsam zu schauen, ob mein Vorschlag konkret genug formuliert wurde?

Kenne ich das Entscheidungsverfahren und ist mir klar, an welchem konkreten Punkt wir gerade als Gruppe stehen? Es ist völlig okay, Fragen zu stellen, die Gruppe ist häufig dankbar, wenn der Erste sich zu fragen traut, und reiht sich dann mit weiteren Fragen ein, bis der Punkt verstanden wurde.

Tipps und Tricks für Teilnehmende

- Ich komme pünktlich und vorbereitet.
- Ich reflektiere anschließend, wie ich mich eingebracht habe. Was ist mir leichtgefallen, was war schwierig? Was nehme ich mir künftig vor, um für das Organisationsinteresse, das der Gruppe und mein eigenes zu sorgen?
- Wann macht es Sinn, mich einzubringen, wann lasse ich anderen den Raum?
- Ich hole mir regelmäßig Feedback, um meine Mitarbeit bei Entscheidungen zu reflektieren und mein Eigenbild mit dem Außenbild abgleichen zu können. Dazu nutze ich auch meine Kollegengruppe, Lernpartnerschaft etc.

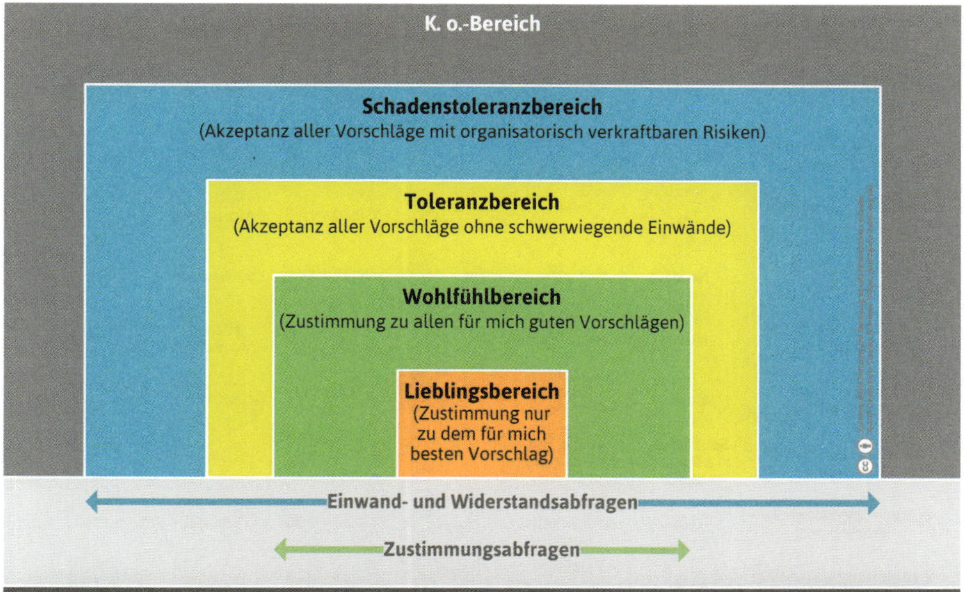

Lösungsräume der unterschiedlichen Entscheidungsprinzipien

Dokumentation von Entscheidungen

Entscheidungen zu treffen reicht nicht aus:

- Kolleginnen vergessen Entscheidungen oder erinnern sich nicht mehr genau. Wo können Organisationsmitglieder eindeutig feststellen, wann welche Entscheidung getroffen wurde?
- Neue Kolleginnen sollten eine Möglichkeit haben, herauszufinden, welche Entscheidungen vor ihrer Zeit getroffen wurden.
- Ein Fotoprotokoll mit einer Formulierung reicht nicht aus, wenn nicht eindeutig sichtbar wird, dass dieses eine getroffene Entscheidung darstellt – und nicht nur einen Entwurf, eine Idee oder eine nicht akzeptierte Entscheidung.
- Oder es stehen verschiedene Formulierungen im Fotoprotokoll und es bleibt unklar, welche Formulierungen nur unverbindliche Anmerkungen sind.
- Es werden viele Seiten (Foto-)Protokolle gesammelt und die Entscheidungen sind in diesen so versteckt, dass sie kaum zu finden sind.

Im Fotoprotokoll sollte daher die Entscheidung inhaltlich deutlich gekennzeichnet sein und es sollte explizit notiert werden: „Entscheidung akzeptiert am [Datum] von [Teilnehmerinnen] mit [Abstimmungsergebnis].“ Und dann sollte es einen eindeutigen Ort geben, an dem alle Beschlüsse (und nur diese) des Kreises gesammelt werden. Verantwortlich hierfür ist die Dokumentarin (➡Seite 128). Ein mögliches Hilfsmittel ist ein Logbuch.

Wann welche Entscheidungswerkzeuge?

Die Grafik auf der rechten Seite beschreibt die typischen Anwendungsfälle inklusive typischer Sonderfälle. Die Grafik auf dieser Seite gibt einen Überblick über bestimmte typische Eigenschaften der einzelnen Verfahren, beispielsweise Zeitbedarf, Gruppengröße, Moderationsanspruch usw.

Für einige Verfahren existieren in der Literatur und Praxis verschiedene Varianten und Bezeichnungen. Einige Autorinnen legen besonderen Wert auf bestimmte Begriffe, Ablaufdetails, Haltungen o. Ä. Unserer Erfahrung nach entwickeln fast alle Organisationen im Detail andere Ausprägungen und praktizieren die Verfahren auch sonst nicht normiert. Sofern die Einführung von einem Meister begleitet wird, ist es hilfreich, das Shu-Ha-Ri-Prinzip (➡Seite 61) zu berücksichtigen.

Andererseits sollten gerade kollegiale Entscheidungswerkzeuge einfach genug sein, um sie einfach mal auszuprobieren. Hierfür bieten wir einfache Kurzanleitungen an:

Kurzanleitungen herunterladen
➡https://kollegiale-fuehrung.de/entscheidungswerkzeuge/

Einige sehr ähnliche Verfahren haben wir dort separat beschrieben, um methodische und begriffliche Abgrenzungen zu würdigen.

Wir verwenden außerdem bewusst eine einfache und anschlussfähige Sprache und nennen beispielsweise Systemisches Konsensieren einfach Widerstandsabfrage und den Soziokratischen Konsent (mit dem irritierenden „t" am Ende – das Wort existiert noch immer nicht im Duden) einfach Einwandintegration.

Einen ganz kurzen Überblick finden Sie auch in Teil 2 des Buches (➡Seite 98).

Unterschiede und Besonderheiten wichtiger kollegialer Entscheidungswerkzeuge

Entscheidungswerkzeug	Fokus	Veto*-Option	Objekt (Menge)	Teilnehmer (max. phys./elektr.)	Dauer	Moderation	Besonderheit
Aus der Mitte wählen	**Ressourcen qualitativ optimieren**	**Möglich**	**Personen** (n aus m)	**3 – 20** (50 / 0)	**0:01 – 0:05**	**Sehr einfach**	Versuchsweise, Abbruch nach 5 Min.
Kollegiale Rollenwahl (Soziokratische Rollenwahl)	**Ressourcen qualitativ optimieren**	**Nein**	**Personen** (n aus m)	**2 – 20** (40 / 80)	**0:10 – 0:30**	**Einfach**	Positives Feedback, breitere Machtverteilung
Widerstandsabfrage (Systemisches Konsensieren)	**Einwände quantitativ minimieren**	**Möglich**	**Inhalte** (1 aus n zzgl. Ist-Situation)	**1 – 15** (40 / n)	**0:01 – 0:15**	**Einfach**	Einfachheit
Kollegiale Einwandintegration (Soziokratischer Konsent)	**Einwände inhaltlich minimieren**	**Ja**	**Inhalt** (ja/nein)	**2 – 11** (20 / 0)	**0:20 – 1:10**	**Anspruchsvoll**	Hohe Entscheidungsqualität, Akzeptanz
Themenzentrierte Einwandintegration (TZI)	**Einwände inhaltlich minimieren**	**Nein**	**Inhalt** (ja/nein)	**12 – 250** (250 / 0)	**0:40 – 1:30**	**Aufwändig**	Für große Gruppen
Konsultativer Fallentscheid (Konsultativer Einzelentscheid)	**Einwände inhaltlich minimieren**	**Nein**	**Entscheidungsauftrag + Person** (1)	**1** (3 / 0)	**Tage – Wochen**	**Mittel – anspruchsvoll**	Effizient für kontroverse und anspruchsvolle Entscheidungen
Entscheidungsrat (Dynamic Facilitation)	**Weisheit einer Gruppe nutzen**	**Nein**	**Inhalt** (1 Thema)	**4 – 10** (12 / 0)	**Stunden – Tage**	**Anspruchsvoll**	Ausgewogene und reife Lösungen für große Organisationen
Universelles Entscheidungsverfahren	**Einwände quantitativ minimieren**	**Spezifisch pro Option möglich**	**Inhalte, Personen, Verfahren** (n aus m)	**2 – 15** (40 / n)	**0:03 – 0:15**	**Einfach**	Universalität, gut für Team-Board (Führungsmonitor)
Zustimmungsabfrage (Mehrfach-Bepunktung)	**Zustimmung quantitativ maximieren**	**Nein**	**Personen oder Inhalte** (1 aus n)	**2 – 40** (60 / n)	**0:10 – 0:30**	**Einfach**	Einfachheit
Mehrheitsentscheidung (Einfach-Bepunktung)	**Zustimmung quantitativ maximieren**	**Nein**	**Personen oder Inhalte** (1 aus n)	**2 – 60** (150 / n)	**0:10 – 0:30**	**Einfach**	Mäßige bis geringe Akzeptanz

* Im Wortsinn: Verhindernder oder verzögernder Einwand
beachtenswert · wichtiges Merkmal

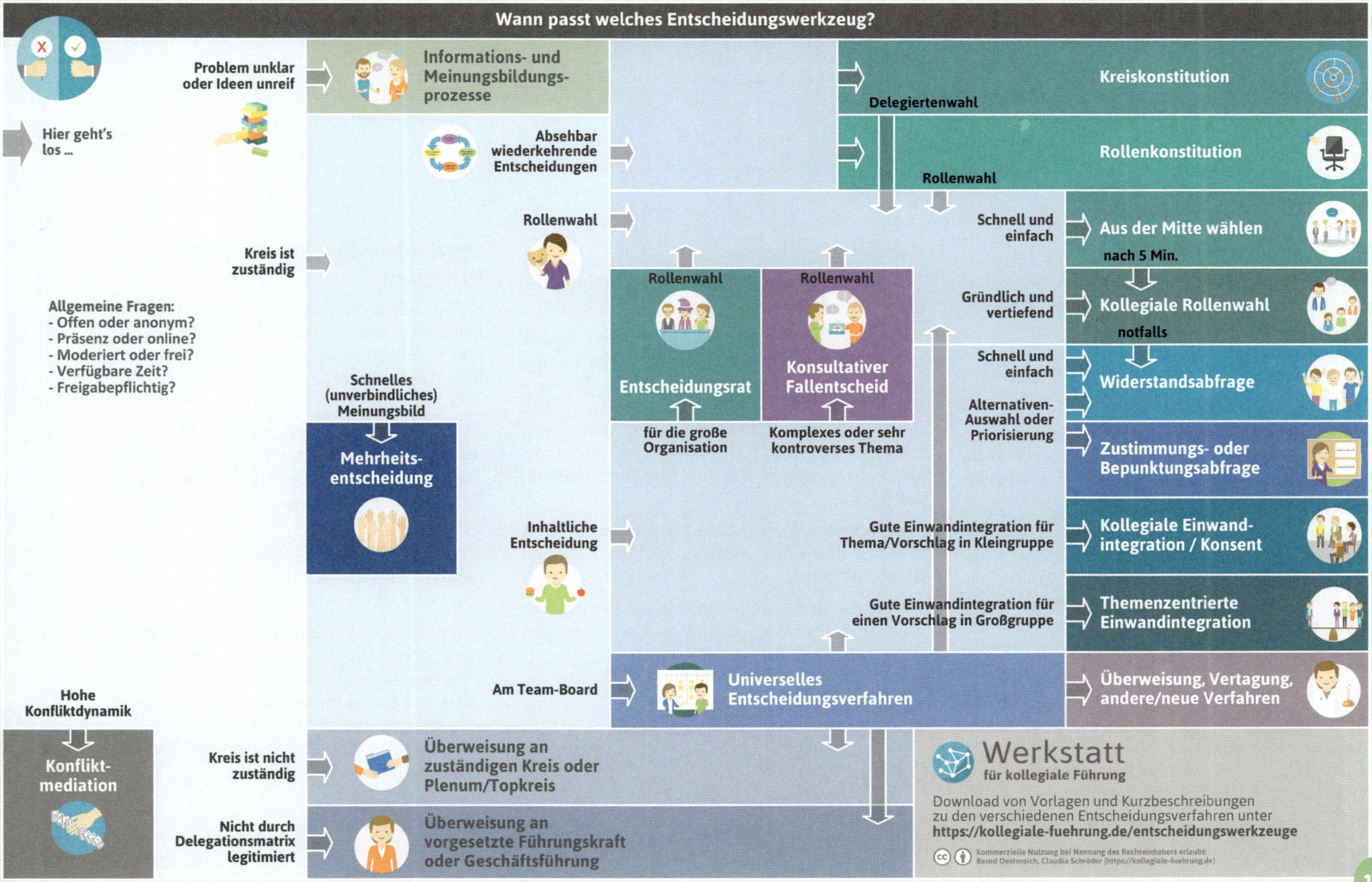

Wann passt welches Entscheidungswerkzeug?
Hier geht's los ...
Problem unklar oder Ideen unreif
Informations- und Meinungsbildungsprozesse
Absehbar wiederkehrende Entscheidungen
Kreiskonstitution
Delegiertenwahl
Rollenkonstitution
Rollenwahl
Rollenwahl
Kreis ist zuständig
Schnell und einfach
Aus der Mitte wählen
nach 5 Min.
Rollenwahl
Rollenwahl
Entscheidungsrat
Konsultativer Fallentscheid
Gründlich und vertiefend
Kollegiale Rollenwahl
notfalls
Allgemeine Fragen:
- Offen oder anonym?
- Präsenz oder online?
- Moderiert oder frei?
- Verfügbare Zeit?
- Freigabepflichtig?
Schnelles (unverbindliches) Meinungsbild
Schnell und einfach
Widerstandsabfrage
Alternativen-Auswahl oder Priorisierung
Mehrheits-entscheidung
für die große Organisation
Komplexes oder sehr kontroverses Thema
Zustimmungs- oder Bepunktungsabfrage
Inhaltliche Entscheidung
Gute Einwandintegration für Thema/Vorschlag in Kleingruppe
Kollegiale Einwand-integration / Konsent
Gute Einwandintegration für einen Vorschlag in Großgruppe
Themenzentrierte Einwandintegration
Hohe Konfliktdynamik
Am Team-Board
Universelles Entscheidungsverfahren
Überweisung, Vertagung, andere/neue Verfahren
Konflikt-mediation
Kreis ist nicht zuständig
Überweisung an zuständigen Kreis oder Plenum/Topkreis
Nicht durch Delegationsmatrix legitimiert
Überweisung an vorgesetzte Führungskraft oder Geschäftsführung
Werkstatt für kollegiale Führung
Download von Vorlagen und Kurzbeschreibungen zu den verschiedenen Entscheidungsverfahren unter https://kollegiale-fuehrung.de/entscheidungswerkzeuge
Kommerzielle Nutzung bei Nennung des Rechteinhabers erlaubt: Bernd Oestereich, Claudia Schröder (https://kollegiale-fuehrung.de)

Entscheidungswerkzeug: Aus der Mitte wählen

Mit diesem Verfahren wird probiert, ob in sehr einfacher, schneller und transparenter Weise Personen für eine Rolle, eine konsultative Fallentscheidung, eine Kreismitgliedschaft oder eine andere Aufgabe gewählt werden können.

Dabei schlagen sich Personen selbst für diese Aufgabe vor, indem sie ihre Motivation und Energie für dieses Thema ergründen, aufstehen und aktiv in die Mitte gehen.

Gelingt dies nicht innerhalb von ca. 5 Minuten, ist zu einem anderen Verfahren zu wechseln.

Moderatorin bestimmen

Zuerst ist eine Moderation für die Wahl zu finden. Wer moderiert die Entscheidung und führt durch die nächsten Schritte?

Entscheidungsauftrag, Aufgabe, Rolle und Rahmenbedingungen klären

Jetzt wird die zu treffende Entscheidung, das zu lösende Problem oder die zu besetzende Rolle beschrieben. Bedarfsweise wird dies auf einem Flipchart festgehalten.

Bei der Wahl einer konsultativen Fallentscheiderin sollte im Normalfall der Entscheidungsauftrag beschrieben werden (➡Seite 152). Außerdem: Bis wann soll entschieden werden? Wer soll oder muss konsultiert werden? Wie und wann soll die Entscheidung bekannt gegeben oder erklärt werden? Was ist sonst noch zu beachten?

Bei einer Rollenwahl sollte notiert werden: Wie heißt die Rolle? Für welche Dauer wird die Person gewählt? Wie lautet der Verantwortungs- oder Aufgabenbereich? Welche Besonderheiten (Voraussetzungen, Zeitaufwand etc.) sind zu beachten?

Kandidatinnen finden

Alle Mitglieder, die die Entscheidung oder Rolle übernehmen möchten, gehen in die Mitte.

Der Moderator sagt: „Wir vertrauen darauf, dass diejenigen, die in die Mitte gehen, fähig sind, eine gute Entscheidung für die Gemeinschaft zu treffen/die Rolle zu übernehmen. Und diejenigen, die nicht in die Mitte gehen, vertrauen darauf, dass die Personen in der Mitte verantwortungsvoll für die Gemeinschaft handeln werden."

Alle warten gemeinsam, bis der innerer Kreis stabil ist und keine weiteren Zu- und Abgänge mehr stattfinden.

Falls die Moderatorin selbst in die Mitte gehen möchte, sucht sie für sich einen Ersatz und gibt diese Rolle ab, bevor es weitergeht.

Entscheiderin bzw. Rolleninhaberin bestimmen

Die Mitglieder in der Mitte einigen sich (frei, irgendwie), wer von ihnen die Aufgabe übernimmt. Sie sprechen darüber so laut und deutlich miteinander, dass alle anderen im äußeren Kreis dies mitbekommen.

Manchmal ist es hilfreich, als Moderatorin nur fürsprechende Argumente („Warum sehe ich mich/dich in der Rolle?") und keine negativen Beiträge („Warum sehe ich dich nicht in der Rolle?") einzufordern.

Die Teilnehmer im äußeren Kreis sind still und reden nicht mit – jeder kann aber jederzeit in die Mitte und Mitverantwortung gehen.

Sollte nach ca. 5 Minuten niemand in der Mitte stehen oder keine Einigung in der Mitte erzielt worden sein, wird die Wahl ergebnislos abgebrochen und zu einem anderen Verfahren gewechselt, beispielsweise zur kollegialen Rollenwahl (➡Seite 150) oder zu einer vertraulichen Widerstandsabfrage (➡Seite 154).

Wahlergebnis aussprechen und Abschluss

Der Moderator verkündet das Wahlergebnis und bedankt sich bei der neuen Entscheiderin oder Rolleninhaberin für ihre Bereitschaft, für die Gemeinschaft Führungsarbeit zu leisten.

Abschließend bedankt sich die Moderatorin bei den Personen aus der Mitte für ihre Bereitschaft und Beteiligung und bittet alle, sich wieder in den Gesamtkreis zu setzen.

Sie bittet den Gesamtkreis, die gewählte Entscheiderin/Rolleninhaberin zu unterstützen und ihre kommende(n) Entscheidung(en) zu respektieren und zu akzeptieren.

Anmerkungen

Formulierungen wie „Gewinner" oder „Sieger" sind bei Rollenwahlen unbedingt zu vermeiden! Diese Wörter suggerieren einen Wettbewerb und provozieren Verlierer-Gewinner-Konstruktionen. Besser sind Formulierungen wie „[…] wurde gewählt, diese Aufgabe zu übernehmen" oder „[…] haben uns geeinigt, dass […] übernimmt".

Geht nur eine Person in die Mitte, ist die Entscheidung automatisch getroffen, da es keine Alternativen gibt.

Wer ein Veto gegen das Verfahren oder die Personen des inneren Kreises hat, geht in die Mitte und erklärt sein Veto bekannt. Das Verfahren ist damit unmittelbar ergebnislos beendet.

Bei der Wahl einer konsultativen Fallentscheiderin ist es empfehlenswert, dass sich zusätzlich jemand findet, der die Entscheiderin auf der Prozessebene beobachtend und coachend begleitet, bis die Entscheidung getroffen und kommuniziert wurde. Hierzu tauscht sie sich ggf. in kurzen Abständen mit der Entscheiderin aus.

Im Normalfall ist dieses Verfahren einfach und erfordert kein besonderes Moderationsgeschick, dennoch kann es auch einmal schwierige oder emotionale Situationen geben.

Entscheidungswerkzeug: Kollegiale Rollenwahl

Mit diesem Verfahren können Personen für eine Rolle, Konsultative Fallentscheidung, eine Kreismitgliedschaft oder eine sonstige Aufgabe gewählt werden.

Die Soziokratische Rollenwahl, auf der dieses Verfahren basiert, ist eine mögliche Ausprägung.

Die Kollegiale Rollenwahl ist ein fürsprechendes und stärkendes Verfahren, dass ein positives wertschätzendes Feedback beinhaltet und dadurch das Vertrauen in der Gruppe stärkt. Sie benötigt immer zwei Wahldurchläufe.

Moderatorin und Ko-Moderation bestimmen

Wer moderiert die Entscheidung und führt durch die nächsten Schritte? Wer protokolliert am Flipchart oder hilft beim Einsammeln der Wahlzettel?

Die Moderatoren besprechen ihre Arbeitsaufteilung, erklären ggf. nochmal ihr Moderationsverständnis (neutraler und allparteilicher Fokus auf den Ablauf) und ggf. das weitere Vorgehen.

Vorstellen der Rollenbeschreibung

Welche Aufgaben, Verantwortungen und Anforderungen an die Rolle bestehen? Gibt es Verständnisfragen dazu?

Ggf. sollte der Gruppe der Entscheidungsprozess auf der Metaebene erläutert werden, bis ein einheitliches Verständnis entstanden ist.

Die Moderation sollte bekannt geben oder vorab klären, welcher Auswertungsmodus angewendet wird: Mehrheitswahl, Widerstandsabfrage oder soziokratisch, siehe Auswertung, folgende Seite. Im einfachsten Fall bestimmt die Moderation den Auswertungsmodus in eigenem Ermessen.

Erste Vorschlagsrunde

Die Moderatoren stellen klar, wer wählt und gewählt werden darf und ob sie selbst mitmachen. Standard ist, dass alle Anwesenden wählen und gewählt werden dürfen.

Dann schreibt jede Teilnehmerin genau eine Kandidatin und eine Begründung (einen konkreten aktiven Satz) auf einen Zettel: Was spricht für diese Person, diese Rolle zu übernehmen?

Beispielsweise: „Norma, sie hat für diese Rolle die aus meiner Sicht höchste Erfahrungskompetenz und daher mein Vertrauen." Teilnehmerinnen dürfen sich auch selbst vorschlagen.

Anschließend nennen alle Teilnehmerinnen in einem Rundenformat (➨Seite 230) reihum ihren Vorschlag mit Begründung. Bei geheimer Wahl können Zettel eingesammelt und dann anonym von der Moderation verlesen bzw. geteilt werden.

Die Moderatorin schreibt alle vorgeschlagenen Namen auf ein Flipchart (ohne die Begründungen, jeden Namen nur einmal, ggf. führen sie eine Strichliste hinter den Namen zur Anzahl der Nennungen). Anschließend wird das Ergebnis gewürdigt.

Zweite Vorschlagsrunde

Danach folgt die zweite Vorschlagsrunde in ähnlicher Weise.

Da aufgrund des in der ersten Runde Gehörten nun Änderungsimpulse vorliegen können, bekommen alle Teilnehmerinnen die Möglichkeit, ihren Vorschlag zu aktualisieren und den Namen oder die Begründung auf dem Zettel zu ändern.

Reihum werden nochmal die Vorschläge und Begründungen abgefragt, wobei meistens nur noch die Begründungen genannt werden, sofern sie verändert wurden.

Typische Äußerungen: „Ich bleibe bei Paula", „Ich schlage nun Wiebke vor, weil […]", „Ich bleibe bei Jannis, aber aus dem Grund […]".

Auswertung

Anschließend erfolgt die Auswertung. Hier gibt es verschiedene Möglichkeiten:

a) Mehrheitswahl: Die Moderatorin schreibt alle vorgeschlagenen Namen auf ein Flipchart (ohne Begründungen) und notiert als Strichliste die Anzahl der Nennungen pro Namen. Die Person mit den eindeutig meisten Nennungen gilt als gewählt.

b) Widerstandsabfrage: Die Moderatorin schreibt alle vorgeschlagenen Namen auf ein Flipchart (ohne Begründungen, ohne Strichliste) und führt anschließend zu jeder Option eine Widerstandsabfrage durch.

c) Soziokratisch: Die Moderatorin schlägt angesichts der genannten Begründungen nach eigenem Ermessen eine Person vor und fragt nach schwerwiegenden Einwänden hierzu (Konsent).

In der soziokratischen Variante wird die vorgeschlagene Person als Letztes um Konsent gefragt. Lassen sich schwerwiegende Einwände nicht unmittelbar integrieren, startet eine neue Vorschlagrunde, bei der die nicht akzeptierte Person nicht mehr wählbar ist.

Verfahrensakzeptanz feststellen

Die Moderatorin fragt die Teilnehmerinnen, ob es schwerwiegende Verfahrensmängel gab. Mögliche Einwandgeber müssen einen Heilungsvorschlag machen. In diesem Fall findet dann eine Widerstandsabfrage zwischen den Alternativen a) "dem Heilungsvorschlag folgen" und b) "Ergebnis anerkennen, wie es ist " statt.

Ergebnisfeststellung:

Die Moderatorin fragt die gewählte Person, ob sie die Wahl annimmt. Falls die Person ablehnt, wird die nächstbeste Person aus der Liste gefragt.

Falls die Person nur unter bestimmten Bedingungen annimmt, kann per kurzer Widerstandsabfrage entschieden werden:

a) Person mit Zusatzbedingungen akzeptieren.

b) Nächstbeste Person aus der Liste fragen.

c) Vorschlagsrunde wiederholen.

Anmerkungen

Falls es bei den Varianten der Mehrheitswahl oder Widerstandsabfrage zu einem Gleichstand kommt, gibt es verschiedene Klärungsmöglichkeiten: Die gleichstehenden Personen können aus der Mitte wählen, die jüngere Person wird bevorzugt, es wird per Zufall entschieden oder eine Stichwahl durchgeführt.

Für anonyme oder vertrauliche Wahlen können statt des öffentlichen Rundenlesens die Zettel eingesammelt und vertraulich ausgewertet werden. Dieser vertrauliche Modus ist zu bevorzugen, sofern ein Gesichtsverlust unbeliebter Kandidaten oder geringe gegenseitige Wertschätzung im Teilnehmerkreis zu befürchten sind oder wenig Vertrauen in der Gruppe vorhanden ist.

Die Kollegiale Rollenwahl kann statt in einer Präsenzveranstaltung auch virtuell mithilfe von Online-Tools durchgeführt werden. Dies eignet sich vor allem für Gruppen, die im Schichtbetrieb oder in häufigen Auswärtseinsätzen arbeiten.

Die Kollegiale Rollenwahl ist stärkenorientiert, fürsprechend und vermeidet Aussagen, die gegen eine Person sprechen. Da bei der soziokratischen Variante explizit nach schwerwiegenden Einwänden zu einer Person gefragt wird, ist diese Variante anspruchsvoller in der Moderation.

Bei der kollegialen Rollenwahl werden immer zwei Wahlgänge durchgeführt, damit die Teilnehmenden ihrem Änderungsimpuls folgen können, der häufig dann entsteht, wenn sie neue Informationen und Begründungen hören. Überspringen Sie keinen Wahlgang!

Auch wird die gewählte Person ganz bewusst erst nach der zweiten Wahlrunde gefragt, ob sie die Wahl annehmen möchte, da die öffentlich gehörte Fürsprache sehr oft zu Verhaltungsänderungen bei den Gewählten führt.

Das Verfahren eignet sich wunderbar dafür, Machtverklumpungen zu lösen und andere zum Zuge kommen zu lassen.

Entscheidungswerkzeug: Konsultativer Fallentscheid

Beim Konsultativen Fallentscheid (Einzelentscheid) wird eine Person von einem Kreis beauftragt und bevollmächtigt, für einen einzelnen Entscheidungsbedarf (Fall) eine für den Kreis verbindliche und umfassende Entscheidung zu treffen, versehen mit dem Wunsch, bestimmte Personen, Rollen oder Interessenvertreter dafür zu konsultieren.

Anwendungsfälle

Das Verfahren eignet sich für Entscheidungsbedarfe, die besonderes Wissen oder Klärungsaufwand erfordern, den eine Gruppe gemeinsam nicht sinnvoll leisten kann oder möchte. Ebenso eignet es sich für sehr kontroverse und heikle Themen, bei denen jede mögliche Entscheidung schwere Einwände erwarten lässt und es kaum möglich ist, eine einwandfreie Lösung zu finden, bei denen der Kreis aber unbedingt eine Entscheidung treffen muss.

Ein Konsultativer Fallentscheid ist immer ein zweistufiger Entscheidungsprozess:

1. Erst wird entschieden, wer entscheiden soll.
2. Danach startet der eigentliche Entscheidungsprozess, der einige Zeit in Anspruch nimmt, d. h. die Vorbereitung, Entscheidung, Kommunikation und Umsetzung der Entscheidung.

Moderation bestimmen

Neben der eigentlich zu wählenden Entscheiderin sind in den meisten Fällen zwei weitere Rollen hilfreich:

- Moderation: Wer moderiert die Formulierung des Entscheidungsauftrages und die Wahl der Entscheiderin?
- Coaching: Wer begleitet und unterstützt die gewählte Entscheiderin auf der Prozessebene (bis zur abschließenden Reflexion)?

Idealerweise werden beide Rollen von Personen wahrgenommen, die nicht die eigentliche Entscheidung übernehmen. Die Moderation kann auch gut von zwei Personen gemeinsam wahrgenommen werden, bspw. eine Person zur Führung der Gruppe und eine zum Visualisieren und Protokollieren.

Die Moderation klärt zu Beginn:

- Sind wir überhaupt der passende Kreis, den Entscheidungsauftrag zu vergeben und die Entscheiderin zu wählen?
- Welches Rollenwahlverfahren verwenden wir?

Entscheidungsauftrag formulieren

Je nach Tragweite der Entscheidung, den Sicherheitsbedürfnissen der Beteiligten und anderer Faktoren sind die folgenden Aspekte mehr oder weniger relevant:

- Wie genau lautet der Entscheidungsauftrag? Was gehört dazu, was nicht?

  Ein Beispiel hierfür wäre die Entscheidung darüber, wie künftig der Dienstplan entstehen soll: Wer erstellt und aktualisiert den Dienstplan? Für welchen Zeitraum? Wer bearbeitet Änderungswünsche?
- Welche Rollen, Kreise oder Personen müssen oder sollen konsultiert werden? Zu welchen speziellen Aspekten?
- Bis wann soll oder muss entschieden werden?
- Welche weiteren besonderen Auflagen, Zusicherungen und Rahmenbedingungen gelten?
- Wer soll wie, wo und wann während des Entscheidungsprozesses über den aktuellen Stand informiert werden?
- Wann soll über den Verlauf des Fallentscheides und das Ergebnis reflektiert werden?
- Wer verantwortet die Reflexion der Rolle und des Gesamtprozesse?

Rollenwahl durchführen

Die Moderation lässt mithilfe eines Rollenwahlverfahrens eine Fallentscheiderin wählen. Beispielsweise mit den Verfahren Aus der Mitte wählen (➡Seite 148) oder Kollegiale Rollenwahl (➡Seite 150).

Nach der Wahl fasst die Moderation nochmal zusammen, was der Entscheidungsauftrag ist, wer ihn übernehmen wird, und bittet alle Beteiligten, die Entscheiderin beim Finden der Entscheidung zu unterstützen und das Ergebnis demütig zu respektieren.

Sofern ein Coach bestimmt wurde, übergibt die Moderation rituell an diesen die weitere Prozessbegleitung und beendet die Veranstaltung.

Konsultieren und informieren

In den Stunden, Tagen und ggf. Wochen nach der Wahl beginnt die gewählte Entscheiderin mit den Konsultationen.

Während dieser Zeit begleitet ein eventuell zusätzlich gewählter Coach den Prozess. Dazu gehört insbesondere, alle im Entscheidungsauftrag formulierten Wünsche und Bedingungen aufmerksam zu beachten und der Entscheiderin Rückmeldungen hierzu zu geben. Beispielsweise, wenn die Entscheiderin Termine zu überschreiten droht oder Konsultationswünsche ignoriert.

Soweit nicht besonders spezifiziert, obliegt der Konsultationsprozess (wer wann womit konsultiert wird) im freien Ermessen der gewählten Entscheiderin. Hierbei werden Meinungen, Einwände und Ideen sowohl zum Problem als auch zu möglichen Lösungen eingeholt, die die Entscheiderin dann nach eigenem Ermessen so gut wie möglich zu berücksichtigen sucht.

Die beauftragte Fallentscheiderin kann den Entscheidungsauftrag abbrechen und ihr Mandant niederlegen. Ebenso kann sie, statt zu entscheiden, dem Kreis auch nur einen Vorschlag zur Entscheidung vorlegen – dies ist jedoch nicht der beabsichtigte Sinn und Zweck dieses Verfahrens, weil die Entscheidung ja bewusst an eine Person delegiert wurde.

Entscheiden und bekannt geben

Die letztendliche Entscheidung der gewählten Entscheiderin ist verbindlich und kann nur durch eine neue Entscheidung desselben Kreises ersetzt werden. Ein Kreis kann einen laufenden noch nicht abgeschlossenen Entscheidungsauftrag jederzeit wieder aufheben, ändern oder einem anderen Entscheider übertragen.

Anmerkungen

Um Widerstände, Spannungen oder auch einen Schaden für die Organisation zu vermeiden, sollten die Personen, die maßgeblich zu einer qualitativ hochwertigen Entscheidung beitragen können, unbedingt konsultiert werden. Und zwar bevor der Entscheider beginnt, seine Entscheidung zu entwickeln und zu formulieren. Es ist ressourcenschonend, das vorhandene Erfahrungswissen zu nutzen, statt alles neu erfinden zu wollen.

Anstelle einer Einzelperson kann auch ein kleines Entscheidungsteam gewählt werden. Dann sollte es jedoch besondere Gründe geben. Beispielsweise weil bestimmtes Fachwissen oder eine Parteilichkeit vorhanden ist, die über den Konsultationsprozess nicht angemessen berücksichtigt werden kann.

Soweit Entscheidungen von speziellen Verantwortlichen mitgetragen oder freigegeben werden müssen, beispielsweise in Bezug auf Datenschutz oder Arbeitssicherheit, sollten diese soweit möglich über den Konsultationsprozess eingebunden werden. Über den formulierten Entscheidungsauftrag können diesen Parteien ggf. auch Vetooptionen eingeräumt werden.

Sofern mehrere Personen gemeinsam einen Entscheidungsauftrag übernehmen, sollte unbedingt geklärt werden, wer aus dem Team gesamtverantwortlich ist. Ansonsten besteht die Gefahr einer Verantwortungsdiffusion.

Wichtig: Der Coach kann die Entscheidung niemals direkt ändern oder aufheben. Er kann jedoch allen seine Beobachtungen und Meinungen mitteilen. Er ist berechtigt, zu Informations- und Entscheidungsveranstaltungen einzuladen. Beispielsweise könnte er die Gruppe entscheiden lassen, den Entscheidungsauftrag ergebnislos abzubrechen, den Entscheidungsauftrag zu aktualisieren, die Entscheiderin zu bestätigen oder zu ersetzen.

Entscheidungswerkzeug: Widerstandsabfrage

Bei einer Widerstandsabfrage bewerten die Teilnehmer ihren Widerstand gegen jede Alternative auf einer mehrstufigen Skala, beispielsweise von 0 (kein Widerstand) bis 10 (maximaler Widerstand). Die Option mit dem geringsten Widerstand gilt als akzeptiert.Soweit sinnvoll, wird die Ist-Situation als eine Vergleichsoption zugefügt, wodurch das Verfahren auch anwendbar ist, wenn eigentlich nur eine inhaltliche Option zur Entscheidung steht. Die Widerstandsabfrage kann auch zur Priorisierung von Alternativen und Rollenwahl eingesetzt werden.

Systemisches Konsensieren

Ein sehr ähnliches und wertvolles Verfahren ist das systemische Konsensieren. Wir verwenden hier den Begriff Widerstandsabfrage, weil sich darunter die meisten Menschen spontan das Richtige vorstellen können und systemisches Konsensieren etwas verkopft klingt.

Weiterführendes

➡Georg Paulus, Siegfried Schrotta, Erich Visotschnig: *Systemisches Konsensieren*. Danke-Verlag, 2009.

Vorbereitung

Zuerst wird eine Moderatorin bestimmt, die dann durch den weiteren Prozess führt.

Je nach Kontext und Kultur wurde der Entscheidungsbedarf ggf. bereits in der Einladung zu dem Treffen mitgeteilt. Und möglicherweise bringen Teilnehmerinnen auch schon vorbereitete Entscheidungsvorschläge mit.

Entscheidungsbedarf verstehen

Die Moderatorin fragt als erstes, wer den Entscheidungsbedarf angemeldet oder formuliert hat und bittet diese Person (Anliegengeberin genannt), ihr Anliegen kurz vorzustellen.

Manchmal gibt es mehrere Personen, die scheinbar das gleiche oder ein ganz ähnliches Anliegen haben. Um ein Durcheinander zu vermeiden, sollte nur das Anliegen der Person bearbeitet werden, die die Entscheidung initiiert hat. Hierzu ist es hilfreich, wenn sich die Anliegengeberin neben die Moderatorin stellt und somit deutlich sichtbar wird.

Nach der Vorstellung können in einer Gesprächsrunde (Rundenformat ➡Seite 230) Verständnisfragen geklärt werden. Soweit möglich werden diese bilateral mit der Anliegengeberin geklärt, außer diese bezieht selbst andere Personen mit ein.

Soweit jemand aus der Runde den Entscheidungsbedarf ganz oder teilweise anders formulieren möchte, wird er gebeten, dies gleich in Form eines Entscheidungsvorschlages einzubringen. Beispielsweise: „Ich schlage vor, dass wir die Entscheidung vertagen und erst einmal einen Arbeitskreis bilden, der den Entscheidungsbedarf nochmal umfassender durchdringt."

Meinungsrunde

Die Teilnehmerinnen werden nun im Rundenformat gebeten, ihre Meinung und ihre Ideen zu äußern.

Die Moderatorin sollte danach kurz prüfen, ob sie den Prozess fortsetzen möchte. Sollte sich gezeigt haben, dass das Problem oder die Lösungsideen noch zu unklar oder schwach sind, kann die Moderatorin den (sofortigen oder späteren) Wechsel zu einem anderen Format entscheiden oder entscheiden lassen, beispielsweise den Diskussionsmarktplatz oder ein anderes Entscheidungsverfahren.

Umgekehrt kann bei entsprechenden Voraussetzungen die Meinungsrunde auch ausgelassen werden, um sofort Vorschläge zu sammeln.

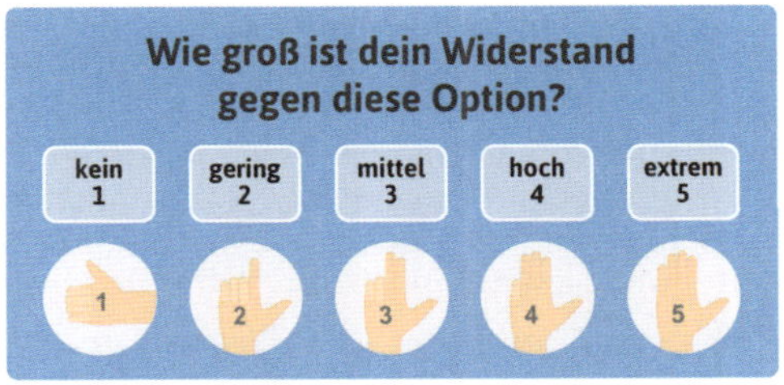

Vorschläge sammeln

Die Moderatorin bittet alle Teilnehmer, ihre Entscheidungsvorschläge zu formulieren, die beispielsweise auf einen Klebezettel oder Flipchart zu notieren und sie kurz der Gruppe vorzustellen.

Folgende Fragen helfen, die Güte der Vorschläge zu prüfen:

- Wer übernimmt die Verantwortung für die Umsetzung, Durchsetzung und Folgen der Entscheidung?
- Ist der Vorschlag vollständig und realistisch? Kennen wir die relevanten Voraussetzungen, Rahmenbedingungen, Partner, Zulieferleistungen, Abhängigkeiten etc.?
- Ist der zu erwartende Nutzen inhaltlich und terminlich benannt?
- Wer reflektiert wann oder prüft anhand welcher Kriterien den tatsächlich erreichten Nutzen?

Soweit sinnvoll ist auch die Ist-Situation („Alles bleibt, wie es ist") als Option zu berücksichtigen.

Widerstandsabfrage

Wurden alle Optionen vorgestellt, fragt die Moderatorin zu jedem einzelnen Vorschlag nacheinander: „Wie groß ist dein Widerstand gegen diese Option?"

Dabei wird eine mehrstufige Widerstandsskala verwendet, beispielsweise 0 bis 10. Eine pragmatische Skala ist die Fünf-Finger-Abfrage. Enthaltungen gibt es nicht, sie werden immer als „kein Widerstand" berücksichtigt, also mit dem geringsten Widerstandswert.

Für die eigentliche Wertermittlung gibt es verschiedene Varianten:

- Handzeichen (Fünf-Finger-Abfrage).
- Zettel mit Wert hochhalten.
- Wert in Pinwand-Tabelle notieren.
- Elektronische Abfrage per App (Mentimeter, Slido etc.).
- Bewertungszettel einsammeln.

Entsprechend sind auch offene oder anonyme Abfragen möglich.

Auswertung und Ergebnis

Die Moderatorin gibt anschließend bekannt, welche Option den geringsten Widerstandswert erhalten hat und somit akzeptiert wurde.

Um Gesichtsverluste und Verletzungen bei Personenwahlen u. Ä. zu vermeiden, sollten diese anonym stattfinden und vertraulich ausgezählt. Nur die gewählte Person werden genannt, ohne dass die Reihenfolge oder Widerstandswerte der übrigen Kandidaten bekannt wird.

Widerstands-Abfrage

0 = kein Widerstand ... 10 = maximaler Widerstand

Vorschlag → Teilnehmer ↓	Vorschlag 1	Vorschlag 2	Vorschlag 3	IST
Beate	0	3	3	5
Michael	4	1	8	2
Stefan	7	0	4	0
Andrea	8	3	7	8
Carsten	0	3	5	2
Serkut	5	2	0	0
Axel	0	6	6	3
Σ	24	18	33	20

Beispiel mit einer 10-stufigen Skala

Entscheidungswerkzeug: Kollegiale Einwandintegration

Die Kollegiale Einwandintegration ist ein Moderationsverfahren, mit dem eine Gruppe gemeinsam an einer passenden Entscheidung arbeitet und vorhandene Einwände minimiert. Es ist eine offenere Variante des Soziokratischen Konsentes , den wir separat beschreiben (➡Seite 158), um dessen Eigenheiten nicht zu verwischen.

Für die ca. 20 – 70 Minuten dauernde Moderation werden zwei Moderatoren benötigt. Das Verfahren eignet sich für Gruppen bis max. 11 Personen und für Entscheidungsbedarfe, für die der höhere Aufwand einen ausreichend großen Nutzen erwarten lässt.

Moderationsprinzipien

Jede Gesprächsrunde hat einen spezifischen Fokus. Die Hauptmoderation leitet durch die Runden, Wortmeldungen und den Gesamtprozess. Die Ko-Moderation achtet auf Störungen und assistiert bei Formulierungen. Eventuelle Notizen macht sich bedarfsweise jeder selbst, für das Moderatorenteam macht dies die Ko-Moderation.

Mit *Gesprächsrunde* ist gemeint, dass alle Teilnehmer streng der Reihe nach jeweils einmal einen Wortbeitrag leisten können. Die Moderation achtet auf den Fokus der Runde, dass nicht durcheinander gesprochen oder diskutiert wird und Fragen möglichst nur bilateral zwischen den betroffenen Personen geklärt werden.

Außer zur Vorschlagsformulierung werden Beiträge nicht in der Gruppe, sondern von jedem Einzelnen nach persönlichem Bedarf notiert.

Informationsrunde

Der Entscheidungsvorschlag oder -bedarf wird formuliert, die hierzu relevanten Zahlen, Daten und Fakten werden geteilt und Verständnisfragen geklärt.

Häufig werden bereits einige Meinungen deutlich, diese werden dann als Meinungen kenntlich gemacht oder abmoderiert und in die Meinungsrunde verwiesen.

Meinungsrunde

In dieser Runde äußern die Teilnehmenden der Reihe nach ihre Meinung – in dem Wissen, dass es eine weitere Runde für Anmerkungen und Resonanz zu den anderen Meinungen geben wird. Die Moderatorin würdigt und vertieft wichtige Äußerungen durch Aktives Zuhören.

Resonanzrunde

In dieser Runde können die Teilnehmenden wichtige Resonanz zu allem bisher Gesagten teilen. Dazu gehören neue und geänderte Einwände, Fragen, Ideen und Vorschläge. Ggf. wird die Runde einmal wiederholt. Mögliche Fragen werden ausschließlich bilateral geklärt.

Organisationsvorrang

Die Moderation weist darauf hin, dass die Entscheidung dem Zweck der Organisation dienen soll. Interessen Einzelner oder der Gruppe sind zwar zu würdigen, gleichzeitig gilt: Nur voraussichtlich nicht verkraftbare Schäden für die Organisation sollen eine Akzeptanz verhindern.

Vorschlagsformulierung

Bedarfsweise können zunächst mit differenzierenden Handzeichen (➡Seite 234) als Probeabstimmung die Einwandgrade abgefragt werden, um Prioritäten für die Überarbeitung zu erkennen.

Die Moderation fragt nun (vorrangig) die Entscheidungsinitiatorin nach der konkreten aktualisierten Vorschlagsformulierung. Diese wird soweit ergänzt, eingeschränkt oder angepasst, dass die Einwände voraussichtlich minimiert werden oder ganz entfallen. Das Moderationsteam unterstützt bei der sprachlichen Formulierung und der inhaltlichen Vollständigkeit, greift hierzu auf seine eigenen Notizen zurück und fragt bedarfsweise auch die Gruppe oder Einzelne. Der Vorschlag wird gut lesbar als vollständiger und aktiver Satz aufgeschrieben. Neue Verständnisfragen werden möglichst bilateral geklärt.

Entscheidung

Nun fragt die Moderatorin: „Kann diese Entscheidung zu einem für unsere Organisation nicht verkraftbaren Schaden führen?" Der Vorschlag gilt als akzeptiert, sofern niemand einen solchen Einwand begründet.

Optional: Weiterentwicklung

Für den Fall der Akzeptanz können eventuell andere offengebliebene Einwände in weiteren Runden integriert werden, um die Lösung noch weiter zu verbessern.

Sofern der Vorschlag nicht akzeptiert wurde, kann wieder in den Schritt Vorschlagsformulierung gesprungen werden, um entweder eine weitere einwandminimierende Variante zu entwickeln oder auch, um es mit einem ganz anderen Vorschlag und einem anderen Vorschlaggeber nochmal zu versuchen.

Anmerkungen

Vorschläge werden vorzugsweise bilateral zwischen einzelnen Teilnehmerinnen und der Vorschlaggeberin weiterentwickelt. Die Moderation macht keine inhaltlichen Vorschläge.

Sofern der Entscheidungsbedarf oder möglichen Lösungen noch sehr unklar sind oder ein größerer Informations- und Austauschbedarf besteht, kann die Moderation abgebrochen und in einen gesonderten Diskurs verwiesen werden oder es kann zu einem anderen Entscheidungswerkzeug gewechselt werden.

Falls der Ausschluss eines Mitgliedes Gegenstand der Entscheidung ist, entscheidet das betroffene Mitglied nicht mit, kann aber ansonsten wie alle anderen teilnehmen und mitmachen.

Einwandintegrations-Moderation

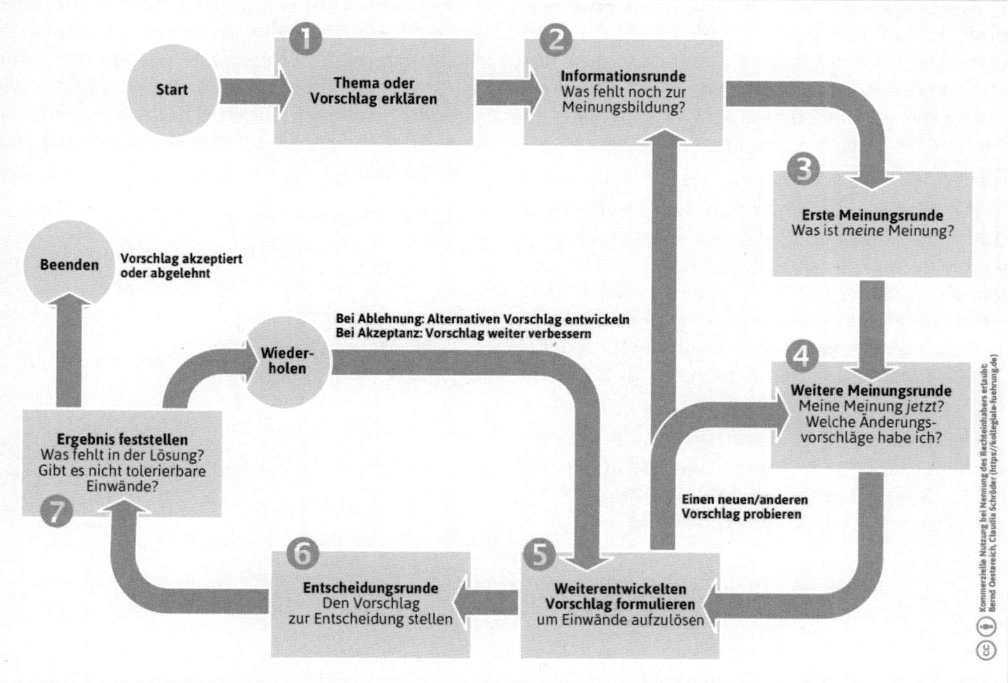

Entscheidungswerkzeug: Soziokratische Einwandintegration (Konsent)

Der Konsent stammt aus der Soziokratie und wurde als Alternative zum Konsens entwickelt. Im Prozess der Konsent-Moderation wird nach Einwänden gefragt. Ein Konsent besteht, wenn alle schwerwiegenden Einwände gelöst wurden. Im Konsens hingegen wird nach Zustimmung gefragt und eine Entscheidung akzeptiert, wenn alle zustimmen.

Konsens: Vollständige Übereinstimmung.

Konsent: Kein Widerstand vorhanden.

Ausgangssituation

Ausgangspunkt ist ein einzelner Entscheidungsbedarf oder Vorschlag (also keine Auswahl von alternativen Optionen), über den nicht nur entschieden, sondern der gemeinsam so weiterentwickelt und verbessert wird, dass schließlich alle mit der Entscheidung leben und sie umsetzen können.

Die Moderation nähert sich der Entscheidung über eine Reihe von Gesprächsrunden, die jeweils einen spezifischen Zweck verfolgen. Mit Gesprächsrunde ist gemeint, dass alle Teilnehmer streng der Reihe nach jeweils einmal einen Wortbeitrag leisten können und die Moderation dafür sorgt, dass nicht durcheinander gesprochen wird.

Die Moderation ist anspruchsvoll, dauert 20 – 70 Minuten, eignet sich für kleine Gruppen bis max. 11 Personen und wird vorwiegend für Grundsatzentscheidungen verwendet.

Vorbereitung

Mit dem Vorschlaggeber wird die Formulierung mittels Prozessfragen und aktivem Zuhören herausgearbeitet. Vorschläge werden so formuliert, dass das Ergebnis so kurz und konkret wie möglich in aktiven Sätzen allgemeinverständlich beschrieben wird. Das sind in der Regel zwischen 1 und 5 Sätze.

Informationsrunde

Der Entscheidungsvorschlag oder -bedarf wird formuliert, die hierzu relevanten Zahlen, Daten und Fakten werden geteilt und Verständnisfragen geklärt.

Meinungsrunde(n)

In einer oder mehreren Meinungsrunden äußern die Teilnehmenden ihre Meinungen, Fragen, Einwände, Ideen und eventuelle Alternativvorschläge. Alle diese Beiträge gelten als ein Geschenk an die Gruppe, um noch bessere Lösungen zu finden.

Vorschlagsrunde

Diese Runde dient der Erarbeitung eines gemeinsamen Vorschlages, beispielsweise indem der initiale Vorschlag soweit ergänzt, eingeschränkt oder angepasst wird, dass mögliche Einwände minimiert werden oder ganz entfallen. Die Moderation greift die Beiträge auf, um daraus einen voraussichtlich konsentfähigen Vorschlag zu formulieren.

Entscheidungsrunde

Die Runde wird gefragt: „Gibt es zum formulierten Vorschlag einen schwerwiegenden, nicht tolerierbaren Einwand im Hinblick auf das gemeinsame Ziel?“

Der Vorschlag gilt als akzeptiert, sofern niemand einen schwerwiegenden Einwand begründet.

Für jeden Einwand wird (ohne zu anderen Fragen abzuschweifen) geklärt:

- Was genau ist der schwerwiegende Einwand? Welche Sichtweisen und Argumente gibt es hierzu?
- Ist es wirklich ein schwerwiegender Einwand?
- Welchen Lösungsvorschlag hat der Einwandgeber?
- Kann der Einwandgeber Konsent zu einem weiterentwickelten Vorschlag geben?

Bedarfsweise wird die Weisheit der Gruppe genutzt, um den Einwand zu integrieren.

Anschließend wird der neue Vorschlag wieder der gesamten Gruppe zur Entscheidung gestellt.

Falls der Ausschluss eines Mitgliedes Gegenstand der Entscheidung ist, kann dieses in allen Runden mitwirken, hat aber kein Entscheidungsrecht.

Anmerkungen

Es ist eine professionelle Moderationskompetenz gefordert, die den Metaprozess fokussiert und aufkeimende Seitengespräche oder auch Diskussionen beendet. Der Konsent erfordert eine strikte Führung, die anfangs etwas harsch wirken kann. Es ist ratsam, die strikte Führung durch die Moderation anzukündigen.

Inhaltliche Fragen zum Entscheidungsvorschlag werden meistens bilateral zwischen Vorschlaggeberin und Fragender geklärt.

Beim Soziokratischen Konsent arbeitet die Moderation nicht nur auf der Prozessebene, sondern bedarfsweise auch inhaltlich, bspw. durch Auswahl von Vorschlägen oder Formulierung eigener Vorschläge, was für ausgebildete systemische Prozessbegleiter und Coaches eher ungewohnt ist.

Zwar bedeutet der Begriff Veto laut Duden, dass ein Einwand vorliegt, durch den das Zustandekommen von etwas verhindert oder verzögert wird. Dennoch wird der Begriff Veto hier vermieden, weil er oftmals mit der Bedeutung verbunden wird, etwas in destruktiver oder sachfremder Weise zu blockieren.

Entscheidungswerkzeug: Universelles Entscheidungsverfahren

Mit dem Verfahren wird aus einer Menge von Vorschlägen die Alternative mit dem geringsten Widerstand ausgewählt, wobei die Vorschläge unterschiedlichen Typs (universell) sein können. Neben inhaltlichen Vorschlägen können gleichzeitig auch Personenvorschläge und Verfahrensvorschläge als Alternativen zur Abstimmung gestellt werden.

Es ist eine Erweiterung der Widerstandsabfrage (➡Seite 154).

Moderation bestimmen

Im Vorfeld sind Moderator und Helfer zu bestimmen:

- Wer moderiert die Entscheidung und führt durch die nächsten fünf Schritte?
- Wer unterstützt als Handzeichenzähler?

Vorschläge sammeln

Die Ist-Situation („Alles bleibt, wie es ist") ist in diesem Verfahren immer auch eine explizite Alternative.

Anschließend werden weitere Vorschläge eingesammelt. Dabei ist für jede Alternative (außer der Ist-Situation) zu prüfen:

- Wer verantwortet die Umsetzung der Entscheidung?
- Wann soll eine Retrospektive stattfinden und wer organisiert sie?

Die Vorschläge werden auf einem Flipchart oder mit Klebezetteln gesammelt. Jede Alternative bekommt eine eindeutige Nummer. Alternative 0 ist die Ist-Situation.

Vorschläge vorstellen

Die verschiedenen Entscheidungsvorschläge werden jeweils kurz vorgelesen. Bestehende Verständnisfragen werden Vorschlag für Vorschlag geklärt. Der Moderator lässt keine Meinungsäußerungen oder Diskussionen zu. Eine Verständnisfrage beantwortet möglichst nur die Person, von der der Vorschlag kommt. Die anderen folgen ruhig dem Klärungsprozess.

Sofern eine Person eine Meinungsrunde, Diskussion, Vertagung o. Ä. zum Thema für notwendig hält, kann sie dies als einen alternativen Vorschlag einbringen und ebenfalls mit zur Entscheidung stellen.

Die Moderatorin fragt, ob es unterspezifizierte, unvollständige, unlogische oder unmögliche Vorschläge gibt und sortiert diese ggf. aus.

Der Moderator fragt, ob es jetzt noch weitere Vorschläge/Alternativen gibt und wiederholt für diese dann die Verständnisfragen.

Wichtig: Zu möglichen Alternativen gehören auch Vorschläge für ein anderes Wahlverfahren (bspw. Kollegiale Einwandintegration, Konsultativer Fallentscheid), für eine Vertagung (Wiedervorlage) sowie für die Überweisung an andere Kreise oder Rollen.

Widerstände messen

Die Moderatorin erklärt die fünf Handzeichen (➡Seite 234) als mögliche Widerstandswerte und fragt für jeden Vorschlag der Reihe nach ab: „Wie groß ist dein Widerstand gegen diese Alternative?"

Alle geben gleichzeitig ihr Handzeichen und der Handzeichenzähler zählt die Gesamtsumme der Finger (ggf. https://kollegiale-fuehrung.de/counter/ oder einen Taschenrechner verwenden). Die Summe wird notiert. Eine Nichtmeldung wird immer als 1 gezählt.

Dies wird für jede der Alternativen wiederholt.

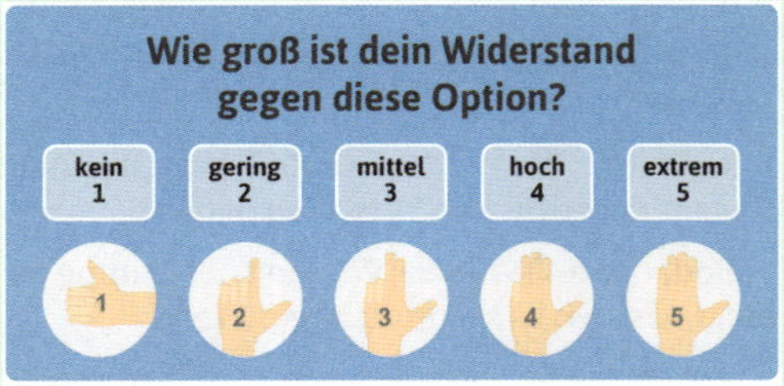

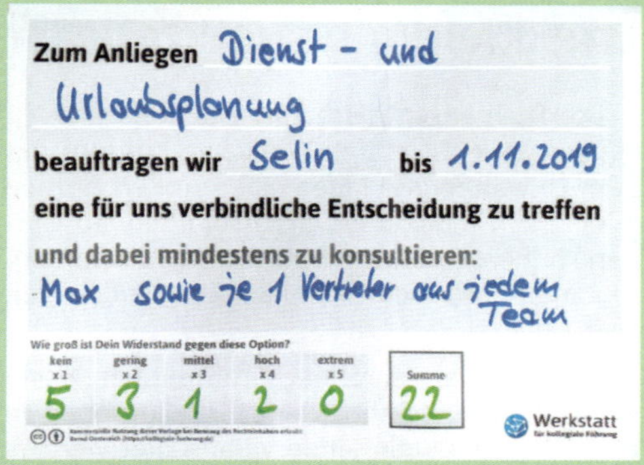

Zum Anliegen Dienst- und Urlaubsplanung

beauftragen wir Selin bis 1.11.2019

eine für uns verbindliche Entscheidung zu treffen

und dabei mindestens zu konsultieren:

Max sowie je 1 Vertreter aus jedem Team

Wie groß ist Dein Widerstand gegen diese Option?

kein x 1	gering x 2	mittel x 3	hoch x 4	extrem x 5	Summe
5	3	1	2	0	22

Werkstatt für kollegiale Führung

Akzeptanz feststellen

Die Moderatorin fragt, ob jemand einen schwerwiegenden Einwand wegen Verfahrensmängel hat. Die Einwandgeberin muss dann einen Heilungsvorschlag machen. In diesem Fall erfolgt anschließend eine Widerstandsabfrage zwischen den Alternativen

a) „dem Heilungsvorschlag folgen" und

b) „Ergebnis anerkennen, wie es ist".

Ergebnisfeststellung

Die Moderatorin dokumentiert deutlich sichtbar, welche Alternative den geringsten Widerstandswert hatte, damit als akzeptiert gilt, und liest die getroffene Entscheidung noch einmal laut vor.

Bei gleichen Widerstandswerten ist es beliebig, welche Alternative akzeptiert wird – sie passen gleichermaßen. Es kann der Zufall entscheiden, die jüngste anwesende Person oder eine Stichwahl.

Anmerkungen

Beim ersten Mal ist dieses Verfahren gewöhnungsbedürftig, weil gleichzeitig Inhalte und Verfahren als Alternativen gegenübergestellt und verglichen werden.

Da die Ist-Situation als Alternative dabei ist, werden Verschlechterungen der Situation vermieden und das Verfahren kann auch angewendet werden, wenn es zunächst nur einen einzelnen Vorschlag gibt. Dieser wird dann der Ist-Situation gegenübergestellt.

Veto-Möglichkeiten kommen nur dadurch ins Spiel, dass ein Vorschlaggeber diese in seinen Vorschlag integriert. Jeder Vorschlag kann spezifische Veto- und Verfahrensbestimmungen enthalten (Beispiel: „Wenn einer oder mehr Teilnehmer mit 5 votieren, gilt mein Vorschlag als zurückgezogen." Oder: „Mehr als zwei 4er-Voten gelten für meinen Vorschlag als Veto.")

Wenn also jemand einen Vorschlag macht und jemand anderes möchte eine Veto-Möglichkeit für diesen Vorschlag, so muss er diesen auch als zusätzliche Alternative einbringen.

In der Praxis lassen sich bis zu fünf verschiedene Vorschläge effizient handhaben. Wegen der Handzeichenzählung steigt der Zeitbedarf proportional zur Anzahl der Vorschläge. Sollten zu viele Alternativen vorliegen, empfehlen wir eine Vorab-Filterung durch ein Priorisierungs- oder Bepunktungsverfahren.

Um dieses kombinierte Verfahren pragmatisch und strukturiert durchführen zu können, hilft es, Formulare zu verwenden. Sobald nicht nur inhaltliche Vorschläge zu Wahl stehen, sondern auch verschiedene andere Entscheidungsverfahren, sind Formulare praktisch, um die jeweiligen Mindestinformationen (im Lückentext) nicht zu vergessen.

Sie können unsere Formularvorlagen frei herunterladen (https://kollegiale-fuehrung.de/entscheidungsvorlagen), bearbeiten oder mit eigenem Logo versehen. Oben ist ein Beispiel, wie für einen Entscheidungsbedarf zum Thema Dienst- und Urlaubsplanung anstelle einer inhaltlichen Lösung ein Konsultativer Fallentscheid vorgeschlagen wird:

Tipp: Füllen Sie Formulare nicht mit schwarz, sondern einer Akzentfarbe aus.

Entscheidungswerkzeug: Themenzentrierte Einwandintegration

Die Themenzentrierte Einwandintegration ist ein von uns entwickeltes Workshop-Konzept, mit dem Einwände und Ideen einer großen Gruppe in einen Entscheidungsvorschlag integriert werden können. Es ist eine Synthese aus Einwandintegration und dem Vier-Faktoren-Modell von Ruth Cohn.

Das kann als einzelner Großgruppen-Workshop oder als Workshop-Serie für Teilgruppen einer größeren Organisation veranstaltet werden. Ausgangspunkt ist ein konkreter Entscheidungsvorschlag. Einen exemplarischen Anwendungsfall zeigen wir auf ➡Seite 76.

Hilfreiche Farbcodierung der Klebezettel:

- Gelb: Es ist eine Frage oder Idee.
- Grün: Es handelt sich um eine Spannung oder einen Einwand.
- Pink/Rot: Es handelt sich um einen für unsere Organisation nicht verkraftbaren Schaden.

Vorbereitung

Ausgangspunkt ist ein ganz konkreter und ausformulierter Entscheidungsvorschlag einer Vorschlaggeberin, der übergreifend und für viele Organisationsmitglieder relevant ist, beispielsweise ein Vorschlag der Geschäftsführung für eine Reorganisation.

Voraussetzung ist, dass die Entscheidung wirklich noch offen ist: Die Vorschlaggeberin ist bereit, den Vorschlag inhaltlich weiterzuentwickeln, durch einen ganz anderen zu ersetzen oder ihn wieder aufzugeben.

Zusätzlich muss stets klar sein, wer die Entscheidung treffen und verantworten wird. In der Regel ist die Vorschlaggeberin die Entscheiderin, nicht die Workshop-Teilnehmerinnen.

Ein Moderationsteam wird beauftragt, einen Entscheidungs-Workshop zu organisieren und lädt alle Beteiligten hierzu ein. Welche Informationen zum Entscheidungsvorschlag vorab geteilt werden und welche erst im Workshop, stimmen die Moderatoren mit der Vorschlaggeberin ab.

Vorstellung und Kleingruppenbildung

Im Workshops stellen die Moderatoren zunächst den Ablauf vor und die Vorschlaggeberin erklärt den Entscheidungsbedarf und Vorschlag. Danach wird die Workshop-Gruppe in Kleingruppen von 3 – 5 Personen aufgeteilt.

Verstandenes würdigen

Jede Kleingruppe bearbeitet ca. 10 – 15 Minuten folgende Frage: „Was habe ich zu dem Entscheidungsvorschlag verstanden?"

Entweder wird frei diskutiert, im Kreis gesprochen (➡Seite 230) oder im Kreis aktiv zugehört (➡Seite 232).

Fragen, Einwände und Ideen identifizieren

Anschließend bekommen die unveränderten Kleingruppen einen Klärungsauftrag: „Welche Fragen, Ideen oder Einwände habe ich zu dem Vorschlag, die *unbedingt* noch *vor* der Erprobung zu klären sind?"

Zunächst bearbeitet jeder die Frage 1 – 3 Minuten für sich und notiert sich seine Punkte.

Fragen, Einwände und Ideen sammeln

Zur anschließenden Sammlung der Beiträge kann beispielsweise das Gesprächsformat der aktiv zuhörenden Runde (➡Seite 232) verwendet werden: Alle Teilnehmenden kommen der Reihe nach dran, immer nur eine spricht, nennt jeweils einen Aspekt, der noch nicht genannt wurde, und spricht nur für sich (also ohne die Beiträge der anderen zu bewerten). Die Runden werden wiederholt, bis die Zeit um ist oder niemand mehr einen neuen Beitrag hat.

Die Moderatorin fragt die jeweils beitraggebende Person: „Ist die Spannung oder Frage so dringlich oder wichtig, dass sie unbedingt noch vor dem Ausprobieren geklärt werden muss?"

Nur wenn das der Fall ist, wird der Beitrag weiterbearbeitet und folgende Frage gestellt: „Wäre dadurch ein für unsere Organisation nicht verkraftbarer Schaden zu befürchten?"

Danach schreibt der Beitraggeber seinen Beitrag auf einen Klebezettel (siehe Farbcodierung) und heftet ihn auf die vorbereitete Pinnwand in das passende Segment – die schwerwiegenden nach innen, die leichten nach außen.

Segmente der TZI-Pinnwand:

- **Ich**: Betrifft die Frage ein individuelles oder persönliches Bedürfnis oder Interesse?
- **Wir**: Betrifft die Frage ein Bedürfnis oder Interesse einer Gruppe, eines Teams oder einer Organisationseinheit?
- **Organisationszweck**: Betrifft die Frage die Interessen der Gesamtorganisation oder den Sinn und Zweck der Organisation als Ganzes?
- **Gemeinwohl**: Betrifft die Frage die umgebende Umwelt oder Rahmenbedingungen der Organisation, die Gesellschaft, die menschliche Zivilisation oder die Erde (alle Lebewesen) insgesamt?

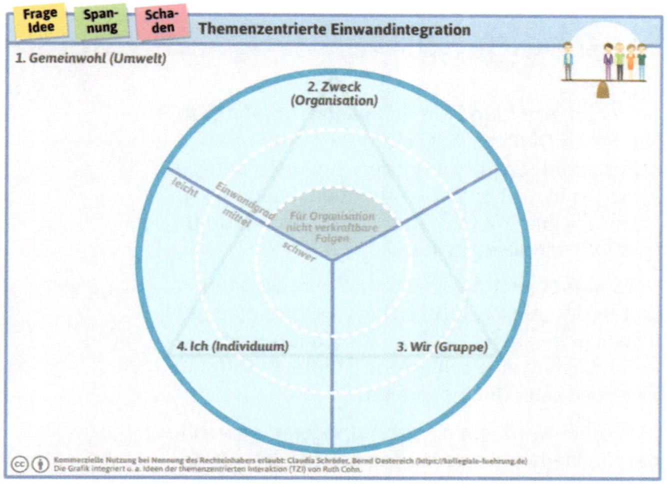

Einwände und Ideen integrieren

Im nächsten Teil des Workshops sammeln die Kleingruppen Ideen zur Integration der Einwände. Dabei werden zuerst die schwerwiegenden Einwände bearbeitet, die die Organisation (Zweck) betreffen, dann die schwerwiegenden Einwände, die die Gruppe (Wir) betreffen und schließlich die, die das Individuum (Ich) betreffen. Je nach Anzahl der Einwände und der verfügbaren Zeit können anschließend in gleicher Weise, die weniger schwerwiegenden Einwände bearbeitet werden.

Die Gruppe bearbeitet jeweils eine Karte zurzeit und teilt sich hierzu weiter in parallel arbeitende Untergruppen von ca. 3 Personen auf. Die Untergruppen bekommen 5 – 10 Minuten Zeit zur Bearbeitung.

Für die schwerwiegenden Einwände zur Organisation lautet die Leitfrage: „Was ist unsere Idee, um den Einwand soweit zu minimieren, dass der Vorschlag zumindest einmal ausprobiert werden kann, ohne dass der Organisation ein nicht verkraftbarer Schaden entsteht?"

Für allen anderen Einwände: „Was ist unsere Antwort oder Idee, um die formulierten Fragen/Einwände hinreichend aufzulösen?"

Nach der Ideensammlung in den Untergruppen, werden diese in den Kleingruppen ausgetauscht, ebenfalls auf Haftzetteln (orange oder gelb) notiert und zu den Einwänden auf die Pinnwand geheftet.

Würdigung

Die Vorschlaggeberin bzw. Entscheiderin (alle anderen möglicherweise auch) sieht sich sämtliche gesammelten Beiträge aus allen Gruppen an und stellt ggf. noch Rückfragen. Dieser Schritt lässt sich gut mit einer längeren Pause verbinden.

Im Anschluss kommen alle wieder zusammen und die Vorschlaggeberin würdigt die entstandenen Beiträge. Sie gibt wieder, was sie verstanden hat, was dies bei ihr auslöst und welche Fragen und Ideen ihr besonders wertvoll erscheinen. Sie sollte sich für die Beiträge bedanken.

Entscheidung

Danach obliegt es den Entscheiderinnen, über das weitere Vorgehen zu entscheiden, zum Beispiel

- die Ideen und Beiträge aufzugreifen und das Thema gemeinsam mit einem Einsatzteam weiter zu bearbeiten,
- den Entscheidungsvorschlag vorläufig oder endgültig zurückzuziehen oder
- die (weiterentwickelte, angepasste) Entscheidung zu treffen, auch wenn nicht alle Einwände berücksichtigt werden.

Die Entscheidung fällt dann transparent im Gewahrsein und Bewusstsein aller Fragen, Einwände und Ideen, die die Kollegenschaft hierzu hat, und vor allem auch solcher, die unbedingt noch vor der Erprobung zu klären sind.

Entscheidungswerkzeug: Entscheidungsrat

Der Entscheidungsrat (angelehnt an den Weisen Rat in Dynamic Facilitation) ist ein Entscheidungsverfahren für besonders herausfordernde Anliegen in großen Organisationen, bei dem Dynamic Facilitation (➡Seite 194) als Moderationsmethode eingesetzt wird.

Es eignet sich für Themen, die zu Stagnation und Resignation geführt haben, als scheinbar unlösbar gelten oder reich an Konflikten sind und deren Lösung eine sehr große Gruppe betrifft (30 Personen oder deutlich mehr).

Hierbei wird ein Entscheidungsrat gewählt, der die Vielfalt in Geschlecht, Lebensalter, Zugehörigkeitsdauer, Rolle etc. der Organisation repräsentiert. Dieser Rat erhält einen moderierten Denk- wie Entscheidungsraum.

Zeitliche Gliederung

Jeder der vier Schritte benötigt unterschiedliche Begleitungskompetenzen:

1. Erst wird entschieden, dass für das Anliegen ein Entscheidungsrat einberufen wird und wer Gastgeber dieses Prozesses wird.
2. Dann werden die Repräsentanten des Rates mithilfe eines Rollenwahlverfahrens (➡Seite 150) nach bestimmten Merkmalsgruppen (Geschlecht, Lebensalter etc.) gewählt.
3. Danach startet der eigentliche Entscheidungsprozess: Der Rat sucht mit der Moderationsmethode Dynamic Facilitation eine Lösung, was eine längere Zeit dauert.
4. Steht die Entscheidung fest, wird sie narrativ (mittels Storytelling) kommuniziert. Der Rat wird hierbei ebenfalls professionell begleitet, damit die Entscheidung gut Anschluss finden kann. Ein Veto ist nicht möglich.

Nach der Würdigung der für die Gemeinschaft geleisteten Arbeit löst sich dieser Rat wieder auf.

Aufgaben des Gastgebers

Die Gastgeberrolle begleitet den gesamten Prozess auf der Metaebene. Teilschritte davon können wiederum am Führungsmonitor (➡Seite 88) kommuniziert und prozessiert werden.

Zur Gastgeberrolle gehören folgende Aufgaben:

- Wahl der Ratsmitglieder und weiterer Rollen (Dokumentation, Kommunikation bzw. Storytelling) organisieren.
- Moderatorin und ggf. Ko-Moderatorin für den Entscheidungsprozess (d. h. für den 3. Schritt) bestimmen.
- Bedarfsweise den Rat und den Prozess weiter unterstützen.
- Geleistete Arbeit würdigen und Rat verabschieden.

Zusammenstellung des Entscheidungsrates

Die Größe des Rates (4 – 12 Personen) ist von der Größe der betroffenen Organisation und von der zu repräsentierenden Vielfalt abhängig.

Wichtig ist, die existierende Vielfalt der betroffenen Gruppe im Rat proportional widerzuspiegeln. Dazu gehören normalerweise Geschlecht und Lebensalter sowie zusätzlich ein (maximal zwei) weiteres Kriterium wie Zugehörigkeitsdauer, Rolle, Aufgabenbereich, Ausbildung, Standort, bestimmte Berechtigungen/Zulassungen oder (als Negativkriterium) Rollenhäufung und frühere Ratsmitgliedschaften.

Unabhängig davon sollten die Personen gesucht werden, denen zum Thema die größte Kompetenz, das größte Vertrauen und die besten Möglichkeiten zugeschrieben werden. Die Gastgeberin sorgt dafür, dass passende Kriterien gefunden werden.

Mithilfe einer Kollegialen Rollenwahl oder Widerstandsabfrage kann eine Rangfolge möglicher Kandidaten gebildet werden, aus der dann nach den aufgestellten Kriterien passende Personen bestimmt werden.

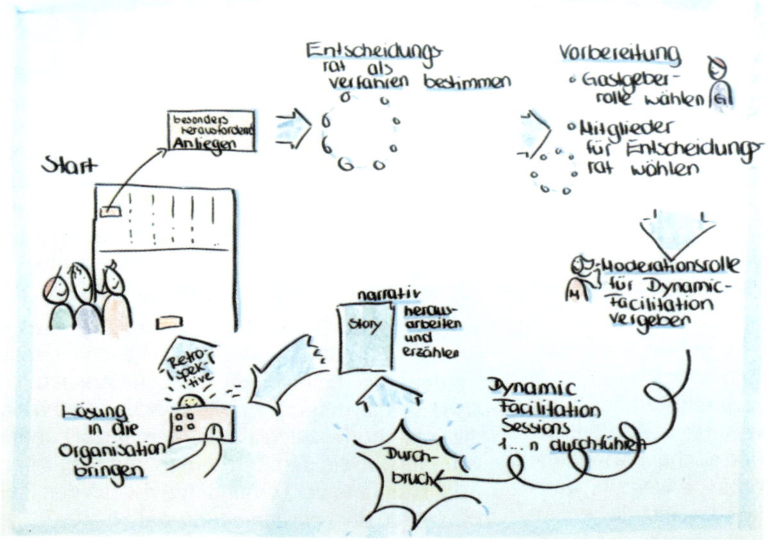

Entscheidungsfindung des Rates

Eine Moderatorin und ggf. eine Ko-Moderatorin führen den Rat dann durch den Dynamic-Facilitation-Prozess (➡Seite 194).

Sie begleiten den Rat bei der Lösungssuche für das Anliegen. Da nicht abgesehen werden kann, wie lange dieser Prozess dauert, arbeitet der Rat mithilfe einer Serie von mehrstündigen Treffen.

Die Gespräche sind vertraulich, dringen nicht nach außen und finden nur in dem moderierten Rahmen, nicht außerhalb statt.

Die Moderation bleibt stets in Kontakt mit der Gastgeberschaft und informiert diese stetig über den Fortgang des Verfahrens bis zum Durchbruch – ohne die Inhalte detailliert zu nennen.

Danach ist die Entscheidung in die nächste Phase zu überführen, bei der es darum geht, die Kommunikation der Entscheidung an die Kollegenschaft vorzubereiten.

Erklärung der Entscheidung

- Wie lässt sich der Prozess der Entscheidungsfindung erzählen?
- Welche Geschichten haben die Ratsbeteiligten erlebt und gehört? Welche davon können genutzt werden, um den Prozess zum Durchbruch zu verdeutlichen?
- Warum wurden bestimmte Lösungsideen nicht verfolgt?
- Wie kann die gefundene Lösung gut erklärt werden? Welche Fragen sind zu beantworten?
- Wer übernimmt in der Kommunikation welche Aufgaben? Wo und wann findet die Erklärung statt? Was ist der passende Rahmen? Was darf nicht passieren?
- Auf welche Ressourcen können wir für die Kommunikation zurückgreifen? Wer kann uns noch kompetent unterstützen?

Anmerkung

Personen, die schon einmal oder mehrfach Mitglied eines Entscheidungsrates waren, sollten ausgelassen werden, um Machtverklumpungen zu vermeiden.

Für diese wirkungsvolle Methode ist die Bereitschaft der Auftraggeberinnen oder Führungskräfte notwendig, die Entscheidung des Rates auch wirklich zu akzeptieren und mit umzusetzen. Der Entscheidungsrat funktioniert nach außen ähnlich wie ein Konsultativer Fallentscheid, nur dass von einer gewählten Gruppe entschieden wird und die Gruppe nach einem bestimmten Prozess arbeitet.

Die Rolle der Gastgeberschaft bleibt bis zum Ende des gesamten Prozesses bestehen.

Während der Laufzeit des Entscheidungsrates sollte die Kollegenschaft regelmäßig über den Status (nicht die Inhalte) informiert werden, beispielsweise im Rahmen des Führungsmonitors (➡Seite 88, Company-Board).

So nicht mehr ...

Seit den 1990er Jahren arbeiten wir als Trainer für technische, methodische und soziale Themen. Dabei haben wir frontale folienbasierte Trainingsformate schon frühzeitig ergänzt oder abgelöst durch immer stärkere interaktivere Lernmethoden und ließen uns dabei durch neurowissenschaftliche Erkenntnisse leiten.

Dennoch stießen wir immer wieder an die Hürde, dass die Teilnehmerinnen den praktischen Transfer in die Organisation nicht schafften – mangels Raum, Zeit oder Interesse der Arbeitsumgebung.

Aus dieser Unzufriedenheit entstand der Wunsch, Lernen in Organisationen grundlegend neu zu denken und zu gestalten, um den Transfer in den Arbeitskontext zu erreichen. Aus diversen Kundenexperimenten entstand so die Reduzierung auf die wirklich wichtigen Basiselemente, die Reduzierung der Theoriefülle bei gleichzeitiger Erhöhung der praktischen Anwendung, verknüpft mit niederschwelligen Transferaufgaben in die Arbeitswelt mittels eines Lernpaar-Konzeptes und einer kontinuierlichen Begleitung.

Implikationen des kollegialen Lernens

Für Trainingsanbieter ist kollegiales Lernen wirtschaftlich viel weniger attraktiv als mehrtägige Standardkurse - vor allem bezüglich der Auslastung, Flexibilität, Rüstzeiten und anderer Transaktionskosten.

Für die Nutzer ist es genau umgedreht. Sie sparen Geld, sind zeitlich und räumlich flexibler, lernen praxisnäher, inhaltlich und zeitlich individueller, schaffen viel besser den Transfer und die Integration in die eigene Organisation, Arbeit und Kultur.

Insgesamt erhöht sich die Wirksamkeit der Maßnahme, das Gelehrte und Gelernte wird verinnerlicht und geht sukzessive in schlüssiges Handeln über.

Kontinuierliche kollegiale Lernbegleitung

Was ist kollegiale Lernbegleitung?

In einem Trainings-Workshop kann Wissen vermittelt und Können geübt werden. Doch trotz aller Übungen in den Präsenztrainings entstehen die wichtigsten Fertigkeiten unserer Erfahrung nach erst im praktischen Tun in alltäglichen Arbeitssituationen. Das hat uns zur Idee des kollegialen Lernens mithilfe der kollegialen Lernbegleitung geführt.

Ganz vereinfacht erklärt, besteht kollegiales Lernen darin, dass Kollegen zwar weiterhin in kurzen Workshops oder auch selbständig (durch Bücher, Erklärfilme, Online-Kurse u. Ä.) oder gemeinsam (bspw. durch klassische Präsenztrainings) grundlegendes Wissen erwerben, dann aber das Gelernte vor allem im alltäglichen Arbeitskontext immer und immer wieder miteinander erproben, verbessern und integrieren.

Dies ist der übliche Ablauf eines Moduls der Lernbegleitung (Präsenzzeit mit Trainerin):

1. Organisatorisches und Ankommen.
2. Check-in-Runde.
3. 1 – 3 Theorie-Einheiten/Schnipsel: Die Einheiten dauern ca. 10 – 15 Minuten.
4. Trockenübung: Praktische rollierende Übungen oder Demonstrationen in einer Trainingssituation anhand realer Anliegen in der Rollen-Konstellation Übende, Repräsentantin, Beobachterin.
5. Reflexion der gemachten Erfahrungen und Ergänzung weiterer notwendiger Theoriedetails oder Beantwortung von Fragen.
6. Kollegiale Organisation: Die Vorbereitung und Vereinbarung von praktischen Übungen oder Anwendungen für den Arbeitsalltag durch die Teilnehmer.

Die entscheidenden Schritte neben dem hohen praktischen Übungsanteil sind dabei die Vorbereitung, Vereinbarung und Durchführung von praktischen Übungen oder Anwendungen für den Arbeitsalltag (Schritt 6). Hierzu werden Lernpaare (oder kleine Lerngruppen gebildet), die sich regelmäßig oder zu bestimmten Gelegenheiten treffen, um dann gemeinsam das Gelernte anzuwenden und sich dabei gegenseitig beobachten und unterstützen. Lernpaare erhöhen die Wahrscheinlichkeit der Anwendung, da sie rascher Termine während der Arbeit vereinbaren können, als Gruppen.

Hierbei ist kein Trainer, Vorgesetzter oder andere zentrale Führungs- oder Aufsichtsrolle dabei, sondern die Kolleginnen üben untereinander, also kollegial miteinander. Deswegen nennen wir diese Methode kollegiales Lernen und sie findet kontinuierlich in dem Lerntempo und möglichen Arbeitsumfang der Lernenden zwischen den Präsenszeiten der Lernbegleitung statt.

Der übliche Ablauf des kollegialen Lernens (in den Lernpaaren) ist:

1. Praktisches Lernen (on the Job): Ein Teilnehmer übt das Gelernte in einer alltäglichen Arbeitssituation, während ihn sein Lernpartner (oder 1 – 2 Kolleginnen aus seiner Lerngruppe) beobachten, um später Feedback geben zu können.
2. Abschließende Reflexion: die gemeinsame Reflexion der Übung und Klärung von Fragen, die bei der Anwendung und Integration im normalen Arbeitskontext entstanden sind.
3. Vorbereitung/Vertiefung: Sammlung der Erfahrungen und mögliche Fragen in Vorbereitung auf das nächste Modul.

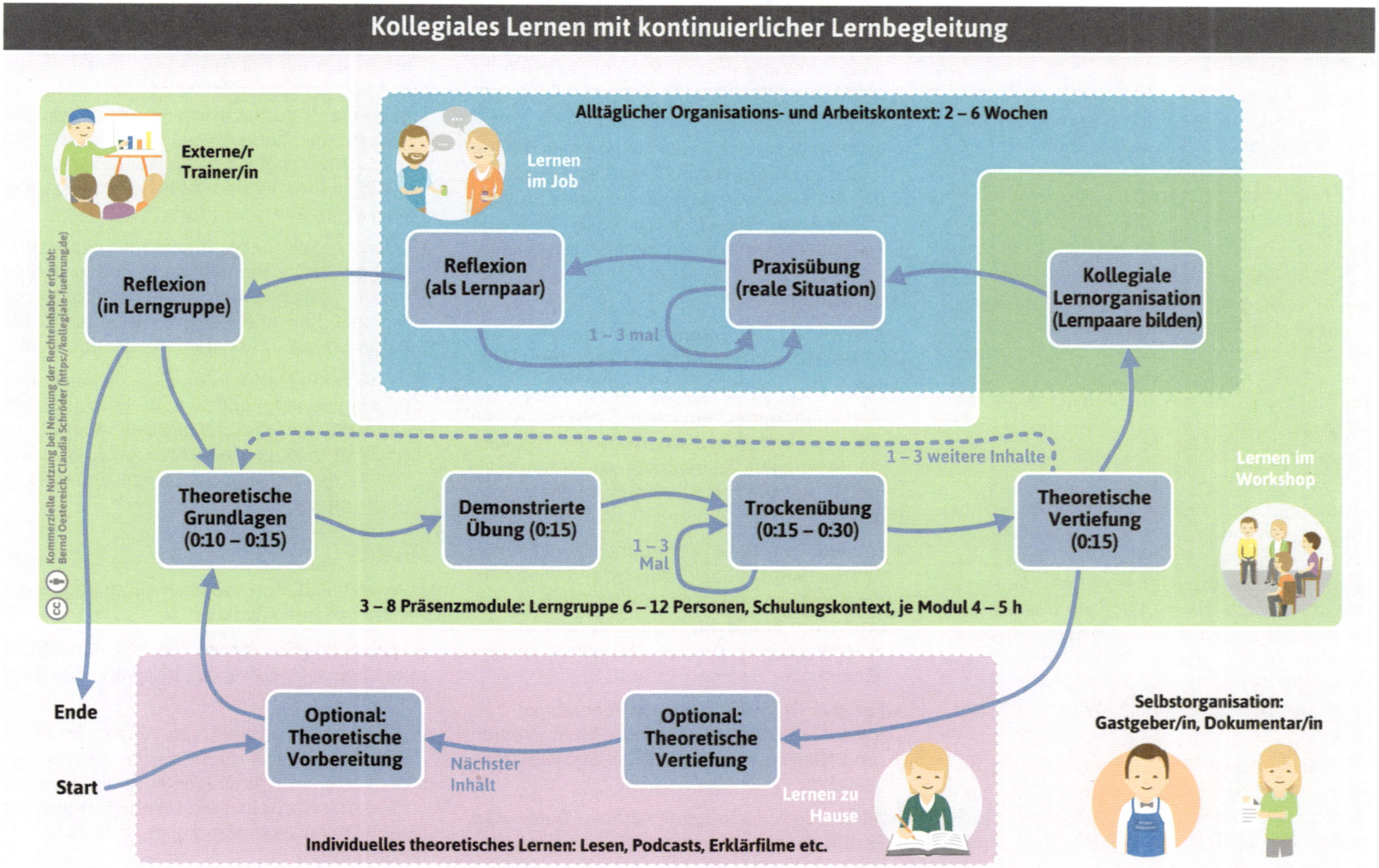

Typische Inhalte: Ich-/Du-Botschaften, Sprachwirkung, Wirklichkeitskonstruktion, Aktives Zuhören, Eigen-/Fremdbild, Arbeits- und Verhaltens-Feedback, Fragetechniken, Prozessfragen, Team- und Konfliktdynamiken, Moderation, Visualisierung, Organisationsvorrang, Entscheidungen, Rollenreflexion, Retrospektiven, Reviews

Beispiele für kollegiales Lernen bei der Arbeit:

Das Thema für das Beispiel soll sein: Wie erstelle ich eine Agenda zu Beginn eines Arbeitstreffens? Also eine kleine einfache Moderationsübung.

In der Theorieeinheit, die vielleicht 10 – 15 Minuten dauert, lernen die Teilnehmer ein paar Grundlagen sowie ein paar Varianten und Beispiele hierzu kennen. Sie lernen, anspruchsvollere Situationen zu erkennen, und bekommen die Aufgabe, erst einmal nur einfache Fälle zu üben.

Das eigentliche Lernen findet dann hinterher im Arbeitsalltag statt. Hierzu bilden die Kollegen Lernpaare oder kleine Lerngruppen und verabreden sich zu Übungssituationen. Dies sind nach Möglichkeit keine künstlichen, sondern echte Arbeitssituationen, da sich hieraus ein real spürbarer Nutzen ergibt.

Beispielsweise übernimmt ein Kollege die Agenda-Abstimmung für ein anstehendes Arbeitstreffen. Oder er moderiert ein Meeting. Währenddessen nehmen die ein bis zwei andere Kolleginnen aus seiner Lerngruppe als Beobachter teil. Im Anschluss geben sie dem Übenden Rückmeldungen. Gemeinsam beobachten sie die Veränderungen und Fortschritte, die jeder Einzelne von ihnen macht, und sammeln Fragen, die sie selbst nicht ausreichend klären konnten, um sie in den nächsten Ausbildungs-Workshop einzubringen.

In einem anderen Fall könnte ein Kollege beispielsweise in einem Telefonat mit einem Kunden Aktives Zuhören üben, während sein Lernpartner ihn dabei beobachtet und hinterher Rückmeldungen gibt.

Anmerkungen

- Es geht bei dem Transfer in die Organisation darum, etwas Niederschwelliges und sei es noch so klein auszuprobieren. Lernen sollte nicht zu Überlastung führen. Häufig nehmen sich Teilnehmerinnen der Lernbegleitung zu große Übungsaufgaben vor und schaffen ihr selbst gesetztes Pensum dann nicht bis zum nächsten Modul.
- Mitarbeiter benötigen die Erlaubnis, on the Job lernen zu dürfen. Hier hilft eine klare Botschaft der Auftraggeber, dass dieser Teil selbstverständlich auch Arbeit ist. Ggf sind hierzu kleine Zeitpuffer seitens der Arbeitgeber zu schaffen.

Unterschiede

Die wichtigsten Unterschiede der kollegialen Lernbegleitung gegenüber klassischen Trainings:

- Statt mehrtägiger Veranstaltungen gibt es eine Serie von kurzen, typischerweise ein- bis vierstündigen stark fokussierten Ausbildungseinheiten, die durch eine Trainerin angeleitet werden.
- Es werden parallele Lerngruppen (6 – 12 Personen) gestartet, die zeitlich verzögert voneinander beginnen, sodass versäumte Themen (aufgrund von Krankheit, Fehlzeiten oder Urlaub) in einer anderen Gruppe nachgeholt werden können.
- Für die Organisation (Gruppenbildung, Terminabstimmung der Module, Raumvorbereitung, Nachbereitung) wird eine Gastgeberrolle vergeben.
- Alle an dem Veränderungsprozess beteiligten Personen nehmen unabhängig von der jeweiligen Hierarchiestufe teil und lernen kollegial miteinander auf Augenhöhe.
- Jeder dieser Mini-Kurse hat idealerweise nur ein einzelnes Lernziel.
- Vorab wird nur ein Minimum an Theorie vermittelt. Weitere Einzelheiten werden möglicherweise erst nach dem eigenen Ausprobieren aufgrund der dadurch entstandenen Fragen und Einsichten nachgereicht.
- An Stelle von theoretischen Prüfungen, tauschen sich die Teilnehmenden untereinander aus, was sie verstanden haben, was nicht, welche Fragen sie noch haben, welche eigenen Thesen sie haben usw., und bestimmen dadurch, was ggf. noch zu wiederholen oder zu vertiefen ist, bis es ausreichend verstanden oder verinnerlicht wurde.
- Ähnliches gilt für die Praxis: Hier beobachten und ggf. bewerten sich die Übenden untereinander, gleichen immer wieder Eigen- und Fremdbild ab und bekommen so ein Gefühl dafür, wo jeder mit seinen Fähigkeiten steht.
- Im nächsten Modul werden die gemachten Erfahrungen aufgegriffen und reflektiert. Die Trainerin hat die Möglichkeit, Themen zu schärfen oder zu verdichten und das unterschiedliche individuelle Lernen Einzelner zu unterstützen.

Ausblick

Je nach Reifungsgrad einer Organisation sind weitere Varianten denkbar:

- Soweit möglich lernen die Teilnehmerinnen die Theorie eigenständig, beispielsweise durch kurze Texte oder Filme.
- Die Trainerin arbeitet von Anfang an in Ko-Konstellation mit interessierten Mitarbeitern, die später den Lernbegleiter-Pool bilden und für spätere Gruppen die Lernbegleitungskonzepte dann eigenständig ohne fremde Hilfe durchführen.

Kommunikative Grundfähigkeiten für die kollegiale Selbstorganisation

Typische Lerninhalte einer kontinuierlichen Lernbegleitung zum kollegialen Lernen.

Wirklichkeitskonstruktion

Menschen nehmen ihre Umgebung unterschiedlich wahr und konstruieren individuell ihre subjektive Realität. Dies zu wissen und anzuerkennen erleichtert deutlich unsere zwischenmenschliche Kommunikation. Auch wenn wir uns noch so große Mühe bei unserer Kommunikation geben, wir können nicht zielgerichtet dafür sorgen, dass unser Gesprächspartner genau das Gleiche wahrnimmt wie wir.

Unsere Wahrnehmung läuft innerhalb von wenigen Millisekunden ab. Dabei greifen unsere Sinne unbewusst auf unsere gespeicherten Assoziationen zurück, sogenannte Denk-Fühl-Gemische. In Einzelschritten könnten wir diesen Prozess vereinfacht mit Auswählen, Wahrnehmen, Bewerten beschreiben.

Da wir in der Lage sind, zielgerichtet unsere Aufmerksamkeit zu lenken und zu fokussieren, können wir diesen unbewussten Prozess verlangsamen bzw. unterbrechen, um unsere Art, wie wir wahrnehmen und was wir ggf. ausblenden, zu reflektieren. Hierzu gibt es unterschiedliche Methoden, auch Aktives Zuhören fällt darunter.

Merke: Von Zeit zu Zeit ist es bei Gesprächen hilfreich, auf Metaebene darüber zu sprechen, wie (Art und Weise) wir kommunizieren, um die unterschiedlichen Präferenzen zu erkennen.

Ich-Botschaften und Sprachwirkung

Ich-Botschaften (auch Ich-Sprache genannt) vermeiden anklagende Zuschreibungen. Dabei nutze ich sprachliche Formulierungen, die beschreiben was ich gesehen, gehört, gerochen etc. habe. Wir können dabei alle Verben nutzen, die die Funktion unserer Sinne beschreiben.

Ich-Botschaften benennen ein Verhalten konkret und präzise und beschreiben dessen Wirkung auf mich. Dabei mache ich deutlich, was ich subjektiv beobachtet habe (Sachaspekt: Was? Wie?) und benenne die Auswirkung auf mich (Beziehungsaspekt: Warum?).

Statt der Du-Botschaft „Du bist unzuverlässig", wäre eine Alternative: „Ich habe heute gesehen, dass du dich über 10 Minuten verspätet hast. Es ist das zweite Mal und ich merke, dass mich das ärgert."

Ich-Botschaften erzeugen bei dem Gegenüber eher Nachdenklichkeit und Bereitschaft, in den Dialog zu gehen. Wir vermeiden so, dass die Sprache bewertend und anschuldigend (Du-bist-Botschaften) wirkt. Es geht dabei nicht darum, ellenlange oder verschwurbelte Sätze zu formulieren oder Sachverhalte weichzuspülen. Es braucht ein wenig Übung, bis jeder seine passenden Ich-Formulierungen gefunden hat.

Merke: Es gibt versteckte Du-Botschaften. Wir können Ich-Botschaften nicht daran erkennen, ob ein Satz mit Ich anfängt.

- Du-Botschaften erkennen wir daran, dass sie Deutungen und häufig Universalquantoren (immer, alle etc.) enthalten und sie bei uns eine unangenehme Emotion auslösen wie bspw. Widerstand, Ärger, Irritation o. Ä.
- Ich-Botschaften hingegen beschreiben, was ich erlebt habe und wie ich mich fühle.

Aktives Zuhören

In Gesprächen hat jeder der Gesprächspartner Wahlmöglichkeiten, was und wie viel er aufnehmen mag. Wir filtern, interpretieren und bewerten. Dabei entstehen höchst subjektive unterschiedliche Wahrnehmungen und der Prozess läuft schnell und weitgehend unbewusst ab.

Häufig ist die Schnittmenge des gemeinsamen Verständnisses gering. Wir bemerken dies jedoch nicht, da wir uns üblicherweise in Gesprächen nicht darüber unterhalten, was wir wie verstanden haben.

Carl Rogers hat die Metamethode Aktives Zuhören entwickelt, um Rückkopplungen zwischen Intention und Interpretation zu ermöglichen. Dabei gibt man mit eigenen Worten wieder, was man verstanden hat. Das klingt so trivial, wird dennoch wenig praktiziert und bewirkt Wunder!

Gerade weil viele zur Methode sagen „Kenne ich schon" legen wir die Übungen darauf an, zu erproben, ob jemand dies auch sicher kann. Und wiederholen sie so lange, bis die Fähigkeit zum aktiven Zuhören wirklich sitzt.

In bestimmten Situationen, bspw. unter Zeitdruck oder bei hoher Emotionalität wie Begeisterung, Euphorie, Verliebtheit, Ärger, Druck, Sorge usw., ist es hilfreich, die Kommunikation zu verlangsamen, da unsere Wahrnehmung dann stärker von körperlichen Abläufen begrenzt wird.

Merke: Wenn Gespräche vom Tempo anziehen und Personen beginnen, sich ins Wort zu fallen, ist es Zeit, das Gespräch bewusst zu verlangsamen und ein paar Runden entschleunigt und diszipliniert aktiv zuzuhören! Die sprechende Person führt. Aktiv und wertschätzend zuzuhören ist eine Tätigkeit.

Arbeits-Feedback

Wir unterscheiden zwei Arten von Feedback. Für reguläre Arbeitssituationen, beispielsweise nach normalen Arbeitstreffen und zum kontinuierlichen Lernen, verwenden wir Arbeits-Feedback, in dem eine ganze Menge von Beobachtungen besprochen und reflektiert werden kann. Liegt eine Störung auf der Beziehungsebene vor, wählen wir situatives Feedback.

Feedback unterstützt die stetige persönliche und fachliche Weiterentwicklung – unser Eigenbild gleichen wir mit dem Fremdbild ab. Wir erhalten Rückmeldungen von außen, wie wir uns in bestimmten Situationen verhalten und auf andere wirken, insbesondere was uns fachlich gut gelingt.

Was wir dabei in die Kommunikation bringen, verstärkt die Wahrnehmungskonstruktion und fokussiert automatisch die Aufmerksamkeit der Gesprächspartner. Es ist hilfreich, herauszustellen, was eine Person bereits gut kann, und dies anhand von Beobachtungen so konkret wie möglich zu benennen. Den Unterschied und damit eine Entwicklung zu verdeutlichen, wirkt wertschätzender als ein bloßes „Das hast du toll gemacht". Dies fehlt meist im stark fehlerfokussierten Arbeitsumfeld. Feedback verstärkt Verhaltensweisen dadurch, dass sie anerkannt werden. An Stärken zu arbeiten gelingt leichter, als Schwächen abzustellen.

Merke: Bei einem Arbeits-Feedback sammle ich viele Beobachtungen, die ich im Arbeitskontext gemacht habe, und reihe sie auf. Es bietet sich an, mit den positiven Rückmeldungen zu beginnen und am Ende mögliche Lernfelder aufzuzeigen. Ich bin dabei wertschätzend und am Lernen des anderen interessiert, verwende die Ich-Sprache und Aktives Zuhören.

Ein Feedback ist meine subjektive Wahrnehmung und ein Reflexionsangebot an mein Gegenüber. Es gelten die Feedbackregeln.

Situatives Feedback

Wenn wir bei einem persönlichen Thema sehr emotional werden, wir nicht mehr unbedarft miteinander sprechen und die Beziehungsebene gestört ist, ist es Zeit für ein einzelnes Verhaltens-Feedback. Wirksame Regeln für Feedback:

- Es muss vom Empfänger gewollt sein.
- Es beschreibt ein Verhalten in einer einzelnen bestimmten Situation und nicht die Person.
- Es ist konkret, kongruent und in der Ich-Sprache formuliert.
- Es erfolgt zeitnah in einem geschützten Rahmen.

Gesprächverlauf:

1. Der Feedbackgeber fragt den Empfänger, ob er ein Feedback erhalten möchte.
2. Der Feedbackgeber beschreibt die konkrete Situation und äußert eine Beobachtung: Was genau ist vorgefallen und was hat dies bei mir bewirkt?
3. Der Feedbacknehmer hört zunächst zu und gibt dann anschließend gibt er wieder, was er verstanden hat – weder unterbricht er noch rechtfertigt er sich.
4. Der Feedbackgeber überprüft, ob der Feedbacknehmer ihn richtig verstanden hat und korrigiert ggf.
5. Der Empfänger bedankt sich und reflektiert allein im Nachgang.

Merke: Ein Einzelfeedback ist vorzubereiten, beispielsweise indem wir es vorher mit einem vertraulichen Repräsentanten durchspielen. Erst wenn ich mich emotional stabilisiert habe, gehe ich wieder in den Kontakt und biete mein Feedback an. Anders als beim Arbeits-Feedback behandle ich nur eine konkrete Situation! Vorher ist zu prüfen, ob die Feedbackregeln bekannt sind. Andernfalls sind der Ablauf und die Rollen vorher zu erklären.

Prozessfragen

Offene W-Fragen (beispielsweise Was, Wie, Wofür, Wohin noch) helfen dabei, den Prozess des Gespräches zu lenken ohne inhaltliche Themen einzustreuen. Sie aktivieren die Eigenverantwortung von Menschen und fördern die Beziehungsgestaltung in Gesprächen.

Als Strukturhilfe für Gespräche gehen wir am Anfang in die Breite, beispielsweise „Was gehört noch alles dazu?", „Wie hat sich das zugetragen?", um viele Informationen zu erhalten und das Anliegen meiner Gesprächspartnerin zu verstehen. Im weiteren Verlauf hilft es, Details konkreter zu vertiefen: „Was konnten Sie konkret beobachten?", „Was genau wurde gesprochen?", „Was gehört nicht dazu?", „Wann gibt es Ausnahmen?"

Prozessfragen helfen dabei, festgefahrene Aufmerksamkeit wieder zu lösen und zu verflüssigen. Der Nutzen ist, den Problemraum zu verlassen und den Blick auf den Lösungsraum zu weiten.

Merke: Prozessfragen führen zu anderen Ergebnissen als Fachfragen. Sie ermöglichen, dass Gesprächspartner auf Augenhöhe miteinander umgehen können, da keiner der Parteien einen Wissensvorsprung vor dem anderen besitzt.

Der Fokus liegt darauf, zu verstehen und Fragen richtungsweisend einzusetzen, um das große Ganze mit all seinen Wechselwirkungen in den Blick zu bekommen. Ich platziere nicht mein eigenes Thema, habe jedoch die Möglichkeit meine Thesen (sprachlich im Konjunktiv formuliert) anzubieten.

Team- und Konfliktdynamiken

Das Wort Konflikt ist im Arbeitskontext negativ besetzt. Dem Thema können die Ängste genommen werden, wenn es gelingt, anzuerkennen, dass jeder Mensch seine eigenen Konfliktpräferenzen und Lösungsstrategien entwickelt hat, die mehr oder weniger förderlich sind.

Kolleginnen, die die Konfliktpräferenzen ihrer Kolleginnen kennenlernen, bauen ihre Deutungen und Vorurteile ab. Zu verstehen, was ich brauche, um mit meiner Emotionalität gut umgehen zu können, ist ein erster Schritt. Zu verstehen, welche Vielfalt es bei anderen gibt, hilft mir, auf ihn zuzugehen. Feedback hilft mir dabei, Konflikte zu vermeiden oder anzusprechen.

Im Arbeitskontext ist es wichtig, dass wir miteinander konstruktiv arbeiten können. Dies kann auch gut und respektvoll gelingen, ohne mit allen gut Freund sein zu müssen.

Merke: Ein Konflikt entsteht erst dadurch, dass die Gesprächsparteien nicht über die Kommunikationsmittel und Rahmenbedingungen verfügen, Störungen auf der Beziehungsebene zeitnah klären zu können.

Häufig greifen wir dabei auf Kommunikationsmuster aus unserer Biografie zurück. Emotion zu sein, ist ein normales menschliches Verhalten. Vor allem aber ist ein Konflikt keine von uns losgelöste Sache, sondern eine aktive Tätigkeit: wir konflikten.

Wir haben die Möglichkeit, jederzeit aus Konflikten auszusteigen, indem wir unsere Wirklichkeitskonstruktion unterbrechen, bzw. aufhören zu konflikten. Dies kann gelingen indem wir unsere festgefahrene Aufmerksamkeitsfokussierung auf etwas anderes richten.

Moderation

Gruppengespräche laufen insgesamt wirksamer, effizienter und effektiver ab, wenn sie moderiert werden. Das Wort „moderare" kommt aus dem Lateinischen und bedeutet führen und leiten.

Eine Moderatorin hat neben der Leitung des Prozesses auch die Funktion, in Gesprächen Einhalt zu gebieten und ist dem Thema und der Gruppe verpflichtet.

Um mich als Teilnehmer voll und ganz auf meine fachlichen Beiträge konzentrieren zu können, sind neutrale Moderatoren hilfreich. So können wir uns als Gruppenmitglieder vertrauensvoll in den angeleiteten Prozess begeben.

Die Moderation erfolgt primär sprachlich durch Aktives Zuhören, Prozessfragen, Thesenangebote u. Ä. und kann durch eine Visualisierung ergänzt werden.

Merke: Als Moderatorin diene ich der Gruppe und bin verantwortlich für den Prozess. Ich verhalte mich allparteilich und vermeide inhaltliche Tendenzen. Die Gruppe ist verantwortlich für die Inhalte.

Kollegiale Entscheidungsverfahren sind herausfordernd für rein prozesserfahrene Moderatorinnen, da sie in einem besonderen Maß zeitliche und inhaltliche Disziplinierungen und Strukturierungen beinhalten. (➡Seite 144, Moderation von Entscheidungsverfahren).

(Simultane) Visualisierung

Visualisieren, also das Sichtbarmachen des Gesprochenen durch Text und Bilder, unterstützt die Kommunikation und Moderation. Es verstärkt die Transparenz in Gruppengesprächen und hilft dabei, die Aufmerksamkeit der Beteiligten nach vorne zu ziehen. Es ist ein zusätzliches Mittel zur Entschleunigung und Lenkung von Gesprächen.

Wann etwas visualisiert werden soll, hängt von dem Moderationsformat und dem Kontext ab. Dabei ist es wichtig, das Gesagte möglichst in der gleichen Formulierung der Rednerinnen zu übernehmen.

Prozessfragen und Aaktives Zuhören helfen dabei, das Gehörte zu verstehen, möglicherweise verkürzt zu konkretisieren oder auch zu reframen. Wir finden hierüber zu den Kernaussagen, die in aktiven konkreten Sätzen zu notieren sind. Es ist daher für die Sprechende ebenso wie für die Gruppe ein Reflexionsprozess des gemeinsamen Verständnisses.

Simultan zu visualisieren, ist herausfordernd für einen Moderator, da er gleichzeitig den Kontakt zu den Gesprächspartnern halten und schreiben muss, ohne dabei Ablauf und Inhalt zu verlieren. Zu Beginn kann es daher unterstützen, zu zweit zu arbeiten.

Merke: Es ist nicht hilfreich, alles zu visualisieren, sondern solche Aspekte auszuwählen, die den Gesprächsprozess fördern.

Wir verwenden möglichst die gesprochenen Wörter und nicht die eigenen. Bei gewaltvoller oder abwertender Sprache bieten wir alternative Formulierungen an.

Ich-Wir-Orga-Balance

Häufig ist uns beim Denken, Sprechen oder dem Formulieren von Entscheidungsbedarfen nicht sofort klar, welche Art von Bedürfnis wir überhaupt haben und in welcher Beziehung das Anliegen zum Arbeitskontext steht. Dies kann mit Hilfe der Struktur des Bedürfnisdreiecks hinterfragt und geprüft werden. Dies ist an das TZI-Dreieck angelehnt (➡Seite 162, Themenzentrierte Einwandintegration, ➡Seite 188, Bedürfnisdreieck). Dazu wird das Dreieck visuell gezeigt, die Bedeutung der Ecken erläutert und anschließend der Entscheidungsbedarf oder das Anliegen hierzu reflektiert.

Bei der Formulierung von Entscheidungsbedarfen ist von der Moderation zu prüfen, ob das Anliegen wirklich dem Organisationsbedürfnis hilft oder ob möglicherweise Themen umgesetzt werden sollen, die nicht in den Arbeitskontext gehören, hauptsächlich egoistischen oder Gruppenzielen dienen und möglicherweise überhaupt nichts mit Arbeitsthemen zu tun haben.

Mögliche Fragen hierzu sind:

- Auf welches Bedürfnis zielt der Entscheidungsbedarf ab? Auf ein rein individuelles oder eher ein Gruppenbedürfnis?
- Welchem Organisationsbedürfnis dient der Entscheidungsvorschlag?
- Wie können die Ecken unter Beachtung des Organisationsvorranges gut ausbalanciert werden?

Merke: Grundsätzlich gilt, dass das Organisationsbedürfnis Vorrang vor individuellen oder auch Gruppenbedürfnissen hat (➡Seite 189)!

Rollenreflexion

Werden über Rollenwahlverfahren befristete oder unbefristete Rollen kreiert und Rolleninhaberinnen gewählt, sind die Besetzungen ebenfalls regelmäßig zu reflektieren. Dieses gemeinsame Lernen vermindert blinde Flecken.

Hierzu wird die gesamte Dauer, in der die Rolle wahrgenommen wurde, betrachtet. Bei festen Rollen macht ein halbjährlicher Turnus Sinn.

Mittels Retrospektive wird abgeglichen, wie die Aufgaben von dem Rolleninhaber angenommen und umgesetzt wurden.

Einige Beispielfragen dazu:

- Wie wurden die Aufgaben durchgeführt (eingesetzte Zeit, Ressourcen, etc.) und welches Ergebnis im Sinne des Organisationsnutzens ist entstanden (Unterschiedsbildung)?
- Wie gestaltete der Rolleninhaber die Kommunikation mit der Gemeinschaft über den Fortgang und Status der übernommenen Führungsarbeit?
- Wie waren seine Kompetenzen zu Anfang der Übernahme, wie hat er sich durch die praktische Erfahrung weiterentwickelt?
- Wie hat die Gemeinschaft unterstützt und daraus gelernt und wie kann ein Transfer des Gelernten erfolgen? Was sind die Best Practices?
- Entstehen neue Veränderungs- oder Entscheidungsbedarfe?

Merke: Innerhalb der Rollenreflexion ist zu klären, ob es einen organisationalen Bedarf für den Fortbestand der Rolle gibt oder diese wieder aufgelöst werden soll.

Welche Rituale möchte die Organisation etablieren, um sich bei Personen zu bedanken, die neben ihrer wertschöpfenden Arbeit Führungsarbeit für die Gemeinschaft übernommen haben?

Retrospektiven

Jede agile Organisation braucht regelmäßige Reflexionen (lat. „retrospectare", zurückschauen). Eine Retrospektive (➡Seite 102) ist ein Moderationsformat, das eine vertrauensvolle und wertschätzende Atmosphäre erfordert. Die Moderatorin muss hierfür den Raum bieten und halten können, damit ehrlich, vertrauensvoll und offen miteinander umgegangen werden kann.

Ziel ist es, einen bestimmten Betrachtungszeitraum zu reflektieren. Dieser ist im Vorfeld zu rekonstruieren. Was ist in dem Zeitraum geschehen? Was wurde in dieser Zeit beobachtet? Was lernen wir daraus? Belastbare Veränderungen werden im Nachgang im Organisationsumfeld verankert und übernommen. Dabei durchläuft die Moderation drei Phasen:

- In der Vorbereitungsphase kümmert sich die Moderation um die Organisation, die Planung des Settings sowie die Informationssammlung und deren Aufbereitung.
- In der Durchführung können die gesammelten Daten durch Beobachtungen und Unterschiedsbildungen der Teilnehmenden abgeglichen und ergänzt werden: Welche Unterschiede wurden wahrgenommen? Haben sie zu einer Verbesserung, einer Verschlechterung oder zum gleichen Resultat geführt? Welche Handlungsoptionen sollen folgen? Was soll beibehalten werden? Welche neuen Vorschläge für Experimente gibt es möglicherweise? Was soll künftig vermieden werden?
- Die Nachbereitungsphase beschäftigt sich mit der Dokumentation und der Nachsorge, die Verbesserungen zu verankern bzw. neue Experimente anzustoßen.

Merke: Damit Menschen gut mit- und voneinander lernen können, benötigen sie einen angstfreien angenehmen Raum. Das TZI-Schema unterstützt Gruppenprozesse und insbesondere die Reflexionsphase.

Skalierungsprinzipien für große Organisationen

Es ist nicht sinnvoll ist, innerhalb einer Organisation Kreisstrukturen für tausende Mitarbeiter zu betreiben.

Hier wirkt die nach dem Anthropologen Robin Dunbar benannte Dunbar-Zahl. Sie beträgt allgemein 150, je nach Kontext und Person auch zwischen 100 – 200 Personen. Dunbar sieht die Anzahl als Eigenschaft des Neocortex (Teil der Großhirnrinde) und sagt, dass eine einzelne Person nicht mehr als rund 150 soziale Beziehungen gleichzeitig unterhalten kann. Diese Größe scheint auch für Organisationen zu gelten, sodass eine Einzelorganisation idealerweise nicht mehr als 200 Personen umfasst.

Im Gegensatz zur auf Führungskräften basierenden pyramidalen Linienorganisation ist der Zweck einer kollegial geführten Kreisorganisation, eine höhere interne Komplexität zu ermöglichen, um der gestiegenen äußeren Komplexität angemessen begegnen zu können.

Die höhere interne Komplexität entsteht durch die Ermöglichung erheblich vielfältigerer und ungeplanter Kommunikations-, Arbeits- und Entscheidungsmöglichkeiten – die durch unseren Neocortex jedoch in relevanter Weise begrenzt werden.

Wir schlagen deshalb also vor, Einheiten von maximal 200 Kollegen zu bilden und diese (formaljuristischen oder virtuellen) Einzelunternehmen wiederum durch eine übergeordnete Einheit in der Art einer Holding zu führen. Diese Holding betrachtet die Einzelorganisationen als organisationsexterne Beteiligungen und Investitionen, also als Objekte der Wertschöpfung der Holding.

Die Qualität einer solchen Beziehung zwischen Holding und Einzelorganisation ist also eine völlig andere, als die Qualität der Beziehungen von Kreisen innerhalb einer Einzelorganisation. Sie ist distanzierter, damit die Neocortex-Grenze nicht relevant wird.

Wir unterscheiden deshalb:

- lose Kopplung und
- enge Kopplung.

Unser Skalierungsprinzip lautet also, Einzelorganisationen mit maximal 200 Mitgliedern (oder gerne auch deutlich weniger) zu bilden und diese Organisationseinheiten dann hierarchisch distanzierend unter eine Holding genannte Koordinations- und Verwaltungseinheit zu hängen.

Wachstum durch Teilung

Das von der Firma W. L. Gore & Associates (gegründet 1958, mittlerweile ca. 9.000 Mitarbeiter weltweit) bekannte Wachstumsprinzip funktioniert ganz ähnlich. Gore umgeht die aus der Dunbar-Zahl resultierenden Herausforderungen dadurch, dass sich ein Unternehmen ab einer bestimmten Größe in zwei juristisch und inhaltlich eigenständige Unternehmen aufteilt. Die Einzelunternehmen gehören dann wiederum zu einer gemeinsamen Holding.

Wachstum durch Filialkopien

Organisationen, die ohne Untergliederung in juristische Einzelorganisationen aus hunderten oder tausenden einzelnen Kreisen bestehen, sind in der Regel Filialorganisationen.

Beispiele für Filialorganisationen sind Buurtzorg und dm-drogerie markt. Für Filialorganisationen funktioniert diese Art der Skalierung, da sie die Grenzen der Dunbar-Zahl implizit durch räumliche Distanzen umgeht. Sie basieren aber auch darauf, dass die einzelnen Einheiten (Filialen) gleichförmig aufgebaut sind.

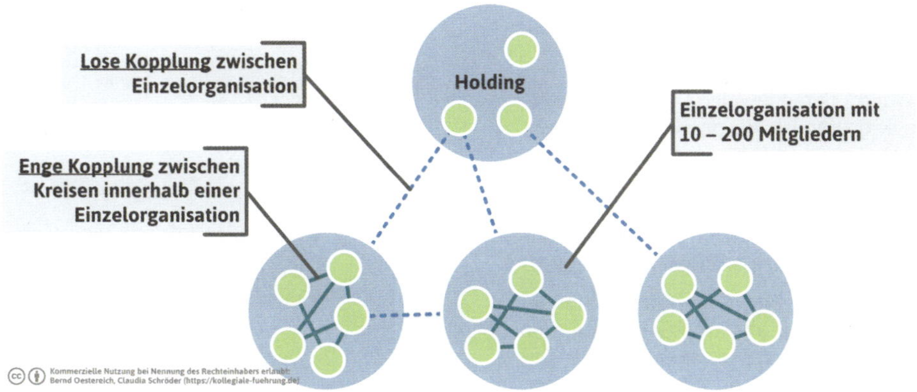

Schnell wachsende Filialorganisationen verfügen meistens über eigene Abteilungen, deren Zweck die Schaffung neuer Filialen ist (Wachstum von innen nach außen getrieben). Die Filialen entstehen alle nach dem gleichen Schema und sind sich ähnlich – anders als beispielsweise bei W. L. Gore & Associates, wo oft individuelle Produkte und Geschäftsmodelle entstehen.

Mischformen

Großunternehmen mit einem großen und differenzierten Zentrum (also nicht Buurtzorg, dessen Verwaltung vergleichsweise winzig ist) und ebenso multinational aktive Unternehmen prägen eher Mischformen zwischen Filial- und Holdingprinzipien aus, beispielsweise wenn eigentlich die gleichen Produkte und Dienstleistungen repliziert werden sollen, jedoch regionale Kontexte spezifische Adaptierungen verlangen.

Dies ist oft bei internationalen Expansionen anzutreffen, wo kulturelle oder formale Besonderheiten in den einzelnen Ländern oder Wirtschaftszonen dies erfordern.

Organisationsübergreifende Kooperation

Wir konnten jedoch auch Unternehmen begleiten, die weder ein Filialsystem betreiben noch bestehende Organisationen für ein Wachstum teilen möchten, sondern stattdessen vor der Herausforderung stehen, die Kooperation von Mitarbeitern und Kreisen verschiedener Organisationen eines Konzerns zu ermöglichen. Möglicherweise müssen sie sogar mit Mitbewerbern kooperieren, um gemeinsam Leistungen anzubieten, die einzeln nicht umfassend oder schnell genug leistbar wären.

Der wirtschaftliche Kontext dieser Organisationen fordert also zusätzlich zu den engen Kopplungen innerhalb einer Einzelorganisation und den losen Kopplungen zur Holding regelmäßig auch engere Kopplungen zwischen Akteuren aus verschiedenen Einzelorganisationen, beispielsweise um gemeinsam neue Geschäftsideen und -modelle auszuprobieren oder gemeinsame Projekte zu bearbeiten.

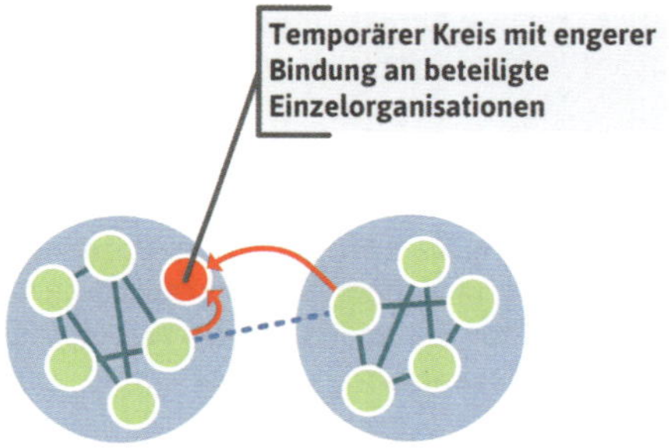

Für jede einzelne übergreifende Zusammenarbeit dieser Art entsteht also faktisch eine neue, ggf. temporäre und in der Regel kleine Organisationseinheit. Bildet diese nun sofort eine neue eigenständige Kreisorganisation unterhalb der Holding? Oder wird sie zunächst Teil einer der bestehenden Kreisorganisationen im Konzernverbund (und wenn ja, von welcher)?

Arbeitsumverteilung handhaben

Durch diese Kooperationen, die über die Einzelunternehmen hinausgehen, werden aus den bestehenden Kreisorganisationen Kollegen abgezogen, wovon deren jeweilige bisherige Wertschöpfung betroffen ist. Für die Kreise innerhalb einer Kreisorganisation kann der Abgang eines einzelnen Kollegen bereits ein schmerzvoller Verlust sein. Andererseits ist genau dies eine typische Eigenschaft und Stärke von Organisationen, dass ihre Mitglieder prinzipiell austauschbar sind.

Unternehmen und ihre Organisationseinheiten kommen mit einer absehbaren Fluktuation von Mitarbeitern halbwegs gut zurecht. Jede Organisation muss in ausreichendem Maße in der Lage sein, Abgänge und Wechsel schnell kompensieren zu können, durch personelle Reserven, Umverteilung von Arbeit, Neueinstellung, Zeitarbeitskräfte o. Ä. Dies ist also keine spezifische Herausforderung von Kreisorganisationen.

Eine weitere mögliche Herausforderung resultiert aus der Frage, wer eigentlich darüber entscheidet, dass ein Mitarbeiter in eine neue Zelle wechselt. In einer pyramidalen Linienorganisation kann dies zu Spannungen führen, wenn entsprechende Anforderungen und Freigaben durch viele Hierarchieebenen hindurch prozessiert werden müssen.

In einer kollegialen Kreisstruktur funktionieren diese Zugehörigkeitsentscheidungen anders: Je nachdem, welche Prinzipien ein Kreis vereinbart hat, fragt ein Kollege, der in eine neue Zelle wechseln möchte, seinen Kreis, ob es Einwände dagegen gibt. Er initiiert eigenverantwortlich die Aufnahme eines Nachfolgers oder teilt seine Entscheidung sogar nur seinem (Noch-)Kreis mit.

Kreise, die regelmäßige Mitgliederwechsel erwarten, sollten vorsorglich Prinzipien und Rahmenbedingungen hierzu vereinbaren, ggf. auch Austrittsfristen.

Die Delegationsmatrix im Kontext regulierter Dreiecksbeziehungen

In bestimmten Branchen, beispielsweise im Gesundheits- und Sozialbereich, existieren keine normalen bilateralen Geschäftsbeziehungen zwischen Anbieter und Kunde. Stattdessen dominieren Dreiecksbeziehungen zwischen

- einem Leistungsempfänger (Patient, Klient),
- einem Dienstleister (Arzt, Krankenhaus, Pflegedienst) und
- einem Kostenträger (Pflegekasse, Krankenkasse),

deren Geschäftsbeziehungen zudem noch durch den Gesetzgeber als vierten Akteur geregelt sind (Sozialversicherungsgesetzbücher).

Auch für eine kollegial geführte Organisation sind dies spezielle Rahmenbedingungen mit Auswirkungen auf Strukturen und Prozesse der Organisation.

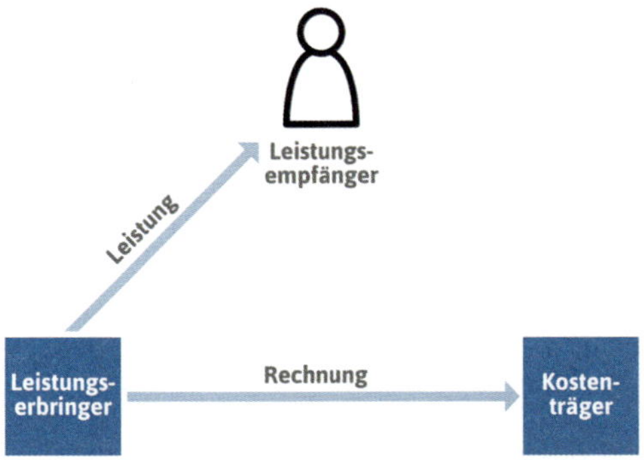

Statt des Kunden zahlt ein Dritter (Kostenträger)

Interdisziplinäre Wertschöpfung

Normalerweise würden wir eine kollegiale Kreisorganisation so strukturieren, dass Dienstleister und Kostenträger interdisziplinär in einem Wertschöpfungskreis arbeiten, sodass die Dienstleistung gegenüber dem Leistungsempfänger gemeinsam verantwortet werden kann.

Und darüber hinaus könnten auch noch weitere wertschöpfungsrelevante Unterstützer aufgenommen werden (Familie, Nachbarn, andere soziale Organisationen).

Diese sind jedoch Mitglieder in anderen Organisationen, also in anderen juristischen Personen mit jeweils eigenen Interessen, Zwecken und vor allem gesetzlich regulierten Verantwortungsbereichen. Die Verantwortungsbereiche sind organisationsübergreifend und damit nur eingeschränkt gestaltbar.

Die strukturellen Widrigkeiten in einer klassischen Linienstruktur, beispielsweise in einem Krankenhaus zwischen pflegenden und ärztlichen Bereichen, lassen sich noch innerhalb einer Organisation klären. Schwieriger ist es, wenn eine Koordination zwischen unterschiedlichen Organisationen etabliert werden soll. Hierzu wäre ein gemeinsamer Kreis notwendig – Kreise sind aber (wie Abteilungen) immer genau einer Organisation verpflichtet und zugeordnet.

Gegenseitige Repräsentanten

Eine Möglichkeit, diese Besonderheit dennoch zu berücksichtigen, ist die Konstitution von Repräsentantenrollen. In diesem Fall würde innerhalb eines Wertschöpfungskreises eine Person die Rolle einnehmen, die Beziehung zu der organisationsexternen Einheit wahrzunehmen und zu repräsentieren. Eine Person würde also die Schnittstelle zu einem externen Träger bilden.

Und sofern auch dies nicht möglich ist, kann die Repräsentantenrolle zumindest im Kontext des eigenen Wertschöpfungskreises die entsprechende spezifische Perspektive einbringen und vertreten.

In der Delegationsmatrix oder in der Kreiskonstitution können dieser Rolle besondere Rechte zugeordnet werden, mit denen die speziellen Möglichkeiten und Restriktionen einer externen Einheit wirksam berücksichtigt werden.

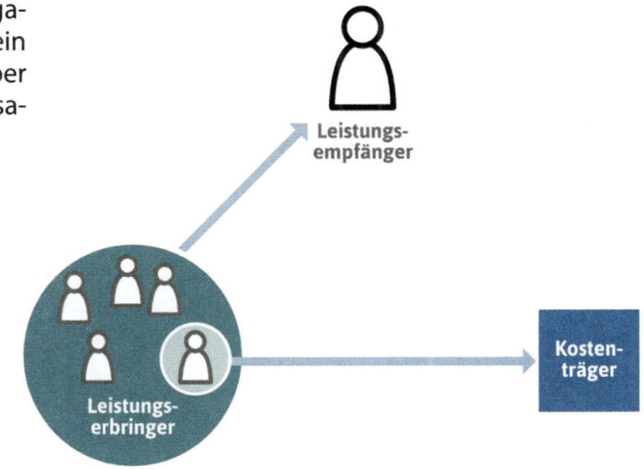

Die Delegationsmatrix im Kontext regulierter Verantwortungsteilung

In bestimmten Bereichen kann eine Verantwortung nicht frei gestaltet und verteilt werden, sondern ist gesetzlich oder anderweitig geregelt oder aus anderen übergeordneten Gründen strukturell wenig gestaltbar.

In Krankenhäusern existieren beispielsweise die getrennten Verantwortungsbereiche Pflege und Medizin.

Die Tätigkeiten in Pflege und Medizin sind jeweils an bestimmte berufliche Qualifikationen und Zulassungen gebunden. So ist die Ärztin und die ärztliche Leitung für medizinische Behandlungsfehler verantwortlich. Und die Pflegerin und die Pflegeleitung für mögliche Pflegefehler.

Beide haben dennoch eine gemeinsame Wertschöpfung, nämlich die Gesundheit und Arbeit an einem Menschen. In der Praxis ergeben sich häufig Konflikte zwischen pflegenden und ärztlichen Kräften, die in der klassischen Hierarchie zu sehr aufwändigen Kommunikations- und Entscheidungsprozessen führen.

Praktisch sind sogar noch weitere Akteure wie beispielsweise Haus- und Fachärzte an der Wertschöpfung beteiligt – aber wenig integriert.

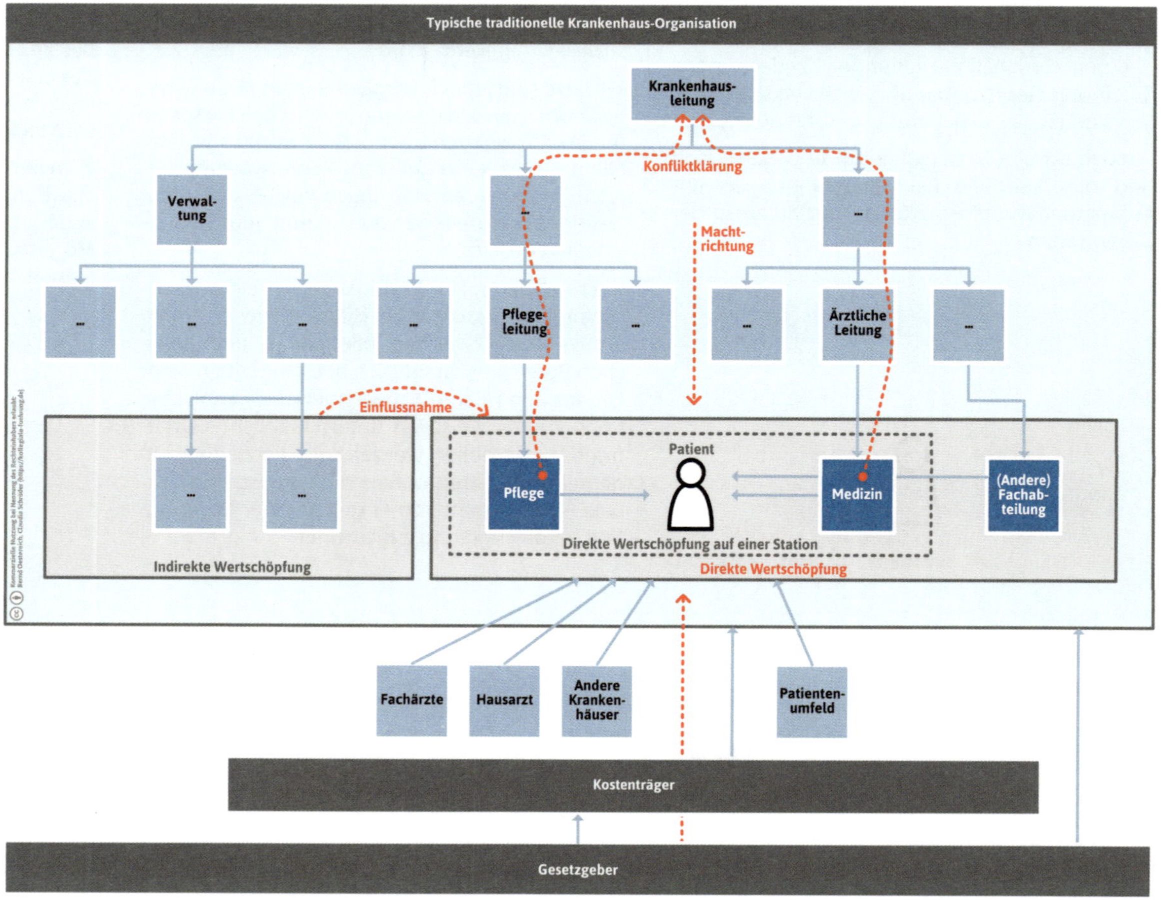

Wenn die unmittelbar an der Wertschöpfung beteiligten Personen uneins sind und Spannungen miteinander haben, ist die hierarchische Eskalation oft der einzige Weg. Der Konflikt wird dann mehrere Ebenen höher von Führungskräften entschieden, die weit weg vom Patienten sind. Allzu oft löst deren Entscheidung die Spannung nicht, verlagert sie nur oder löst sie nicht im Interesse des Patienten bzw. der Wertschöpfung.

Das Problem: Die Linienorganisation führt dazu, dass am Ort der Wertschöpfung, beim Patienten, zwei zwar inhaltlich in Wechselwirkung stehende, aber getrennt verantwortete Wertschöpfungen und Leistungen erbracht werden: Jeder macht nur sein Ding und alle beklagen sich über die unpassenden Wechselwirkungen.

Innerhalb einer Linienorganisation ist es üblich, dass Verantwortung von oben nach unten delegiert wird. Die Pflegeleitung ist beispielsweise dafür verantwortlich, was die Pflegekräfte tun.

Mit der kollegialen Kreisorganisation nutzen wir dies in der Weise, dass die Wertschöpfung auf unterster Ebene in einen gemeinsamen Kreis delegiert wird. Statt dass ein Mitglied aus der Abteilung Medizin und ein Mitglied aus der Abteilung Pflege unabhängig arbeiten, bilden sie einen gemeinsamen Kreis, der von beiden hierarchischen Seiten (Pflege und Medizin) jeweils einen Teil der Verantwortung delegiert bekommt, den dieser Kreis dann gemeinsam wahrnehmen und verantworten kann.

Der Kreis entscheidet gemeinsam und einvernehmlich über seine gemeinsame Wertschöpfung. Die Mitglieder des Kreises lösen gemeinsame Probleme und Herausforderungen in ihrer Wertschöpfung. Sie priorisieren gemeinsam. Sie reflektieren gemeinsam, sie berichten gemeinsam. Sie erhalten gemeinsam Auflagen und Rahmenbedingungen.

Kollegiale Kreise sind idealerweise interdisziplinär besetzt mit allen für die Wertschöpfung relevanten Kompetenzen (Qualifikationen und Entscheidungsbefugnissen). Vielleicht sind in einer Krankenhausstation dann neben der Pflege und der Medizin noch weitere Disziplinen vertreten, beispielsweise die Verwaltung, Kostenträgerschaft oder Ökonomie, um auch das spezielle Dreiecksverhältnis (➡Seite 175) zu integrieren.

Dennoch bleiben solche Wertschöpfungsstrukturen herausfordernd, denn es existieren normalerweise weitere Widrigkeiten, wie beispielsweise die zeitliche Verteilung der Wertschöpfung und Verantwortung auf verschiedene Arbeitsschichten.

Die Linienorganisation ist im Kontext regulierter Verantwortungsteilung die strukturelle Ursache für ineffiziente und ineffektive Wertschöpfung.

Die kollegiale Kreisorganisation ist eine passende Alternative dafür.

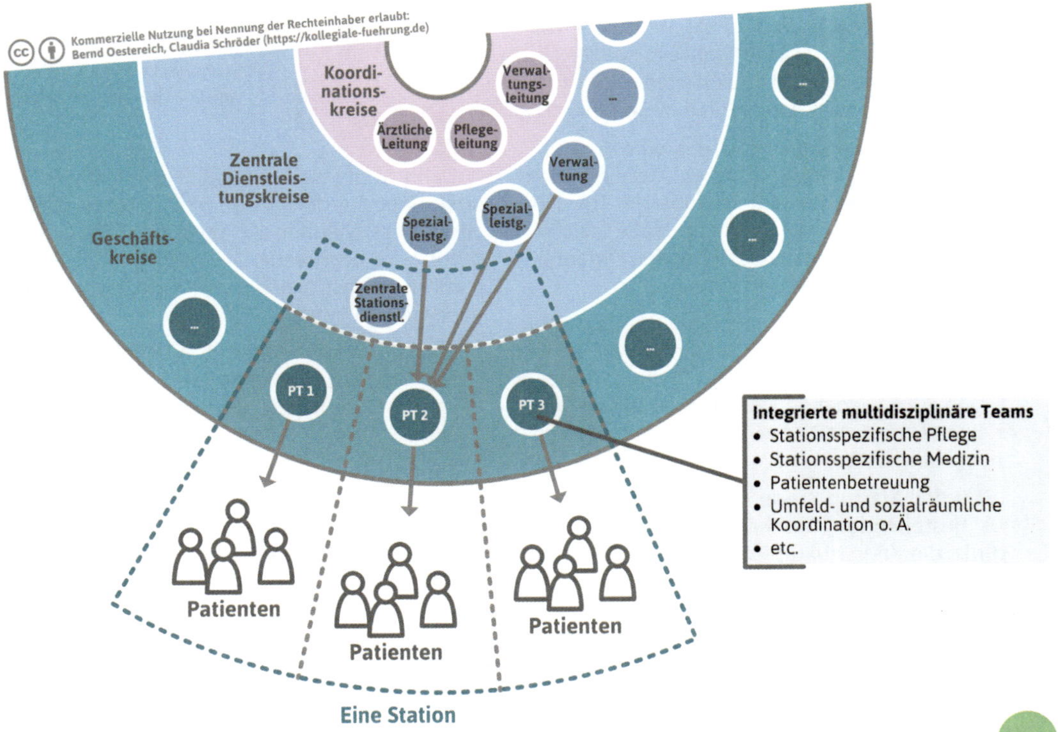

Unterschiedliche Wachstums- und Teilungsprinzipien

Die nebenstehende Abbildung zeigt vier wichtige Varianten, wie Kreisorganisationen wachsen und aufgeteilt werden können:

- Beim Fruchtholz-Prinzip entsteht ein neuer Kreis, der erst einmal Teil einer existierenden Organisation bleibt, auch wenn eventuell Kolleginnen aus Nachbarorganisationen in diesen neuen Kreis aufgenommen werden.
- Beim Wurzeltrieb-Prinzip wird für den oder die neuen Kreise eine neue Organisation gegründet, deren Inhaber aber eine der initiierenden Organisationen ist. Die gründende Organisation investiert selbst, trägt das Risiko allein und profitiert unmittelbar.
- Das ist beim Ableger-Prinzip ähnlich, nur dass die neue Organisation direkt unterhalb der Holding geführt wird und ganze Kreise die Organisation wechseln. Die existierende(n) Organisation(en) schrumpfen durch diese Teilung.
- Beim Aussaat-Prinzip entsteht eine Startup-Zelle in einer komplett neuen Kreisorganisation unterhalb der Holding, wobei der Transfer von Mitarbeiterinnen in einem Maße stattfindet, dass die Kreise der bestehenden Organisationen existieren bleiben können.

Jeder Kreis innerhalb einer Organisation sollte zur Gewährleistung der Gesamtintegrität einen eindeutigen Oberkreis (ggf. das Plenum) haben, der ihn auch wieder auflösen kann und von dem er einen Unterbereich an Zuständigkeit und Verantwortung übernimmt.

Würden Startup-Kreise stets wie Fruchttriebe aus bestehenden Geschäftskreisen entstehen, würde die Kreisstruktur im Laufe der Zeit stark wachsen, während Schwesterorganisationen unverändert blieben. Irgendwann wäre die Organisation dann so groß (größer als ca. 200 Mitglieder), dass eine Restrukturierung auf der Makroebene sinnvoll wird (Ableger-Prinzip).

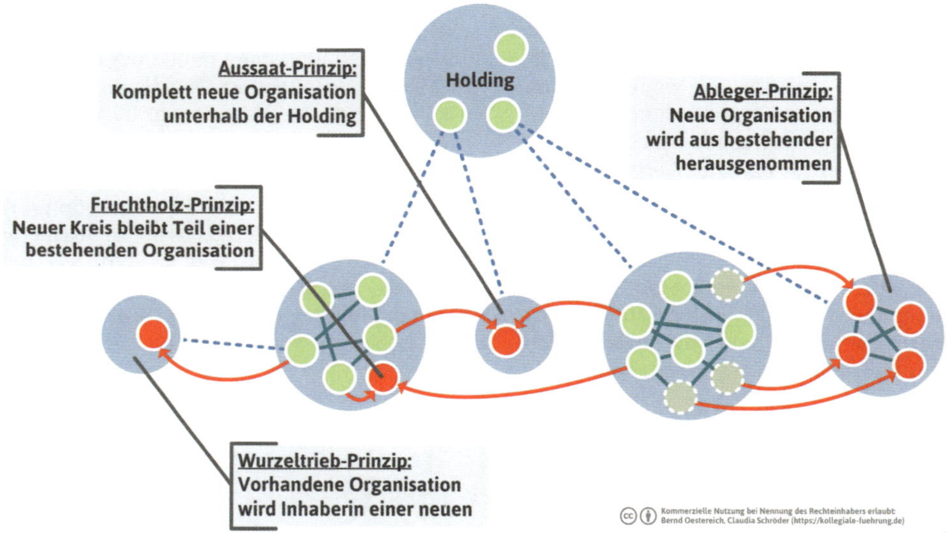

Dann trennt sich entweder eine kleinere Unterstruktur mit den neuen bzw. jüngeren Teilen aus der bestehenden ab oder eine große Organisation wird nach anderen Kriterien in zwei oder mehr möglichst gleich große eigenständige Organisationen geteilt.

Manche Holding-Strukturen betreiben eigene Inkubations-Gesellschaften (eigentlich Gewächshäuser, um im Bild zu bleiben) für Ableger oder Aussaat.

Für den Fall, dass Organisationen sich teilen, wird in vielen Fällen die Übertragung der Inhaberschaft an die existierende Holding der einfachere Weg sein, da der Zweck einer Holding eben genau die Verwaltung solcher Beteiligungen ist.

Würde das Wachstum stattdessen nach dem Wurzeltrieb-Prinzip organisiert, müsste die bestehende Organisation erst einmal zusätzliche Prozesse und Strukturen aufbauen, um auch das Geschäftsmodell einer Holding betreiben zu können. Ein Wachstum, bei der die neuen Organisationseinheiten direkt unter die gemeinsame Holding gehängt werden, ist also in der Regel die einfachere Lösung.

Entscheidungsmacht, Verantwortung und Risiken wandern damit außerdem nicht von der Peripherie ins Zentrum einer Organisation, sondern von der Peripherie einer Organisation ins aktive Wertschöpfungs-Portfolio einer anderen Organisation.

Ob die Entscheidung zur Organisationsteilung von den betroffenen Kreisen an die Holding herangetragen wird oder der Holding ein lokal entschiedenes Wachstum nur noch zur Integration angeboten wird, muss gar nicht prinzipiell entschieden werden. Beides ist möglich und kann von Fall zu Fall und abhängig vom Zeitpunkt festgelegt werden.

Skalierungsprinzipien für große Organisationen

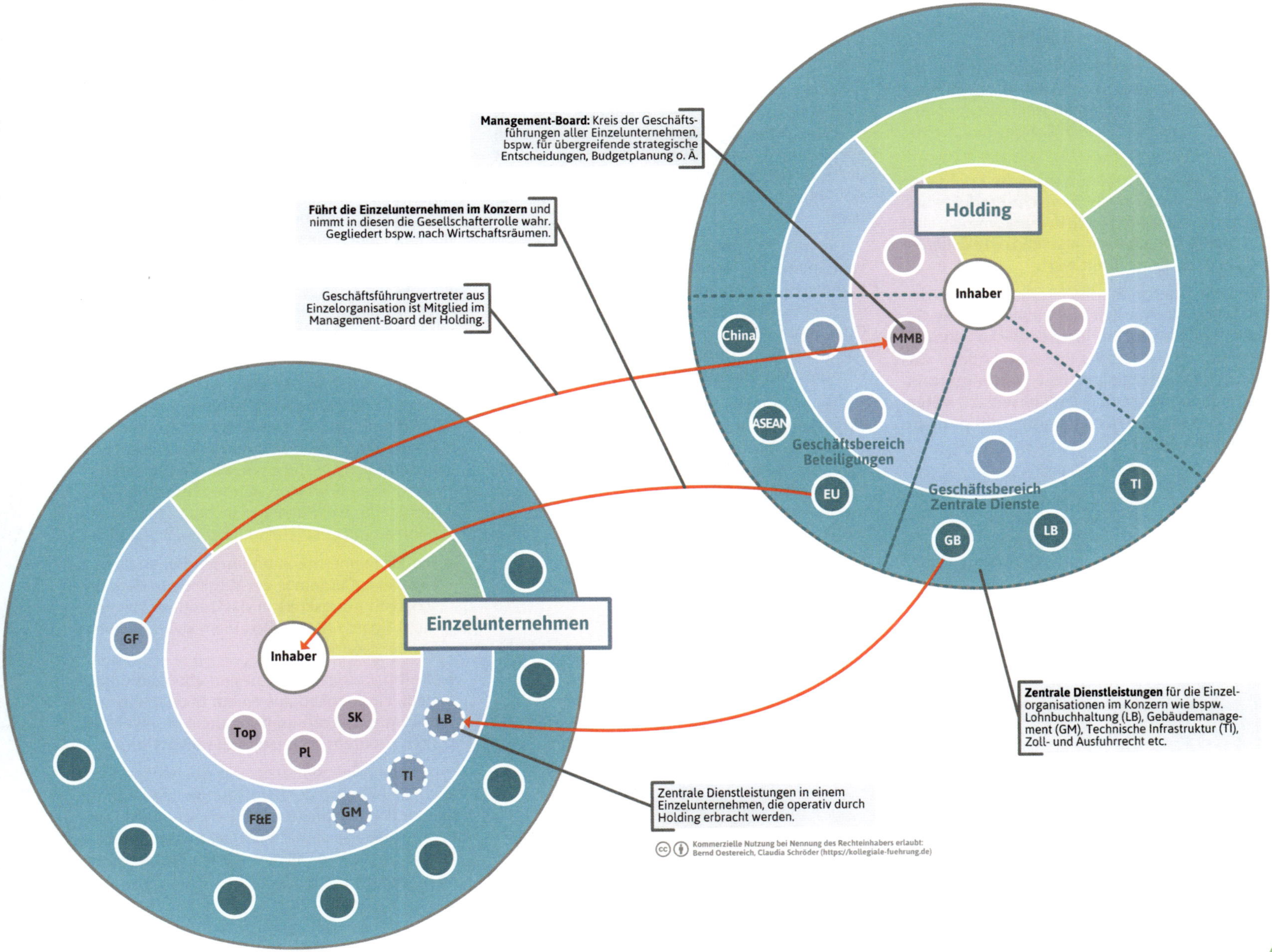

Umgang mit Lean-Startup-Zellen

Eine Besonderheit sind Neugründungen, deren Entwicklungsmöglichkeiten kaum vorhersehbar sind oder sehr dynamisch sein können – also beispielsweise neue Zellen im Sinne eines Lean Startups.

Wenn völlig offenbleibt, ob diese erfolgreich sein werden, und vor allem, welche Produkte und Geschäftsmodelle am Ende herauskommen, liegt eine andere Dynamik vor, als wenn ein existierendes Geschäft diversifiziert wird.

Im Lean Startup-Modell (➡Seite 213) werden in möglichst kurzer Zeit immer wieder neue Geschäftsmodelle und Produkte entwickelt und real verprobt, um einerseits herauszufinden, was wirklich für die Herstellung bzw. Leistungserbringung notwendig ist und andererseits zu klären, ob ein ausreichend nachgefragter und profitabler Kundennutzen entsteht.

Geschäftsentwicklung und Inkubations-Dienstleistungen

Sofern in einer Unternehmensgruppe regelmäßig oder systematisch ergebnisoffene Aus- und Neugründungen stattfinden, wäre es ineffizient, wenn die verschiedenen Töchter jeweils individuell entsprechende Kooperationen mit der Holding und Schwesterorganisationen aushandeln.

Um die entsprechenden Transaktionskosten zu minimieren, kann die Holding stattdessen Standards, Prinzipien und Dienstleistungen als (Geschäfts-Inkubations-)Plattform bereitstellen. Oder sogar eine spezielle Konzerneinheit unterhalb der Holding gründen, die diese Aufgaben als Kerngeschäft übernimmt.

Das entsprechende Angebot könnte mit der Organisation interner Gründungswettbewerbe beginnen, mit dem Einsammeln von internem (oder externem) Wagniskapital weitergehen, die Bereitstellung von Basisinfrastruktur und Verwaltungsdienstleistungen umfassen und mit der möglichen Liquidierung, Konzernintegration oder (Teil-)Veräußerung enden.

Zentrale Dienstleistungen der Holding

Viele Holdings stellen auch zentrale Dienstleistungen bereit, beispielsweise Lohnbuchhaltung, Arbeitgeberschaft, technische Infrastruktur, Gebäudemanagement etc. Je mehr zentrale Dienstleistungen die Holding anbietet, desto weniger Dienstleistungskreise sind innerhalb einer Einzelorganisation vorhanden. Im Falle einer Organisationsteilung verändert dadurch für diesen Kontext dann auch entsprechend weniger, als wenn die Einzelorganisationen solche Dienstleistungen selbst bereitstellen würden.

Die Abbildung auf der vorigen Seite zeigt die wichtigsten Beziehungssituationen in Holdingstrukturen:

- In der Holding befinden sich exemplarisch zentrale Konzerndienstleistungen wie bspw. Lohnbuchhaltung, Gebäudemanagement etc. Die Holding erfüllt also Aufgaben, die ansonsten ein Dienstleistungskreis in einem Einzelunternehmen erbringen würde und tritt an dessen Stelle, weswegen er in dem Einzelunternehmen mit gestricheltem Rand dargestellt ist.
- Die Einzelunternehmen entsenden in diesem Beispiel außerdem je ein Mitglied aus dem Geschäftsführungskreis in das zentrale Management-Board (MMB), also einem konzernweiten Kooperationskreis.
- Die Inhaberbeziehungen sind ebenfalls dargestellt. Ein Mitglied aus einem Beteiligungsverwaltungskreis repräsentiert dann im jeweiligen Tochterunternehmen den Gesellschafter.

Sowohl die zentralen Dienstleistungen als auch die Führung der Beteiligungen gehören für die Holding zur direkten Wertschöpfung. Mit beiden verdient sie unmittelbar Geld, auch wenn die Kunden in diesem Fall die eigenen Tochterunternehmen sind.

Organisationale Entwicklungsschulden

Unter organisationalen Schulden verstehen wir das Ergebnis eines Verhaltens, bei dem in der Gegenwart durch Weglassen wichtiger Organisationsentwicklungsschritte Aufwände gespart werden, die jedoch in der Zukunft höhere Aufwände oder andere negative Auswirkungen produzieren.

Organisationen, die sich beispielsweise weiterentwickeln und viel Neues ausprobieren, jedoch keine Lernschleifen durchlaufen, erhöhen ihr Risiko, unwirksame oder kontraproduktive Veränderungen zu etablieren.

Kurzfristig ist es bequemer und günstiger, auf eine Retrospektive oder andere Formen des Lernens zu verzichten. Mittelfristig entstehen mit großer Wahrscheinlichkeit schädliche Wirkungen.

Viele der grundlegenden agilen Prinzipien sind für sich allein angewendet nicht sinnvoll oder ausreichend, sondern erst im Zusammenspiel mit anderen Prinzipien. Niederschwelligere und vielfältigere Entscheidungen durch Widerstands- statt Zustimmungsabfragen benötigen beispielsweise Transparenz und Lernschleifen.

Es gehört zu den Aufgaben des Übergangs- oder Selbstorganisationsteams, die eigene Organisation zu beobachten und sie darauf hinzuweisen, dass auch die aufwändigeren und unbequemeren Prinzipien beachtet werden, weil sonst später ein höherer Preis dafür zu zahlen ist oder die agile Weiterentwicklung gebremst wird.

Beispiel

Eine Organisation hatte ein bis zwei Jahre nach Start in die Selbstorganisation viele beachtliche Erfolge erreicht. Die frühere Geschäftsführung war weitgehend obsolet geworden. Die Organisation hatte bewiesen, dass sie schnell entscheiden konnte und dabei auch unbequeme und anspruchsvollere Entscheidungen kollegial treffen konnte.

Regelmäßig hatten wir jedoch den Eindruck, dass qualitativ bessere Entscheidungen möglich gewesen wären. Auch die Organisationsmitglieder bewerteten die Ergebnisse öfter als unzureichend, waren unzufrieden oder gerieten im Nachhinein in unerwartete soziale oder operative Spannungen.

Unsere These war, dass Entscheidungen zu schnell getroffen wurden. Es wurden schnell Varianten gesammelt, manchmal auch nur die erstbesten Vorschläge verwendet, und dann wurde sofort entschieden. Es fehlte die Zeit zur Diskussion. Die Vorschläge und Ideen wurden zu wenig hinterfragt, es gab zu wenig Zeit, mögliche Einwände zu erkennen, zu formulieren oder gar zu integrieren, und es wurden zu wenig Alternativen betrachtet.

Ursache war unserer Meinung nach nicht die mangelnde Fähigkeit oder Bereitschaft der Organisationsmitglieder hierzu. Vielmehr war unser Eindruck, dass es einfach keine Zeit und keine systematischen Gelegenheiten hierfür gab.

Wir trugen unsere These öfter vor und schlugen verschiedene Ideen hierzu vor, beispielsweise probeweise einen regelmäßigen Diskussionsmarktplatz (➡Seite 68) zu veranstalten.

Die Organisation war jedoch nicht bereit, mehr Zeit und Gelegenheiten in die Vorbereitung und Reifung von Entscheidungen zu investieren. Stattdessen nehmen die Beteiligten lieber die Folgen in Kauf, was für die Organisation also der passendere Weg zu sein schien.

Jede Organisation muss ihren eigenen Weg finden, wir finden es jedoch wichtig, mögliche organisationale Entwicklungsschulden zumindest bewusst zu machen.

Soziale Dynamiken und Konflikte

Das Wort Konflikt (➡Seite 171, Team- und Konfliktdynamiken) ist meist negativ besetzt. Letzten Endes geht es nur um menschliches Verhalten und wie wir es deuten sowie darum, welche Wahrnehmungskonstruktionen und welches Kommunikationsverhalten uns zur Verfügung stehen. Wir wechseln als Mensch permanent zwischen Spannung und Entspannung.

Die Herausforderung besteht für alle Individuen darin, vielfältige und sich häufig überschneidende Spannungsfelder in Gruppen auszubalancieren. Bei Veränderungsprozessen können wir davon ausgehen, dass Spannungsfelder eher zunehmen. In der gruppendynamischen Fachliteratur sind bspw. unterschiedliche Modelle vorhanden, diese Spannungsfelder zu kategorisieren, um sie erklärbar und die Auseinandersetzung damit handhabbar zu machen. Begriffe wie Individuum, Gruppe, Bedürfnisse, innere und äußere Sicht, Rollen und Erwartungen, Zugehörigkeit und Macht, Konflikte sind Beispiele hierfür, die in Gruppenkonstellationen stattfindenden Phänomene zu unterscheiden und daraus zu lernen.

Konflikt

Ein Konflikt ist gekennzeichnet durch unvereinbare Interessen oder Bedürfnisse mit hoher Emotionalität zwischen mindestens zwei Personen, für die diese keine Lösungsmöglichkeit sehen. Es ist ausreichend, dass eine Person dies so erlebt.

Wir gehen grundsätzlich erst einmal davon aus, dass alles, was sich situativ in einer nicht gewaltvollen Art zeigt, menschliches Verhalten ist. Nur wenn Menschen keine ausreichenden Kompetenzen entwickelt haben, Spannungen zeitnah zu klären, können Konflikte entstehen.

Bei der Einführung der vielfältigen Kommunikations- und Entscheidungsprozesse der agilen Organisationsentwicklung stellen die Mitarbeiter häufig fest, dass auf einmal auch Spannungsdynamiken thematisiert werden können. Vor allem trifft dies auf zahlreiche Entscheidungsformate als auch Moderationsformate wie TZI oder Dynamic Facilitation (➡Seite 190) zu.

Das ist zuerst einmal ungewohnt, einige der Mitarbeiterinnen werden schnell und mutig diese Räume für sich nutzen, andere brauchen erst einmal ein wenig Vertrauen und Zeit, sich den neuen Prozessen zuzuwenden.

Grundsätzlich heißen wir alles, was in einer konstruktiven Art und Weise ausgesprochen wird, neugierig willkommen. Meistens verändert sich die Qualität der Spannung schon durch das bloße Aussprechen und wertschätzende Gehörtwerden, Widerstände können sich so rasch minimieren oder verflüssigen.

Natürlich kann es vorkommen, dass die Gruppe merkt, dass die Entscheidung noch nicht reif ist, dass es weitere Informationen oder auch kraftvolle Diskussionen braucht. Oder es schwelt möglicherweise etwas anderes darunter (unter dem eigentlichen Thema), was an sich nichts mit dem bevorstehenden Entscheidungsbedarf zu tun hat, jedoch die Gruppe als auch die Einzelperson hindert, in die Bewegung zu kommen.

In diesem Fall wird der Prozess erst einmal abgebrochen. In der Nachsorge gilt es dann, eine geeignete Methode zu suchen, wie diese Störung/Unterbrechung bearbeitet werden kann, um auch diese Person möglicherweise bei der Entscheidung zu integrieren oder eine andere Lösung zu finden.

Entscheidungsverfahren sind keine Konfliktlösungsmethoden, sondern dienen dazu, tragfähige Entscheidungen zu prozessieren.

Sofern Einzelne in einen Zustand des Verhindernwollens gelangen, sollte ihnen ein Weg gezeigt werden, konkrete konstruktive Lösungsvorschläge zu entwickeln, um zu einer ausreichend tragfähigen Entscheidung zu kommen, die dem Nutzen der Organisation dient und eine Verbesserung der Ist-Situation herstellt.

Eigenverantwortung und eigene Wirksamkeit

Weiter liegt die Verantwortung auch bei jedem einzelnen Teilnehmer. Wir können nicht nicht entscheiden, unser Verhalten hat durch Aktivität oder auch Passivität immer eine Auswirkung auf das zu bearbeitende Thema, die Gruppe, auf mich und das Umfeld. Eine gute Lösung zu erzielen, bedeutet nicht, eine oberflächliche Harmonie zu erzeugen oder sich einem Konformitätsdruck unterzuordnen.

Daher ist es zu Beginn wichtig, auf die kommunikative Bodenbeschaffenheit des zu begleitenden Systems zu achten und die Menschen ggf. vorsorglich mit einer Lernbegleitung (➡Seite 166) auf die anstehenden Dynamiken vorzubereiten.

Spannungsdreieck

Das Modell des Spannungsdreiecks ist ein Hilfsmittel, um die sich ergänzenden Wertefelder Ordnung (Hand), Vertrauen (Herz) und Erkenntnis (Kopf) auszubalancieren.

Das Spannungsdreieck ist in Anlehnung an das Schema der Glaubens-Polaritäten-Aufstellungen (auch GPA-Schema genannt) von Matthias Varga von Kibéd und Insa Sparrer entstanden.

Das Spannungsdreieck bietet eine Form der Visualisierung und Arbeit mit Begriffen. Es eignet sich insbesondere für die Arbeit mit Wertethemen. Die drei Ecken des Dreiecks bilden ein Spannungsfeld ab, das es auszubalancieren gilt. Das Dreieck trägt zu einer Multiperspektivität und größeren Transparenz bei.

Je nach Fragestellung werden den Ecken verschiedene Bezeichnungen zugeordnet, die jedoch immer einem bestimmten Prinzip folgen:

- Die linke untere Ecke stellt die Fähigkeit zur Verbindung dar, bedeutet also *hin zu*.
- Die rechte untere Ecke stellt die Fähigkeit zur Trennung dar, bedeutet also *weg von*.
- Die obere Ecke bezeichnet die Kompetenz, *auszubalancieren*.

Die Abbildung zeigt das Dreieck mit den Bezeichnungen *Erkenntnis*, *Ordnung* und *Vertrauen*, die sich als allgemeine Ausgangsbegriffe für unsere Zwecke gut eignen.

Als Organisationsbegleiterin sammeln wir relevante Begriffe, die Organisationsmitglieder verwenden, wenn sie über ihre Organisation berichten und ordnen diese den Ecken oder Kanten in dem Spannungsdreieck zu. Die so entstehenden Wortfelder entwickeln wir beispielsweise zu Beginn einer Auftragsklärung, bei der Vorbereitung einer Retrospektive oder in einer Fallreflexion.

So können wir in Gesprächen visuell unterstützt Einblick darüber erhalten, ob einzelne Wertefelder schwach ausgeprägt sind oder möglicherweise komplett fehlen.

Oft werden sehr schnell bestimmte Spannungsfelder sichtbar, beispielsweise, dass in einer Organisation viele Elemente existieren, die auf das Ordnungsfeld einzahlen, aber vielleicht nur wenige Elemente, die auf das Vertrauensfeld einzahlen. Dann stellt sich die Frage, was getan werden kann, um das Vertrauen zu stärken. Und wir erhalten einen Hinweis darauf, welche Maßnahmen im weiteren Prozess eher zu bevorzugen sind, weil sie vertrauensbildend sind.

Die Abbildung zeigt exemplarisch ein Spannungsdreieck mit einem Wortfeld zum Thema Kollegiale Führung.

Hilfreiche Fragen zur Anwendung

- Welchen Kontext betrachten wir?
- Welche Begriffe fallen beim Beschreiben der Situation?
- Wie können diese Begriffe in dem Dreieck eingeordnet werden?
- Welche Werte schwingen bei den Begriffen mit?
- In welchen Ecken erkennen wir Mangel und in welchen Überfluss?
- Welche Interventionen würden den Mangel möglicherweise beseitigen?

Weiterführendes

➡Elisabeth Ferrari: *Führung im Raum der Werte: Das GPA-Schema nach SySt*. FerrariMedia, 2014.

➡*SyStemischer – Zeitschrift für systemische Strukturaufstellungen*. Heft 4, Thema Werte, FerrariMedia, 2014.

➡Gerald Hüther: *Was wir sind und was wir sein könnten – Ein neurobiologischer Mutmacher*. Fischer, 2011.

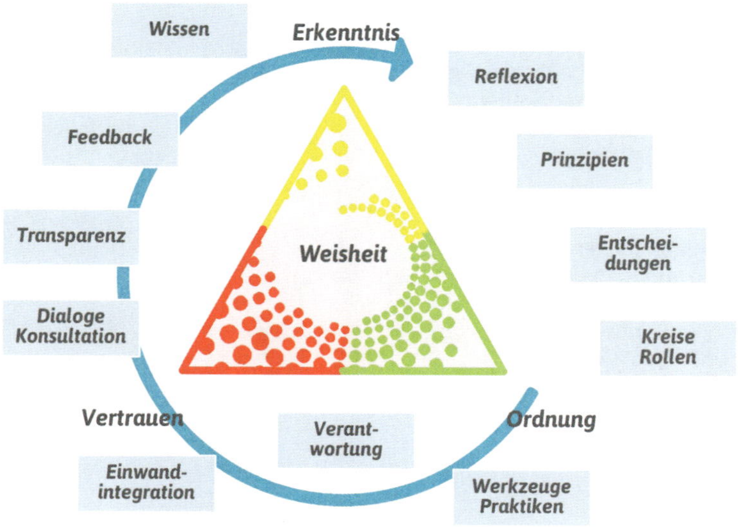

Soziale Systemprinzipien

Das Modell der sozialen Systemprinzipien ist ein Hilfsmittel, um Thesen zu sozialen Spannungen in Organisationen zu entwickeln und mögliche Ausgleichshandlungen zu finden.

Wird in einem Unternehmen ein Veränderungsprozess angestoßen, ist es wichtig, dass bestimmte systemische Prinzipien berücksichtigt werden, um mögliche Spannungsfelder auszubalancieren und Konflikte zu vermeiden.

Statusverluste anerkennen

Gab es beispielsweise bislang Führungskräfte, die Macht und Verantwortung trugen, werden diese Rollen womöglich in dem Veränderungsprozess aufgelöst. Wie wirken solche Veränderungen auf die Menschen und wie können wir so miteinander umgehen, dass Veränderungen in Rollen, Macht oder Status nicht zu persönlichen Differenzen, Sieger-Verlierer-Polaritäten und schlechter Stimmung führen – während wir eigentlich versuchen, unser Unternehmen fit zu machen?

Immer wieder geraten in Veränderungsprozessen bestimmte Bedürfnisse in Mangel. Diese sollten in irgendeiner Weise ausgeglichen werden, damit die Betroffenen den Weg weiter mitgehen können. Beim Finden dieser Disbalancen helfen die sozialen Systemprinzipien.

Die von Matthias Varga von Kibéd und Insa Sparrer am SySt-Institut in München entwickelten Systemprinzipien unterstützen uns dabei, Interventionen zu finden und zu fördern, die für die Stabilität und den Erhalt des Systems sorgen können. Wir haben sie hier für unseren Kontext vereinfacht, adaptiert und visualisiert.

Das grundlegende Prinzip besteht darin, die zu einem Ungleichgewicht führenden Fälle überhaupt auszusprechen. Sie dürfen nicht unter den Teppich gekehrt oder totgeschwiegen werden.

Es gilt über Befindlichkeiten zu sprechen und sie sichtbar zu machen, um herauszufinden, was es braucht, um den Veränderungsweg gemeinsam gehen zu können. Bei diesem Prozess sind beide Seiten gefordert. Die vom fehlenden Ausgleich betroffene Person kann diesen anmahnen und sie kann auch dazu gefragt werden.

Weiterführendes

➡Elisabeth Ferrari: *Teamsyntax, Teamentwicklung und Teamführung nach SySt*. FerrariMedia, 2013.

➡Insa Sparrer und Matthias Varga von Kibéd (SySt) forschen zu dem Thema. Von Iván Böszörményi-Nagy stammten die ersten Beiträge zum Thema.

➡Fritz B. Simon: *Einführung in die systemische Organisationstheorie*. Carl-Auer, 2007.

Beispiele für Konflikte o. Ä.

- Die Rolle Führungskraft wird abgeschafft.
- Ein Kreismitglied geht in einen anderen als den bevorzugten Kreis, da die Kreisgröße limitiert ist.
- Ein Kreis wählt eine Repräsentantin, die erheblich kürzer im Unternehmen ist und weniger Berufserfahrung hat als ein anderes Kreismitglied.
- Ein Kreis erfüllt seine wirtschaftlichen Leistungen nicht und muss finanziell von den anderen Kreisen mitgetragen werden.
- Ein Kreismitglied arbeitet überwiegend im Kreis A, obwohl es dem Kreis B verpflichtet ist.

Ausgleichshandlungen ermöglichen

Die Begleiterinnen von Organisationsentwicklungsprozessen haben eine besondere Verantwortung, die Systemprinzipien zu beachten und hierzu ggf. initiativ zu werden.

Wird beispielsweise eine langjährige Führungskraft entmachtet, muss besprochen werden, wie die Organisation mit diesem Menschen umgehen möchte, damit dieser Schritt nicht als Rückschritt oder Herabstufung erlebt wird. Es gilt, in einen Dialog zu kommen, was die erfahrene Führungskraft braucht, um im Neuen wirken zu können.

Braucht es einen sozialen Ausgleich? In welcher Form? Soll sie beispielsweise ihr Erfahrungswissen über Führung den anderen übergeben und damit den Begriff Führungsarbeit schärfen? Welche besonderen Leistungen kann die Person zukünftig erbringen? Wie können ihre bisherigen Leistungen sozial gewürdigt werden?

Dabei geht es nicht darum, einen 1:1-Austausch zu schaffen oder alles haarklein aufzurechnen. Oftmals reicht es schon aus, überhaupt über Ausgleichsbedürfnisse zu sprechen, sie anzuerkennen und zu würdigen.

Anwendung der Systemprinzipien

Die Systemprinzipien bauen hierarchisch aufeinander auf, was bedeutet, dass sie in dieser Reihenfolge (in der nebenstehenden Grafik von unten nach oben) zu beachten sind. Bei anstehenden Veränderungen sollten sie der Reihe nach überprüft und bei Entscheidungen herangezogen werden. Falls Indizien für Verletzungen und Schwächungen der Prinzipien beobachtet werden, können mögliche Ausgleichshandlungen abgeleitet werden, um wieder für Systemstabilität und Wachstumspotenzial zu sorgen.

Basisprinzip: Verzicht auf Leugnung

Zunächst gilt es, das Basisprinzip *Verzicht auf Leugnung* umzusetzen. Matthias Varga von Kibéd und Insa Sparrer nennen dies das 1. Metaprinzip. Hierbei geht es darum, bereits Festgelegtes und Geschehenes anzuerkennen und nicht unter den Teppich zu kehren oder zu übergehen – auch und gerade dann, wenn dies unangenehm ist. Sachverhalte sollten offen mitgeteilt und sichtbar gemacht werden, sodass eine Anerkennung in Form einer Würdigung möglich werden kann.

Nur wenn diese Grundlage berücksichtigt wird, können die vier nachfolgenden Prinzipien in ihrer hierarchischen Reihenfolge angewendet und überprüft werden. Stellt sich dabei heraus, dass einige der Systemprinzipien möglicherweise verletzt wurden, sind Ausgleichshandlungen auf der jeweiligen Ebene notwendig.

Solange eine darunterliegende Ebene geschwächt ist, kann die darauf aufbauende Ebene nicht wirkungsvoll funktionieren. Dazu müssen die auszugleichenden Ereignisse in die Kommunikation gelangen, um Heilungsprozesse zu initiieren.

In einigen Fällen reicht bereits ein würdigender und anerkennender Hinweis auf den Ausgleichsbedarf aus, um eine Kompensation zu erreichen. In anderen Fällen ist spezifisch auf die Bedürfnisse zu reagieren und für konkrete Ausgleichshandlungen zu sorgen.

Alles, was gesagt wird, soll echt sein;

nicht alles, was echt ist, soll gesagt werden.

Ruth Cohn

---

1. Zugehörigkeit

Das Prinzip der *Zugehörigkeit* sagt etwas darüber aus, wie sich das jeweilige soziale System von seiner Umwelt abgrenzt, wer oder was dazugehört und wer nicht. Die Zugehörigkeit wird darüber geprüft, wo die Systemgrenze verläuft. Die Beachtung dieses Prinzips unterstützt die Sicherung der Systemexistenz.

Beispielsweise geht es um die Frage, wer Mitglied in einem Kreis ist. Dies klingt einfach, ist in vielen Fällen aber entweder gar nicht so einfach zu beantworten oder es existieren durchaus unterschiedliche Auffassungen hierzu.

Ab wann gehört eine neue Kollegin dazu? Ab der Vertragsunterzeichnung? Ab dem ersten formalen Arbeitstag? Nach der Einarbeitung? Nach Ablauf der Probezeit? Nach dem ersten Kreistreffen, bei dem sie dabei ist? Wenn alle anderen Kreismitglieder sie kennengelernt haben? Wenn alle anderen Kreismitglieder gefragt wurden? Nur bis zur Bekanntgabe der Kündigung oder bis zum letzten Arbeitstag?

Hat jemand einen besonderen Heimatkreis, auch wenn er in mehreren Kreisen Mitglied ist? Was ist zu beachten bei gewählten Kreis-Repräsentanten? Gehören Lernlinge, Zeitarbeitskräfte, befristete Angestellte, Freiberuflerinnen, Kollegen in Kinderbetreuungszeiten, Sabbatical-Nehmer oder Kolleginnen, die immer nur die Nachtschicht machen, auch dazu?

2. Zeitfolge

Soziale Systeme wachsen, wenn neue Mitglieder hinzukommen (systeminternes Wachstum), beispielsweise durch ein neues Mitglied in einem Kreis. Ebenso können soziale Systeme durch Zellteilung wachsen, indem Mitglieder eines Systems ein neues gründen (systemexternes Wachstum).

Die Zeitfolge ist insofern relevant, indem in beiden Fällen (systeminternes und systemexternes Wachstum) die Jüngeren die Älteren anerkennen und respektieren müssen, ebenso wie die Älteren den Jüngeren einen angemessenen befristeten Schutzraum bieten müssen, bis sie stabil sind.

Da das Prinzip der Zeitfolge grundlegender als das Verantwortungsprinzip ist, entstehen Spannungen typischerweise also dann, wenn ein neues Organisationsmitglied im Vergleich zu den bestehenden Mitarbeitern eine größere Verantwortung zugeschrieben bekommt. Dies ist zum Beispiel der Fall, wenn einem Team eine neue, von außen kommende Chefin vor die Nase gesetzt wird.

Wer länger im Unternehmen ist, weiß mehr über die Kultur, kennt mehr Geschichten, Konflikte und Ereignisse, kennt unausgesprochene Regeln und Tabus und vieles, was unter den Teppich gekehrt wurde. Auch hat jemand, der länger dabei ist, oft größere Verdienste am Unternehmen.

Wenn dieser zeitliche Vorsprung nicht anerkannt wird und die Würdigung versagt wird, entstehen Kompensationsbedürfnisse bei der Betroffenen. Nicht die Tatsache, dass jemand mit kürzerer Zugehörigkeit mehr Verantwortung erhält, erzeugt dabei das Kompensationsbedürfnis. Es entsteht, wenn in dieser Situation die Anerkennung und Würdigung der Zeitfolge, also angemessene Ausgleichshandlungen fehlen.

3. Verantwortung und Einsatz

Dieses Prinzip besagt, dass die Organisation die Einsatz- und Verantwortungsbereitschaft ihrer Mitglieder zu würdigen hat, insbesondere wenn diese das übliche Maß übersteigen – beispielsweise, wenn eigene Interessen unter das Gemeinwohl gestellt werden.

Nur wenn besondere Leistungen gewürdigt werden, bleibt die Einsatz- und Leistungsbereitschaft erhalten. Die Beachtung unterstützt somit die Systemimmunkraft und seine Resilienz und sorgt für Krisenzeiten vor.

Hierzu gehört auch, wenn sich jemand in Krisensituationen besonders engagiert oder loyal gezeigt hat. Auch die mit bestimmten Funktionen und Rollen verbundene Verantwortung ist relevant.

Hat jemand Überstunden gemacht, um ein bestimmtes Ergebnis zu erreichen, und jemand anderes, der einen solchen Einsatz nicht erbracht hat, erfährt die Anerkennung dafür, gerät das soziale System ins Ungleichgewicht.

Was nicht in die Kommunikation kommt,
gibt es in der Organisation nicht.

Fritz Simon

---

4. Fähigkeiten und Leistungen

Hier geht es darum, die individuellen Kompetenzen und Fähigkeiten einzelner Mitglieder, eines Kreises etc. im Blick zu haben. Die Beachtung unterstützt die Sicherung von Systemindividuation, d. h. die Entfaltung der eigenen Fähigkeiten, Anlagen und Möglichkeiten.

Erhält jemand mit größeren Fähigkeiten und Leistungen weniger Anerkennung für vergleichbare Aufgaben, kränkt dies die Person möglicherweise.

Auf der Ebene Verantwortung und Einsatz geht es also eher um die Leistungsbereitschaft, die übernommene Verantwortung und die investierte Leistung. Auf der Ebene Fähigkeiten und Leistungen geht es eher um das, was jemand an Fähigkeiten mitbringt oder besitzt und welche Ergebnisse er damit für die Gemeinschaft erzielt.

Fallbeispiel: Einführung von Selbstorganisation in einem Unternehmensbereich

In einem mittelständischen Dienstleistungsunternehmen soll ein Bereich künftig kollegial geführt werden, um die geschäftsführenden Inhaber zu entlasten.

Mit der neuen Kreis- und Rollenstruktur entfiel die Rolle der Teamleiterinnen. Stattdessen entstanden verschiedene andere Führungsrollen im Kreis. Mithilfe der Systemprinzipien haben wir diese Situation untersucht:

- Welche der Veränderungen gelangen in die Unternehmenskommunikation? Welche nicht? (Verzicht auf Leugnung)
- Wie grenzen sich die neuen Kreise voneinander ab? Wie wurden die Kreise konstituiert? (Zugehörigkeit)
- Wer aus der ursprünglichen Abteilung ist wie lange im Unternehmen? In welcher zeitlichen Reihenfolge traten die jetzigen Kreismitglieder ins Unternehmen ein? Welche Rollen und Reorganisationen durchliefen sie bisher? (Zeitfolge)
- Wer hat welche Rollen im Kreis? Wer bzw. welche Rollen führen jetzt den Kreis? Sind diese Rollen klar abgegrenzt? Welche weiteren Rollen werden von den Teammitgliedern wahrgenommen? Wie sind die kreisinternen Rollen von den neuen kreisübergreifenden Rollen abgegrenzt? (Verantwortung)
- Wer leistet was? Wie wird hoher Einsatz von den Kreismitgliedern und im Unternehmen gewürdigt? (Einsatz)
- Wie werden Teamleistungen und individuelle Leistungen gemessen? Welche individuellen Fähigkeiten sind vorhanden, um die gewünschte Leistung zu erbringen? Welche fehlen ggf.? Wie tauschen sich die Teammitglieder darüber aus (Leistungen und Fähigkeiten)

Auf dieser Basis haben wir Thesen zu möglichen Ausgleichsbedarfen aufgestellt. Als Ausgleich reichten in diesem Fall einfache Interventionen wie beispielsweise öffentliche Würdigungen der jeweiligen Disbalancen und Ressourcen durch die Berater (statt durch Inhaber), Umdeutungsangebote (Reframing) und soziometrische Aufstellungen der Zeitfolgen.

Bedürfnisdreieck

Das Wesen einer Organisation ist, dass ihre Mitglieder in Kreisen, Teams, Gruppen etc. organisiert sind.

Sobald wir als Mensch zu einer Gruppe gehören, sind wir keine vollständig autonomen Wesen mehr. Wir befinden uns sofort in einer Polarität zwischen unseren individuellen Bedürfnissen und denen der Gruppe in Bezug auf den Organisationszweck.

Die tägliche Herausforderung besteht darin, als Gruppenteil die individuellen Fähigkeiten und Leistungen mit den anderen so auszubalancieren, dass wir einerseits als Team oder Gruppe gut funktionieren und dass andererseits unsere individuellen Bedürfnisse nicht untergehen.

Als Organisationsmitglied zeigen wir uns in der Gruppe, beziehen Position und vertreten diese gegenüber anderen Mitgliedern oder gar der Mehrheit. Dabei haben wir den Organisationszweck, die Bedürfnisse der verschiedenen Gruppen und unsere eigenen mit allen möglichen Wechselwirkungen zu beachten, um gemeinsam zu sinnvollen Entscheidungen und Handlungen zu kommen, was eine komplexe Aufgabe darstellt.

Dabei ist es nicht möglich, nicht zu entscheiden – nicht zu handeln hat ebenso eine Auswirkung, wie zu handeln.

Ein Hilfsmittel, um diese Spannungsfelder offenzulegen und bewusst mit ihnen zu arbeiten, ist das Bedürfnisdreieck, was auf den Grundprinzipien von TZI (Themenzentrierte Interaktion von Ruth Cohn) beruht.

In diesem Modell bilden die Perspektiven Ich, Wir und Organisation die Eckpunkte eines Dreiecks, umgeben von dem Umfeld (auch Globe genannt).

Wann immer eine Gruppe gemeinsam handelt und entscheidet, kann sie dieses Dreieck als Hilfsmittel einsetzen, um ganz bewusst zu unterscheiden:

- Was bedeutet dies für mich als Individuum, Organisationsmitglied oder speziellen Rolleninhaber?
- Was bedeutet dies für die Gruppe, das Team oder den Kreis?
- Was bedeutet dies für die Gesamtheit unserer Organisation? Wie ist der Bezug zum Sinn und Zweck der Organisation?
- Und was bedeutet dies für das nähere oder weitere Umfeld unserer Organisation?

Was für die Gruppe hilfreich ist, kann für mich als Individuum eine belastende Spannung beinhalten. Die egoistischen Interessen eines Einzelnen können inakzeptabel für die Gruppe oder den Organisationszweck sein.

Oft entstehen Konflikte, weil verschiedene Personen zu einem Thema unterschiedliche Perspektiven einnehmen und vertreten und dabei die anderen ausblenden oder nicht würdigen.

Mit dem Bedürfnisdreieck kann eine Gruppe die Perspektiven sichtbar, besprechbar und bearbeitbar machen, indem zu einem Thema oder einer Frage systematisch alle Perspektiven nacheinander Zeit und Raum erhalten und ausgetauscht werden.

Dies versetzt die Gruppe dann auch in die Lage, den möglicherweise notwendigen Organisationsvorrang herzustellen.

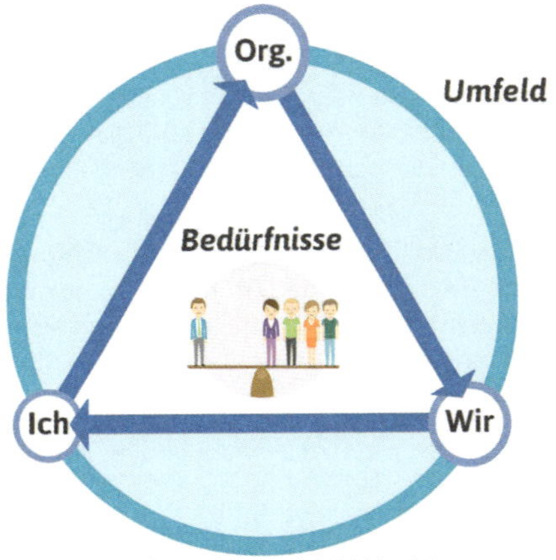

Weiterführendes

➡Cornelia Löhmer, Rüdiger Standhardt: *TZI – Die Kunst, sich selbst und eine Gruppe zu leiten: Einführung in die Themenzentrierte Interaktion*. Klett-Cotta, 2006.
➡Ruth C. Cohn: *Von der Psychoanalyse zur themenzentrierten Interaktion*. Klett-Cotta, 1975.
➡Ruth C. Cohn, Alfred Farau: *Gelebte Geschichte der Psychotherapie. Zwei Perspektiven*. Klett-Cotta, 1984.

Organisationsvorrang

Normalerweise ist eine Organisation verhältnismäßig robust gegenüber einzelnen Belastungen. Fällt beispielsweise ein Mitarbeiter für längere Zeit aus, leistet er notorisch schlechte Arbeit oder bekommt eine einzelne Kollegin unangemessen viel Gehalt, gefährdet dies kaum die Existenz der Organisation.

Sobald dies aber nicht nur Ausnahmen sind, sondern der Regelfall wird, kann die Existenz einer Organisation gefährdet werden, weil sie die Summe der Belastungen nicht mehr tragen kann.

Und deswegen geht es ums Prinzip. Eine Ausnahme ist verkraftbar, vielleicht auch ein paar mehr – aber wann kippt die Situation?

Der (Wertschöpfungs-)Zweck der Organisation hat Vorrang gegenüber den Eigeninteressen der Individuen.

Immer dann, wenn auf diese Klarstellung verzichtet wird, wird die Existenz der Gemeinschaft potenziell gefährdet. Es ist die Pflicht eines jeden Einzelnen, stets aufmerksam zu verfolgen, dass alle Kollegen vorrangig im Organisationsinteresse handeln. Zweifel daran gehören ausgesprochen.

Damit ist nicht gemeint, dass das Organisationsinteresse jeden Einzelnen dominieren und unterwerfen sollte. Ebenso ist es zum Überleben der Organisation nicht notwendig, den Profit zu maximieren. Es muss lediglich die Zukunftsfähigkeit der Gesamtheit gewährleistet bleiben. Im Zweifelsfall hat die Organisation Vorrang.

Reinhard Sprenger schreibt: „Überwiegt das Unternehmensinteresse, ist die Demotivation des Einzelnen die Folge; dominiert das Individualinteresse, wird die Gemeinschaftsaufgabe nicht erfüllt." [Sprenger 2015, S. 62].

Organisationen streben danach, weiter zu bestehen, indem sie für ihre Umgebung Profit bringenden Nutzen stiften. Die Organisation ist gewissermaßen Selbstzweck und Profit ist ein Mittel zu diesem Überlebenszweck.

Jedes Unternehmen hat einen Geschäftszweck, der darin besteht, einen konkreten Nutzen für Kunden zu erzeugen.

Entscheidungen und ebenso Einwände gegen Entscheidungen aus egoistischen Motiven, die nicht im Organisationsinteresse liegen, sind als solche zu identifizieren und sichtbar zu machen.

Wir können uns jedoch nicht darauf verlassen, dass der Organisationsvorrang von den einzelnen Organisationsmitgliedern stets beachtet und eingefordert wird. Deswegen sind wir gut beraten, dieses Prinzip in passenden Prozessen und Strukturen, also letztendlich in Rollen und Kreisen zu verankern – beispielsweise als explizite Aufgabe eines Selbstorganisationskreises, einer jeden Gastgeberrolle sowie als obligatorischer Bestandteil von Retrospektiven usw.

Weiterführendes

➡188 TZI, Bedürfnisdreieck

Kulturbildende Momente

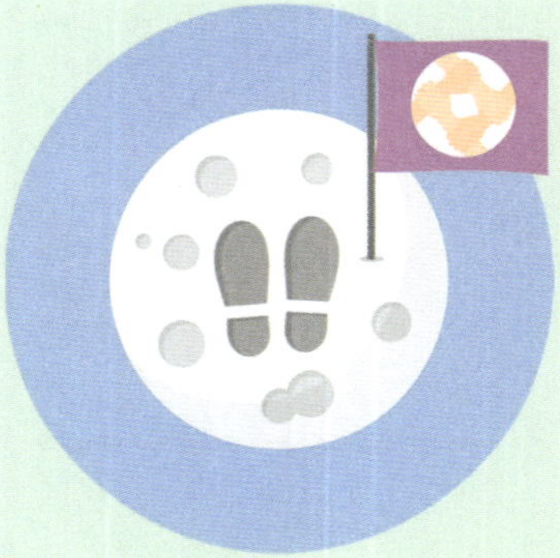

> Kultur ist die Summe der Regeln, Werte und Absprachen, denen Menschen bewusst oder unbewusst folgen, um einen Lebensraum zu gestalten, in dem geordnetes gemeinsames Handeln möglich ist.
>
> [Kultur hat] die Aufgabe, die individuelle Verhaltensvielfalt zu verringern und stabilisiert die Individuen.
>
> *Peter Kruse*

Was ist Kultur und wie ist sie gestaltbar?

Kultur ist etwas, was man beobachten, aber nicht unmittelbar und schon gar nicht kausal gestalten kann. Kultur lässt sich allenfalls mittelbar beeinflussen und auch dann ohne sichere Ursache-Wirkungs-Zusammenhänge.

Die Kultur einer Organisation zeigt sich im Verhalten und in den Kommunikationen einer Organisation. Wobei der Begriff Kommunikationen hier sehr weit gefasst ist und beispielsweise auch Äußerlichkeiten umfasst wie die Beschaffenheit des Büros und der Arbeitsmittel.

Weil Kultur nicht unmittelbar zielgerichtet hergestellt werden kann, können wir nur beobachten, welche Impulse zu welchen Veränderungen führen. Andererseits können wir davon ausgehen, dass alle Veränderungen immer auch mehr oder weniger auf die Kultur wirken.

Wir können Hypothesen bilden und Hoffnungen formulieren, dass bestimmte Interventionen zu passenden kulturellen Entwicklungen führen – um dann zu beobachten, was tatsächlich passiert.

Edgar Schein beschreibt Kultur mit drei Ebenen:

- Artefakte (oberste Ebene) als sichtbares, alltägliches Verhalten: Was sehe, höre, fühle ich?
- Öffentlich propagierte Werte (mittlere Ebene), die innerhalb von Organisationen präsentiert werden: Was wird bekundet?
- Unausgesprochene gemeinsame Annahmen (unterste Ebene) und gemeinsam erlernte Werte, Überzeugungen, Annahmen: Welche Werte haben das Unternehmen erfolgreich gemacht?

Die mittlere Ebene bezieht sich auf die von der Unternehmensleitung öffentlich propagierten Werte. Diese Ebene hat jedoch meist wenig mit den unsichtbaren tatsächlichen Werten und dem sichtbaren Verhalten zu tun und keinen kausalen Einfluss auf das alltägliche Verhalten. Gerhard Wohland verwendet für diese Unterscheidung die Begriffe Vorder- und Hinterbühne.

Auf Basis von Ideen von Gerhard Wohland [Wohland 2006] und Edgar Schein [Schein 1985] haben wir dieses Kultur-Erklärungsmodell entwickelt:

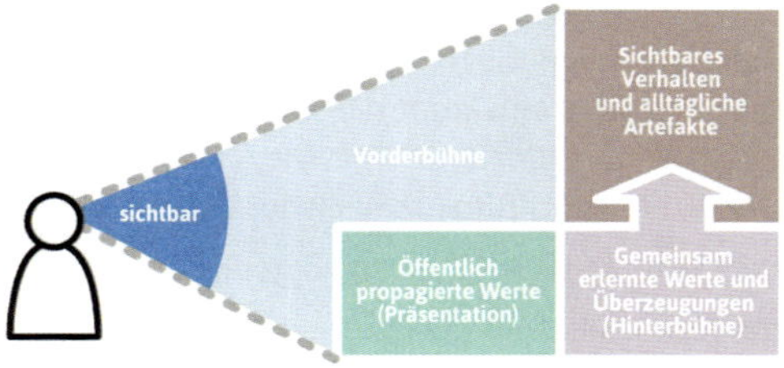

Weiterführendes

➡Edgar H. Schein: *Organisationskultur und Leadership*. Vahlen, 2018. Originalausgabe 1985.

Aufmerksamkeit lenken

Welche Wirkungen welche Interventionen und Veränderungsimpulse haben, hängt auch wesentlich davon ab, wie viel Aufmerksamkeit diese in einer Organisation erhalten – was durchaus gestaltbar ist.

Die Lenkung von Aufmerksamkeit ist ein wesentlicher Machtfaktor.

Nicht jedes Organisationsmitglied erhält die gleiche Aufmerksamkeit, sondern dies korrespondiert auch mit den Rollen, die jemand wahrnimmt. Die Organisationsstruktur, wer für was zuständig ist, beeinflusst hochwirksam die Möglichkeiten, Aufmerksamkeit in einer Organisation zu lenken. Macht entsteht erst dadurch, dass Menschen jemanden Aufmerksamkeit schenken.

Was ist ein kulturbildendes Moment?

Die meisten wahrnehmbaren Verhaltensweisen in einer Organisation sind vorhersehbar, gerade das macht Kultur aus. Für das Allermeiste, was regelmäßig passiert, gibt es Erwartungshaltungen, also Erfahrungswerte.

Wenn jemand zu spät in ein Arbeitstreffen kommt: Wird das typischerweise ignoriert? Wird darüber eine humorvolle oder sarkastische Bemerkung gemacht? Wird eine ernste Ermahnung ausgesprochen?

Wenn im Rahmen von Veränderungsprozessen in einer Organisation ganz neue und überraschende Situationen entstehen, also solche, für die es noch keine belastbaren Erfahrungswerte gibt, dann steigt ganz automatisch die Aufmerksamkeit der Beteiligten. Wir sind als soziale Wesen auf Gemeinschaften angewiesen und alleine weniger überlebensfähig. Deswegen haben wir als Menschen das Bedürfnis, uns der Zugehörigkeit und unserer Position in einer Gemeinschaft sicher zu sein. Situationen und Kontexte, in denen uns diese Sicherheit fehlt, geben wir eine erhöhte Aufmerksamkeit.

Ein kulturbildendes Moment ist eine überraschende Situation in einer Gemeinschaft, in der die Beteiligten mit hoher Aufmerksamkeit verfolgen, was nun passiert, um daraus ein Erfahrungsmuster für die Zukunft abzuleiten.

Wenn wir im Rahmen der Adaption agiler Organisationsentwicklungsprinzipien neue Formen der Kommunikation, Kooperation, Organisation und Entscheidungs- und Willensbildung ausprobieren, kommt es oft zu solchen kulturbildenden Momenten.

Nutzungsmöglichkeiten für externe Organisationsbegleiterinnen

Als externe Organisationsbegleiterinnen haben wir die Möglichkeit, eine Situation zu spiegeln, unsere Wahrnehmungen und Thesen mitzuteilen, Abweichungen von den eigenen Vereinbarungen der Gruppe anzusprechen und zu fragen, was die Gruppe braucht, um ein neues Verhalten auszuprobieren.

Meistens reicht die Offenlegung der Beobachtung oder eine Frage oder Thesen dazu bereits aus, also die bewusste Lenkung von Aufmerksamkeit: „Na, da macht ihr jetzt das, was ihr immer macht, oder?" Oft werden alte Handlungsweisen wenig bewusst und ohne explizite Absicht reproduziert und eine überwiegende Menge der Gruppenmitglieder ist bereit, Neues auszuprobieren.

Bei der Einführung agiler Organisationsentwicklungsprinzipien können und sollten kulturbildende Momente ganz gezielt gesucht und genutzt werden. Irgendwann wird ein Kreis zum ersten Mal eine Entscheidung treffen, die der bisherigen Führungskraft nicht passt. Wir wissen nicht wann und wo und zu welchem Thema, aber die Situation wird früher oder später kommen. Als externe Begleiter können wir darauf vorbereitet sein, wir können geradezu darauf lauern, um dann durch eine passende Intervention der Gruppe eine wichtige Lern- und Entwicklungserfahrung zu ermöglichen.

Dabei ist weniger das Ergebnis einer solchen Intervention interessant als die Frage, was eine Gruppe braucht, um Neues auszuprobieren. Wir können als externe Begleiter der Gruppe kein anderes Verhalten aufzwingen, aber wir führen mit Fragen und regen mit Thesen offen eine Entwicklung an.

Beispiel: Eigenwillige Entscheidung

Ein Kreis trifft zum ersten Mal eine Entscheidung, die ganz offensichtlich der Meinung oder dem Willen der bisherigen Führungskraft widerspricht.

Mit großer Wahrscheinlichkeit richten sich die Augen der Beteiligten auf die bisherige Führungskraft: Wie wird sie reagieren? Mit welcher Mimik und Haltung? Was sagt und wie sagt sie etwas dazu? Akzeptiert sie die Entscheidung uneingeschränkt? Muss der Initiator der Entscheidung eine Strafe befürchten? Zweifelt die Führungskraft die Entscheidung an? Versucht sie, die Entscheidung nachträglich in ihrem Sinne zu verändern?

Welches Muster schreiben die Beobachter der Situation zu? Werden Gruppenentscheidungen nur so weit akzeptiert, wie der Chef sie akzeptiert, oder gelten Gruppenentscheidungen verbindlich, auch wenn der Chef anderer Meinung ist?

Beispiel: Entscheidungsauftrag an kurzer Leine

Ein Kreis, der ausgesprochen vertrauensvoll miteinander arbeiten möchte, beauftragt ein Mitglied mit einer Entscheidung, gibt dabei jedoch einen besonders engen Entscheidungsspielraum vor oder sehr detaillierte Vorbehalte und Auflagen.

Einerseits wurde darüber gesprochen und vordergründig vereinbart, sehr vertrauensvoll miteinander umzugehen. Andererseits zeigt sich in einer Situation, in der sich der Grad des vorhandenen Vertrauens gut erkennen lässt, dass dies nicht sehr weitreichend ist.

In dieser Situation werden die Beteiligten vermutlich aufmerksam verfolgen, ob dieser offensichtliche Widerspruch auch freiheraus angesprochen oder ob er unter den Teppich gekehrt wird. Wird ein Teilnehmer den Widerspruch benennen und was passiert dann? Wird die Moderatorin, Prozessbegleiterin, Gastgeberin oder Achtgeberin der Entscheidungsrunde intervenieren? Oder werden im neuen Kontext alte Handlungsmuster unreflektiert reproduziert?

How to work at [...]: Die Benutzungsanleitung für die Organisation

Die Organisations-Benutzungsanleitung „How to work at ..." ist eine ethnographisch entwickelte Sammlung kulturell bedeutsamer Praktiken und Prinzipien eines Unternehmens.

Kollegial geführte Organisationen sind erklärungsbedürftig. Wer aus einer traditionellen Linienorganisation wechselt, muss erst lernen, wie seine neue Organisation funktioniert. Neben persönlichen Einführungen von Kolleginnen und eigenen Beobachtungen und Erfahrungen kann eine Art Benutzungsanleitung helfen.

Abgrenzung von normativen Leitbildern

Eine Organisations-Benutzungsanleitung kann ganz unterschiedliche Zwecke haben. Sie könnte ein Regelwerk voller Anweisungen sein, ein Prozesshandbuch, eine Sammlung von Arbeitsplatzbeschreibungen mit einem normativen Anspruch usw.

Wenn diese Anleitung die gewünschten Soll-Situationen beschreiben würde, bekäme sie einen Appell-Charakter, der, wenn wir uns die systemische Haltung kollegialer Führung vergegenwärtigen, den Prinzipien kollegialer Führung entgegenläuft, wenig sinnstiftend und vermutlich eher schädlich ist. Eine Hochglanzbroschüre, die eine Welt beschreibt, die sich im Unternehmen gar nicht wiederfindet, ist unglaubwürdig und unwürdig.

Anpassung oder Selbstreflexion?

Wenn die Benutzungsanleitung einen normativen Zweck hat, also verbreitet wird, um das Verhalten der Mitarbeiter zu beeinflussen, dann produziert dies wie jedes vorgegebene Leitbild bestenfalls äußere Anpassung, also Theater.

Wenn der Zweck ist, neuen und vorhandenen Kolleginnen Orientierung, Inspiration oder Sicherheit zu geben oder damit zu einem Gespräch über die Organisationskultur einzuladen, kann dies die Selbstreflexion und Organisationsentwicklung unterstützen. Die Kollegen werden den Unterschied spüren.

Soweit die Benutzungsanleitung nicht eine etablierte Praxis, sondern doch eher eine unerprobte Soll-Situation beschreibt, sollte deutlich werden, dass es sich um eine Idee oder einen Plan handelt.

Hilfreicher ist es, nur solche Prinzipien, Praktiken, Strukturen, Prozesse und Situationen zu beschreiben und zu erwähnen, die in der Organisation tatsächlich schon beobachtbar waren. Wenn die Anleitung also eine (gerne auch eine verallgemeinernde oder pointierte) Erklärung für etwas ist, was tatsächlich in der Organisation sichtbar war, kann dies sinnstiftend wirken.

Ethnografisches Vorgehen

Um dies zu erreichen, ist eine ethnografische Herangehensweise und Haltung notwendig.

Als erstes sind die Fragen zu sammeln, die die Benutzungsanleitung beantworten soll, beispielsweise: Wie treffen wir Entscheidungen? Woher weiß ich, wie viel Budget bzw. Geld ich ausgeben kann? Wir arbeiten wir zusammen? Wie bekomme ich eine Gehaltserhöhung oder Fortbildung? Was mache ich, wenn ich mich fachlich-inhaltlich verändern möchte? Was kann ich tun, wenn ich ein Problem habe? Fragen Sie ein paar verschiedene Kollegen hierzu.

Danach suchen wir wie ein Ethnograf, also wie ein Außenstehender, der ein fremdes Volk und eine fremde Kultur beobachtet, nach Beispielen im Verhalten und in der Kommunikation der Organisation, also nach realen Geschichten und Mustern. Hierzu konsultieren wir erfahrene Kolleginnen.

Aus den gesammelten Erfahrungen extrahieren wir die Essenz. Wir versuchen, dahinterstehende Prinzipien und Gemeinsamkeiten zu erkennen, um sie sprachlich wohlwollend, aber ausgewogen zu verdichten und zu verallgemeinern. Selbstdarstellungen mit ausschließlich jubelnden und strahlenden Menschen, wie von manchen Organisationen des Silicon Valley bekannt, sind entwürdigend.

Diese Erkenntnisse können wir dann thematisch gruppieren und daraus eine Benutzungsanleitung entwickeln. Sobald einzelne Abschnitte fertig sind, können wir Kollegen zwecks Rückmeldungen konsultieren.

Wir vermeiden detaillierte Beschreibungen. Eher geben wir Stichworte, um neue Kolleginnen anzuregen, sich Details im direkten Gespräch mit anderen Kollegen zu holen. Es geht weniger darum, alle Fragen umfänglich zu beantworten, sondern zu einem Austausch über die Inhalte anzuregen. Die neuen Kollegen wissen dann, wonach sie fragen können, welche Praktiken und Prinzipien es überhaupt gibt, wie diese heißen, und sie bekommen die Möglichkeit, im Gespräch mit vorhandenen Kolleginnen differenziertere Perspektiven zu erfahren.

Typische Inhalte

- Welche Koordinationskreise existieren? Mit welchem Zweck und Verantwortungsbereich? Welches sind die höchsten Entscheidungsinstanzen? Gibt es einen Topkreis, ein Plenum, einen Strategiekreis etc.?
- Welche zentralen Dienstleistungskreise gibt es?
- Welche Wertschöpfungskreise gibt es? Nach welchen Prinzipien sind diese gebildet?
- Welche allgemeinen und übergreifenden Prozesse, regelmäßigen Arbeitstreffen, Veranstaltungen und welche anderen Kommunikationsformate und -medien (vor allem auch digitale) gibt es? Wo finde ich weitere Informationen (bspw. Protokolle) hierzu?

- Welche Möglichkeiten existieren, um Ideen auszutauschen, Spannungen sichtbar zu machen, Meinungen zu bilden?
- Wie werden Entscheidungen getroffen? Wie werden sie nachverfolgt und reflektiert?
- Was ist der Zweck der Organisation? Was macht die Organisation besonders und unterscheidet sie von anderen?
- Welche Werte existieren und woran lassen diese sich ganz praktisch und konkret beobachten und erkennen?
- Von wem wurde die Organisation gegründet und welche wichtigen Meilensteine und Ereignisse waren prägend für die Organisation?

Soweit möglich und sinnvoll sollten die Inhalte statt durch sachliche Erklärungen durch Bilder und Geschichten vermittelt werden, beispielsweise auf je eine Einzel- oder Doppelseite pro Thema.

Wenn beispielsweise einmal jährlich ein Unternehmens-Open-Space stattfindet, dann können 1 – 3 Fotos von der Situation, den Menschen und exemplarischen Ergebnissen einen ersten Eindruck vermitteln – ergänzt um Informationen, wie oft der Open Space stattfindet, wer eingeladen wird, und vielleicht um eine bemerkenswerte Geschichte oder eines prägendes Ereignis im Kontext dieser Veranstaltung.

Format

Die Anleitung kann als richtiges gebundenes Buch gedruckt werden. In unserem eigenen Unternehmen hatten wir über einen Print-on-demand-Dienst jeweils personalisierte Einzelexemplare bestellt, immer wenn jemand Neues eingestellt wurde. Manchmal wurde das Buch auch schon im fortgeschrittenen Bewerbungsprozess übergeben.

Jedoch war das Buch nicht frei zu beziehen, das Buch ging nicht an Externe. Wir haben es bewusst nicht zu Werbezwecken oder zur direkten Stärkung der Arbeitgebermarke eingesetzt, um die Glaubwürdigkeit und Integrität der Anleitung nicht zu beschädigen und möglichen Instrumentalisierungen vorzubeugen.

Anstelle eines teuren Buches kann eine sorgsam und liebevoll gestaltete Broschüre den gleichen Zweck erfüllen. Wir kennen aber auch Beispiele in Form (auszudruckender) Wiki-Seiten oder PDF-Dokumente.

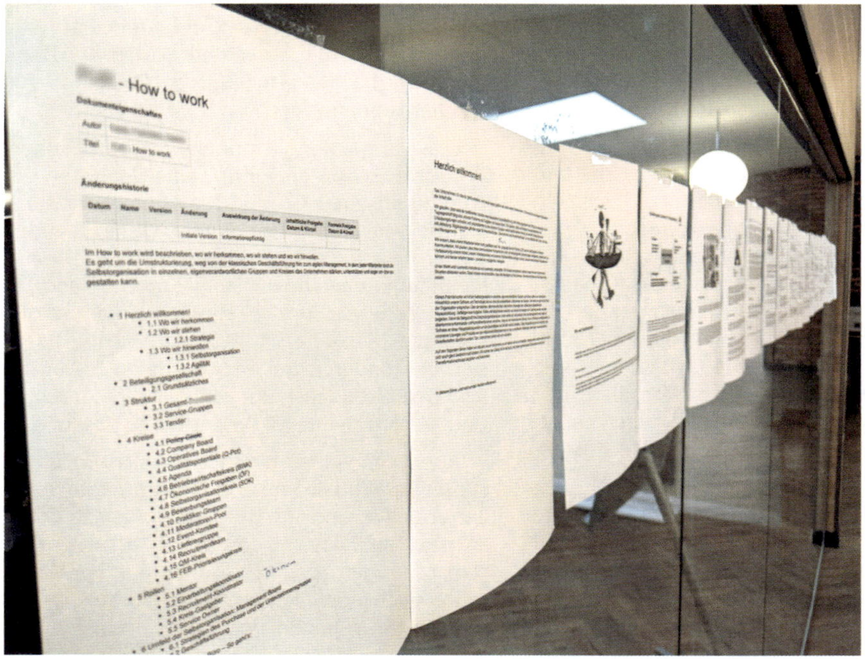

> Die Klarheit kommt nie früher, als man sie braucht. Sie kommt aber auch nicht später.
>
> *Matthias zur Bonsen*

Weiterführendes

- ➡Rosa Zubizarreta, Matthias zur Bonsen (Hrsg.): *Dynamic Facilitation – Die erfolgreiche Moderationsmethode für schwierige und verfahrene Situationen.* Beltz Verlag, 2014.
- ➡Matthias zur Bonsen: *Führen mit Visionen – Der Weg zum ganzheitlichen Management.* Gabler, 1994, Falken, 2000.
- ➡Jim Rough: *Society`s Breakthrought.* Eigenverlag, 2002.
- ➡Matthias zur Bonsen, Jutta Herzog, Myriam Mathys: *Leading with Life: Lebendigkeit im Unternehmen freisetzen und nutzen.* Gabler, 2009.

Dynamic Facilitation

Tragfähige Entscheidungen reifen in passenden Denkräumen und guten Gesprächen. Dynamic Facilitation (DF, Dynamische Prozessbegleitung) ist eine Moderationsmethode, die dabei unterstützt, ein gutes Gruppengespräch so vertieft und so lange zu führen, bis aus der Gruppe heraus eine Lösung entsteht. Sie kann auch zur Entscheidungsfindung angewendet werden. Die Methode wurde von Jim Rough erfunden.

Dynamic Facilitation eignet sich besonders bei schwierigen Gesprächsthemen oder Anliegen, die zu Stagnation und Resignation bei den Beteiligten geführt haben. Scheinbar unlösbare Probleme als auch Themen mit Konflikttendenzen eignen sich ebenso dafür.

Dynamic Facilitation geht von der Annahme aus, dass es immer eine Lösung gibt und diese sich schon zeigen wird, da die Weisheit in der Gruppe liegt. Es braucht einen entschleunigten Raum, in dem öffentlich gedacht und wertschätzend zugehört werden kann, bis in der Gruppe die Lösung auftaucht. Wenn dies geschieht, hat die Gruppe ihren Durchbruch erreicht.

Damit diese Methode ihre Kraft und volle Wirksamkeit entfalten kann, wird Raum, viel Zeit und ein ganz bestimmter Aufbau benötigt. Es ist ein herausforderndes Moderationsformat für gestandene prozessorientierte Moderatorinnen, die den Raum halten und Anspannung aushalten können, um ganz bei den Teilnehmenden zu sein. Nun ist der Arbeitsplatz nicht dafür bekannt, dass wir dafür bezahlt werden, gute, intensive und lange Gespräche zu führen. Vor allem Zeit fehlt in Organisationen. Gespräche gelten vielerorts nicht als Arbeit und haben keine Kostenstelle.

Reife Entscheidungen und gut durchdachte Lösungen kommen jedoch nicht aktionistisch zustande, sondern entstehen durch anregendes Denken, Informieren, Reden, Diskutieren etc. Und manchmal muss man auch darüber schlafen, um seine Gedanken ordnen und sortieren zu können.

Methode

Da unser Denken springt, benötigen wir ein Format, das unser vertieftes assoziatives Denken und Sprechen unterstützt. Dynamic Facilitation verfolgt aus diesem Grund keinen roten Faden, sondern passt sich unserem sprunghaften assoziativen Denken an. Das gegenseitige Zuhören in der Gruppe regt das eigene vertiefte Denken an. Dynamic Facilitation gibt Raum für Divergenz, nicht für Konvergenz.

Die Aufgabe der Moderatorin ist, dabei zu unterstützen, was sich als Nächstes in der Gruppe gedanklich und sprachlich zeigen wird. Sie hilft, dass sich ein generatives Gespräch entwickelt, in dem etwas Neues entsteht und stattfinden kann. Daher dürfen die Beteiligten nicht unter Zeitdruck leiden, damit in dem besonderen Rahmen Worte aus der Tiefe gesprochen werden können. Dazu sprechen sich die Teilnehmerinnen erst einmal leer, werden ruhiger und befreien sich von der Fülle der mitgebrachten Gedanken. Diese Phase wird Entleeren (englisch „purging“, frei machen) genannt.

Dies kann anfänglich ungewohnt erscheinen. Wer ist es schon gewohnt, seine Gedanken unstrukturiert einer Gruppe zuzumuten? Meistens werden wir abgewürgt, wenn wir nicht enden wollen oder zu unstrukturiert sprechen. Teilweise kann das ungewöhnlich lange Sprechen und Zuhören irritieren. Für die Teilnehmerinnen ist dieser wertschätzende Schritt jedoch wichtig, da sie sich erst dadurch trauen, ihre tiefen Gedanken und Gefühle aufzuspüren, sich wirklich zu zeigen und allmählich ihre Masken fallen zu lassen.

Auch wenn es keinen roten Faden gibt, bietet die Moderation Regeln und Ordnungskategorien zur Visualisierung, um den Durchbruch zu unterstützen. Der Fokus des ganzen Prozesses liegt darauf, Lösungen zu finden. Daher fragt die Moderation nach jedem Redefluss, ob sich schon erste Lösungsideen zeigen, und notiert diese.

Aufgaben der Moderation

Die Moderation hat keine steuernde Funktion. Vielmehr erzeugt sie eine Atmosphäre der Leichtigkeit mit geweitetem Blick, Wertschätzung und Klarsicht.

Die Moderation verhält sich absichtslos und verlangsamt den Gruppengesprächsprozess, sodass etwas Neues entstehen kann. Sie federt Emotionalität ab und tritt bei auftretenden Spannungen zwischen die Teilnehmenden. Dabei arbeitet die Moderatorin hauptsächlich mit aktivem und vertieftem Zuhören sowie offenen Fragen. Das simultane Visualisieren ist nachrangig.

Aufbau

Prägend für das Gelingen ist die Wahl des Raumes und die Raumvorbereitung. Welcher Raum eignet sich besonders gut für eine anregende lange Gruppenarbeit? Welche Materialien werden wie und wo eingesetzt und sind diese ausreichend vorhanden?

Die Sitzordnung wird so gestaltet, dass die Teilnehmenden dem Moderator zugewandt sind und nicht den Sitznachbarinnen. Dadurch sollen Seitengespräche und direkte Ansprachen untereinander vermieden werden. Die Teilnehmerinnen sitzen in einem Halb- oder Drittelkreis, sodass ihre Blickrichtung zu der Moderation und den vier Flipcharts und Pinnwänden ausgerichtet ist.

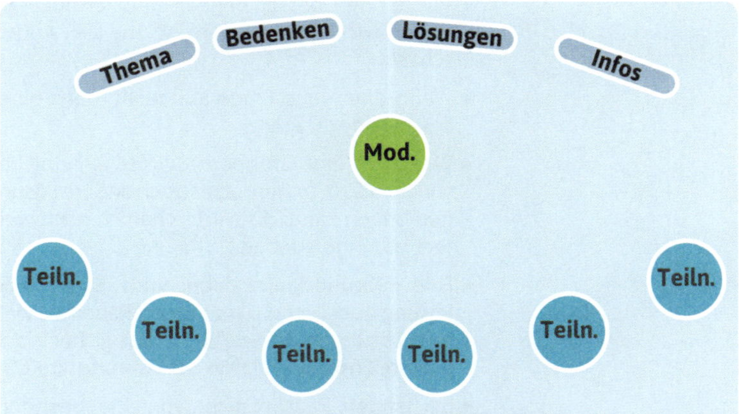

Sitzordnung Dynamic Facilitation

Regeln für die Moderation

- Die Moderation gibt einen guten Rahmen und erläutert die Regeln und den Prozess.
- Das Thema muss gut formuliert sein.
- In der Moderation „leer" sein, nach Möglichkeit nicht im Thema involviert sein.
- Zuhören und Blickkontakt hat Priorität.
- Bei Anklagen zwischen die Parteien treten. Gewaltvolle Sprache ggf. umdeuten (reframen).
- Beim Zuhören schauen, wer einen Folgeredeimpuls hat.
- Teilnehmer immer wieder fragen, ob etwas aufgeschrieben werden darf.
- Die Beiträge werden pro Kategorie fortlaufend durchnummeriert.
- Ab einer Gruppengröße von mehr als ca. 10 Teilnehmenden mit einer Ko-Moderation arbeiten.
- Raum halten, Raum halten, Raum halten.
- Den Prozess mit einer Reflexion beenden.

Vier Visualisierungskategorien

- Thema und Anliegen*
- Bedenken und Befürchtungen
- Lösungen und Lösungsideen
- Sichtweisen und Information

* mit dem gestartet wird, ergänzt durch neue Herausforderungen, die im Verlauf entstehen

Wann sollte Dynamic Facilitation nicht eingesetzt werden?

- Wenn die Entscheidung schon gefallen ist (außer wenn von den Auftraggeberinnen zur Reflexion gewünscht).
- Wenn es keine Bereitschaft seitens der Führungskräfte gibt, die Lösung umzusetzen.
- Wenn wenig Zeit ist und rasche Ergebnisse benötigt werden.
- Wenn es nur ein oder zwei Optionen gibt, d. h. der Lösungsraum im Vorhinein verengt ist.
- Wenn die Gruppe sich nicht fürs Thema interessiert.

Dynamic Facilitation als Entscheidungsverfahren

Dynamic Facilitation kann als Entscheidungsverfahren oder als Ergänzung dazu eingesetzt werden, beispielsweise für einen Konsultativen Fallentscheid.

Bei sehr großen Gruppen kann ein Entscheidungsrat für einen Dynamic-Facilitation-Prozess gewählt werden (➡Seite 162, Entscheidungsrat).

Regeln für die Teilnehmenden

- Wer das Thema eingebracht hat, beginnt.
- Redebeiträge anderer werden nicht unterbrochen.
- Teilnehmende reden nur zur Moderation, die anderen hören zu.
- Wenn ich reden möchte, gebe ich der Moderatorin ein stilles Zeichen.

Vertieftes Zuhören

Wende deine volle Aufmerksamkeit deinem Gegenüber zu. Versuche ruhig mit dir selbst zu werden. Höre mit all deinen Sinnen zu. Platziere nicht in einer Lücke deine Geschichte, sondern bleibe ganz bei deinem Gegenüber.

Dies ermöglicht vertieftes Denken und Sprechen.

Wichtig

- Das Lösungs-Flipchart soll gefüllt werden. Immer wieder nach konkreten Lösungen fragen.
- Fragen, über die die Gruppe redet, kommen auf das Blatt Herausforderung.
- Bei allem darauf achten, ob in einem Beitrag ein Stück Lösung steckt („[…] und hast du, auch wenn es noch relativ früh ist, einen Lösungsimpuls?").
- Ggf. Überschriften erst im Prozess notieren.
- Ziel ist es, Lösungen zu kreieren.
- Bei verbalen Angriffen unterbrechen und nach Befürchtungen fragen.
- Immer nur bilateral sprechen.
- Wir können besser denken und formulieren, wenn wir jemandem nicht in die Augen schauen.
- Wenn eine neue Frage auftaucht, nach einer Lösungsidee fragen.
- Wenn sich eine Gruppe zu schnell auf eine Lösung einlässt, fragen, ob es noch andere Lösungen geben kann: „Es wird sicherlich noch weitere Lösungen geben […]".
- Falls Führungskräfte dabei sind: „Sage deine Lösung zuerst und dass du den Raum für weitere Lösungen öffnest", „Es gibt sicher noch weitere Lösungen als die der Führungskraft."
- Bei langen Pausen nicht vorzeitig beenden, sondern den Raum halten und abwarten, ob sich noch etwas zeigen möchte: „Okay, es scheint noch etwas anderes zu brauchen". Dann die Stille aushalten.

Evolution menschlicher Organisationen

Das folgende Erklärungsmodell beschreibt die historische Entwicklung von Organisationsformen, angelehnt an das Spiral Dynamics-Modell von Don Edward Beck und Christopher C. Cowan [Beck-Cowan 2007]. Die einzelnen farblich codierten Evolutionsstufen, wie sie in der Grafik dargestellt sind, bauen dabei aufeinander auf. Die unterhalb von Rot liegenden Farben Purpur (Ahnenkult) und Beige (instinktives Handeln) fehlen in der Abbildung, da sie für Organisationen heute nicht mehr relevant sind.

Macht (Rot)

Die mit dem Begriff Macht charakterisierte Organisationsform wird auch als imperiales Zeitalter bezeichnet. Solche Organisationsformen begannen sich vor ca. 10.000 Jahren zu entwickeln und es gibt heute noch immer solche Organisationen, beispielsweise in Form von Straßenbanden oder Söldnergruppen. Egoismus und Ausbeutung sind bestimmende Merkmale.

Jede Organisationsform ist entstanden, um einen bestimmten Zweck und bestimmte (Sicherheits-)Bedürfnisse zu erfüllen. Rote Organisationen stellen Sicherheit durch machtvolles Handeln her. Meistens existiert eine autoritäre Hierarchie von Individuen und Persönlichkeiten, die mit entsprechenden Befehlsketten eine Aufgabenteilung bewirken.

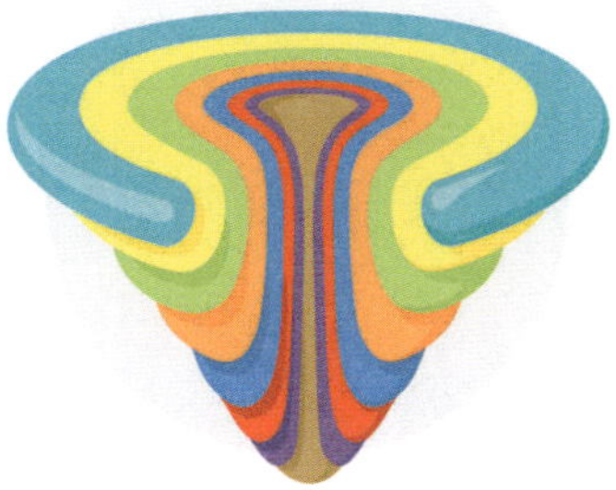

Wahrheit (Blau)

In der nächsten Stufe liegt der Fokus nicht mehr auf den Individuen, sondern auf der Gemeinschaft. Dieser Wechsel zwischen individuellen und kollektiven Bedürfnissen findet auch zwischen allen nachfolgenden Übergängen statt, wie dies die hin und her wechselnden Pfeile in der folgenden Abbildung (➡Seite 199) andeuten.

Blaue Organisationen geben ihren Mitgliedern durch allgemeingültige Gesetze und Regeln ein hohes Maß an Sicherheit. Sie sind konformistisch: Jeder hat sich an die Gesetze zu halten. Wobei die Gesetze wiederum von einer Hierarchie gestaltet und durchgesetzt werden. Die Macht obliegt aber nicht mehr den Individuen und deren Persönlichkeit, sondern wird durch entsprechende Rollen und Ränge definiert. Nur der jeweilige Rollenträger hat die Macht.

Diese Organisationsformen begannen sich vor ca. 5.000 Jahren zu entwickeln. Beispiele sind Behörden, Militär und die katholische Kirche. Ihre wesentlichen Errungenschaften sind wiederholbare Prozesse und eine längerfristige Handlungsperspektive.

In anderen Quellen als Beck/Cowan werden teilweise andere Farben verwendet, beispielsweise verwendet Frédéric Laloux, der sich wiederum auf das Farbschema von Ken Wilber bezieht, Bernstein anstelle von Blau.

Leistung (Orange)

Nachdem blaue Organisationen in bürokratischer Weise gemeinschaftlich orientiert waren, stellt Orange wieder die individuelle Leistung in den Vordergrund. Individuelle Zielvereinbarungen, eine hohe Leistungsorientierung, strategisches Handeln und ganz allgemein ein ausgeprägter Materialismus sind Kennzeichen dieser Organisationsformen, die vor etwa 500 Jahren zu entstehen begannen.

Viele multinationale Konzerne und börsenorientierte Unternehmen können als orange bezeichnet werden. Sie sind bis heute stark und dominant. Mithilfe ihres Leistungsprinzips bringen sie viele Innovationen hervor. Leistung legitimiert auch individuelle korrumpierende Handlungen über die noch für Blau verbindlichen Standards hinaus.

Weiterführendes

➡Don E. Beck, Christopher C. Cowan: *Spiral Dynamics – Leadership, Werte und Wandel.* Kamphausen, 2007.
➡Ken Wilber: *Integrale Spiritualität.* Kösel-Verlag, 2007.
➡Frédéric Laloux: *Reinventing Organizations.* Vahlen, 2015.

Gleichheit (Grün)

Dazu bilden grüne Organisationen wieder einen Gegenpol. Hier dürfen Individuen sich nur hervorheben, soweit sie von der Gemeinschaft dafür ermächtigt wurden. Es ist eine postmoderne pluralistische Form, die vor etwa 50 Jahren entstand.

Sicherheit entsteht aus den sozialen Beziehungen. Autorität basiert auf sozialer Verlässlichkeit, starker Werteorientierung und hoher fachlicher Expertise. Grüne Organisationen sind kulturorientierte Organisationen und sehr vom Wissen und von fachlicher Expertise geleitet. Viele agile IT-Organisationen sind stark grün geprägt.

In Zeiten hoher Dynamik ist Können aber wichtiger als Wissen. Handeln nach Gefühl ist schneller. Deswegen geraten grüne Unternehmen in der dynamischen Netzwerkökonomie von außen unter Druck und werden von innen durch schnelle Talente provoziert.

Systemisch (Gelb)

Mit Gelb wird eine neue Ordnungsebene erreicht. Während sich die Strömungen bisher gegenseitig ausschlossen und ersetzten, gelingt ab Gelb die Integration aller darunterliegenden Farben.

Eine starke Leistungsorientierung (Orange) oder ein heroisches Verhalten (Rot) wird beispielsweise von auf Gleichheit (Grün) beruhenden Organisationen nicht akzeptiert. Für eine systemische Organisation ist das kein Problem, sofern dies eine systemische Weiterentwicklung ermöglicht.

Während grüne Organisationen einzelne Personen ermächtigen, beispielsweise Führungskräfte im Konsent wählen, basieren systemische Organisationen auf eigenmächtigen Entscheidungen und Handlungen ihrer Individuen, die allerdings kooperativ, konsultierend und an gemeinsamen Prinzipien ausgerichtet sind.

Konsultative Einzelentscheidungen und nebenläufige Entscheidungsverfahren sind hier typisch.

Bei Ken Wilber und Frédéric Laloux wird die hierzu korrespondierende Entwicklungsstufe nicht mit der Farbe Gelb gekennzeichnet, sondern mit Petrol. Petrol sieht wiederum so ähnlich aus wie Türkis (englisch „teal"), was irritierenderweise in Spiral Dynamics die nächste Ebene beschreibt.

Holistisch (Türkis)

Während in systemischen Organisationen das Individuum im Fokus steht, das sich kooperativ an der eigenen Organisation orientiert, lenkt die holistische Organisation den Blick auf die Umgebung und den Kontext der eigenen Organisation und versteht sich als Teil eines größeren Ganzen, dessen Möglichkeiten gesteigert und dessen Wohl vermehrt wird. Widersprüche werden ausbalanciert, Paradoxien transzendiert (überschritten), Komplexität und Dynamik nutzbar gemacht.

An die Stelle des Wettbewerbs zwischen Organisationen tritt die Orientierung an gemeinsamen übergreifenden Werten.

Vermutlich ist Patagonia (Funktionskleidung, USA, 1.300 Mitarbeiter) Pionier und Beispiel einer türkisen Organisation.

Evolution menschlicher Organisationen

Konzepte und Farben entsprechend Spiral Dynamics von D. E. Beck und C. C. Cowan (ohne Purpur und Beige)
Bei Ken Wilber (und Frederic Laloux) abweichend: *Bernstein und **Petrol (Teal)

Mit den Farben spielen

Die Fähigkeit von Organisationen der zweiten Ordnungsebene (systemisch und holistisch), die Strömungen, Eigenheiten und Führungsfähigkeiten der unteren Ebenen mitzunutzen und zu integrieren, darf nicht unterschätzt werden und führt zu einem qualitativen Sprung jenseits von Gleichheit (Grün).

In unserer Wirtschaft dominieren immer noch Leistungs- und Effizienzdenken (Orange und Blau). Erfolg wird materiell gemessen anhand von Umsatzrendite, Gewinn und Börsenwert – vor allem im Vergleich zu Wettbewerbern.

Systemische und holistische Organisationen messen ihren Erfolg an ihrer Wirksamkeit, ihre Werte und ihren Sinn zu verbreiten und einen Beitrag zum Gemeinwohl zu leisten. Geld ist hier auch relevant, aber als Mittel zum Zweck. Insofern stehen holistische Unternehmen eher in einem respektvollen sportlichen Wettbewerb miteinander, die bedeutendsten Wertbeiträge für ihre Umgebung zu erzeugen.

Die eigentlichen Wettbewerber holistischer Unternehmen sind deswegen die grün, orange, blau und rot dominierten Unternehmen, denn diese sind aus holistischer Sicht nicht durch Werte und Sinn getrieben und damit tendenziell kontraproduktiv zur eigenen Mission.

Deswegen müssen holistische Unternehmen in Bezug auf die Leistungen und die Effizienz der unteren Ebenen wettbewerbsfähig sein. Soweit es zur Steigerung der eigenen Wirksamkeit hilfreich ist, befähigen sich holistische Unternehmen deswegen auch zu Leistung und Effizienz sowie Wahrheit und auch Macht.

Für ein Unternehmen wie FAVI (http://www.favi.com/) ist es beispielsweise selbstverständlich, immer pünktlich zu liefern – auch wenn es ganz besondere Anstrengungen (Leistungen, Effizienz) erfordert oder ein Mitarbeiter einmal eine heroisch anmutende Aktion (Macht) durchzieht.

Wertbildungsrechnung

Mit der Wertbildungsrechnung werden die Kooperations- und Austauschbeziehungen der Kreise untereinander sichtbar und finanziell erfahrbar gemacht. Sie unterstützt die Kreise und jede einzelne Kollegin dabei, eigenverantwortlich im Sinne der Gesamtheit zu handeln und zu entscheiden.

Die Wertbildungsrechnung unterstützt eine kooperative und wertschöpfungsorientierte Kultur. Sie hilft auch zu vermeiden, dass interne Leistungen erbracht werden, die niemand wirklich braucht.

Das klassische Controlling orientiert sich zentralistisch und mechanistisch an der Abfolge Planung, Ausführung, Kontrolle. Die Wertbildungsrechnung ist hingegen prozess- und wertstromorientiert und somit ein Lean-Ansatz.

Einführung und Grundlagen

Die Grundprinzipien wurden im Abschnitt Sinn und Zweck der Organisation (➡Seite 24) bereits skizziert, unter anderem auch die Abgrenzung von der traditionellen Kostenrechnung. Hier vertiefen wir das Thema.

Der Gewinn (in der üblichen Kostenrechnung) ergibt sich (vereinfacht) aus der Differenz von Umsatz und Kosten. Kosten sind unter anderem Sachkosten, Personalkosten, Steuern, Abschreibungen, Wertkorrekturen und Investitionen. Wenn es gelingt, die Kosten zu senken, steigt der Gewinn.

Investitionen und Personalkosten sind jedoch betriebsinterne Faktoren: Für den Markt draußen entstehen aufgrund dieser Faktoren unmittelbar keine höhere Wertschöpfung, keine ansprechenderen Produkte und kein besserer Service. Soweit also Investitionen und Personalkosten als Stellschrauben verwendet werden, führt dies kaum zu einer besseren Handhabung hoher Marktdynamik und Umgebungskomplexität.

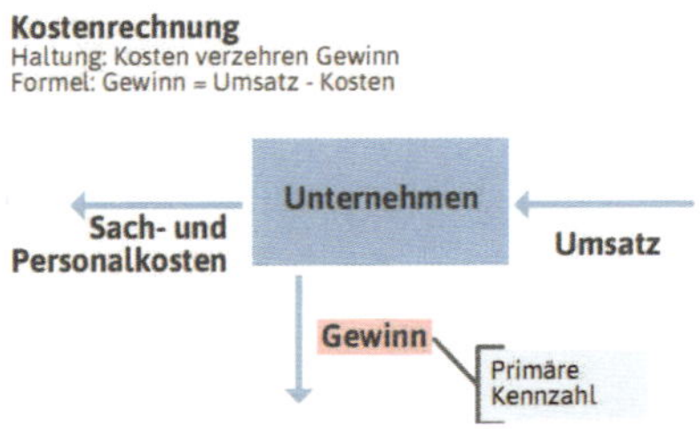

Um zu überleben, müssen Unternehmen zwar weiterhin Geschwindigkeit, Kosten und Qualität ihrer Leistungsprozesse beherrschen (Wie wird produziert?), zusätzlich aber immer attraktivere Produkte und Leistungen erfinden, anbieten und erklären (Was und warum wird produziert?).

Produktinnovation und der kreative Umgang mit Überraschungen sind wichtiger geworden, weswegen wir auch eine Betriebswirtschaftslehre gebrauchen können, die nicht nur Kosten und Gewinn betrachtet, sondern aufmerksam beobachtet, welche marktrelevanten Werte das Unternehmen denn eigentlich schafft. Eine Basis dieser neuen Betriebswirtschaftslehre ist die Wertbildungsrechnung.

Wertbildungs- statt Kostenrechnung

Der Zweck eines Unternehmens ist es, Werte zu schaffen. Es muss irgendeine Leistung vollbringen, aufgrund derer es etwas wertvoller bzw. teurer verkaufen kann, als es die dafür benötigten Fremdleistungen einkauft. Diese intern erbrachte Leistung nennen wir in der Wertbildungsrechnung (WBR) Eigenleistung.

Ob die Eigenleistung darin besteht, Einzelbestandteile zu etwas Neuem zusammenzufügen, etwas Eingekauftes oder Gegebenes zu verändern, zu veredeln oder zu zerlegen, etwas Ideelles zuzufügen oder ein spezielles Wissen auszunutzen, ist dabei unerheblich. Hauptsache, das Produkt ist für Käufer interessant und diese sind bereit, dafür mehr zu zahlen, als das Unternehmen an Fremdleistungen und Vorprodukten dafür ausgegeben hatte. Die Eigenleistung ergibt sich also aus der Differenz zwischen verkauften und eingekauften Leistungen.

Für die Wertbildungsrechnung denken wir rückwärts und Ausgangspunkt ist der Markt: Was verkaufen wir dem Markt? Welchen Wert produzieren wir für den Markt?

Mitarbeitereinkommen ist Teil der Eigenleistung

Zur Herstellung der zu verkaufenden Leistungen werden wir sowohl selbst etwas leisten als auch Fremdleistungen einkaufen. Dabei wird die Eigenleistung von den Mitarbeiterinnen des Unternehmens erbracht, weswegen die Mitarbeitereinkommen auch nicht den Kosten für Fremdleistungen zugerechnet werden, sondern als Teil der Eigenleistung betrachtet werden.

Die Eigenleistung als Differenz zwischen verkauften und eingekauften Leistungen ist damit eine ausschließlich an externe Faktoren gekoppelte Größe.

Intern wiederum können wir entscheiden, wie wir diesen geschaffenen Wert, der der Eigenleistung entspricht, verteilen möchten:

- Wie viel davon fließt als Mitarbeitereinkommen (inklusive Sozialabgaben und Altersversorgungen)?
- Wie viel investieren wir in neue Maschinen, Prozesse oder Mitarbeiter?
- Wie viel legen wir für später zurück?
- Wie viel schütten wir an die Inhaber aus?
- Wie viel haben wir an Steuern zu zahlen?

Zu beachten ist: Der ausgeschüttete Gewinn ist in diesem Modell ein Inhabereinkommen und Mitarbeitereinkommen sind keine Kosten mehr.

Mehr als nur neue Worte

Betriebswirtschaftliche Effizienz- und finanzwirtschaftliche Renditeorientierung helfen Unternehmen in komplexen und dynamischen Zeiten nicht mehr oder sind gar kontraproduktiv. Das klassische Controlling ist in diesen Kontexten Teil des Problems geworden.

Wie die Abbildungen zeigen, geht es hier nicht nur um neue Begriffe. Wir nennen Personalkosten jetzt nicht einfach nur Mitarbeitereinkommen. Vielmehr arbeiten wir mit anderen Formeln und rechnen tatsächlich anders. Dies lässt sich auch an den folgenden Szenarien erkennen.

Szenario 1: In der üblichen Betriebswirtschaftslehre ist der Gewinn oder die Umsatzrendite (Gewinn/Umsatz) der primäre Maßstab für den Erfolg. Hier ist es durchaus möglich, den Gewinn zu erhöhen, selbst wenn die Umsätze sinken, sofern beispielsweise die Personalkosten und Investitionen entsprechend stärker reduziert oder Steuern vermieden werden.

Szenario 2: Mit der bestehenden Fixierung auf Umsatzrendite ist es sogar schlüssig, selbst lukrative Unternehmensteile auf- oder abzugeben, sofern nämlich deren Umsatzrendite unterhalb der Zielmarke und unterhalb des Durchschnittes liegt. Immer wieder lesen wir von Unternehmensbereichen, die geschlossen oder verkauft werden, beispielsweise weil sie „nur" 10 Prozent Umsatzrendite bringen.

Szenario 3: Im Wertbildungsmodell können höhere Mitarbeitereinkommen dagegen ein Zeichen für höhere Wertschöpfung sein. Unter der Annahme, dass Investitionen, Steuern und Ausschüttungen unverändert blieben, würde eine Erhöhung der Mitarbeitereinkommen eine Steigerung der Wertschöpfung bedeuten.

Szenario 4: Ebenso ist es innerhalb des Wertbildungsmodell vorstellbar, dass die Wertschöpfung des Unternehmens steigt, obwohl es keinen Überschuss erwirtschaftet und ausschüttet. Nämlich dann, wenn die Mitarbeitereinkommen oder

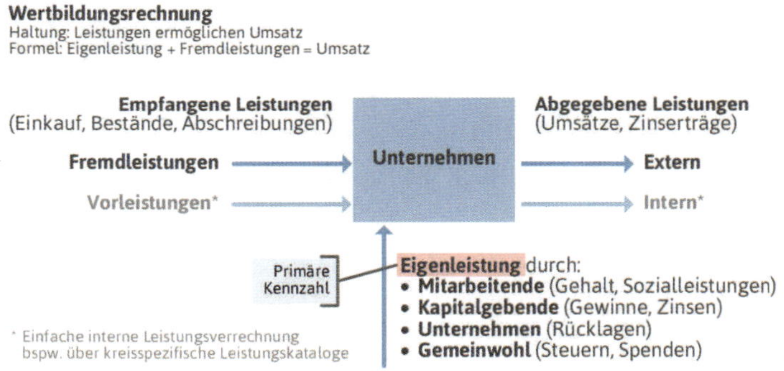

Investitionen stärker gestiegen sind als der Überschuss zurückgegangen ist. Amazon, Tesla und andere schnell gewachsene Unternehmen sind mit teilweise grotesk großen und anhaltenden Verlusten groß und Marktführer geworden.

Anders denken

Kostenrechnung und Wertbildungsrechnung repräsentieren also gänzlich unterschiedliche Sichtweisen und Denkmodelle. Beide leiten unser Denken und lenken unsere Aufmerksamkeit auf bestimmte Kennzahlen, an denen wir uns orientieren und die wir dadurch zu verbessern versuchen.

Es wird Sie nicht überraschen, dass wir die Wertbildungsrechnung für konstruktiver und intelligenter halten. In unseren eigenen Unternehmen hatten wir über 15 Jahre lang die Umsatzrendite als zentrale Kennzahl unseres wirtschaftlichen Erfolges gesehen. Bis wir 2013 die Wertschöpfung als Kennzahl verwendeten.

Alnatura und dm-drogerie markt sind übrigens zwei größere Unternehmen, die schon länger so denken und rechnen (dm seit 1993, Alnatura seit Mitte der 2000er Jahre). Siehe auch das Beispiel aus dem Geschäftsbericht von Weleda auf ➡Seite 25.

Aber auch in anderen Branchen, bspw. der Fertigungsindustrie, ist das nicht neu. So hat gerade der deutsche Mittelstand in den 1990er Jahren daran festgehalten, dass in innovationsgetriebenen Unternehmen eine hohe Eigenleistungsquote (dort auch Fertigungstiefe genannt) entgegen all dem damaligen Gerede von Outsourcing kein Ballast, sondern wichtiger Teil ihres Kapitals ist.

Dass die Wertbildungsrechnung einerseits gar nicht mehr so neu, andererseits aber wenig verbreitet ist, liegt vermutlich daran, dass das Grundprinzip so simpel, das Denkmodell zwar aber so anders ist, dass viele festgefahrene Manager es nicht verstehen.

Weiterführendes

➡24 Sinn und Zweck der Organisation (inkl. Beispiel der Weleda-Wertbildungsrechnung)
➡214 OKR – Objectives and Key Results
➡125 Leistungskatalog und Ökonomie in der Kreiskonstitution

Die Wertbildungsrechnung im kollegialen Kreismodell

Die Wertbildungsrechnung ist ein zum kollegialen Kreismodell passendes Kostenrechnungsmodell. So wie ein Unternehmen insgesamt als eine Wertschöpfungseinheit verstanden werden kann, so kann das Unternehmen auch intern als eine Menge von Wertschöpfungszellen gedacht und berechnet werden, die Teil von Wertschöpfungsketten sind.

In diesem Fall sind Fremd- und Vorleistungen zu unterscheiden, also extern erbrachte und eingekaufte Leistungen versus intern, von anderen Wertschöpfungszellen erbrachte Leistungen. Und ebenso sind die verkauften Leistungen in externe und interne zu unterscheiden. Im Falle einer intern verkauften Leistung ist der Kunde eine andere interne Einheit.

Damit bekommen auch alle internen Leistungen einen Preis und werden mit externen Referenzen vergleichbar. Dabei ist das Ziel nicht unbedingt, teure interne Leistungen durch inhaltlich vergleichbare, aber günstigere externe Leistungen zu ersetzen oder auszulagern, denn damit würde die Gesamtwertbildung (als primäre Kennzahl für den wirtschaftlichen Erfolg) des Unternehmens schließlich sinken.

Es wird aber deutlich, welche Wertschöpfungsbeiträge offenbar auch günstiger hergestellt werden können und welche Prozessschritte Verbesserungspotenziale haben.

Wie kann die Wertbildungsrechnung nutzbar gemacht werden?

Der erste Schritt ist die Veränderung der Begriffe und damit der Sichtweise. Dies ist bereits eine erste Intervention.

Im nächsten Schritt kann die Wertschöpfung bzw. Eigenleistung des Unternehmens berechnet und zusätzlich oder alternativ zu den bisherigen Kennzahlen wie Umsatz und Umsatzrendite systematisch beobachtet werden. Die üblichen betriebswirtschaftlichen Auswertungen (BWA, beispielsweise der DATEV) und Kontenrahmen weisen diese Zahl nicht aus, sie kann aber auf Basis der vorhandenen Kennzahlen meistens einfach berechnet werden.

Auch die Offenlegung der Eigenleistungsverteilung auf Mitarbeitende, Kapitalgebende, Unternehmen und Gemeinwohl verändert die Perspektive auf das eigene Unternehmen.

Sofern die Eigenleistung als beobachtbare Kennzahl existiert, können alle wirtschaftlich relevanten Entscheidungen in ihren Kontext gestellt werden: Ist die Entscheidung geeignet, unsere Eigenleistung zu verbessern? Oder ist sie hierfür kontraproduktiv? So kann die Kennzahl auf strategische ebenso wie ganz alltägliche operative Entscheidungen wirken und Orientierung geben. Dabei steht immer im Fokus: Was ist der Sinn und Zweck unserer Organisation? Welchen Nutzen stellen wir her?

Die Einführung der Wertbildungsrechnung durch Anpassung des Kontenrahmens empfehlen wir nicht. Wir hatten dies einmal für eine kleine GmbH mit ca. 4 Mio. Umsatz vergeblich versucht. Dies würde zwar eine umfassende und detaillierte Transparenz bringen, der Umstellungsaufwand ist jedoch beträchtlich. Außerdem würden buchhalterische und betriebswirtschaftliche Zwecke vermischt. Was wir stattdessen empfehlen, ist die Verwendung von Leistungskatalogen.

In der traditionellen Linienorganisation setzen Führungskräfte in der Zentrale ökonomische Ziele, die dann hierarchisch heruntergebrochen und verteilt werden. In der kollegial geführten Organisation hingegen sollen sich die Kollegen aus der direkten Wertschöpfung direkt an externen Referenzen orientieren. Dafür benötigen sie andere Artefakte und Prozesse, als in traditionellen Linienorganisationen. Jährliche Budgets und Quartalsziele sind meistens nicht mehr hilfreich.

Leistungskataloge sind eine Operationalisierung der Wertbildungsrechnung, mit der eine systematische Orientierung an externen Referenzen hergestellt werden kann.

Weiterführendes

- Brigitte Kaletta, Torsten Gerhard: *Innovation in Distribution und Handel: Die Wertbildungsrechnung bei dm drogerie markt*. Controller Magazin, 6/1998.]
- Philipp Hummel: *Erkenntnis fördern, Haltung gewinnen: Die Wertbildungsrechnung bei Alnatura und dm – drogerie markt*, Controller Magazin, 5/2016.]
- Manuel A. Malter: *Die Wertbildungsrechnung: Ein Sozialorganisches Instrument des internen Rechnungswesens.* Institut für Sozialorganik, 2011.]
- Götz Werner: *Womit ich nie gerechnet habe: Die Autobiographie*. Econ-Verlag, 2013.

Leistungskataloge

In einem Leistungskatalog beschreibt ein Kreis (eine Wertbildungseinheit), welche Leistungen er zu welchen Konditionen anbietet.

Sofern diese Leistungen in marktgängigen Einheiten angeboten werden (bspw. Preis/Stück), wird der Vergleich mit Marktpreisen möglich. Die Kreise haben dann externe Referenzen für ihre Leistungsfähigkeit.

Im Abschnitt Kreiskonstitution (➡Seite 125) erklären wir das Grundprinzip eines Leistungskataloges und zeigen anhand der internen Gehaltsbuchhaltung ein Beispiel.

Für viele zentrale Dienstleistungen lassen sich relativ einfach passende Einheiten und externe Referenzen finden. Betreiben Sie interne Schulungsräume, vergleichen Sie auf Basis von Tagungspauschalen und Raummieten, wie sie in Tagungshotels üblich sind. Für Lohn- und Gehaltsbuchhaltung kann man beispielsweise einen Blick in die Steuerberatervergütungsverordnung (StBVV) werfen. Für viele andere Leistungen kann man sich von entsprechenden Dienstleistern Vergleichsangebote einholen. Im eigenen Unternehmen ist es lediglich erforderlich, die Eigenleistungen bzw. Kosten in entsprechende Einheiten umzurechnen.

Leistungskataloge sind starke Vereinfachungen. Sie reduzieren die insgesamt zu leistende Arbeit auf einige wichtige Wertschöpfungselemente. Alle übrigen Tätigkeiten, auch wenn sie zwingend notwendig sind, müssen daher von den Leistungskatalogelementen mitgetragen werden – so wie bei einem Restaurantbetreiber, der zwar nur die Speisen und Getränke berechnet, aber selbstverständlich auch Tischreservierungen entgegennimmt, Bewirtungsbelege ausstellt, Auskünfte zu Inhaltsstoffen gibt und mit Gästen über Lebensmittelunverträglichkeiten spricht.

Schrittweise Einführung

Der erste Schritt, mit Leistungskatalogen zu arbeiten, besteht darin, dass jeder Kreis überhaupt erst einmal für sich einen Leistungskatalog mit Leistungselementen, Stückpreisen und Mengen beschreibt.

Im zweiten Schritt gilt es dann, die bezogenen Vor- und Fremdleistungen sowie die Eigenleistung zu quantifizieren. Hierzu benötigt ein Kreis ökonomische Informationen, beispielsweise auch über das Mitarbeitereinkommen. Eine Gehaltstransparenz ist damit noch nicht unmittelbar verbunden, da der Gesamtwert ausreichend ist und dieser auch Arbeitgeberanteile, Sozialversicherungsbeiträge u. Ä. enthält.

Die Bestimmung der Fremdleistungen ist manchmal gar nicht so einfach möglich und bietet eine erste Reflexionsmöglichkeit darüber, was davon im Einfluss- und Entscheidungsbereich des Kreises liegt. Kann der Kreis seine Lieferanten überhaupt selbst wählen oder bestimmt dies eine Zentralabteilung? Allein, diese Fragen anzuregen, ist bereits ein hilfreicher Schritt.

Für die Vorleistungen gilt dies ebenso. Um den internen Leistungsbeziehungen auf die Spur zu kommen, kann ein nächster Schritt sein, den internen Leistungsempfängern einmal symbolisch eine Rechnung entsprechend des eigenen Leistungskataloges zu senden. Dabei ist bereits die Frage spannend, wer denn überhaupt der interne Leistungsempfänger ist.

Die traditionelle innerbetriebliche Leistungsverrechnung unterscheidet nicht zwischen Eigenleistungen und Fremd- und Vorleistungen, ist meistens inhaltlich feingranularer, orientiert sich an Kostenstellen und dient vor allem dem Zweck hierarchischer Aufsicht, Kontrolle und Steuerung.

In einer kollegialen Kreisorganisation können die Verrechnungsversuche bereits zu Restrukturierungsideen führen: Warum sollte ein Kreis (mit

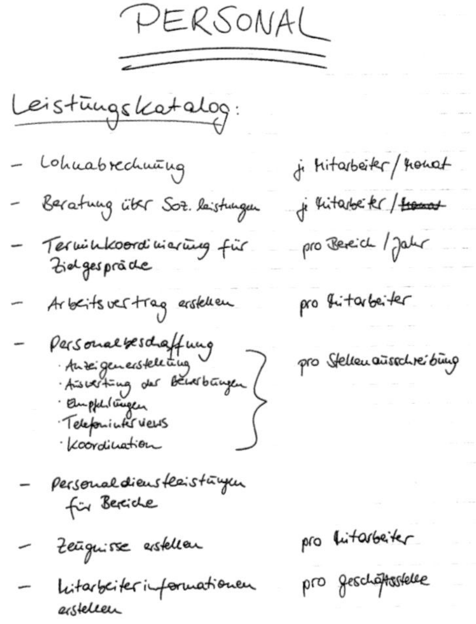

reiner Büroarbeit) Gehaltsbuchhaltung, IT-Infrastruktur, Arbeitssicherheit, Büroinfrastruktur u. Ä. von getrennten Kreisen als Vorleistungen beziehen? Wäre es eine Alternative, einfach an einen zentralen Dienstleistungskreis eine monatliche Pauschale pro Mitarbeiterarbeitsplatz zu zahlen?

Oder umgekehrt: Vielleicht ist es für ein mobiles Krankenpflegeteam hilfreich, Verbrauchsmaterial, Benzin, Kfz-Unterhalt etc. individuell einzukaufen, die IT-Infrastruktur und die Abrechnungssoftware aber zentral zu beziehen.

Es geht hier weniger darum, mit einer optimalen Lösung zu starten, als vielmehr die Reflexion darüber anzuregen, was ein Kreis in welcher Weise verantworten und entscheiden möchte, und ihn zu ermächtigen, hier überhaupt gestaltend tätig zu werden.

Agile Softwareentwicklung

Entwicklungsgeschichte

Ein ärgerlicher historischer Irrtum

Der Begriff „Agilität" (oder „Agile" als Anglizismus) begann Ende der 1990er Jahre seine Karriere in der Softwareentwicklungsbranche als Abgrenzung und Gegenbewegung zu der damals dort noch kausal-determinierten Vorgehensweise, welche aber selbst nur auf einem tragischen historischen Irrtum beruhte.

Im Jahre 1970 publizierte Winston Royce ein Modell eines iterativ-inkrementellen Ansatzes zur Entwicklung von Software [Royce 1970]. Diese Publikation wurde wiederum maßgebliche Basis für den US-Militär-Standard DOD-STD-2167, der anschließend weltweit die Art und Weise der Softwareentwicklung prägte. STD-2167 wurde Grundlage für andere Vorgehensmodelle und Normen wie etwa CMMI (Capability Maturity Model Integration) oder das deutsche V-Modell.

Der DOD-STD-2167-Mitautor David Maibor, der sich auf die Arbeit von Winston Royce bezog, war jedoch mit iterativ-inkrementeller Entwicklung und evolutionärer Anforderungsentwicklung gar nicht vertraut. Er nutzte nur eine spezielle und stark vereinfachte Variante des Modells von Royce, die mit 1 – 2 Iterationen auskam. So legte Maibor mit dieser Vereinfachung die Grundlagen des sogenannten Wasserfallmodells.

Walker Royce, der Sohn von Winston Royce, berichtete später, sein Vater wäre immer ein Vertreter von iterativen, inkrementellen und evolutionären Entwicklungsmodellen gewesen. Sein Arbeitspapier hätte das Wasserfallmodell lediglich als die einfachste Möglichkeit beschrieben, die aber nur für die unkompliziertesten Projekte funktioniert. Und auch Maibor hat später geäußert, dass er, wäre er damit damals vertrauter gewesen, das iterative Vorgehen im STD-2167 viel deutlicher empfohlen hätte [Larman 2004].

So gesehen handelt es sich beim Wasserfallmodell um einen historischen Irrtum, der bekanntermaßen problematische Effekte erzeugt, weil das Modell für einen kausalen Kontext ausgelegt ist, Softwareentwicklung aber fast immer ein komplexes Vorhaben ist. Tragischerweise wurde das Wasserfallmodell unreflektiert gerade auf große Projekte angewendet – also auf besonders komplexe Vorhaben.

Interessant ist dabei, dass Winston Royce den Begriff Wasserfall überhaupt nicht benutzt. Wer seine Veröffentlichung jedoch liest, dem wird unmittelbar klar, warum es sich um ein Wasserfallmodell handelt. Das Papier von Winston Royce ist übersät mit Abbildungen, in denen kaskadenartige (= wasserfallartige) Phasen visualisiert werden. Mehr zu den Grundlagen des Wasserfallmodells findet sich bei [Himmelreich 2006].

Nichtsdestotrotz wurde auch die evolutionäre Vorgehensweise weiterentwickelt, hatte es jedoch schwer, sich durchzusetzen, obwohl es beachtliche Erfolge damit gab. So entwickelte beispielsweise die IBM von 1977 – 1980 die Software für das NASA-Space-Shuttle in 17 Iterationen über 31 Monate mit durchschnittlich achtwöchigen Iterationen [Madden 1984].

Etwas später, 1985, publizierte Barry Boehm das sogenannte Spiralmodell. Dieses Modell, das ebenfalls einen iterativ-inkrementellen Ansatz verfolgt, wurde theoretisch viel beachtet und anerkannt, in der Praxis jedoch selten angewendet. Der irrtümlich entstandene Standard des Wasserfallmodells galt als bodenständiger.

In den 1990er Jahren erblühten dann verschiedene neue Varianten des iterativen Vorgehens [Oestereich 1996].

Weiterführendes

➡ Bernd Oestereich, *Objektorientierung braucht ein evolutionäres Vorgehensmodell.* In: Computerwoche 12/1996.

➡ Jens Himmelreich: *Agile Softwareentwicklung nach Winston Royce.* In: Bernd Oestereich (Hrsg.): *Agiles Projektmanagement, Beiträge zur Konferenz interPM.* dpunkt.verlag, 2006.

➡ Craig Larman: *The historical accident of waterfall validity.* In: Agile and Iterative Development, 2004.]

➡ William A. Madden, Kyle Y. Rone: *Design, Development, Integration: Space Shuttle Primary Flight Software System.* Communications of the ACM 27 (9), 914-925, 11/1984.

➡ Barry Boehm: *A Spiral Model of Software development and Enhancement.* Proceedings International Workshop on Software Process and Software Environments, 3/1985.

➡ Walker Royce: *Managing the development of large software systems.* Proceedings of IEEE Westcon, 1970.

➡ Kent Beck: *Extreme Programming.* Addison Wesley Longman, 2003.

➡ Ikujiro Nonaka, Hirotaka Takeuchi: *The Knowledge-Creating Company.* Oxford University Press, 1995.

➡ Ken Schwaber, Mike Beedle: *Agile Software Development with Scrum.* Prentice Hall, 2001.

➡ Ken Schwaber: *Agile Project Management with Scrum.* Microsoft Press, 2003.

➡ Agiles Manifest]: http://agilemanifesto.org/

Scrum und Co

Von den verschiedenen Modellen wurde zunächst Extreme Programming (XP, [Beck 2003]) am bekanntesten und etwas später dann Scrum [Schwaber 2001]. Im Jahre 2005 schließlich wurde die erste Version des V-Modell XT veröffentlicht, das offizielle Vorgehensmodell in der Bundesrepublik Deutschland, in dem erst einmalig auch iterativ-inkrementelle und agile Projektdurchführungsstrategien enthalten sind. Spätestens seit diesem Zeitpunkt waren agile Managementtechniken auch im Rahmen öffentlicher Aufträge anwendbar.

Das heute bekanntere Scrum lässt sich zurückverfolgen auf Ikujiro Nonaka und Hirotaka Takeuchi. Jeff Sutherland entwickelte dies weiter und Ken Schwaber veröffentlichte auf der OOPSLA 1995 den ersten Konferenzbeitrag über Scrum. Darin schrieb er: „Scrum akzeptiert, dass der Entwicklungsprozess nicht vorherzusehen ist."

Der Begriff Scrum bezeichnet das Gedränge (englisch „scrum") im Rugby-Spiel und wurde als Metapher für kleine, selbstorganisierte Teams verwendet.

2001 veröffentlichten Ken Schwaber und Mike Beedle mit „Agile Software Development with Scrum" das erste Buch über Scrum. 2003 folgte Schwabers „Agile Project Management with Scrum".

2002 wurde das agile Manifest innerhalb der damals noch kleinen Szene der agilen Softwareentwicklung populär. Es entstand vom 11. – 13. Februar 2001 im Rahmen eines informellen fachlichen Austausches von 17 Männern in einem Ski-Resort. Das agile Manifest ist heute noch eine wichtige Referenz. Die Webseite agilemanifesto.org bewahrt diesen Referenzpunkt.

In der Softwareentwicklungswelt hat sich neben Scrum auch eine spezielle Form von Kanban etabliert, die oft auch in Kombination mit Scrum praktiziert wird. Kanban stammt ursprünglich aus der Automobilfertigung bei Toyota in den 1950er Jahren.

In den letzten Jahren sind verschiedene Rahmenwerke zur Skalierung von Scrum und anderen agilen Praktiken entstanden (➡Seite 212, LeSS, ➡Seite 211, SAFe). Sie integrieren Scrum, Software-Kanban, Lean und XP zur Anwendung in großen Entwicklungseinheiten, können jedoch ihren Softwareentwicklungskontext und ihre Prägung zur Produktentwicklung kaum überwinden und führen zu keiner Synthese mit systemischen und systemtheoretischen Modellen.

Von der Software zur Hardware zur Organisation

Mitte der Nullerjahre wurden agile Modelle wie Scrum immer öfter auch außerhalb der Softwareentwicklungsbranche ausprobiert und erfolgreich adaptiert, beispielsweise bei der Hardwareentwicklung. 2007 publizierte Ken Schwaber „The Enterprise and Scrum", um aufzuzeigen, wie Scrum auf das gesamte Unternehmen ausgeweitet werden kann.

Während sich innerhalb der Softwareprojekte agile Vorgehensweisen bewährten und durchsetzten, wurden neue Herausforderungen an den sozialen und organisatorischen Schnittstellen sichtbar. Die Entwicklung von Software ist eine orthogonal zur übrigen Organisation stehende interdisziplinäre Angelegenheit mit vielfältigen Kommunikationsbeziehungen zu nahezu allen anderen Fachabteilungen und Führungsebenen in einem Unternehmen. Die veränderte Arbeitsweise innerhalb der Entwicklungsprojekte wurde für die involvierten Fachabteilungen und Führungskräfte deutlich spürbar.

Für die Softwareentwickler wurde es immer relevanter, die übrigen Abteilungen auch zu einem anderen Vorgehen zu bewegen. So entstand die Motivation, die Vorgehensideen im gesamten Unternehmen zu verbreiten.

Dies begann bei den meisten Akteuren aus der Softwareszene mit einem gewissen Maß an unbewusster Inkompetenz in den Bereichen soziale Kommunikation, Organisationsentwicklung, Organisationspsychologie, Systemtheorie und systemisches Coaching. Dabei erfordert die agile Organisationsentwicklung deutlich mehr Kompetenzen für soziale Prozesse und Kommunikationen als die agile Softwareentwicklung.

Während in den 1980er und 1990er Jahren Programmierer in den Medien noch etwas abfällig als sozial inkompetente Personen mit autistischen Zügen dargestellt wurden, galten Internetmilliardäre und ihre Mitarbeiter zu Beginn der 2010er Jahre als Hohepriester der digitalen Zukunft unserer Zivilisation.

Das technische Unverständnis und Staunen vieler Menschen über die beginnende Digitalisierung führt zuweilen dazu, dass den Digitaltechnikern auch zugetraut wird, Organisationen mit ihren Modellen grundlegend zu reformieren – leider manchmal zu unkritisch. Wenngleich sich die Sozial- und Kommunikationskompetenz in dieser Branche seit den 1990er Jahren deutlich weiterentwickelt hat, wird sie doch nicht durchgängig den aktuellen Anforderungen gerecht.

Symptomatisch war hierzu bereits die Mitte der Nullerjahre populär werdende Scrum-Master-Zertifizierung, die durch eine teure, aber völlig unzureichende zweitägige Präsenz in einem Seminar erworben werden konnte. Ohne besondere kommunikative oder systemische Grundlagen vermittelte es vorrangig die Mechanik.

Den Scrum Mastern und ebenso den sogenannten agilen Coaches als Teambegleitern fehlen oft wesentliche Elemente einer Coaching-Ausbildung.

Eine gute Coaching-Ausbildung trainiert vor allem auch die Haltung (➡Seite 17) und erfordert in der Regel 100 – 200 Stunden stetig reflektierte praktische Ausbildung, die über ein bis zwei Jahre verteilt wird. Dabei werden normalerweise auch eventuelle mechanistische Präferenzen durch neue systemische Denkstrukturen erweitert.

Warum Agilität außerhalb der Softwareentwicklung relevant wurde

Die Agilität hat ihre Wurzeln in der Softwareentwicklungsbranche, weil die Informatik einerseits eine relativ junge Disziplin ist und andererseits früher und massiver als andere Bereiche mit komplexen Herausforderungen konfrontiert wurde. Im Organisationsmanagement konnten sich kausale und tayloristische Modelle noch bis in die 1990er Jahre gut halten.

Frédérick Taylor entwickelte den theoretischen Hintergrund industrieller Produktion, den Henry Ford als einer der ersten spektakulär praktisch nutzte. Die industrielle Produktivität stieg auf das Hundertfache in nur zwei Generationen. Die Arbeiter in den Industriebetrieben mussten sich diszipliniert an vorgegebene Anweisungen, Regeln und Prozesse halten. Mitdenken und Kreativität waren hier schädlich. Die Menschen in den Betrieben sollten wie Maschinen funktionieren. Alles basierte auf verlässlichen und skalierbaren Ursache-Wirkungs-Zusammenhängen.

Der Taylorismus ist damit empfindlich für Dynamik, er braucht stabile Prozesse und Rahmenbedingungen, was aber nicht auffiel, solange die Märkte weit und träge waren – also bis zum Ende des letzten Jahrhunderts.

Heute operieren quasi alle global. Jeder von uns kann innerhalb weniger Stunden ein global arbeitendes Geschäft eröffnen. Früher wurde hierfür viel Kapital und eine gewisse Größe benötigt. Heute ist dies irrelevant. Für etablierte global tätige Unternehmen ist ein weiteres Wachstum in der Fläche ohne Weiteres kaum noch möglich. Die Märkte sind abrupt an Grenzen gestoßen. Erneut ist es eng und dynamisch.

Im traditionellen tayloristischen Denkmodell sind Mitarbeiter entweder aus den Prozessen herauszuhalten und durch Maschinen zu ersetzen oder sie haben sich regel- und anweisungsbasiert in definierte Prozessschritte einzufügen.

Wir stellen intelligente Leute nicht ein, um ihnen zu sagen, was sie tun sollen. Wir stellen sie ein, damit sie uns sagen, was zu tun ist.

Steve Jobs

In der aktuellen Wirtschaftswelt mit ihrem hohen Anteil an Wissensarbeit stellen wir jedoch zunehmend Mitarbeiter ein, damit sie kreativ und eigenverantwortlich agieren. Sie werden nicht mehr mit der Absicht eingestellt, sie in ein System einzufügen, sie anzupassen oder anzulernen, sondern umgekehrt, damit sie die Prozesse und das Unternehmen anpassen und weiterentwickeln, also unternehmerisch denken und handeln.

Nur die Unternehmen überleben, welche sich schnell und flexibel anpassen und weiterentwickeln. Dies gelingt, indem die Mitarbeiter auch am Unternehmen arbeiten und nicht nur im Unternehmen.

Das ist ein völlig anderes Denkmodell. Bisher arbeiteten wenige Hierarchen am und alle anderen im System, nun arbeiten irgendwie alle am und im System. Dazu benötigen alle Kollegen bestimmte Basisfähigkeiten zur kollegialen Führung. Das posttayloristische und kollegial geführte Unternehmen ist ein Rahmen, in dem Mitarbeiter miteinander das Unternehmen gestalten und sich und Maschinen darin einfügen.

Früher galt die Trennung von Denken und Handeln. Heute gilt es, gemeinsam zu denken und zu handeln – im und am System. Statt um angepasste Mitarbeiter geht es heute um die Anpassung der Unternehmen.

Für die Organisationsentwicklung sind daher zwei grundsätzliche Ziele relevant geworden:

- Die Reaktionsgeschwindigkeit im Umgang mit unerwarteten operativen Situationen zu erhöhen.
- Die Anpassungsgeschwindigkeit der organisationalen Strukturen, Prozesse und mentalen Leitbilder zu verbessern.

Die eine Ebene ist die operative: Wie arbeiten wir? Die andere die organisationale: Wie verändern wir unsere Zusammenarbeit?

Agile Methoden aus der Softwareentwicklung wie Scrum und Kanban eignen sich für viele Situationen, in denen operativ flexibel gearbeitet werden muss, sich Anforderungen ändern und Produkte und Dienstleistungen in kurzen Zyklen weiterentwickelt werden müssen.

Die kollegiale Selbstorganisation ist in vielen Situationen ein passendes Mittel, in dem die Organisation selbst sich permanent weiterentwickeln muss.

Scrum

Scrum ist ein iteratives Produktentwicklungsmodell. Es besteht aus einem Prozessmodell, einem Rollenmodell und einer Menge von Artefakten.

Prozessmodell

Das iterative Prozessmodell beschreibt, in welcher Abfolge die folgenden Standardaktivitäten stattfinden:

- Zweistufige Iterationsplanung (Sprint-Planung): 1. Was? 2. Wie?
- (Ca. zweiwöchige) Produktentwicklungsphase.
- Daily Scrum (tägliche Arbeitsbesprechung).
- Ergebnisreview (unter Verwendung einer Definition von Fertig).
- Retrospektive.
- Produkt-Backlog-Aktualisierung.

Rollenmodell

Das Rollenmodell definiert folgende Rollen:

- Produktverantwortlicher (Product-Owner).
- interdisziplinäres Entwicklungsteam.
- Prozessunterstützer (Scrum-Master).

Standard-Artefakte

Die in Scrum üblichen Artefakte sind:

- Priorisierte Produkteigenschaftsliste (Produkt-Backlog).
- Iterations-Anforderungsliste (Sprint-Backlog).
- Produktinkrement.
- Fortschrittsdiagramm.

Der Product-Owner beschreibt die Anforderungen an ein zu entwickelndes Produkt bspw. in

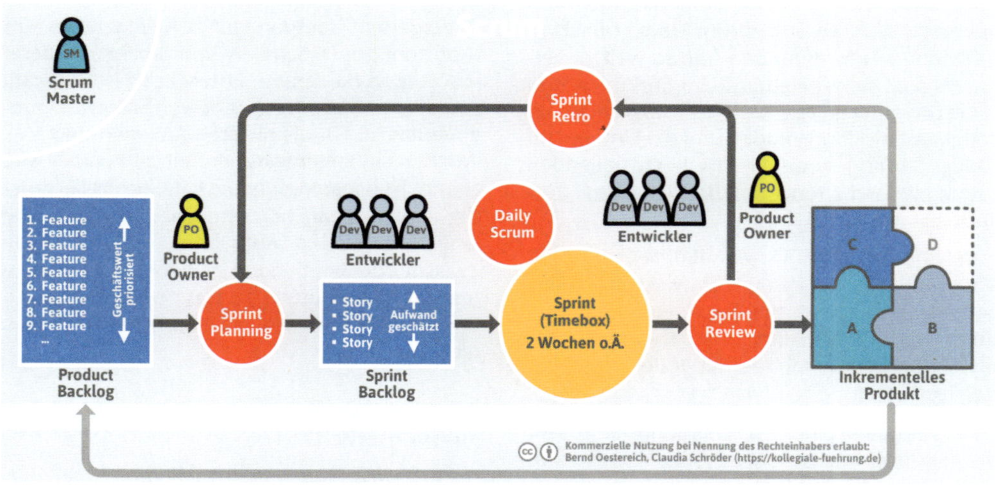

Form sogenannter Benutzergeschichten und priorisiert diese.

Er vermittelt diese an das Entwicklungsteam, die aus der priorisierten Liste so viele Benutzergeschichten entnehmen, wie sie innerhalb einer Iteration voraussichtlich umsetzen können.

Die eigentliche Produktentwicklungsphase mit der Abarbeitung des Sprint-Backlogs ergänzen die Entwicklungsteams oftmals mit Praktiken und Prinzipien aus Kanban.

Entsprechend dieser Sprint-Planung entwickelt das Entwicklungsteam ein Produkt-Inkrement. Im abschließenden Sprint-Review wird dann entsprechend einer vereinbarten Definition von Fertig überprüft, welche Anforderungen fertiggestellt wurden und welche nicht.

Nach einer Retrospektive, in der über die Zusammenarbeit reflektiert wird, beginnt der Prozess von vorne. Das Product-Backlog wird regelmäßig aktualisiert (Prioritäten, Inhalt).

Der Scrum-Master unterstützt alle Beteiligten dabei, dem Scrum-Prozess gut zu folgen, sich permanent weiterzuentwickeln und zu verbessern und eventuelle Hindernisse zu überwinden.

Weiterführendes

➡Stefan Roock, Henning Wolf: *Scrum – verstehen und erfolgreich einsetzen.* dpunkt.verlag, 2018.

Arbeit mit festen Iterationen

Scrum verwendet feste Iterationslängen von bspw. zwei Wochen. D. h. die im Product-Backlog enthaltenen Anforderungen sind so weit zu verfeinern, dass sie als Elemente im Sprint-Backlog für die Dauer einer Iteration passen. Scrum ist ein Produktentwicklungsmodell und die Einträge im Product-Backlog betreffen die herzustellenden Produkteigenschaften, beschreiben also Entwicklungsarbeit.

Im Kontext von Organisationsentwicklung geht es sehr viel weniger um Entwicklungsarbeit, sondern vorwiegend um Entscheidungen und Führungsarbeit, also um Entscheidungen über Inhalte und Entscheidungen über Personen und ihrer Ermächtigung zu etwas.

Die Zeitdauer einer Entscheidung kann sehr kurz sein und beansprucht möglicherweise nur wenige Minuten und löst dann gar keine, in der Iteration zu leistende, Arbeit aus.

Die Zeitdauer kann aber auch kaum vorhersehbar oder planbar sein, weil sie vor allem von äußeren Gegebenheiten abhängig ist und von den verantwortlichen Personen nur bedingt beeinflussbar ist. Beispielsweise erfordert ein Konsultativer Fallentscheid die Konsultation verschiedener Kolleginnen, deren Verfügbarkeit zum Zeitpunkt der Sprint-Planung praktisch kaum zu gewährleisten ist.

Es ist ein grundsätzlicher Unterschied, ob die Elemente des Sprint-Backlogs vorwiegend technische Entwicklungsaufgaben sind oder komplexe soziale Interaktionsanforderungen.

Die Verwendung fester Iterationslängen für den Kontext Organisationsentwicklung fühlt sich oftmals künstlich und unpassend an. Die zu verteilenden Aufgaben und Entscheidungen passen zu oft nicht in ein festes Zeitraster.

Nichtsdestotrotz ist die Zerlegung einer großen Aufgabe in kleine Zwischenschritte auch im Kontext der Organisationsentwicklung ein äußerst hilfreiches Vorgehen.

Vor jedem Übergang eines Anliegens im Führungsmonitor (➡Seite 88) von der Spalte „Bereit machen" in die Spalte „Entwickeln" ist die Frage zu stellen, wann ein erster bewertbarer Nutzen zu erwarten ist. Für die meisten Anliegen sind 1 – 3 Wochen ein angemessener Zeitraum, um ausreichend Transparenz und soziale Kontrolle durch die Gemeinschaft herzustellen. Bei großen und langen laufenden Aufgaben sind monatliche Zwischenberichte und Zwischenergebnisse meistens die Obergrenze. Das heißt: Feste Iterationslängen kann man machen, muss man aber nicht.

Koordination von operativer oder von Führungsarbeit?

Ein Entwicklungsteam in Scrum beschäftigt sich primär und hauptberuflich mit der Herstellung der im Backlog beschriebenen Aufgaben und Anforderungen. Beispielsweise ist Programmieren eine Haupttätigkeit bei der Softwareentwicklung. Die Elemente im Backlog sind Elemente der direkten Wertschöpfung.

Dies ist ganz anders, wenn ein Team seine Führungsarbeit mit einem Backlog koordiniert. Hier verbringen die Kolleginnen den größten Teil ihrer Arbeitszeit weiterhin mit der operativen Arbeit, beispielsweise der Herstellung eines Produktes oder einer Dienstleistung, und nur einen kleinen Teil mit der Führungsarbeit, beispielsweise mit der Neueinstellung eines Kollegen oder der Dienstplanung.

Die Sogkraft der operativen Arbeit ist in der Regel höher als die der Führungsarbeit. Die Kollegen sind Krankenpfleger oder Tischlerin geworden, weil sie Menschen helfen oder Möbel bauen wollen, nicht weil sie Schichtpläne erstellen oder über das Ende der Probezeit eines neuen Kollegen entscheiden möchten.

Führungsarbeit ist der kleinere und untergeordnete Teil der Arbeit. Die operative Arbeit geht fast immer vor. Wenn die Inhalte eines Product-Backlogs Elemente der Führungsarbeit sind und nicht, wie in Scrum üblich, der operativen Arbeit, hat das also eine fundamental andere Bedeutung für die Beteiligten.

Ein anderer Sachverhalt liegt vor, wenn ein Organisationsentwicklungsteam oder eine interne OE-Abteilung, deren eigentliche Arbeit Organisationsentwicklung ist, ihre Arbeit mit Scrum und einem Backlog verwaltet.

Reproduzierbarkeit der Ergebnisartefakte

Die Reproduzierbarkeit von Tests und Eigenschaften des entwickelten Systems ist kein konzeptioneller Bestandteil von Scrum oder Kanban, aber in der Softwareentwicklung Standard. So werden am Ende einer Iteration nicht nur die neu erstellten Produkteigenschaften getestet, sondern auch alle zuvor erstellten. Test-Automatisierung und testgetriebene Entwicklung sind wichtige Bestandteile der Softwareentwicklung, die nicht ohne Weiteres auf die Arbeit an sozialen Systemen übertragen werden können, weil das Verhalten der beteiligten Menschen nicht über kausale Schnittstellen gesteuert werden kann.

Fazit

Eine Reihe von Scrum-Praktiken wie die Priorisierung von Anliegen, ihre schrittweise Verfeinerung in Form von Benutzergeschichten oder eine testgetriebene Entwicklung im Sinne vorher definierter Akzeptanzkriterien finden wir grundsätzlich interessant und berücksichtigenswert.

Den Einsatz von Scrum insgesamt würden wir jedoch nur erwägen, wenn die operative Arbeit eines Teams der Anwendungsbereich von Scrum ist, nicht aber, wenn es die Führungsarbeit ist.

Kanban

Kanban (japanisch „kan“ für Signal und „ban“ für Karte) ist eine Technik aus dem Toyota-Produktionssystem, mit der ein stetiger Fertigungsfluss erzeugt und Lagerbestände minimiert werden.

Software-Kanban ist eine Adaption davon, bei der Grundprinzipien aus Lean Production (Schlanke Produktion), Lean (Product) Development und der Engpasstheorie (Theory of Constraints) auf die Softwareentwicklung übertragen wurden. Wenn im Kontext von Agilität vereinfacht von Kanban gesprochen wird, ist normalerweise immer Software-Kanban gemeint.

Wichtigster Impulsgeber für Software-Kanban ist David Anderson, der das Gesamtkonzept 2007 publizierte.

Kernkonzept von Kanban ist die Begrenzung der Anzahl paralleler Arbeiten (Work in Progress, WiP-Limit), womit kürzere Durchlaufzeiten erreicht werden sollen und zu Engpässen führende Probleme schnell sichtbar gemacht werden sollen. Kanban ist daher auch ein Diagnose- und Erkenntniswerkzeug.

Die Visualisierung in der Produktentwicklung erfolgt zumeist mit einer Kanban-Tafel, in der die Spalten die wichtigsten Arbeitsschritte repräsentieren.

Für jede Spalte kann ein Limit vergeben werden, um die Menge der parallelen Arbeit zu begrenzen. Dabei basiert die Wertbildung auf dem Sogprinzip: Wenn in einer Spalte wieder ein Platz frei wird, wird ein fertiges Element, dass die definierten Übergangskriterien erfüllt, aus der vorigen Spalte herübergezogen.

Während der Wertbildungsfluss also von links nach rechts verläuft, führt die Kanban-Tafel die Organisation der Arbeit von rechts nach links.

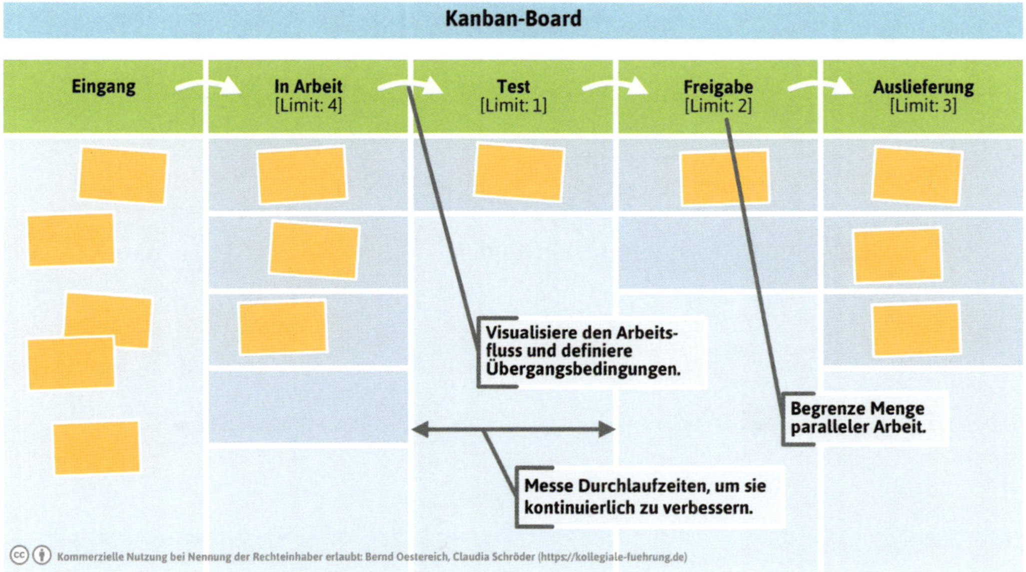

Ist also irgendwo etwas fertig, wird es nicht in die nächste Spalte gedrückt, sondern umgekehrt, ist irgendwo etwas fertig, wird geprüft, ob ein neues Arbeitspaket in die aktuelle Spalte gezogen werden kann. Zusätzlich werden auch die Durchlaufzeiten beobachtet.

Treten wiederholt bestimmte Engpässe oder andere Probleme auf, ist dies der Auslöser und Anlass, darüber zu reflektieren und Ideen zu entwickeln und auszuprobieren, wie diese Engpässe und Probleme reduziert werden können.

Der von uns in diesem Buch beschriebene Führungsmonitor basiert auf der Kanban-Idee und sieht wie eine Kanban-Tafel aus, ist aber letztendlich eine starke Vereinfachung davon und enthält standardmäßig beispielsweise keine Limitierungen.

Dennoch treten in der praktischen Anwendung des Führungsmonitors ähnliche Effekte auf, weil der Platz in den Spalten räumlich auch begrenzt ist, Spalten verstopfen können und diese Phänomene zur Reflexion genutzt werden können.

Eine Kanban-Tafel ist auch ein Instrument der Informationstransparenz und hängt daher gewöhnlich an einem zentralen Ort, an dem das Team sie jederzeit sehen kann. Fortschritte, Engpässe, aktuelle Arbeitsinhalte, Übergangskriterien, Limitierungen etc. sind weder Herrschaftswissen einer vorgesetzten Führungskraft, noch verborgene Informationen Einzelner, sondern gehören dem Team. Kanban und Kanban-Prinzipien regen daher die Selbstorganisation von Teams an.

Weiterführendes

➡ David Anderson: *Kanban, Evolutionäres Change Management für IT-Organisationen*. dpunkt.verlag, 2011.

Das Spotify-Modell

Unter dem Namen Spotify-Modell ist eine agile Organisationsform bekannt, die das Unternehmen Spotify einst entwickelt hat. Henrik Kniberg und Anders Ivarsson haben dies 2012 publiziert [Kniberg 2012]. Aus diesem Dokument stammt auch die abgebildete Grafik..

Bei diesem Modell ist zu beachten, dass es den Stand von 2012 darstellt, während sich Spotify erheblich weiterentwickelt hat, und dass das allgemein bekannte Bild deshalb keine aktuelle Referenz mehr ist. Dennoch ist es ein interessantes Modell, das wir hier kurz skizzieren möchten.

Kern des Modells sind vier verschiedene Arten von Organisationseinheiten:

- Truppe (Squad): 3 – 8 Personen mit gleichem Ziel bilden ein funktionsübergreifendes Basisteam (Wertschöpfungsteam, Featureteam).
- Stamm (Tribe): Menge von Truppen (max. ca. 100 Personen) aus einem Arbeitsumfeld und Wertschöpfungsbereich sind ein Stamm.
- Verband (Chapter): Ein stammweiter Kreis von Personen mit gleichen Rollen, Zuständigkeiten und Fähigkeiten (Koordinationskreis, Fachkreis) ist ein Verband.
- Zunft (Guild): Eine offene informelle unternehmensweite Gruppe von Personen mit gleichen Interessen (Praktikergruppe) heißt Zunft.

Weiterführendes

➡Henrik Kniberg, Anders Ivarsson: *Scaling Agile @ Spotify* with Tribes, Squads, Chapters and Guilds. https://blog.crisp.se/wp-content/uploads/2012/11/SpotifyScaling.pdf, 2012.

➡Klaus Leopold, Cliff Hazell: *Lean Business Agility E020: The Spotify Model*. https://youtu.be/ z1TFghDH0lo, 2017. (https://www.leanability.com/de/)

Abgesehen pvon den speziellen Begriffen hat das Spotify-Modell auf dieser Abstraktionsebene viele Ähnlichkeiten mit dem kollegialen Kreismodell:

- Die Squads entsprechen den Wertschöpfungskreisen.
- Ein Tribe hat Ähnlichkeit mit einem Geschäftsbereich.
- Ein Chapter ist eine Art Koordinationskreis.
- Und eine Guild ist so etwas wie eine Praktikergruppe.

Das Spotify-Modell beschreibt wichtige Prozess-, Struktur- und Kulturelemente einer Software- und Produktentwicklungsorganisation. Die Rolle des Product-Owners ist ein Kernelemente. Darüber hinaus verwendet es teilweise ähnliche Prinzipien und Elemente wie die kollegiale Führung. Viele andere Softwareentwicklungsorganisationen haben sich daran orientiert.

Es beschreibt, ähnlich wie Scrum und Co, eine Produktentwicklungsorganisation und stellt kein Organisationsentwicklungsmodell dar.

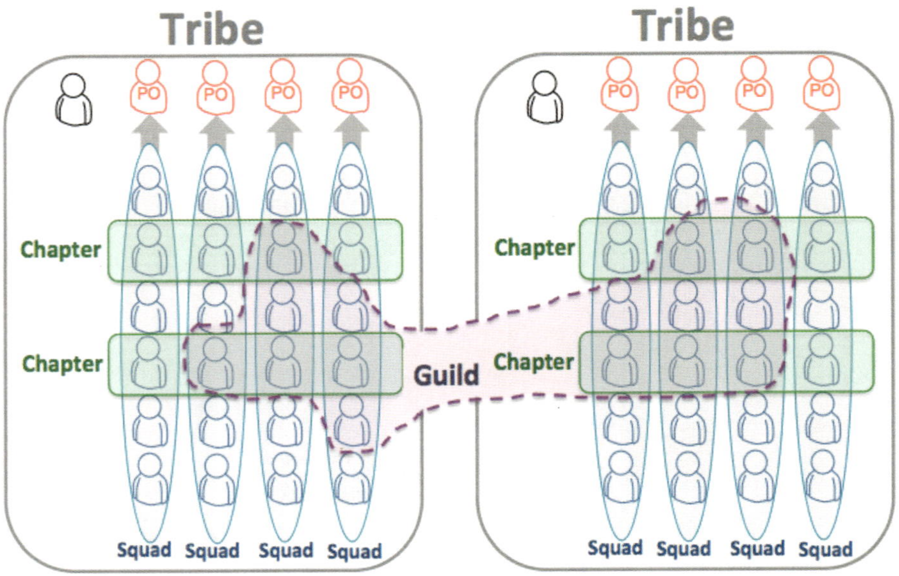

Scaled Agile Framework – SAFe

SAFe ist ein auf Scrum, Lean und XP (Extreme Programming) basierendes iteratives Produktentwicklungsmodell für große Entwicklungsprojekte mit der Unterscheidung von Team-, Programm-, Lösungs- und Portfolioebene.

Auf Teamebene verwendet SAFe interdisziplinäre Entwicklungsteams, die Scrum, Kanban und XP als mögliche Vorgehensweisen verwenden. Die Teams orientieren sich dabei an eine, übergeordneten Programmvision, Systemstruktur und Architektur.

Auf der Programmebene bilden mehrere Entwicklungsteams mit insgesamt 50 – 125 Personen einen sogenannten Agile Release Train (ART), der wiederum die Ergebnisse mehrerer Iterationen von insgesamt 8 – 12 Wochen Dauer zu einem Release zusammenführt. Die Agile Release Trains sind das Rückgrat von SAFe.

Die Teams innerhalb eines Release Trains arbeiten mit synchronisierten Iterationen und einer gemeinsamen priorisierten Anforderungsliste (Backlog).

Die an einem Release-Train beteiligten Teams integrieren ihre Ergebnisse nicht zum Ende des gemeinsamen Planungszyklus, sondern kontinuierlich, sodass das entstehende Programminkrement entsprechend des Timebox-Konzeptes (➡Seite 29) einfach den Stand zu diesem Zeitpunkt repräsentiert.

Wertstrom- und Lösungsebene: Bei großen Vorhaben bilden mehrere Agile Release Trains eine Lösung (Solution), die vor allem übergeordnete Integrations- und Betriebsaspekte berücksichtigt. Ein oder mehrere Release Trains realisieren einen Wertstrom.

Die oberste Ebene von SAFe in seiner vollen Ausbaustufe ist die Portfolioebene, auf der die einzelnen Entwicklungsvorhaben priorisiert und gesteuert werden sowie strategische Themen bearbeitet werden.

Für jede Ebene sieht SAFe eine Reihe spezifischer Rollen, Gremien, Prozesse und Artefakte vor, die entweder spezifische Perspektiven vertreten oder der spezifischen Koordination einer Menge von Beteiligten dienen. Beispielsweise existieren die Rollen Release Train Engineer oder Produktmanager auf der Programmebene.

Alle üblichen agilen Softwareentwicklungspraktiken kommen zum Einsatz: emergierende Architektur, Testautomatisierung, testgetriebene Entwicklung, kontinuierliche Integration, regelmäßige Restrukturierung, Clean Code etc.

SAFe enthält vor allem auf den oberen Ebenen auch aus dem klassischen Projekt- und Portfoliomanagement stammende Elemente und ist vergleichsweise kompliziert. Die systemtheoretische Basis ist nur die technische Systemtheorie (➡Seite 11). SAFe ist ein Produkt- und kein Organisationsentwicklungsmodell.

Weiterführendes:

➡Christoph Mathis: *SAFe – Das Scaled Agile Framework: Lean und Agile in großen Unternehmen.* dpunkt.verlag, 2017.

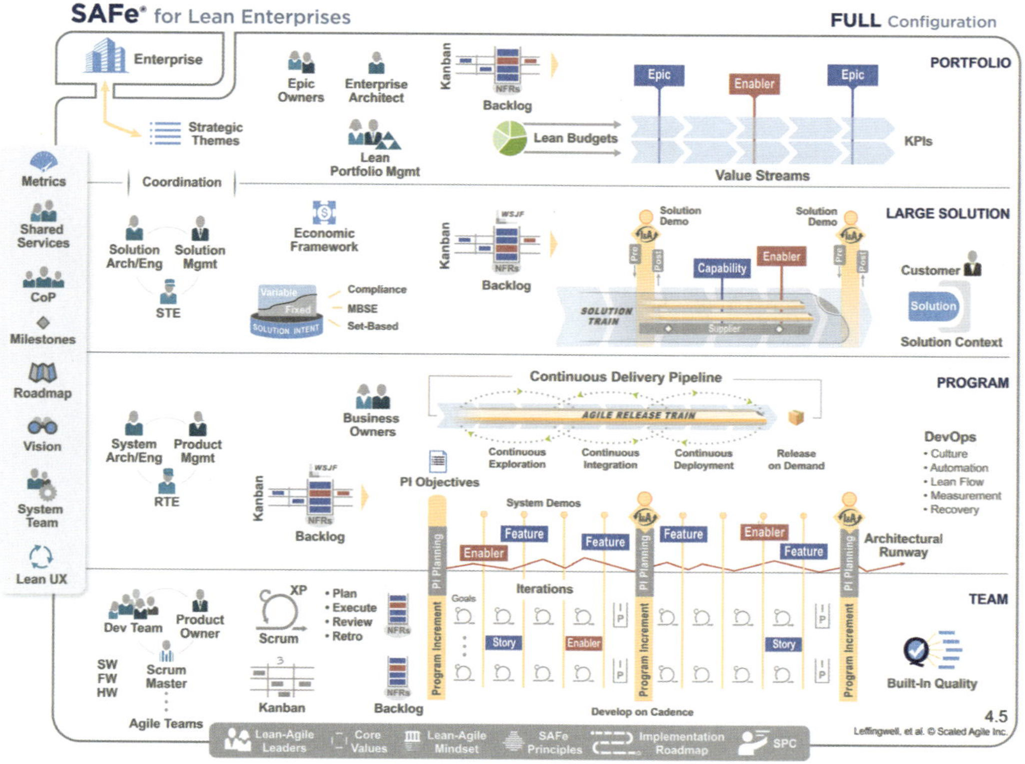

Large-Scale Scrum – LeSS

LeSS ist ein auf Scrum basierendes iteratives Produktentwicklungsmodell für große Entwicklungsprojekte mit vielen parallelen Teams, die in ein übergreifendes Koordinationsmodell eingebettet sind.

Je nach Anzahl der Teams werden die Modellvarianten LeSS (weniger als acht Teams) und LeSS-Huge (acht oder mehr Teams) unterschieden. Die nachfolgende Beschreibung bezieht sich auf LeSS-Huge:

- Typischerweise vier bis acht Teams bilden einen Bereich, für den es einen Bereichs-Produktverantwortlichen (Area-Product-Owner) mit eigener Anforderungsliste (Area-Product-Backlog) gibt.
- Ein Gesamt-Produktverantwortlicher (Product-Owner) führt die einzelnen Bereichsverantwortlichen.
- Ein Scrum-Master unterstützt mehrere Entwicklungsteams.
- Voneinander abhängige Teams koordinieren ihre Arbeit bei der Iterationsplanung und während eines Sprints, sie aktualisieren bedarfsweise gemeinsam das Product-Backlog, veranstalten gemeinsame Ergebnisreviews und gemeinsame Retrospektiven.

Für diese Koordinationsbedarfe werden jeweils entsprechende Praktiken (bspw. Arbeitstreffen, Delegiertenrollen) vorgeschlagen.

Zu LeSS gehören neben diesen Prozess- und Strukturelementen auch eine Menge von Regeln, Prinzipien, Empfehlungen und Ideen.

LeSS ist wie Scrum ein Produktentwicklungs- und kein Organisationsentwicklungsmodell. Es berücksichtigt in sehr begrenztem Rahmen Schnittstellen und Abhängigkeiten zu anderen Organisationseinheiten und zur Gesamtorganisation und ist frei von Bezügen zur Theorie sozialer Systeme (➡Seite 11).

Weiterführendes

➡Craig Larman, Bas Vodde: *Large-Scale Scrum – Scrum erfolgreich skalieren mit LeSS*. dpunkt.verlag, 2017.

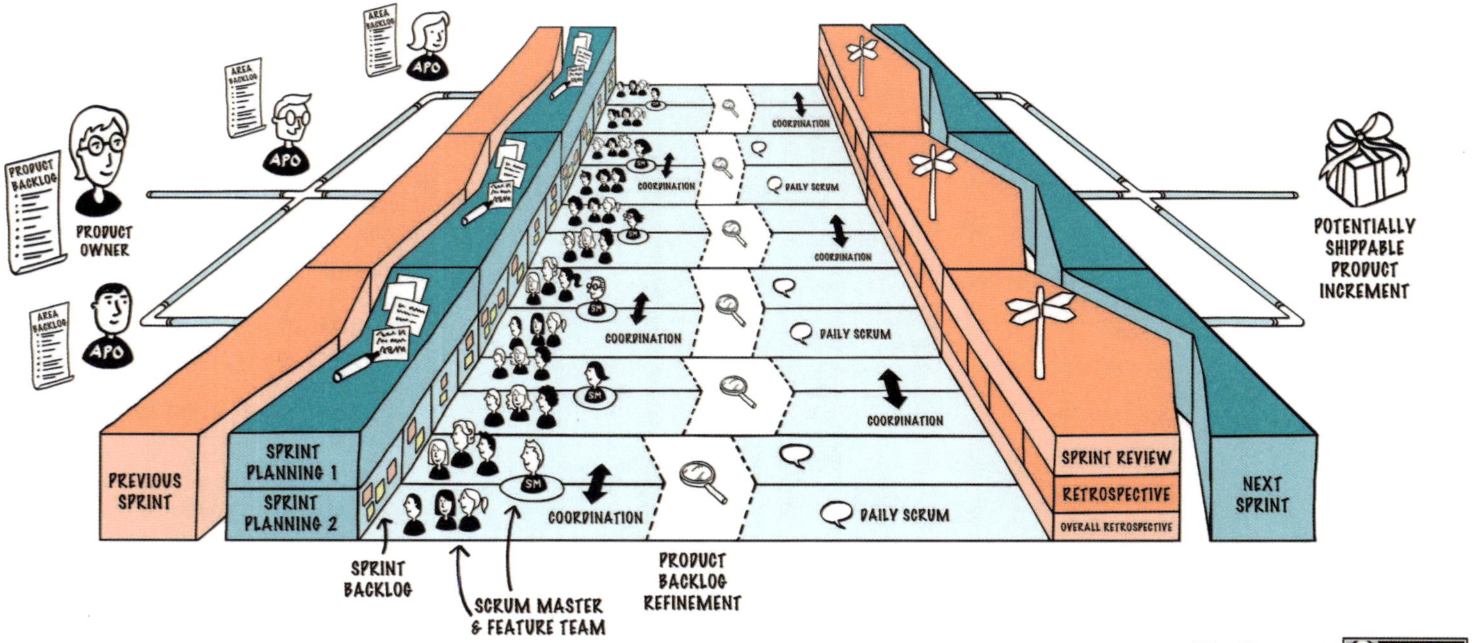

Design Thinking und Lean Startup

Design Thinking

Design Thinking ist ein Ansatz zum systematischen Erfinden und Innovieren, der aus einem Prozessmodell und einer Menge von Rahmenbedingungen und Haltungen besteht.

Zu den Rahmenbedingungen zählt die Arbeit in interdisziplinären Teams in einer kreativen Arbeitsumgebung. Der Prozess gliedert sich in je eine Phase für den Problem- und für den Lösungsraum und orientiert sich an der Arbeit und Denkweise von Designern, was namensgebend für den Ansatz ist.

Ausgangspunkt sind dabei Bedürfnisse von Menschen, die es zu beobachten, zu recherchieren und in tiefer Weise zu verstehen gilt (mehr als die Betroffenen selbst) und die zu einer Menge von Einsichten und Thesen verdichtet werden.

Darauf aufbauend werden vielfältigste Ideen gesammelt und teilweise in Form von Prototypen entwickelt und ausprobiert, um herauszufinden, welche davon attraktiv sowie wirtschaftlich und technologisch machbar sind.

Der Prozess ist ein Wechsel von Divergenz (in die Breite und Vielfalt gehen) und Konvergenz (priorisieren, auswählen) im Problem- wie im Lösungsraum (visualisiert durch die zwei Rauten).

Design Thinking ist damit ein Ansatz, der nicht auf kausalen Annahmen aufbaut, sondern empirisch geleitet in einem komplexen Kontext anwendbar ist. Das Ergebnis von Design Thinking sind Prototypen und Modelle, keine fertigen Produkte oder Dienstleistungen.

Weiterführendes

- Tim Brown: *Change by design – how design thinking transforms organizations and inspires innovation*. HarperCollins, 2009.
- Hasso Plattner, Christoph Meinel, Ulrich Weinberg: *Design-Thinking. Innovation lernen – Ideenwelten öffnen*. FinanzBuch Verlag, 2009.

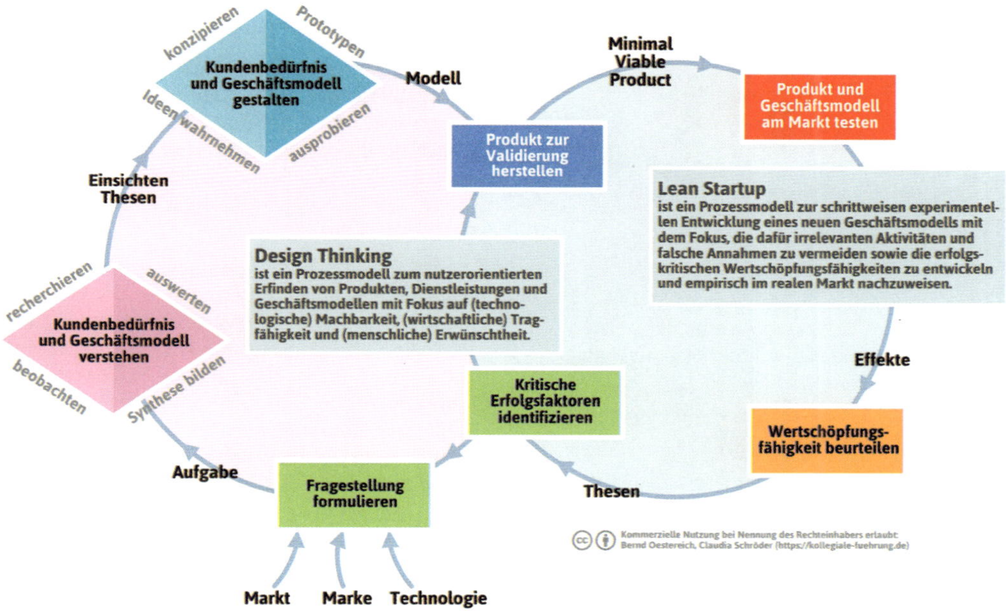

Lean Startup

Lean Startup wiederum ist ein Ansatz, mit dem zu einer bestehenden Produkt- oder Dienstleistungsidee die praktische Wertschöpfungsfähigkeit für eine Organisation hergestellt wird. Dafür wird einerseits im realen Markt ausprobiert, ob das Produkt oder die Dienstleistung tatsächlich nachgefragt und gekauft wird. Andererseits wird überprüft, ob das Produkt oder die Dienstleistung auch tatsächlich von einer Organisation in passender Weise herstellbar und leistbar ist und welche Geschäftsmodelle, Wertschöpfungsprozesse und -strukturen hierfür sinnvoll oder notwendig sind.

Produkte, die keiner kaufen möchte, werden damit ebenso vermieden wie unpraktikable, irrelevante oder unwirtschaftliche Herstellungsmethoden, Aktivitäten oder Rahmenbedingungen.

Weiterführendes

- Eric Ries: *Lean Startup – Schnell, risikolos und erfolgreich Unternehmen gründen*. Redline, 2011.

Zusammenspiel

Beide Ansätze sind zyklisch und iterativ, um Varianten und Verfeinerungen einer Entwicklung zu ermöglichen. Die Ansätze lassen sich zudem gut kombinieren, weil die im Design Thinking entstehenden Prototypen eine gute Ausgangsbasis für den Lean-Startup-Ansatz sind.

* Hier geht es zwar nicht notwendigerweise um (agile) Softwareentwicklung, aber das Thema passt gut in dieses Kapitel.

OKR-Beispiel

Ziel:

- Kollegiale Führung in unserer Organisation einführen.

Schlüsselergebnisse:

- Einen Pilotbereich finden, der im nächsten Quartal starten kann.
- Die ersten drei Workshops einer kollegialen Lernbegleitung zum Aufbau kommunikativer Grundfertigkeiten sind erfolgreich gelaufen.
- Ein aufzubauender Moderatoren-Pool hat die ersten drei Mitglieder.
- Die Geschäftsführung hat eine erste Version einer Delegationsmatrix erstellt.

Wann immer ein Berater oder Manager einen Prozess mit der Definition einer Zielvorstellung und einer Situationsanalyse beginnt, unterstellt er die Stabilität des Systems. [...]

Generell sind Zielvereinbarungen in grundlegenden Veränderungsprozessen nicht mehr als eine gemeinsame Wette auf die Zukunft.

Peter Kruse

Objectives and Key Results – OKR

Objectives and Key Results ist ein ziel- und kennzahlengestütztes Führungsmodell. Es wurde von Intel-Chef Andy Grove 1971 zur Anwendung im eigenen Unternehmen entwickelt. John Doerr hat es weiterentwickelt und unter anderem bei Google eingeführt (bereits 1999 kurz nach Gründung).

OKR basiert darauf, dass eine Organisation oder Organisationseinheit eine überschaubare Menge von drei bis fünf anspruchsvollen Zielen formuliert und zu diesen jeweils maximal fünf objektiv mess- oder beurteilbare Schlüsselergebnisse definiert. Die Ziele und dazugehörigen Schlüsselergebnisse werden in festen Zyklen (bspw. quartalsweise oder jährlich) überprüft und aktualisiert.

Das Modell baut auf einer 1968 von Edwin Locke entwickelten Theorie auf und ist auch eine Weiterentwicklung des Führens mit Zielen (MBO, Management by Objectives) von Peter Drucker sowie dessen Reduktion auf kontextlose KPIs (Key Performance Indicators) – was Ende der 1990er Jahre an seine Grenzen und wieder aus der Mode kam.

Wichtige Unterschiede zu MBO sind

- die Ergänzung von Zielen (Objectives) durch objektivierbare wichtige Ergebnisse (Schlüsselergebnisse, Key Results),
- die Entkopplung von wirtschaftlichen Anreizen (Prämien, Boni) oder formalen Leistungsbeurteilungen,
- tendenziell kürzere Zyklen,
- die Einbindung von Zielen, die von Mitarbeitern selbst formuliert werden,
- die Zustimmung aller Beteiligten zu den Schlüsselergebnissen (vor allem, soweit sie vorgegebene OKRs betreffen),

- eine vollständige Transparenz aller gesetzten und erreichten Ziele und Schlüsselergebnisse über alle Unternehmensebenen und
- inhaltlich deutlich ambitioniertere Ziele.

OKR wurde populär, weil es viele der großen US-Internetfirmen einsetzen und ihren spektakulären Erfolg auch ein Stück weit darauf zurückführen. OKR gilt daher auch als agil, ist jedoch ein typisches Element und Phänomen einer leistungsorientierten Organisation (orange im Sinne von Spiral Dynamics ➡Seite 197) ohne systemisches oder integrales Wertesystem.

Für seinen Erfinder Andy Groves war OKR vor allem ein Werkzeug, um das Verhalten von Mitarbeitern zu beeinflussen und ihre Leistungen zielgerichtet zu steigern [Doerr 2018, S. 47]. Ähnlich wie beim traditionellen Führen mit Zielen, bei dem Mitarbeitern vorgegeben wird, was sie erreichen sollen, sie aber selbständig und frei dabei sind, wie sie diese Ergebnisse erreichen, gehört ein größerer Arbeitsdruck für die Mitarbeiter dazu. Die dazugehörige Transparenz unterstützt dies nochmals.

* Hier geht es zwar nicht notwendigerweise um (agile) Softwareentwicklung, aber das Thema passt gut in dieses Kapitel.

Eine bemerkenswerte Bewährungsprobe von OKR war eine Krisensituation bei Intel Anfang 1980, bei der es gelang, mittels OKR die Ausrichtung von Intel als Großunternehmen innerhalb weniger Wochen grundsätzlich zu drehen. In diesem kulturbildenden Moment ging es darum, das gesamte Unternehmen unmittelbar an einer ganz oben getroffenen Entscheidung auszurichten: „Andy sagte uns, was wir zu tun hatten." [Doerr 2018, S. 51]

Im OKR-System werden die hierarchisch von oben kommenden OKRs von den Mitarbeitenden sowohl verfeinert als auch um eigene OKRs ergänzt. Dies hat auch den Zweck, die Akzeptanz der vorgegebenen Ziele zu erhöhen. John Doerr nennt in seinem Buch Beispiele, wie gute Ideen von unten von den oberen Führungskräften akzeptiert und zu übergreifenden OKRs wurden.

OKR ist also ein leistungsorientiertes Werkzeug, um Mitarbeiter an gegebene Ziele auszurichten und sie zu zusätzlichen Leistungen anzutreiben.

„Es kann durchaus ein oder zwei Quartale dauern, um den Widerstand der Führungskräfte zu überwinden und sie an die OKRs zu gewöhnen. [...] Als Chefin ist es meine Aufgabe, den Leuten hinterherzulaufen [und sie] aufzufordern, sich zur Bestimmung individueller OKRs zu verpflichten." So zitiert John Doerr die auf OKR setzende Geschäftsführerin Jini Kim [Doerr 2018, S. 78].

Das steht in einem Widerspruch zu dem von John Doerr ebenfalls verwendeten Zitat von Steve Jobs: „Wir stellen intelligente Leute nicht ein, um ihnen zu sagen, was sie tun sollen. Wie stellen sie ein, damit sie uns sagen, was zu tun ist."

OKR ist ein mechanistischer Ansatz (➡Seite 11, Kybernetik 1. Ordnung) und unterliegt prinzipiell ähnlichen Einschränkungen und Risiken wie MBO. „Je ambitionierter das OKR ist, desto größer ist das Risiko, wesentliche Kriterien zu übersehen" [Doerr 2018], wodurch dann kontraproduktives, schädliches und auch unethisches Verhalten provoziert wird, wie dies für eine mechanistisch-kausale Kennzahlenorientierung typisch ist. OKR versucht dies durch gezielte Kopplung mit komplementären qualitativen Kernergebnissen zu vermeiden, was in der Praxis gar nicht so einfach realisierbar ist.

OKR-geführte Unternehmen sind nachweislich in der Lage, sehr schnell auf Veränderungen zu reagieren. Sie sind in diesem Sinne agil, wobei viele Veränderungen zentral entschieden werden. Solange also diese zentral gesetzten OKRs weise sind und mit einem guten Gespür für das Marktgeschehen entschieden werden, ist OKR ein mächtiges und hilfreiches Instrument.

Deswegen passt es gut zu Unternehmen, die von visionären Gründern strategisch geführt werden. Je mehr sich die zentralen Entscheider egoistisch oder taktierend verhalten und je weiter sie von der Marktdynamik und -komplexität entfernt sind, wie dies angestellten Topmanagern großer Unternehmen öfter zugeschrieben wird, desto fataler können allerdings auch die Konsequenzen sein.

Für eine agile Organisation, die ihre Anpassungsfähigkeit in einer Weise erhöhen möchte, dass sie mehr von außen nach innen geführt wird, also vom Markt und den wertschöpfungsnahen Mitarbeitern, ist OKR mit Bedacht und im Bewusstsein dieser Einschränkungen zu verwenden. Ebenso auch für Organisationen, die einem systemischen oder integralen Wertesystem folgen.

Weiterführendes

- ➡John Doerr: *OKR, Objectives and Key Results: Wie Sie Ziele, auf die es wirklich ankommt, entwickeln, messen und umsetzen*. Vahlen, 2018.
- ➡Niels Pfläging: *Führen mit flexiblen Zielen: Praxisbuch für mehr Erfolg im Wettbewerb*. Campus, 2011.
- ➡Peter Kruse: *Next Practice – Erfolgreiches Management von Instabilität*. Gabal, 2004.

Interne vs. externe Referenz

Bekommen Mitarbeiter Ziele gesetzt oder ergebnisorientierte Boni, dann orientieren sie sich daran. Das ist problematisch, weil ihnen nun statt einer externen Referenz (der Markt) eine interne Referenz (vorgesetztes Ziel) angeboten wird. Anstelle eines direkten Kontaktes zu den Herausforderungen und Problemen des Marktes fokussieren sie nunmehr auf eine interne Instanz. Ihr Problem ist nicht mehr der Markt, sondern die interne Zielerreichung, die Befriedigung einer internen Erwartung.

Die Mitarbeiter werden dadurch von der Marktdynamik abgetrennt. Gerät der Markt kurz nach der Zielvereinbarung in einen Boom und der gesamte Markt und die Wettbewerber legen stark zu, wäre die Erreichung des ursprünglich ambitionierten Zieles vielleicht schon eine Schwachleistung. Oder umgekehrt könnte in einer plötzlichen Krise selbst die halbe Zielerreichung schon eine großartige Leistung sein, die sonst keiner am Markt geschafft hat.

Eine Unterscheidung von internen und externen Referenzen ist kein Bestandteil von OKR, für die Anpassungsfähigkeit einer Organisation jedoch ist sie ein wichtiger Aspekt.

Unterschiede zu anderen Ansätzen

Delegationsstufen und Delegationstafel nach Management 3.0

Herkunft der Delegationstafel bei Management 3.0

Paul Hersey and Ken Blanchard verwenden in ihrer „Situativen Führungstheorie“ (Situational Leadership Model) [Hersey 1969] vier verschiedene Führungsstile: Anweisung, Coaching, Unterstützung und Delegation. Diese erweiterte Jurgen Appelo in Management 3.0 [Appelo 2010] auf sieben Delegationsstufen: mitteilen, erklären, konsultieren, vereinbaren, beraten, übertragen und delegieren.

Die Delegationsstufen lassen sich auch spielerisch in Form eines Delegationspokers verwenden, wie es auf dem Scrum Gathering 2010 in Amsterdam demonstriert wurde. Später hat sie Jurgen Appelo auch in Delegationstafeln verwendet, mit denen visualisiert wird, für welche Themen welche Delegationsstufen gelten.

Herkunft bei uns

Das von uns verwendete ähnlich klingende Organisationswerkzeug der Delegationstafel oder Delegationsmatrix (➡Seite 56) hat einen ähnlichen Zweck, unterscheidet sich jedoch in der Herkunft und Handhabung.

In der Beratung von Unternehmerinnen zu kollegialen Organisations- und Führungsprinzipien haben wir häufig als einen der ersten Schritte die Rahmenbedingungen der kollegialen Führung bestimmt. Wir haben die Inhaberinnen gefragt, welche Verantwortungsbereiche grundsätzlich bei ihnen bleiben und welche die Kollegenschaft übernehmen sollte [Oestereich-Schröder 2016].

Wir haben für diesen Zweck auch die Delegationsstufen und die Delegationstafel von Jurgen Appelo ausprobiert, dabei jedoch festgestellt, dass wir einige ihrer Eigenschaften für unseren Zweck unpassend finden. Und ebenso kennen wir Organisationen, für die die Delegationstafel entsprechend Management 3.0 absolut hilfreich und passend war.

Weiterführendes

- ➡Jurgen Appelo: *Management 3.0: - Leading Agile Developers, Developing Agile Leaders*. Addison-Wesley, 2010.
- ➡Paul Hersey, Ken Blanchard: *Management of Organizational Behavior – Utilizing Human Resources*. Prentice Hall, 1969.
- ➡56 Delegationsmatrix

Delegationsstufen aus Management 3.0	
1. Mitteilen	Wir teilen anderen unsere Entscheidung mit.
2. Erklären	Wir entscheiden und erklären anderen unsere Entscheidung.
3. Konsultieren	Wir holen uns Entscheidungspräferenzen ein und entscheiden dann selbst.
4. Vereinbaren	Wir treffen die Entscheidung gemeinsam, d.h. jeder von uns hat eine Vetomöglichkeit.
5. Beraten	Wir tragen mit Wissen oder Empfehlung bei und lassen dann den anderen entscheiden.
6. Übertragen	Wir übertragen jemand anderem die Entscheidung, möchten aber informiert bleiben.
7. Delegieren	Wir delegieren vollständig und müssen auch nicht mehr informiert werden.

Delegationstafel: Weitere Unterschiede

Wir verwenden andere Delegationsarten in anderer Weise. Zum einen, um sie besser in ein kollegiales Verantwortungsmodell einbetten zu können, und zum anderen aus sprachlichen Gründen.

Den Begriff „Delegationspoker“ vermeiden wir, weil wir ihn für unseren Kontext unpassend finden. Die Haltungen und Kommunikationsmuster eines Pokerspieles sind keine passende Metapher für kollegiale Führungsarbeit.

Die einzelnen Delegationsmodi sind letztendlich auch keine Verhandlungssache, sondern ein Rahmen, der von Inhabern, Geschäftsführung oder übergeordneter Führungsinstanz vorgegeben und verantwortet wird. Die Person, die bislang über eine Entscheidungszuständigkeit verfügt, kann diese anderen Beteiligten zu bestimmten Bedingungen anbieten. Und die Person, der eine solche Zuständigkeit angeboten wird, kann entscheiden, ob oder unter welchen Bedingungen sie sie annimmt.

Die Delegationsstufen in Management 3.0 beschreiben nur implizit eine eindeutige Verantwortung: Bei den Delegationsstufen 1 bis 3 liegt die Verantwortung bei der einen Partei, bei 5 bis 7 bei der anderen. Für Stufe 4 ist die Verantwortung nicht eindeutig, sondern verteilt.

Die Delegationsstufen Mitteilen (1) und Übertragen (6) sowie Konsultieren (3) und Beraten (5) von Jurgen Appelo sind jeweils ungefähr das Gleiche, nur aus einer anderen Perspektive beschrieben: Wenn der Entscheider eine andere Person konsultiert (3), ist dies ähnlich, als wenn diese Person den Entscheider berät (5).

Unsere erste Frage lautet immer: Wer ist verantwortlich? Erst danach fragen wir nach weiteren Modalitäten (Veto-Option, Konsultation, Information). Die Art und Weise der Einbeziehung nennen wir Delegationsmodus (lateinisch „modus", Art und Weise).

Anders als bei der Management 3.0-Delegationstafel unterscheiden wir außerdem den angebotenen von dem tatsächlich übernommenen Delegationsmodus (ähnlich einer Soll-Ist-Unterscheidung, siehe Farbcodes der Kontextbrücke, ➡Seite 58). Gerade weil dazwischen auch ein Zeitbedarf für die Einarbeitung und Übernahme liegen kann und die Delegation in unserem Verständnis ein vertrauensbildender Dialog, also ein Prozess ist.

Welchen Status zeigen die Karten an der Delegationstafel? Ist es bislang nur die Absichtsbekundung? Ist schon alles für den ersten Anwendungsfall vorbereitet? Oder ist es längst gängige Praxis? Auch diese Fragen sollte eine Delegationsmatrix beantworten.

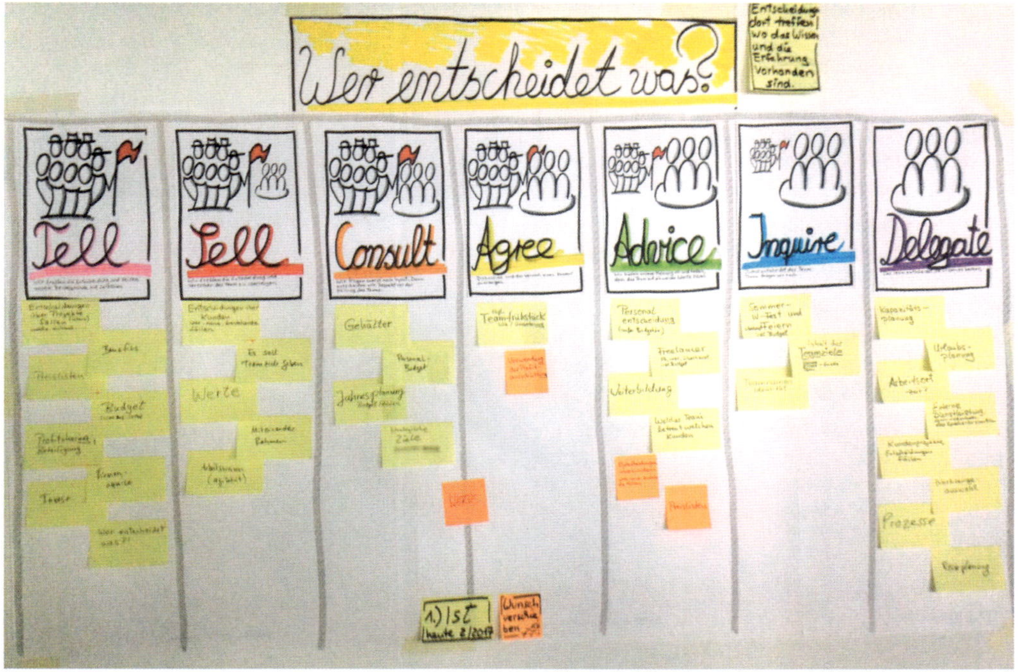

Das hier gezeigt Foto zeigt eine an Management 3.0 orientierte Delegationsmatrix in der Ministry Group, wie sie dort eine Zeit lang verwendet wurde. Mittlerweile verwendet Ministry weniger Spalten und ebenfalls eine klarere Unterscheidung der letztendlichen Verantwortung.

Change-Management und systemische Organisationsentwicklung

Zielorientiertes Change-Management

Beim zielorientierten Change-Management geht es nicht darum, die grundsätzliche Anpassungsfähigkeit einer Organisation zu erhöhen, sondern meistens darum, eine durch Führungskräfte (Vorgesetzte) entschiedene Veränderung in einer Organisation umzusetzen.

Dabei kann es um die Einführung einer neuen Software gehen, die organisatorische Veränderungen notwendig macht, um von oben verordnete Restrukturierungen, um die Fusion von Unternehmen und die Integration von Bereichen und Abteilungen des einen Unternehmens in das andere o. Ä.

In diesen Fällen liegt zumeist keine ergebnisoffene Entwicklung vor. Die Ziele sind weitgehend fest. Die Entwicklung erfolgt in Form von Projekten. Sollten sich während der Projektlaufzeit der Kontext oder die Anforderungen wieder ändern, ist die Projektplanung obsolet. Wegen dieser größeren Empfindlichkeit gegenüber sich ändernden Anforderungen oder Kontexten ist das zielorientierte Change-Management in der Grafik zu den Anwendungsbereichen der Entwicklungsmethoden (vgl. ➡Seite 9) weiter unten positioniert.

Ergebnisoffene systemische Organisationsentwicklung

Der markanteste Unterschied zu den meisten anderen Ansätzen der systemischen Organisationsentwicklung liegt darin, anstelle einer spezifischen Planung von Interventionen und Veränderungen, beispielsweise mithilfe eigener Interventionsarchitekturen, mit einem einfachen und weitgehend standardisierten Metaschema vorzugehen.

Die Theorie der systemischen Organisationsentwicklung ist auch Basis für die kollegiale selbstorganisierte agile Organisationsentwicklung, die prinzipiell eine hohe Komplexität und Anpassungsfähigkeit erlaubt. Sie beinhaltet aber keine Standardprozesse und Operationalisierungen, um eine kontinuierliche Anpassung und Organisationsentwicklung zu ermöglichen.

Alle stetig wiederkehrenden und vorhersehbaren Aktivitäten in einer Organisation sollten auf bewährten Prozessen und Strukturen basieren, statt jedes Mal neu erfunden zu werden.

Wenn es darum geht, die Anpassungsfähigkeit einer Organisation zu steigern, also eine kontinuierliche und dauerhafte anstelle einer projekthaften Organisationsentwicklung zu betreiben, dann sollte auch die Organisationsentwicklung standardisiert und durch bewährte Prozesse und Strukturen unterstützt werden.

Was in tayloristischen Organisationen für die operative Ebene selbstverständlich ist, sollte bei der agilen Organisation für die organisationale Ebene, also die Metaebene, selbstverständlich sein.

Metastandards

In einer agilen Organisation ist die Metaebene unter anderem in folgenden Aspekten betroffen:

- Es sind regelmäßig Verantwortungsbereiche neu zu besetzen oder neu zu gestalten.
- Es sind regelmäßig Experimente durchzuführen (Veränderungen zu erproben), also Entscheidungen zu treffen, wer welche Ideen erprobt und wann und wer die Ergebnisse dann bewertet.
- Es ist regelmäßig über die eigene operative Arbeit, Führungsarbeit und Selbstorganisationsarbeit zu reflektieren, also über alle Ebenen der Zusammenarbeit und Kommunikation.

Diese wiederkehrenden Aufgaben gelten weitgehend unabhängig vom Zweck, Geschäftsmodell, von der Branche und Größe der Organisation.

Wir wissen beispielsweise nicht, welche Rollen eine Organisation benötigt und welche Arbeitsprozesse und -strukturen für eine spezifische Organisation hilfreich sind. Aber wir wissen, dass Rollen kreiert werden, Rolleninhaber zu wählen sind und über Arbeitsprozesse zu reflektieren und über ihre Anpassung zu entscheiden ist.

Operationalisierung

Während völlig offen ist, welche Rollen und operativen Ressourcen benötigt werden, ist die Zahl der bewährten Entscheidungsverfahren und Reflexionsformate überschaubar.

Mögliche Standards, also bewährte Operationalisierungen, sind beispielsweise ein gemeinsamer Führungsmonitor (➡Seite 88), regelmäßige Retrospektiven (➡Seite 102), Entscheidungs- und Wahlverfahren (➡Seite 146) sowie gemeinsam kreierte und verteile Rollen und Kreise (➡Seite 120).

Post-Taylorismus als Meta-Taylorismus?

Viele Metaprozesse lassen sich nicht nur standardisieren, sondern möglicherweise sogar automatisieren. Weniger in dem Sinne, dass Führungsarbeit durch eine „künstliche Intelligenz" erledigt wird, sondern mehr dadurch, dass Routinetätigkeiten der Führungsarbeit (Einladungen zu Entscheidungstreffen, Moderatoren bestellen etc.) automatisiert werden.

Diese These formulieren wir hier allerdings weniger als Plädoyer für die Automatisierung der Führungsarbeit, sondern vielmehr, um den prinzipiellen Unterschied zur traditionellen Führung durch eine Zuspitzung zu verdeutlichen.

	Manufaktur	Taylorismus	Agilität
Ziel	*Produktqualität*	*Leistung und Effizienz*	*Anpassungsfähigkeit, Dynamikrobustheit*
Strategie	*Personalisierte Führung und Produktion*	*Prozessualisierung der Produktion*	*Prozessualisierung der Führung*
Vorgehen	*Entwicklung individueller Fertigkeiten*	*Standardisierung und Ausdifferenzierung von Produktionsprozessen*	*Kontinuierliche Weiterentwicklung von Metastandards*
Selbst-organisation	*informell*	*vermieden*	*systematisiert*
Arbeits-organisation	*Führungs- und Produktionsarbeit sind an Personen, Orte und Zeiten gebunden*	personengebunden / prozessgebunden	*Führungs- und Produktionsarbeit sind an (Meta-)Prozesse und Strukturen gebunden*

So wie im Taylorismus Material auf ein Fließband gegeben wird, damit es systematisch von Menschen oder Maschinen bearbeitet wird, so können wir uns für die Metaebene agiler Organisationen vorstellen, dass Entscheidungsbedarfe im Sinne eines Materials in einen Prozess gegeben werden, in dem sie dann systematisch und vorhersehbar (wann und wie von welchen Kollegen und Kreisen) bearbeitet werden.

Dabei ist der Führungsmonitor das Fließband. Wer immer einen Entscheidungsbedarf hat, legt ihn in die erste Spalte und kann sich darauf verlassen, dass der Entscheidungsbedarf nach bekannten Moderations- und Entscheidungsprozessen vom Team transparent bearbeitet wird. Die Bearbeitung ist nicht mehr abhängig von einer bestimmten Führungskraft.

Nicht ganz zufällig hat ein Führungsmonitor gewisse Ähnlichkeiten mit einer Kanban-Tafel. Eine Kanban-Tafel visualisiert einen standardisierten Ablauf in Form von Spalten und definierten Übergangsbedingungen zwischen den einzelnen Schritten. Kanban ist ein gängiges Konzept in Produktionsprozessen. Wenn wir jetzt Kanban-Tafeln für die Führungsarbeit einsetzen, zeigt dies, dass wir Prinzipien der Produktionsarbeit nun auf Führungsarbeit anwenden.

Überspitzt könnten wir fragen: Überschreiten wir den Taylorismus (in der Produktions- und Dienstleistungsarbeit) gerade, indem wir ihn auf der Metaebene (Führungs- und Selbstorganisationsarbeit) einführen?

Weiterführendes

➡119 Arten von Arbeit

Was ist Fachberatung?

Die Kompetenz liegt in der fachlichen Expertise zu einem Thema. Die Gestaltung der Kundenbeziehung basiert darauf, inhaltliche Lösungen vorzuschlagen und umzusetzen. Die eingesetzten Fragen sind stark richtungslenkend, die Beratende führt das Gespräch und lenkt die Aufmerksamkeit. Dadurch wird der Kunde zu anderen Gedankengängen und Ideen angeregt.

Die Fachberaterin ist verantwortlich für die Inhalte und entstandenen Lösungskonzepte und hat diese maßgeblich mitentwickelt. Die Fachexpertise liegt deutlich bei der Beraterin, sie handelt aus Erfahrungswissen, während dieses bei dem Kunden noch wenig vorhanden ist.

Was ist Prozessberatung?

In dieser Rolle liegt die Kompetenz auf der Gestaltung des Gesprächsprozesses. Dabei liefert die Beraterin keine inhaltlichen Lösungen, sondern verwendet Fragen, die die vorhandene Lösungskompetenz des Kunden aktiviert. Bildlich gesprochen leuchten Prozessfragen in schlecht ausgeleuchtete Ecken und Räume, die über längere Zeit nicht mehr betreten wurden. Sie regen die eigene Lösungskompetenz des Kunden an, um passende Ressourcen seiner bereits vorhandenen Kompetenzen neu zu entdecken und als Lösungsidee für die anstehende Aktion zu nutzen.

Die Fragen lenken die Aufmerksamkeit auf den Denkprozess des Kunden und bewirken eine entschleunigende Reflexion. Der Berater lässt sich dabei auf das Tempo des Kunden ein und hält den Raum. Die Verantwortung teilen sich beide, für das Ergebnis trägt sie der Kunde, für den Prozess die Beraterin. Beide Parteien, der Kunde als auch die Beraterin, handeln und arbeiten aus dem Nichtwissen.

Prozess- und Fachberatung

Unterschiedliche Fragetechniken liefern unterschiedliche Ergebnisse und bewirken eine andere Qualität der Beziehungsgestaltung zwischen den Gesprächspartnern.

Grundsätzlich unterscheiden wir zwischen der Kompetenz der Fachberatung, die wir benötigen, wenn wir auf Expertenwissen zurückgreifen müssen, und der Kompetenz der Prozessberatung, der wir in der Regel in Coaching- oder Moderationsprozessen begegnen. Der Bedarf für die jeweilige Kompetenz ergibt sich aus dem jeweiligen Anliegen und Kontext heraus. In dem Kontext der agilen Organisationsentwicklung benötigen wir beide Kompetenzen, um eine Organisation professionell und verantwortungsvoll begleiten zu können.

Als (externe) Begleiter benötigen wir vor allem zu Beginn meistens beides: Beraterische Expertise, indem wir auf der Sachebene Begrifflichkeiten, Vorgehen als auch Praxisbeispiele mit den Beteiligten klären, um dafür zu sorgen, dass wir ein gutes gemeinsames Verständnis haben.

Prozesskompetenz benötigen wir eher bei Fragen, Sorgen und Ängsten, die den anstehenden Veränderungen geschuldet sind. Übliche Sorgen sind beispielsweise: Wie wird sich die Führungskultur verändern? Verlieren Führungskräfte ihre Stelle? Wie muss ich sich individuelles Führungsverhalten verändern? Welcher Raum wird für Experimente zur Verfügung gestellt? Welchen möglichen Schaden kann sich die Organisation leisten? Was darf nicht passieren?

Während der ersten Umsetzungsschritte und des Ausprobierens ist dann wieder die Prozesskompetenz gefragt, da es wieder darum geht, den Lern- und Einübungsprozess zu begleiten. Diese Arbeitsform finden wir in allen Coaching-, Lernbegleitungs-, Gesprächs- und Moderationsprozessen. Es geht eher um das Wie und die Aktivität der Organisationsmitglieder.

Grundsätzlich benötigen wir in allen Situationen beide Kompetenzen, da immer die Sach- als auch die Beziehungsebene angesprochen ist. Dennoch können unterschiedliche Schwerpunkte in der Verteilung identifiziert werden:

- Wenn es in der Begleitung eher um Sachthemen geht, wie beispielsweise die Klärung von Begriffen und Konzepten, oder noch wenig fachliches Wissen vorhanden ist, können wir den Schwerpunkt auf die Fachberatung legen. Beispiele sind Orientierungsworkshops, Infoveranstaltungen, Zusendung von Vorabskripten, neue Mitarbeiter über die Veränderung informieren etc. Hier geht es oft um das Was und den fachlichen Input der Beraterinnen.
- Wenn es bei agilen Anpassungsprozessen und deren Umsetzung maßgeblich darum geht, die Eigeninitiative der Beteiligten durch Ausprobieren anzuregen und dabei die Verantwortung bei ihnen zu belassen, ist eher Prozesskompetenz gefragt. Beispielsweise am Führungsmonitor, in Feedbackgesprächen, bei Entscheidungsverfahren usw. Hier geht es maßgeblich um das Wie und das Raumgeben und -halten durch die Beraterin.

Sozio- und Holokratie

Holokratie (auch: Holakratie oder Holacracy genannt) ist eine späte, im Jahr 2007 erstmals verwendete Variation und Weiterentwicklung der Soziokratie, deren Ursprünge Anfang der 1970er Jahre liegen.

Die wichtigsten Unterschiede zwischen Soziokratie und Holokratie haben wir in [Oestereich-Rüther 2016] beschrieben. Im Folgenden beschreiben wir die wichtigsten Unterschiede kollegial geführter agiler Organisationsentwicklung zu soziokratisch orientierten Modellen.

Weiterführendes

➡Bernd Oestereich, Christian Rüther: *Unterschiede zwischen Holokratie und Soziokratie*. https://next-u.de/2016/unterschiede-zwischen-holokratie-und-soziokratie/, 2016

Startsituation und Flexibilität

Soziokratie und Holokratie setzen im Kern auf von oben nach unten herrschende (*-kratie*, griech. *kratein: mächtig sein, herrschen*) Führungskräfte, ergänzen diese jedoch durch von unten nach oben gewählte und mitbestimmende Repräsentanten sowie durch ein auf Konsent basierendes und Einwände integrierende Entscheidungsverfahren.

Beide Modelle setzen ebenfalls auf eine klare Startsituation (➡Seite 42), allerdings etwas restriktiver und weniger flexibel. Sie erlauben zwar prinzipiell eine flexible Weiterentwicklung ihrer Elemente, beispielsweise eine Einführung anderer Entscheidungsverfahren, Struktur- und Prozesselemente. Sie fördern oder öffnen solche Entwicklungen aber nicht besonders, sodass dies nur begrenzt praxistypisch ist.

Im Gegenteil, gerade viele in holokratischen Systemen arbeitende Menschen, klagen über das regide und mechanistische Regime und berichten, dass sie sich mehr als Zahnräder einer großen Organisationsmaschine fühlen [Culen 2016, Groth 2016, Lam 2016].

Möglicherweise hängt die geringere Flexibilität auch damit zusammen, dass beide Modelle Franchisesysteme sind, die markenrechtlich, zertifizierungsmäßig, inhaltlich und wirtschaftlich gebunden und dadurch weniger offen sind.

Weiterführendes

➡Julia Culen: *Holacracy: not safe enough to try*. https://juliaculen.com/2016/04/03/holacracy-not-safe-enough-to-try/, 2016]

➡Aimee Groth: *Zappos is struggling with Holacracy because humans aren't designed to operate like software*. https://qz.com/849980/zappos-is-struggling-with-holacracy-because-humans-arent-designed-to-operate-like-software/, 2016]

➡Bourree Lam: *Why Are So Many Zappos Employees Leaving?* https://www.theatlantic.com/business/archive/2016/01/zappos-holacracy-hierarchy/424173/, 2016.]

Sogprinzip

Beide Modelle setzen nicht explizit auf das Sogprinzip (➡Seite 36). Da die Holokratie mehr noch als die Soziokratie ein System zur systematischen Bearbeitung von Spannungen ist, wird implizit auch Sog provoziert.

Inwieweit das Sogprinzip wirksam wird, hängt aber vermutlich mehr von der Kultur, den Moderationen und der Leitung der Kreise ab.

Leitung eines Kreises

In unserem Modell kollegialer Führung setzen wir konsequent auf die Verteilung der Führungsarbeit. Statt fest definierter Führungskräfte (bspw. Lead-Links) mit modellseitig vorgegeben Verantwortungsbereichen zu wählen, werden im Modell kollegialer Führung differenziert von den Kolleginnen gestaltbare Verantwortungsbereiche an passende Rollen oder Unterkreise übertragen.

In der Holokratie bestimmt der Rolleninhaber des Oberkreises die Rolleninhaber der untergeordneten Leitungsrollen. Das Kreissystem der Holokratie ist ein machtzentriertes System. Die holokratischen Kreise unterscheiden sich wenig von klassischen Abteilungen in Linienorganisationen.

Die Führungsverbindung (Lead-Link) genannte Kreisführung ist eine beinahe ebenso machtvolle Position wie die der klassischen Abteilungsleitung: Es „werden alle Rollen in einem Kreis vom Lead-Link des Kreises bestimmt, der die Rolle jemanden zuweist." [Robertson2016, S. 53]. Die Kreisführung bestimmt somit auch die Kreisführungen der Unterkreise. Die Kreisführung fungiert auch explizit als Schnittstelle an der Grenze des Kreises und verteilt ankommende Informationen und Anfragen an die ihm untergeordneten Rollen.

Die Rollen, die der Kreis selbst bestimmen darf, sind der Prozessbegleiter (Facilitator), der Schriftführer (Secretary) und der Repräsentant für den Oberkreis (Rep-Link).

Damit ist die Kreisführung nicht auf Augenhöhe mit den übrigen Mitgliedern des Kreises. Sie hat disziplinarische Macht, womit der klassische Rollenkonflikt zwischen disziplinarischer und inhaltlicher Führung angelegt ist [Oestereich-Schröder 2016, S. 14].

Dies ist also keine verteilte kollegiale Führung. Gegenüber der klassischen Linienorganisation ist die Wahl ausgewählter Rollenvertreter zwar eine Weiterentwicklung – angesichts der zunehmenden Dynamik und Komplexität des ökonomischen Umfeldes könnte dieser Grad von Agilität jedoch unzureichend bleiben. In der Grafik Anwendungsbereiche ausgewählter Entwicklungsmethoden (➡Seite 9) sind Soziokratie und Holokratie daher im unteren Bereich (stabilere Anforderungen und Kontextbedingungen) positioniert.

Für unser kollegiales Führungsmodell schlagen wir (unverbindlich) vor:

- Die Führung eines Kreises bedarfsweise auf verschiedene spezialisierte Rollen aufzuteilen, beispielsweise einen Gastgeber, einen Ökonomen, einen Lernbegleiter, einen Dokumentar und weitere kreisspezifische Rollen.
- Alle Rollen und Rolleninhaber vom Kreis mit dem Verfahren Kollegiale Rollenwahl (➡Seite 150) oder Ähnliches selbst bestimmen zu lassen.

Statt das also ein Kreismitglied den Hut aufhat, kreieren die Kreismitglieder eine Reihe von Hüten und verteilen diese innerhalb des Kreises.

Rollen versus Teams

Wiederkehrende und zu erwartende Entscheidungsbedarfe sollte ein Kreis aus Effizienzgründen und zur Vermeidung von Verantwortungsdiffusionen nicht jedes Mal individuell verteilen, sondern hierfür passende Unterstrukturen (Rollen, Unterkreise) einrichten. Die Gesamtverantwortung eines Kreises wird in unserem Modell also typischerweise aufgeteilt:

- Bestimmte Entscheidungen werden im Kreis getroffen.
- Soweit sinnvoll, werden diese Entscheidungen nicht direkt getroffen, sondern an einen (konsultativen) Fallentscheider delegiert.
- Andere Entscheidungen werden als pauschale Bereiche dauerhaft in Unterkreise delegiert.
- Wieder andere Entscheidungen werden pauschal dauerhaft an spezielle Rollen, also Einzelpersonen delegiert.

Mit dieser Praxis gibt es nicht mehr „die eine" Leitung des Kreises, wie sie in Soziokratie und Holokratie noch spürbar ist. Stattdessen wird die Gesamtverantwortung differenziert verteilt – gefühlt auf alle verteilt, wobei gewisse Standardrollen (Kreis-Gastgeber, Moderator, Protokollant etc.) durchaus sinnvoll sind. In der Holokratie wird ebenfalls mit dezidierten Rollen gearbeitet, in der Soziokratie ist es nicht verboten.

Plenum, Topkreis und Querverbindungen

Im Modell der kollegialen Führung sind der Topkreis oder das Plenum nicht nur Einrichtungen, um übergreifende Entscheidungen zu treffen, sondern sie haben zusätzlich den Zweck, jedem Organisationsmitglied eine niederschwellige Möglichkeit zu geben, auch direkt Einfluss auf diese zu nehmen oder sie zu initiieren.

Im Plenum ist dies offensichtlich, da jedes Organisationsmitglied hier seine Anliegen einbringen kann. Für den Topkreis, sofern er als Alternative zum Plenum besteht, bedeutet dies, dass er auch entsprechende Möglichkeiten bieten sollte.

Sozio- und Holokratie sind diesbezüglich stabiler und weniger dynamisch ausgeprägt (➡Seite 9), ein übergreifender, plenarer Führungsmonitor ist dort weniger typisch.

Trennung von operativen und organisationalen Entscheidungen

Die Trennung von operativen und organisationalen Entscheidungen ist für viele Kollegen in der Praxis nicht immer klar nachzuvollziehen und zu verstehen. In der Holokratie werden diese Entscheidungsarten strikt getrennt und auf verschiedene Arbeitstreffen aufgeteilt, auf operative Treffen und „Steuerungstreffen" (Governance).

Wir finden es auch hilfreich, diese Unterscheidung zu kennen, sehen aber keine Notwendigkeit zu einer strikten Trennung. Es sind jeweils die gleichen Menschen, die in gleicher Weise Entscheidungen treffen können, weswegen wir die Trennung für nützlich aber keineswegs für erforderlich halten.

Häufig hängen die Ebenen auch zusammen: Wenn verschiedene operative Entscheidungen nicht zu einer Verbesserung geführt haben, dann ist es sinnvoll, über organisatorische Veränderungen nachzudenken.

Unscharfe Rollen(-beschreibungen)

Holokratie ist sehr regelbasiert. Sie definiert als Regel „die Gewährung oder Begrenzung der Autorität, auf den Bereich eines Kreises oder einer Rolle einzuwirken" [Robertson 2016, S. 76]. Regeln dienen also dazu, Zuständigkeits- und Herrschaftsbereiche festzulegen.

Unser Bild von einer kollegialen Führung ist eher dadurch geprägt, dass die Menschen miteinander ihre Zuständigkeiten klären, um die Kooperation effizient zu gestalten. Wenn ich nicht weiß, wer für was zuständig ist und ich lange suchen muss, bevor es zu einer Kooperation mit einem Kollegen kommt, dann sind wir ineffizient. Die Transaktionskosten (➡Seite 256) sind zu hoch. Deswegen sehen wir Zuständigkeiten eher als hilfreiches Wissen über die Organisation und weniger als Regel.

Die Festschreibung von Zuständigkeiten und Rollen in Regelwerken erinnert uns an traditionelle Stellen- und Positionsbeschreibungen. Wir sehen die Gefahr, dass die Zuständigkeiten zu starr und zu wenig inhaltlich geprägt sind, sondern sachfremd als Macht- und Einflussbereiche benutzt werden.

Unserer Erfahrung nach sind die meisten Mitarbeiter intelligent genug, um bei einer zu großen Zahl von Rollendefinitionen und Regeln diese gar nicht mehr zu lesen und als Schrankware und Bürokratie zu ignorieren.

Feedback statt Regeln?

Hinzu kommt, dass wir eine immer höhere Dynamik in unseren Organisationen zu bewältigen haben und dass dabei statische Rollen und Regeln das größte Hindernis sind. Wegen der schieren Menge von Überraschungen sollten wir gar nicht mehr versuchen, alle Anpassungen formal auszuhandeln und zu dokumentieren, weil auch hier die Transaktionskosten (➡Seite 256) zu hoch würden.

Eine Verständigung über gemeinsame Werte und Prinzipien und wirksame Feedbackschleifen erscheinen uns nützlicher. Es wird aufgrund der Dynamik und Komplexität immer wieder zu Handlungen und Entscheidungen kommen, die wir nicht rechtzeitig, nicht umfassend, nicht klar oder aufwandsangemessen genug mit den (zuständigen) Kolleginnen absprechen können.

Was aber nicht bedeutet, dass die Organisation und ihr Geschäft deswegen einen Schaden nimmt. Ganz im Gegenteil, für den Kunden und die Wertschöpfung kann der flexible Umgang mit Zuständigkeiten nützlich sein.

Dennoch ist es ganz menschlich, dass wir unsicher werden, wenn Kollegen ohne Rücksprache etwas tun, was für die Arbeit in unserem Einflussbereich Folgen haben könnte. Transparenz und ein respektvoller Umgang miteinander können hier Vertrauen aufbauen. Auch sind klare Rückmeldungen, eine gewisse Konfliktfähigkeit und Verzeihenkönnen äußerst hilfreich, um gemeinsam lernen und sich entwickeln zu können.

Wir plädieren also dafür,

- Zuständigkeitsbereiche und Rollen nur grobgranular zu beschreiben,
- detaillierte Abgrenzungen der informellen Selbstorganisation zu überlassen,
- zur Verbesserung der Kooperation regelmäßige Retrospektiven (➡Seite 102) und gegenseitige Feedbackgespräche (➡Seite 170) zu ermöglichen und
- einen regelmäßigen Diskurs über gemeinsame Prinzipien und Werte zu führen.

Evolution oder Revolution?

Der wichtigste Unterschied zu unserem kollegial geführten agilen Ansatz ist jedoch, dass Holokratie explizit darauf basiert, ganz oder gar nicht eingeführt zu werden. Ein schrittweises Herantasten (➡Seite 28), wie wir es hier ermöglichen möchten, ist nicht im Sinne des holokratischen Modells. Mit der Aussage, „Man kann Holacracy nicht praktizieren, indem man nur einen Teil der Regeln annimmt" [Robertson 2016, S. 139] entsteht eine Einstiegshürde.

Wir verstehen die Sorge dahinter, dass das neue Organisationsmodell durch einen unklaren Übergang nicht gut zum Laufen kommt. Dennoch: Der initiale Aufwand, dass alle Beteiligten des umzustellenden Unternehmensbereiches die neuen Konzepte (Regeln, Prozesse, Praktiken etc.) verstehen und berücksichtigen können, ist nicht zu unterschätzen.

Mit den alten Regeln entfallen auch gewohnte Sicherheiten. Es braucht aber eine Weile, bis die neuen Regeln sich bewähren und die Beteiligten zu ihnen Vertrauen aufbauen und Sicherheit entwickeln. Mit neuen Regeln und Machtverhältnissen steigt die Gruppendynamik, das soziale Miteinander muss neu eingeübt werden, wodurch die Kooperationsfähigkeit übergangsweise strapaziert wird. Währenddessen muss das operative Tagesgeschäft weitergehen.

Unserer Erfahrung nach besteht bei einem sehr umfassenden Übergangsschritt die ernste Gefahr, die Organisation und ihre Mitarbeiter gefährlich zu überlasten.

Praktiken können durchaus separat eingeführt werden, sofern

- eventuelle Abhängigkeiten zwischen den verschiedenen Praktiken und Prinzipien reflektiert wurden und
- der Kontextwechsel für den jeweiligen Bereich klar markiert wurde.

Die Klarheit, wo welche Regeln und Prinzipien gelten ist unserer Erfahrung nach wichtiger als alle Regeln und Prinzipien auf einen Schlag einzuführen [Oestereich-Schröder 2016, S. 47].

Wir suchen daher eher nach Möglichkeiten, kollegiale Führung nicht nur lokal begrenzt, sondern auch konzeptionell schrittweise einzuführen. Darüber hinaus versuchen wir, die Einführung auch nicht von außen vorgeben zu müssen („Das sind die neuen Regeln, die ihr jetzt lernen müsst"), sondern die Kollegenschaft eigenverantwortlich die nächsten Lernschritte wählen zu lassen – soweit dies praktisch möglich ist.

Für einen schrittweisen Übergang spricht auch, dass niemand vorhersehen kann, ob die vorgesehene Blaupause Holokratie von einer konkreten Organisation erfolgreich eingeführt werden kann, weswegen eine stufenweise zirkuläre Vorgehensweise überlegenswert ist.

Im Ergebnis wird möglicherweise eine revolutionär andere Organisation entstanden sein, der Weg dahin kann dennoch evolutionär sein.

Die formale Umstellung

Die Einführung der Holokratie beginnt mit der formalen Akzeptanz der Holokratie-Verfassung durch das bisherige Management, mit dem dieses seine Macht abgibt.

Unserer Erfahrung nach ist der Übergang in der Praxis differenzierter und sehr unterschiedlich. Je nach vorhandener Kultur, Sicherheitsbedürfnissen der Inhaber, Geschäftsführer und Mitarbeiter verbleiben mehr oder weniger Rechte bei den Inhabern. Wir fragen daher als erstes die Inhaber, welche operativen und organisationalen Rechte genau sie generell oder vorerst behalten möchten (➡Seite 56).

Darüber hinaus hatten wir in sämtlichen uns bekannten Fällen den Eindruck, dass es für alle Beteiligten durchaus in Ordnung ist, ja sogar erwartet wird, wenn die Inhaber und die formal verbleibende Geschäftsführung in existenziellen Ausnahmefällen direktiv Entscheidungsnotstände beheben.

Zusätzlich halten wir es für hilfreich, auch die Kollegenschaft vorher zu befragen (➡Seite 75), welche Fragen und Einwände sie gegenüber den von den Inhabern formulierten Rahmenbedingungen haben und wie diese berücksichtigt werden können – so wie ein angestellter traditioneller Geschäftsführer seinen Vertrag gründlich lesen würde und verhandeln würde, damit er die dort formulierten Rahmenbedingungen, Einschränkungen und Zustimmungspflichten der Gesellschafter gut akzeptieren kann.

Da sich viele Kollegen und bisherige Führungskräfte zu Beginn gar nicht richtig vorstellen können, wie das mit der Selbstorganisation funktionieren soll, halten wir es für angemessen, die Einführung von Anfang an als herantastend und ausprobierend zu gestalten. Um dann, wenn die neue Organisationsform für die Kollegen erlebbar und beurteilbar geworden ist, tatsächlich zu fragen, ob sie diese akzeptieren können.

Damit kann möglicherweise auch eine kritische Kündigungswelle vermieden werden, wie sie beispielsweise bei Zappos rund ein Jahr nach der Holokratie-Einführung auftrat. Um die Akzeptanz des Organisationsmodells herzustellen, hatte der Zappos-Chef den Mitarbeitern eine Abfindung angeboten, falls sie den Holokratie-Weg nicht mehr mitgehen wollten. Daraufhin verließen 2015/2016 mehrere hundert Angestellte das Unternehmen [Bourree 2016].

Jede strategische und organisatorische Weichenstellung löst Kündigungen aus. Ab einer bestimmten kritischen Masse kann dies für eine Organisation jedoch destruktiv werden.

Die Absicht hinter der formalen Akzeptanz der Holokratie-Verfassung halten wir ebenfalls für wichtig. Die bisherige Führung sollte transparent und für alle sichtbar eine Selbstverpflichtung eingehen, um das Vertrauen zu stärken, dass sie sich daran hält, nicht willkürlich eingreift.

Fokus auf direkte Wertschöpfung

Eine wesentliche Motivation für neue Führungsmodellen ist der angestrebte Primat der direkten Wertschöpfung. Die Macht, Führung und Strategie einer Organisation soll vorrangig von denen ausgehen, die die direkteste Wertschöpfung [Oestereich-Schröder 2016, S. 320] erbringen, und nicht mehr von der Verwaltung oder zentralen Führungseinheiten. Statt von oben nach unten möchten wir mit modernen Führungsmodellen eine Führung von außen nach innen bewirken, wobei außen der Markt und die Kunden stehen.

Diese Differenzierung ist in den sozio- und holokratischen Organisationsmodellen nicht enthalten. Durch die Wahl von Repräsentanten von unten nach oben haben Soziokratie und Holokratie eine Macht-Gegenrichtung zur traditionellen Linienorganisation etabliert. Damit wird der von oben nach unten herrschenden Macht etwas entgegengesetzt. Die Richtung wird aber nicht umgekehrt und die Umkehrung erfolgt auch nicht entlang der Unterscheidung direkte versus indirekte Wertschöpfung.

Mit der einen oder anderen wohlwollenden Dehnung der sozio- und holokratischen Strukturprinzipien lässt sich diese Unterscheidung implementieren – ein originäres Qualitätsmerkmal dieser Modelle ist es nicht.

Differenzierte Entscheidungsverfahren

Wir gehen nun über in das Zeitalter, in der Führungsarbeit standardisiert prozessualisiert wird. Statt dass einzelne Führungskräfte individuell entscheiden, werden Entscheidungsbedarfe von kollegialen Führungsprozessen verarbeitet. Entscheidungsbedarfe sind das Material der Führungsarbeit.

Je nach Entscheidungsbedarf und Kontext landen Entscheidungsbedarfe bei anderen Rollenträgern und kommen andere Entscheidungsverfahren zum Einsatz (➡Seite 146). Eine gewisse Vielfalt von Rollen und Entscheidungsverfahren ist notwendig, um Entscheidungsbedarfe effizient und effektiv zu bearbeiten.

Das Konsentverfahren (➡Seite 158) als Standard in Soziokratie und Holokratie ist ein grundlegendes und mächtiges Entscheidungsverfahren, dass im Einzelfall aber ebenso passend sein kann, wie mit einem Schraubendreher einen Nagel einzuschlagen.

Soziokratie und Holokratie verbieten keine Vielfalt differenzierter Rollen, Entscheidungs-, Kommunikations- und Kooperationsverfahren, sind hier von Haus aus aber eher bescheiden und wenig inspirierend mit einer geringeren Anzahl an Standards.

Mikrowerkzeuge (Workhacks): Niederschwellige Kommunikations- und Arbeitsformate

Mikrowerkzeuge (Workhacks) sind die Haushaltstipps für die Arbeitswelt. Es sind ohne große Voraussetzungen einfach anwendbare Werkzeuge. Sie müssen idealerweise nicht genehmigt werden, bedürfen keines speziellen Auftrages, keiner besonderen Schulung und müssen nicht groß erklärt werden – man kann sie einfach mal so ausprobieren. Und wenn sie nicht funktionieren, sind sie genauso schnell wieder vergessen.

Trotzdem ist es gut zu wissen, in welchen Kontexten sie sich schon bewährt haben. Manche brauchen auch ein wenig Übung oder bestimmte Voraussetzungen – im Allgemeinen jedoch solche, die sowieso weit verbreitet sind.

Obwohl sie niederschwellig und minimalinvasiv einsetzbar sind, haben sie typischerweise bemerkenswerte Wirkungen.

Weitere

Viele der in diesem Buch genannten Methoden und Praktiken können auch als Mikrowerkzeuge bzw. Workhacks angesehen werden:

- Retrospektiven (➧Seite 102) und Reviews (➧Seite 101).
- Scrum (➧Seite 207) und Kanban (➧Seite 209).
- Kreuzfunktionale bzw. interdisziplinäre Teams (➧Seite 107, 141).
- How to work at […] (➧Seite 192).
- Praktikergruppen (➧Seite 111) und Kollegengruppen (➧Seite 112).
- Kollegiale Neueinstellungen. Mehr dazu in [Oestereich-Schröder 2016, Seite 216] und [Sipgate 2018].
- Lean Startup (➧Seite 213) und Design Thinking (➧Seite 213).
- Kudos (kleine Dankesmitteilungen zur kollegialen Anerkennung). Mehr dazu in [Oestereich-Schröder 2016, Seite 267].

Kreisförmiges Organigramm

Da ein Kreismodell andere Strukturkriterien abbildet als ein Organigramm, ist die Umwandlung eines hierarchisch pyramidenförmigen Organigramms in eine Kreisstruktur eine einfache Maßnahme, um andere Perspektiven auf die eigene Organisation anzuregen.

Fragen, die damit angeregt worden sind: Wie sind unsere derzeitigen Kooperations- und Kommunikationswege? Wie wird Führung derzeit praktiziert? Wo entsteht Wertschöpfung und wo stehen unsere Kunden? Wie sind wir gegenüber Kunden aufgestellt? Die Anregung dieser Fragen kann eine kraftvolle Intervention sein (➧Seite 114, Das Organisationsmodell neu denken).

Auf diese Weise kann eine angstfreie Reflexion und Diskussion über die eigene Organisations- und Führungsstruktur angeregt werden. Vor allem aber verändert sich das innere und kommunizierte Bild vieler Beteiligter. Kolleginnen sehen nun anders auf ihre Organisation, ihre Wertschöpfung und ihr Marktumfeld. Wenn man dabei Haftnotizen verwendet, können verschiedene Bilder miteinander diskutiert und durchgespielt werden.

Vorbereitung: Pinnwand oder Poster mit einem leeren Kreismodell, Moderationsmaterial.

Nutzen: Klärung, wo Wertschöpfung stattfindet, Identifizierung von Anpassungsschwächen.

Zeitdauer: 30 – 90 Minuten.

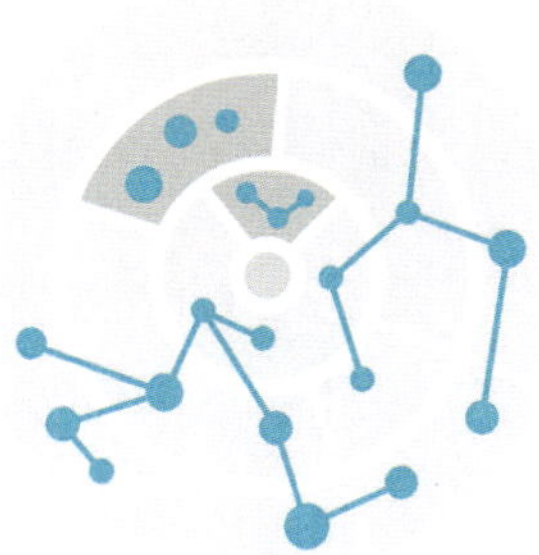

ZDF-Jour fixe: Zahlen, Daten, Fakten

Die Offenlegung der wichtigsten Zahlen, Daten und Fakten in einer Organisation macht Entscheidungen nachvollziehbarer und aktiviert die Eigenverantwortung der Kollegenschaft.

Dabei sollten die 1 – 5 wichtigsten und aussagekräftigsten Zahlen des jeweiligen Kontextes für die Organisation ermittelt werden. Für die Gesamtorganisation können dies beispielsweise der Umsatz, wichtige Kostenblöcke, Gewinn oder die Reklamationsquote sein. Für einen Vertriebskontext können das Volumen der Auftragseingänge, die Deckungsbeiträge pro Kunden u. Ä. interessant sein. Sofern Leistungskataloge verwendet werden, sind die dortigen Kennzahlen meistens passend.

Das Grundprinzip dabei ist, die Kennzahlen zuverlässig und regelmäßig bekanntzugeben oder vorzustellen, beispielsweise einmal pro Monat für 30 Minuten und in einem gleichbleibenden Rahmen – nicht erst dann, wenn akuter Handlungsbedarf entstanden ist, der zu begründen ist.

Je nach Geschäftsmodell können offene Zahlen allerdings auch irritierend wirken. Wenn beispielsweise das erste Quartal immer große Verluste ausweist und der eigentliche Gewinn erst im zweiten Halbjahr entsteht, könnte ein im Januar beginnender neuer Kollege Angst bekommen. Es ist also auch auf die inhaltliche Rahmung zu achten.

Außerdem ist klar abzusprechen und festzulegen, welche weiterführenden Informationen in welcher Weise allgemein zugänglich sein sollen, weil einige dem Datenschutz oder dem Arbeits- oder Mitbestimmungsrecht unterliegen oder eine zu große geschäftliche Verletzbarkeit bedeuten.

Dauer: 15 – 30 Minuten, ca. einmal pro Monat.

Vorbereitung: Daten aufbereiten.

Nutzen: mehr Transparenz und Eigenverantwortung.

Interne Open Spaces und Barcamps

Dies sind offene Arbeitstreffen, in denen Kollegen verschiedener Bereiche und Ebenen zusammentreffen und in denen parallel verschiedene Themen bearbeitet werden, die sich erst vor Ort durch Angebot und Nachfrage ergeben.

Es gibt also keine vorbereitete inhaltliche Agenda. Gleichwohl kann es Schwerpunkte oder übergreifende Ziele geben, die möglicherweise auch durch einen Impulsvortrag o. Ä. verdeutlicht werden.

Bei Sipgate gibt es beispielsweise den Open Friday, der jeweils von 10 bis 16 Uhr dauert.

Das Grundprinzip ist immer das Gleiche:

- Alle Teilnehmerinnen erhalten die Gelegenheit, ihre Anliegen und Themen zu benennen und vorzustellen.
- Die Beiträge werden auf die Zeit und die Räume verteilt, was die Agenda bildet.
- Jeder nimmt an den Treffen seiner Wahl teil.
- Die Essenzen aus den einzelnen Treffen werden wieder ins Plenum zurückgetragen, beispielsweise als Poster-Session, Fotoprotokoll oder Kurzpräsentationen im Plenum.

Offene unternehmensinterne Veranstaltungen lassen sich in vielfältiger Weise organisieren. Die Agilität einer Organisation unterstützen sie vor allem dann, wenn

- Kollegen ohne Ansehen der hierarchischen Position und der Funktion eingeladen werden und zusammenkommen
- und es keine vorgegebene Agenda, sondern Raum für die Anliegen der jeweils Teilnehmenden gibt.

Eine ganze Reihe von äußeren Faktoren kann dies unterstützen:

- Die Veranstaltung wird von (organisations-)externen Personen oder von Nicht-Führungskräften eröffnet und moderiert.
- Status- und Hierarchiesymbole sind unerwünscht. Oftmals lassen sich bereits an der Kleidung (Anzugs- und Krawattenträger, Blaumänner, Weißkittel etc.) Macht- und Einflusspositionen ablesen. Ähnliches gilt für die mögliche Sitzordnung.
- Es kann hilfreich sein, nur Vornamen für Namensschilder und zur Anrede zu verwenden.
- Verzicht auf vorgefertigte Präsentationen (per Beamer oder Monitor).
- In Runden sprechen (➡Seite 232), Diskussionsmarktplätze (➡Seite 68), feste Zeitfenster (➡Seite 236), Poster-Sessions (➡Seite 226) und ähnliche Prinzipien.
- Externe oder neutrale Veranstaltungsorte.
- Mehrtägige auswärtige Unterkunft, sodass auch abends und in den Pausen soziale und informelle Begegnungen möglich werden.

Vorbereitung: Organisation (Ort, Zeit, Einladungen, ggf. Rahmenprogramm).

Dauer: 0,5 – 5 Tage.

Nutzen: offener Informations- und Wissensaustausch, mehr Ko-Kreation/Innovation, übergreifende kollegiale Vernetzung, Transparenz, gemeinsames Lernen.

Arbeitsausstellung (Poster-Session)

Eine Poster-Session ist eine Präsentationsform, bei der sich Kolleginnen gegenseitig dadurch informieren und austauschen, dass sie zeitgleich und gemeinsam Poster herstellen und offen intern ausstellen.

Jede Gruppe bekommt die Aufgabe, in einer festen Zeit zu einem Thema eine Fragestellung zu bearbeiten und die Ergebnisessenzen auf einem Flipchart oder einer Pinnwand in einer Art und Weise zu notieren, dass sich die Leser gut über die Ergebnisse informieren können.

Als Ergänzung zu den Treffen in Open Spaces und Barcamps können die Ergebnisse der jeweiligen Treffen aufbereitet werden. Im Rahmen von Strategietreffen u. Ä. können Kreise über ihre Arbeit berichten.

Ideen für den Poster-Inhalt:

- Namen der Gruppenmitglieder
- Überschrift, Thema
- Was wurde besprochen, bearbeitet?
- Wie (Prozess) wurde dies getan?
- Welche Erkenntnisse ergaben sich?
- Wurden möglicherweise Entscheidungen getroffen? Welche?
- Welche neuen Themen und Fragen tauchten auf?
- Wie geht es weiter und wer kümmert sich darum?

Die Poster werden mit Kreppband im Raum aufgehängt. Alle Teilnehmenden besichtigen die Ergebnisausstellung wie eine Vernissage. Zusätzlich können auch kurze Führungen organisiert werden. Die Poster können ggf. auch für andere Interessierte länger hängen bleiben.

Vorbereitung/Material: großer Raum, Flipcharts, Papier, Stifte und Moderation.

Nutzen: bessere Gewährleistung von Ergebnisdokumentationen bei informellen oder offenen Treffen. Parallele Bearbeitung von Themen, gute Zeitnutzung, kollegiale Vernetzung.

Zeitdauer: 10 – 30 Minuten.

Ideenwettbewerb (Pitchday)

Ein Pitchday ist ein interner Ideenwettbewerb. Einige Unternehmen veranstalten sie regelmäßig, beispielsweise einmal jährlich.

Der Ablauf ist meistens so, dass beliebige Kollegen sich zu Teams zusammenfinden finden können und eine Entwicklungsidee (ein Produkt, eine Dienstleistung, ein Geschäftsmodell, eine organisatorische Veränderung o. Ä.) präsentationsreif ausarbeiten, um sie dann auf einer zentralen Veranstaltung im Wettbewerb zu anderen vorzustellen. Für diese Vorbereitung nutzen Kolleginnen beispielsweise den Slackday.

Der Wettbewerb ist in der Regel mehrstufig angelegt, sodass es eine Vorauswahl und eine abschließende Auswahl oder eine gemeinsame Priorisierung durch alle Teilnehmerinnen gibt.

Manchmal wird auch eine spezielle Jury gebildet oder es gibt verschiedene Kreise, die eigene Ideen wählen dürfen.

Das Preisgeld der jeweils ausgewählten Ideen besteht in einem Zeit- und Finanzbudget für den nächsten Entwicklungsschritt, beispielsweise für einen Prototyp.

Neben diesen verteilten Ressourcen ist ein Pitchday auch eine Plattform, um sich zu präsentieren, organisationsinterne Anerkennung zu erhalten oder bestimmte Ideen, Gedanken oder Fragen zu verbreiten, d. h. in eine größere Aufmerksamkeit zu bringen.

Die Teams selbst finden sich selbstorganisiert und sind prinzipiell abteilungs- und hierarchieübergreifend, sodass bereits im Vorfeld zum Pitchday eine größere interne Vernetzung und Kommunikation angeregt wird.

Frei-Zeit (Slackday)

Ein Slackday ist eine regelmäßig wiederkehrende Zeiteinheit, in der die Mitarbeiterinnen unabhängig vom normalen Tagesgeschäft eigenen und selbstbestimmten Ideen nachgehen können – ohne inhaltliche Vorgaben. Häufig wird dazu ein bestimmter Wochentag verwendet. Beispielsweise jeder Freitag in der Woche, jeder Freitagnachmittag oder immer der letzte Arbeitstag eines Monats. Das Unternehmen Mayflower hat beispielsweise jeden zweiten Freitag seinen „Mayday“. Es existiert auch die Variante, weniger oft mehrere zusammenhängende Tage einzusetzen und diese ggf. auch extern zu verbringen.

Es wird angenommen, dass die Mitarbeiter in dieser Zeit etwas Sinnvolles für die Organisation schaffen, beispielsweise innovative Ideen ausarbeiten oder bestehende Produkte, Prozesse etc. verbessern, dass ein Slackday die Motivation der Mitarbeiterinnen und ihre Bindung ans Unternehmen steigert und dass Slackdays auch zur fachlichen und persönlichen Fortbildung beitragen.

Inwieweit dies gelingt, hängt in der Regel aber stark von der vorhandenen Organisationskultur ab.

Manche Organisationen fordern explizit, dass die Zeit auf jeden Fall im Sinne des Unternehmens eingesetzt werden soll, also der Zweck des Unternehmens unterstützt wird. Andere fordern, dass überhaupt beobachtbare und präsentierbare Ergebnisse entstehen, beispielsweise für die Teilnahme an einem Pitchday oder durch Kurzbeschreibungen im internen Wiki.

Die Teilnahme ist freiwillig, die Kolleginnen dürfen selbstverständlich auch ihrer eigentlichen Wertschöpfung nachgehen, beispielsweise um einen Projekttermin für einen Kunden zu halten.

Ein Slackday ist sozusagen das agile Gegenstück zur traditionellen Forschungs- und Entwicklungsabteilung.

Agile Schätzung (Planning Poker)

Planning Poker ist eine Veranstaltung, mit der in spielerischer Weise Aufwände oder Prioritäten zu einer Aufgabe einvernehmlich geschätzt werden.

Basis sind Spielkarten mit bestimmten Zahlenwerten. Typisch ist eine Fibonacci-Reihe inklusive der Null: 0, 1, 2, 3, 5, 8, 13, 21, 34, 55, 89. Diese Werte können eine bestimmte Einheit wie Arbeitsstunden repräsentieren oder einfach nur eine relative Gewichtung darstellen.

Dadurch, dass kein absoluter Wert in einem Kontinuum geschätzt wird, sondern nur wenige Karten mit großen Wertesprüngen, wird der Schätzcharakter betont und die Schätzung beschleunigt, weil gar nicht zu diskutieren ist, ob es statt 19 Stunden vielleicht doch nur 16,5 sind.

Als erstes wird die zu schätzende Aufgabe kurz vorgestellt und es werden Verständnisfragen geklärt, beispielsweise dazu, was inhaltlich alles dazugehört.

Dann nimmt sich jede Teilnehmerin eine Karte für ihren Schätzwert und legt diese verdeckt vor sich. Wenn alle einen Wert gewählt haben, drehen alle gleichzeitig ihre Karten um und sehen, was die anderen geschätzt haben. Dadurch bleibt jede bei diesem Durchgang unbeeinflusst, etwa von bestimmten Meinungsführerinnen.

Weichen die Schätzungen stark voneinander ab, erklären die Teilnehmerinnen mit den niedrigsten und höchsten Werten ihre Gründe. Möglicherweise werden dabei Missverständnisse und Fragen geklärt oder auch kurz diskutiert.

Anschließend wird der Vorgang wiederholt und jede nimmt sich erneut eine Schätzkarte. Oftmals kommt es nach wenigen Runden zu einer weitgehenden Einigung. Bleiben große Abweichungen bestehen, wird vermutlich ein anderes Schätzverfahren gebraucht. Bei moderaten Abweichungen kann der Mittelwert oder eine Dreipunktschätzung (Minimum, Median, Maximum) daraus gemacht werden.

Priorisierung

In komplexen und dynamischen Arbeitssituationen entsteht immer mehr Arbeit. Kaum ein Arbeitstreffen, an dessen Ende nicht zahlreiche neue Aufgaben gefunden wurden. Nicht wenige davon werden nie zu Ende gebracht, weil sie schon vorher wieder obsolet wurden oder weil andere wichtiger waren.

Als Mitarbeiter fühlen wir uns durch diese unerledigten Aufgaben unter Druck gesetzt, was die Freude an der Arbeit schmälern kann. Ein Gegenmittel ist die Haltung, grundsätzlich nicht alles zu tun, was zu tun wäre, sondern immer nur die wichtigsten Aufgaben.

Das Prinzip wird seit Jahrzehnten in der agilen Softwareentwicklung angewendet. Anstelle großer Anforderungskataloge und Pflichtenhefte kommen dort nach Kosten-Nutzen-Aspekten priorisierte Anforderungslisten (Backlogs) zum Einsatz, die regelmäßig aktualisiert werden.

Es gibt sogar Auftraggeber, die explizit verlangen, grundsätzlich nur 30, 50 oder 70 Prozent der Anforderungen umzusetzen und den Rest dann einfach aufzugeben. Dahinter steckt die Annahme, dass bei der Softwareentwicklung oft mit 20 Prozent der umgesetzten Anforderungen bereits 80 Prozent des geschäftlichen Nutzens erzielt werden.

Beim Einsatz von To-do-Listen können also bereits zwei einfache Rahmenbedingungen ein ganz neues Arbeitsgefühl erzeugen:

- Wir (re-)priorisieren gemeinsam unsere mögliche Arbeit regelmäßig.
- Wir freuen uns gemeinsam über jede Arbeit, die wir gar nicht erst beginnen, weil es einen wichtigeren Nutzen herzustellen gibt.

Die Not-to-do-Liste

Statt weitere neuer To-do-Listen zu erstellen, verwenden wir eine bestimmte Zeiteinheit dafür, die Perspektive zu wechseln und gemeinsam zu überlegen, was wir künftig nicht mehr machen werden.

- Welche Themen sind ggf. nicht mehr aktuell?
- Welche Prozesse oder Aufgaben sind mittlerweile überflüssig geworden?

Nutzen: Verschlankung der Arbeit, Fokussierung auf Nutzbringendes, Abschaffung von Bürokratie.

Dauer: 10 – 30 Minuten.

Verfalldatum für Aufgaben

Das Verfalldatum für Aufgaben hilft dabei, die Aufgabenfülle und -dringlichkeit untereinander abzuwägen. Alle auf dem Company-Board genannten Vorschläge erhalten ein vorher nach Möglichkeit einheitlich festgelegtes Verfallsdatum (beispielsweise 4 – 12 Wochen).

Wird dieses erreicht, ohne dass die Karte gezogen wurde, hängen die Moderatoren die Karte in die Spalte „obsolet". Ggf. war das Thema nicht wichtig genug, hatte keinen hohen organisationalen Nutzen oder es waren keine Ressourcen vorhanden.

Sollte das Thema wieder wichtig werden, so zeigt sich dies mit Sicherheit zu einem späteren Zeitpunkt, wenn erneut die Fragestellung aufkommt.

In diesem Fall ist seitens der Moderation zu bemerken, dass es erneut aufkommt und welche Unterschiede denn nun vorliegen. Sollte das Thema wiederholt nicht gezogen werden, scheint es wohl wirklich nicht wichtig zu sein.

Nutzen: Vermeidung von Überlastung des Company-Boards oder der Aufgabenlisten. Immer wieder auftauchende Themen – „man müsste mal machen" (mamümama) – lösen sich langsam durch die kontinuierliche Anwendung von Verfalldaten am Board von selbst auf.

Ausmisten (Organisationale Inventur)

Immer, wenn etwas Unvorhergesehenes passiert, entsteht ungeplante Arbeit. Und im Zuge dessen entstehen dann oft auch neue Rollen/Strukturen, Artefakte und Prozesse in Organisationen. Manchmal ist ganz klar, wann so eine Aufgabe beendet ist und diese neuen Elemente wieder obsolet sind – oftmals aber auch nicht.

Und so werden dann Prozesse weiterbetrieben, Artefakte gepflegt und Rollen wahrgenommen, obwohl deren Nutzen erheblich abgenommen hat oder es mittlerweile Wichtigeres gibt. Neue Aufgaben entstehen oft sehr schnell, verschwinden dann aber nur schleichend.

Dagegen helfen regelmäßige Inventuren, also Arbeitstreffen zum Ausmisten von Artefakten, Struktur- und Prozesselementen. Eine Inventur dauert typischerweise 20 – 50 Minuten und läuft wie folgt ab:

- Kandidatensammlung (5 – 10 Minuten): Welche Arbeitstreffen, Dokumente, Rollen, Kreise, Arbeitsgruppen, Kooperationen etc. können vielleicht zugunsten nützlicherer entfallen?
- Priorisierung (5 Minuten): Die gesammelten Kandidaten werden in eine Reihenfolge gebracht, welchen Nutzen und Wert sie für die Organisation noch haben.
- Filterung (5 – 1 Minuten) in aufsteigender Nutzenreihenfolge (die unwichtigsten zuerst):
    - Entstünde beim Verzicht auf dieses Element ein nicht verkraftbarer Schaden für die Organisation? Dann bleibt es erhalten.
    - Ab dem ersten Element, das es wert wäre, es neu einzuführen, bleiben alle weiteren Elemente in der Liste ebenfalls erhalten.

Abschluss: Zu der verbliebenen Streichliste fragen wir nun: Gibt es schwerwiegende Einwände dagegen, diese Elemente aufzugeben und ab sofort nicht mehr zu betreiben?

Klebezettel

Bunte Klebezettel scheinen ein wichtiger Bestandteil einer agilen Arbeitsumgebung zu sein, denn sie sind in agilen Organisationen sehr verbreitet.

Besonders auffällig sind dabei agile Softwareentwicklungsorganisationen. In diesen arbeiten Menschen, die typischerweise eine große Nähe zu technischen Arbeitsmitteln und Werkzeugen haben. Dennoch verwenden sie eher analoge und physische Hilfsmittel wie Flipcharts, Pinnwände und Klebezettel als elektronische Projektmanagement- oder Aufgabenverwaltungs-Software.

Auch wenn allein durch die Verwendung solcher Hilfsmittel noch keine Organisations- und Kulturentwicklung entsteht, so kann es festgefahrene Muster auflockern und agile Entwicklungen unterstützen.

Tipp: Die Zettel müssen gut kleben und die Super-Sticky-Zettel von 3M sind einfach unübertroffen gut. Auch bei den Stiften kommt es unserer Meinung nach auf Profi-Werkzeug wie beispielsweise den Neuland No.One mit Keilspitze an.

Foto: ESB Professional/Shutterstock.com

Beständige Nutzenhinterfragung

Hier gilt es bei Dialogen, Diskussionen, Entscheidungsverfahren, Gesprächen etc. stereotyp immer wieder zu fragen: „Was ist der Nutzen für die Organisation?"

Häufig verlieren wir die Sinnhaftigkeit bestimmter Punkte aus dem Blick oder vermischen verschiedene Kontexte. Es ist häufig so, dass in Unternehmen viele Anforderungen und Wünsche bestehen, was umgesetzt werden sollte oder was mal getan werden müsste. Was davon ist das Wesentliche, für das wir knappe Ressourcen einsetzen wollen? Dienen diese Anforderungen der Organisation oder befriedigen sie eher Bedürfnisse einzelner Interessensgruppen?

Nutzen: Fokussierung auf den Unternehmenszweck. Vermeidung ego-getriebener Strategien.

Dauer: 1 – 5 Minuten.

„Wozu" statt „Warum"

Unterschiedliche Fragen führen zu unterschiedlichen Ergebnissen (➡Seite 170, Prozessfragen).

Einige Fragewörter verursachen je nach Kontext manchmal auch Widerstand oder andere nicht beabsichtigte Hemmschwellen.

Das Wort „Warum" führt in die Vergangenheit und zu den Gründen von etwas. Wenn wir zukunftsgerichtet Dinge verändern möchten, bieten sich stattdessen die Fragewörter „Wofür" oder „Wozu" an. Sie aktivieren den Blick nach vorne in die Zukunft.

Nutzen: Fokussierung auf die Zukunft statt auf die Vergangenheit. Klärung der Sinnhaftigkeit.

Dauer: 5 – 10 Minuten.

Multiperspektivisch denken

Hier geht es darum, eine Fragestellung oder ein Thema von verschiedenen Perspektiven aus zu betrachten oder in verschiedenen Kontexten zu diskutieren (➡Seite 170, Prozessfragen).

Die Fragestellung wird dabei in Kleingruppenarbeit in einer festen Zeiteinheit in unterschiedlichen Kontexten durchdacht. Dazu werden auf dem Boden Karten mit den Bezeichnungen verschiedener Kontexte verteilt, beispielsweise „Kunden", „Marketing", „Finanzcontrolling", „Arbeitgebermarke", „Umweltschutz" etc.

Die unterschiedlichen Kontexte werden von den Kleingruppen aufgesucht. Sie setzen sich in einem offenen Halbkreis zueinander. Anschließend teilen die Teilnehmerinnen in ihren Kleingruppen ihre Gedanken zu dem Thema.

Es ist hilfreich, sich dabei nicht anzuschauen, sondern bei seinen Gedanken zu bleiben. Es redet jeweils nur eine Person. Nach Beendigung der Timebox wechselt die Kleingruppe mit der Fragestellung zu dem nächsten Kontextfeld und beginnt von Neuem, so lange, bis alle Kontextfelder besucht wurden. Im Anschluss werden die Essenzen pro Kontext in der Gesamtgruppe simultan visualisiert.

Vorbereitung: Ein gemeinsames Verständnis zum Thema erzeugen, gemeinsame Sammlung unterschiedlicher Kontexte (2 – 4).

Nutzen: Vergrößerung des Möglichkeits- und Lösungsraumes, Erhöhung des Mitgefühls, Förderung des Umgangs mit komplexen Themen und Nichtwissen.

Dauer: je nach Fragenstellung 20 – 60 Minuten.

Stehungen (Standups)

Stehungen sind kurze Arbeitstreffen, die im Stehen stattfinden. Populär geworden sind sie im Umfeld agiler Softwareentwicklungsprojekte. Stehungen können in vielfältiger Form angewendet und mit anderen Moderationsformaten kombiniert werden. Sie sorgen dafür, dass Besprechungen kurz bleiben, da das Stehen irgendwann anstrengt. Daher wird ein bestimmtes Zeitfenster von vornherein vereinbart.

Eine Stehung dient dazu, in einer bestimmten Zeit Informationen untereinander auszutauschen und mögliche Hindernisse im Anschluss auszuräumen. Beispielsweise kann sie genutzt werden, um regelmäßig Statusberichte untereinander auszutauschen.

Die meisten Stehungen sind regelmäßige Treffen zu festen Zeiten, beispielsweise täglich zu Beginn der Arbeitsschicht.

Die Gruppe steht meist in einem geöffneten Halbkreis zueinander, sodass Blickkontakt möglich ist. Es empfiehlt sich, die Stehung zu moderieren. Eine Kombination mit dem Sprechen in Runden (➡Seite 232) ist möglich.

Vorbereitung: Keine, ggf. Flipchart oder ein runder Stehtisch.

Nutzen: effizienter Umgang bei knapper Zeit; im Stehen verfügen Menschen meist über mehr Energie als im Sitzen, Förderung eine offenen Arbeitskultur.

Zeitdauer: 5 – 20 Minuten.

Ein- und Auschecken

Das Ein- und Auschecken mit offenen Fragen, erleichtert das Ankommen in den Arbeitskontext und öffnet einen vertrauensvollen Raum, in dem ich als ganzer Mensch da sein darf.

Gedanken und Empfindungen können erst einmal ausgesprochen und geparkt werden. Dadurch fällt es Teilnehmern leichter, sich anschließend auf die Arbeitsagenda zu fokussieren und mögliches Kopfkino auszuschalten.

Wir starten ein Gruppengesprächs mit einem Einchecken und beenden es mit einem Auschecken.

Dazu werden offene Fragen auf einem Flipchart für die Gruppe vorformuliert. Diese sind in der Ich-Form geschrieben und sollen Gedanken anregen, entschleunigen und reflektieren.

Beispiel für ein Check-in:

- Worüber habe ich mich heute Morgen gefreut?
- Wie geht es mir aktuell?
- Was ist mir heute in diesem Gespräch wichtig und was möchte ich für mich, für die Gruppe oder das Thema erreichen?

Beispiel für ein Check-out:

- Welche deiner Ziele konntest du konkret umsetzen und welche nicht?
- Wie hast du dich dafür eingebracht (was fiel dir leicht, was nicht so leicht)?
- Wo stehst Du, die Gruppe und das Thema aktuell?

Der Prozess kann unterschiedlich durchgeführt werden, beispielsweise in einem Rundenformat, mittels Redeobjekt etc. Die Moderation achtet darauf, dass jede zu Wort kommt.

Nutzen: Reflexionsschleife für das Individuum und die Gruppe, Erhöhung der Transparenz, Abbau von Anspannung, Erleichterung des Ankommens in den Arbeitsalltag/anderen Kontext. Fokussierung auf das Hier und Jetzt.

Dauer: 1 – 5 Minuten pro Teilnehmerin.

Zugehörigkeitsaufstellung und Unternehmensgeschichte

Lebende Systeme können nur wachsen und gedeihen, wenn deren Ressourcen gestärkt und gepflegt werden (➡Seite 183, Systemprinzipien). Die Zugehörigkeitsaufstellung ist ein minimalinvasives Aufstellungsformat, das für Ordnung und Klarheit sorgt. Das zu betrachtende System, beispielsweise ein Team, wird damit gestärkt.

Als Rahmen kann fast jedes übliche Arbeitstreffen genutzt werden, das dann einfach einmal anders startet. Dabei stellen sich die Teilnehmenden eigenverantwortlich auf: „Alle dem Team zugehörigen Personen stellen sich bitte in einer Reihe nach zeitlicher Zugehörigkeit (dem Eintrittsdatum in die Organisation) auf."

Es dauert meist nur einige Minuten, bis die Gruppe geklärt hat, wer vor und wer nach jemandem kam. Zum Schluss schreitet die Moderatorin die Reihe ab und wiederholt noch einmal den Namen und das Eintrittsdatum der Person. Es macht in Gruppen einen Unterschied, zu wissen, wer vor wem da war – dies ist zu würdigen.

Optional kann die Aufstellung noch mit der Erzählung einer Geschichte gekoppelt werden: „Welche Situation fandest du vor, als du ins Team kamst? Welche besonderen Ereignisse gab es nach deinem Eintritt (bis zu dem Zeitpunkt, zu dem dein nächster Nachbar in der Reihe eintrat)?" So erfahren auch die Neuen wichtige Geschichten, Vorkommnisse und Gründe, die dazu geführt haben, dass sich Dinge im Team so entwickelt haben, wie sie aktuell sind.

Vorbereitung: Anleiten der Aufstellung.

Nutzen: Zusammenhalt und Transparenz stärken, Zugehörigkeit und vergangene Leistungen würdigen.

Dauer: 5 – 15 Minuten, einmalig.

Feedbackmarkt

Feedbackmärkte bieten in einem bestimmten Turnus die Möglichkeit, in einer größeren Gruppe Feedback auszutauschen. (➡Seite 166, Feedback).

Die Feedbackregeln und Hilfen zum Ablauf können als Flipcharts in dem Raum aufgehängt werden und bei Bedarf noch einmal gemeinsam besprochen werden.

Das Grundprinzip ist, dass alle in einem Raum sind und sich jeder 1 – 3 Kollegen sucht, denen er Feedback geben möchte oder von denen er Feedback erhalten möchte und sich dann die jeweiligen Kollegenpaare nacheinander für ein Feedbackgespräch treffen.

Wichtig dabei ist, als Gastgeber dafür zu sorgen, dass alle Teilnehmer Feedback erhalten können und niemand leer ausgeht, außer er möchte explizit kein Feedback, denn es ist freiwillig. Eine kleine Pinnwand mit einem Zeitraster und Klebezetteln kann als Planungshilfe verwendet werden.

Auf Wunsch können sich Feedbackgeber und -nehmer ein oder zwei Beobachterinnen dazuholen, um auch den Feedbackprozess selbst reflektieren zu können.

Vorbereitung: Organisation (Ort, Zeit, Einladungen), Feedbackregeln bereitstellen.

Dauer: 20 – 60 Minuten.

Nutzen: Feedbackkultur stärken und im Arbeitsalltag verankern, kontinuierliches Lernen etablieren.

In Runden sprechen

Um mit einer ganzen Gruppe und der vorhandenen Kompetenz zu arbeiten, hilft das Rundenprinzip.

Personen kommen diszipliniert nacheinander zu Wort, niemand wird ausgelassen. Die anderen hören aufmerksam zu. Seitengespräche oder Unterbrechungen, bis auf Verständnisfragen, sind nicht erwünscht und werden von der Moderation unterbunden.

Es ist günstig, die Regeln vorher anzukündigen und die Runde zu moderieren.

Optional kann ein Redeelement (Stein, Stift, etc.) verwendet werden. Wer dieses hat, darf reden und gibt das Element dann in Reihenfolge weiter, wenn er fertig ausgesprochen hat. Weiter kann pro Redebeitrag eine feste Timebox vergeben werden.

Nutzen: Alle Kolleginnen (introvertierte wie extrovertierte) werden gehört. Die Redezeit ist gerechter verteilt.

Dauer: je nach Gruppengröße 15 – 45 Minuten.

Aktiv zuhörende Runde

In diesem Gesprächsformat wird ebenfalls im Kreis gesprochen, jedoch sind immer drei benachbarte Personen aktiv:

- Die mittlere Person B ist diejenige, die einen Beitrag leistet. Sobald sie an der Reihe ist, spricht sie, an die Person Z gerichtet, ihren Beitrag.
- Die zuhörende Person Z wiederholt den Beitrag von Person B in wertschätzender Weise mit eigenen Worten (➡Seite 169, Aktives Zuhören).
- Die moderierende und achtgebende Person A achtet auf die Einhaltung der Gesprächsprinzipien.

Bevor die Runden starten, stellt jede Gruppe Einvernehmen zu den Rahmenbedingungen her: Wie viel Zeit steht insgesamt zur Verfügung? Wie viele Runden kalkulieren wir? Wie viele Beiträge erwarten wir und welche durchschnittliche Dauer steht dann pro Beitrag zur Verfügung?

In vielen Fällen reichen 30 – 60 Sekunden für den Beitrag plus die gleiche Zeit zum aktiven Zuhören. Bei ca. 10 erwarteten Beiträgen wären also 10 bis 20 Minuten zu kalkulieren.

Die Gesprächsprinzipien sind:

- Fokus: Es geht immer nur um einen einzelnen Beitrag pro Person und Runde, also um eine Idee, eine Frage, einen Einwand oder Ähnliches. Die moderierende Person bittet ggf. die beitraggebende Person, weitere Beiträge und Themen erst in späteren Runden anzusprechen.
- Aktives Zuhören: Person B prüft jeweils, ob Person Z ihren Beitrag gut verstanden hat und ergänzt gegebenenfalls ihre Wortmeldung entsprechend, damit Person Z das Verstandene noch einmal wiederholen kann.
- Einer zu Zeit: Alle anderen Personen im Kreis reden nicht und hören zu.
- Effizienz: Um Wiederholungen zu vermeiden, sollen sich alle auf neue Beiträge konzentrieren. Bereits zuvor von anderen Personen genannte Inhalte werden nicht wiederholt, außer sie enthalten nennenswerte Ergänzungen.
- Ich-Botschaften: Die beitraggebende Person spricht für sich – nicht für oder gegen oder als Reaktion auf andere. Der Zweck ist, jeden Beitrag zu würdigen, nicht zu bewerten. (➡Seite 169, Ich-Botschaften).
- Disziplin: Sobald die verfügbare Zeit für einen Beitrag erheblich überzogen ist, kann die moderierende Person die aktuelle Wortmeldung unterbrechen, um in der nächsten Runde einen neuen Versuch zu ermöglichen.
- Vielfalt: Mit dem Gesprächsformat werden die unterschiedlichen Perspektiven gesammelt. Jeder einzelne Beteiligte erhält die Möglichkeit und den Raum, bestimmte Standpunkte mit den übrigen zu teilen.

Je nach Zweck und Kontext werden die Beiträge auch notiert, visualisiert und später weiterbearbeitet.

Nutzen: vertieftes Verständnis der individuellen Sichtweisen, Meinungen oder Ideen.

Dauer: 10 – 20 Minuten.

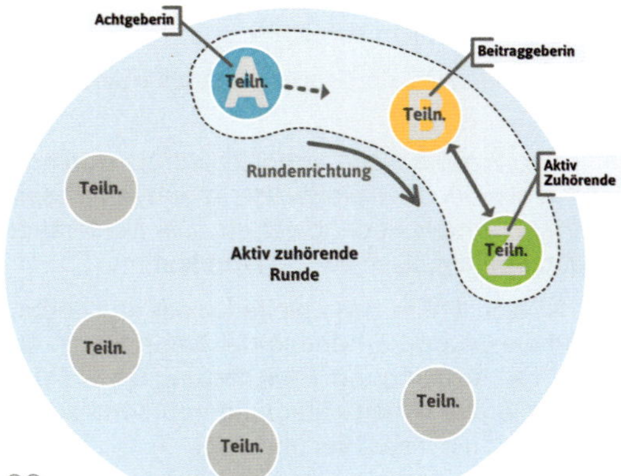

Rollen verteilen

Nicht immer muss es gleich eine formale Kreis- und Rollenkonstitution sein. Diese gibt den Beteiligten zwar große Sicherheit und ist insgesamt sehr belastbar, zum Ausprobieren lassen sich Rollen aber auch quasi nebenbei erproben.

Hierzu ergreift die bisherige Führungsperson die Initiative und verteilt kleinteilige und wenig erklärungsbedürftige Rollen in der Kollegenschaft:

- Wer lädt zum nächsten Arbeitstreffen ein?
- Wer protokolliert das nächste Arbeitstreffen?
- Wer organisiert uns eine Retrospektive?
- Wer übernimmt die fachliche Koordination mit dem Bereich XY?
- Wer sammelt die Entscheidungsvorschläge zum Thema XY in der Kollegenschaft ein und stellt sie nächstes Mal vor?
- Wer gründet einen kleinen Arbeitskreis (3 – 4 Personen), der einen Vorschlag zum Thema XY ausarbeitet und in unseren Kreis zurückträgt?

Auch wenn es keine formale Konstitution gibt, so ist es unterstützend und wegbereitend, sich dennoch informell daran zu orientieren. Beispielsweise indem explizit Rollen- und Kreisnamen vergeben und passende Begriffe verwenden werden, beispielsweise „Gastgeber", „Logbuchführer", „konsultieren", „Kreis", „Einwände" etc.

Nutzen: faktisches Ausprobieren kollegialer Prinzipien und Begriffe.

Dauer: wenige Minuten.

Aus der Mitte wählen

Das einfache Rollenwahlverfahren (detaillierte Beschreibung ➡ Seite 148) eignet sich besonders, um niederschwellig etwas auszuprobieren, und nimmt nicht viel Zeit in Anspruch.

Jede Teilnehmerin klärt für sich die Bereitschaft, ob sie (nach der Klärung der Rolle oder des Entscheidungsbedarfes) hierzu die Entscheidung und Verantwortung übernehmen würde.

Nach kurzer Bedenkzeit werden alle dazu bereiten Personen gebeten, in die Mitte des Raumes zu gehen. Dieser innere Kreis bestimmt dann (ohne weitere Vorgaben) unter sich, wer die Rolle oder Entscheidung übernimmt.

Der Klärungsdialog wird offen geführt, sodass die äußeren Teilnehmer den Prozess beobachten und mithören können. Die äußeren Teilnehmer hören nur konzentriert zu, beteiligen sich aber nicht an der Diskussion.

Gelingt dies nicht innerhalb von ca. 5 Minuten, wird zu einem anderen Verfahren gewechselt.

Nutzen: Für eine Aufgabe wird eine Rollenverantwortliche gefunden. Die intrinsische Motivation wird genutzt, Eigenverantwortung und Bewegungsenergie werden gestärkt.

Dauer: 3 – 5 Minuten (ohne Vor- und Nachbereitung).

Widerstandsabfrage (1 – 5 Finger)

Die Widerstandsabfrage mit maximal fünf Fingern ist ein einfaches Verfahren, um Widerstände zu messen und zu entscheiden.

Mit der Anzahl ihrer Finger bewerten Teilnehmer ihren Widerstand gegen jede einzelne Alternative auf einer Skala von 1 (kein Widerstand) bis 5 (höchster Widerstand).

Dabei ist die Ist-Situation auch immer in die Abstimmung miteinzubeziehen. Enthaltungen zählen als 1 (kein Widerstand). Die Alternative mit dem geringsten Widerstand gilt als akzeptiert.

Eine ausführliche Erklärung der Widerstandsabfrage finden Sie auf ➡ Seite 154.

Dauer: 1 – 2 Minuten.

Nutzen: höhere Akzeptanz bei Entscheidungen, differenzierteres Meinungsbild jenseits von richtig und falsch.

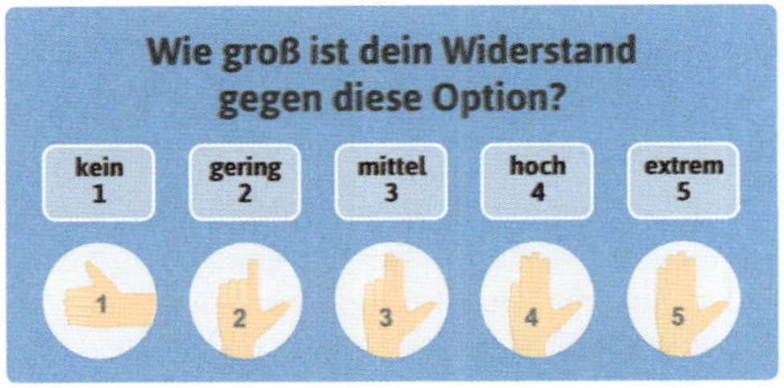

Verlängerungsabfrage

Die drei Daumenzeichen rauf, runter, seitwärts eignen sich in einer Gruppe, um rasch die Energie zu einem Gesprächsthema zu messen. Dies hilft der Moderation dabei, den Prozess effizient für die Gruppe zu gestalten.

Die Moderation liest anhand der gezeigten Daumen kurz ab, wie viele für eine Verlängerung des Themas sind. Verlängert wird, wenn mehr Daumen oben als unten sind. Die Verlängerung hat eine feste Zeit, beispielsweise 2 Minuten, und wird (beispielsweise) maximal zweimal pro Thema gewährt. Danach wird zum nächsten Thema gewechselt.

Dieses Verfahren kann in vielen Gesprächsformaten angewendet werden, beispielsweise beim Diskussionsmarktplatz (➡Seite 68).

Daumen rauf: Ich bin weiter interessiert und möchte beim Thema bleiben.

Daumen seitwärts: Es ist mir egal oder ich bin unentschlossen.

Daumen runter: Ich möchte zum nächsten Thema wechseln.

Nutzen: kann mit vielen Gesprächsformaten kombiniert werden, schneller Energiemesser in Gruppenformaten, Erhöhung der Teilnehmerverantwortung.

Dauer: 30 Sekunden.

Zustimmungssignal

Dies drei Daumenzeichen können ebenso als Zustimmungssignal bei niederschwelligen Entscheidungsthemen in Gruppenprozessen genutzt werden, beispielsweise um ein Zustimmungsbild einzuholen.

Beispiel: Ist sich eine Moderatorin in einem Arbeitstreffen zum weiteren Vorgehen unsicher oder möchte sie die Gruppe mehr in die Verantwortung nehmen, so kann sie sich von Gruppe einen Vorschlag bestätigen lassen.

Daumen rauf: Ich gebe zu dem Punkt meine Zustimmung.

Daumen seitwärts: Ich habe zu dem Thema keine eigene Meinung, jedes Ergebnis wird von mir mitgetragen.

Daumen runter: Ich lehne den Vorschlag ab.

Nach dem Signal wird die Abstimmung nach dem Mehrheitsprinzip ausgewertet.

Nutzen: schnelle Möglichkeit, Gruppenentscheidungen per Zustimmungsabfrage durchzuführen.

Dauer: 1 – 2 Minuten.

Meinungsbild per Handzeichen

In vielen Fällen reichen einfache Daumenabfragen oder 5-Finger-Widerstandsabfragen für Entscheidungen. Manchmal ist es aber hilfreicher, etwas differenziertere Rückmeldungen zu einer Frage oder anstehenden Entscheidung von einer Gruppe zu erhalten und nicht nach der Zustimmung, sondern nach Einwänden zu fragen. Beispielsweise, um durch einen kurzen Überblick über die Meinungen das weitere Vorgehen und das passende Entscheidungswerkzeug zu bestimmen.

Einwandstufen und ihre Handzeichen

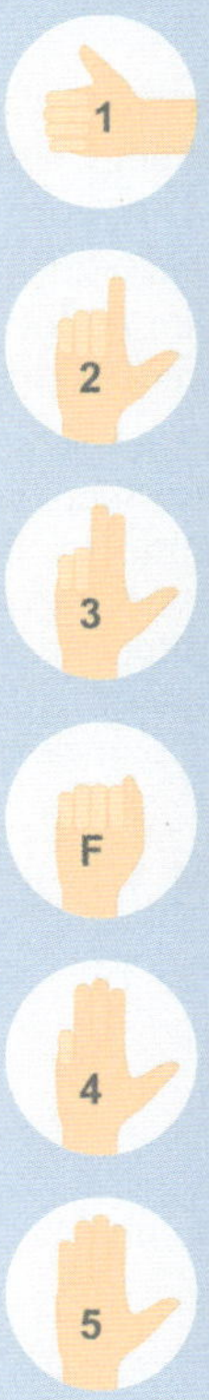

Keine Einwände.

Geringe Einwände,
die gehört werden sollten.

Schwere Einwände,
die berücksichtigt werden sollten (durch folgende Vorschläge […]).

Veto
Ich kann die Entscheidung nicht tolerieren und verhindere damit einen nicht verkraftbaren Schaden für die Organisation.

Beiseite-Stehen
Ich werde die Umsetzung nicht aktiv unterstützen, habe aber kein Veto.

Enthaltung
Ist mir nicht wichtig oder ich habe keine eindeutige Meinung.

Diskussionshandzeichen

Wortmeldung
Ein Arm nach oben gestreckt: „Ich möchte etwas sagen, fragen oder auf die Redeliste."

Direkte Antwort
Beide Arme nach oben gestreckt: „Ich möchte ganz kurz direkt darauf antworten."

Klärungsbedarf, Verständnisfrage
Ein „C" vor der Stirn („clarify"): „Ich habe eine Verständnisfrage oder Klärungsbedarf."

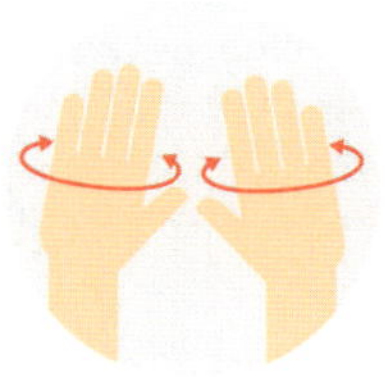

Zustimmung
Mit beiden Händen wedeln: „Ich stimme dem Gesagten zu.", „Ich finde den Vorschlag gut."

Einwand
Nach vorne gestreckte offene Handfläche: „Ich habe einen Einwand anzubieten."

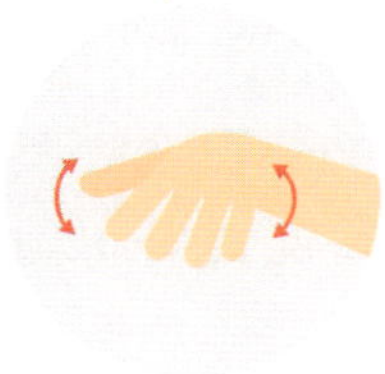

Bedenken
Nach vorne gestreckte Hand, Handfläche nach unten, unsicher wackelnd: „Ich bin unsicher.", „Ich habe Bedenken."

Ablehnung
Beide Arme vor der Brust gekreuzt: „Ich stimme dem Gesagten nicht zu.", „Ich bin gegen den Vorschlag."

Veto
Ausgestreckte Faust: „Ich habe schwerwiegende Bedenken. Der Vorschlag ist für mich nicht akzeptabel."

Lauter
Beide Handflächen mehrmals nach oben bewegen: „Man versteht dich nicht, bitte sprich lauter.""

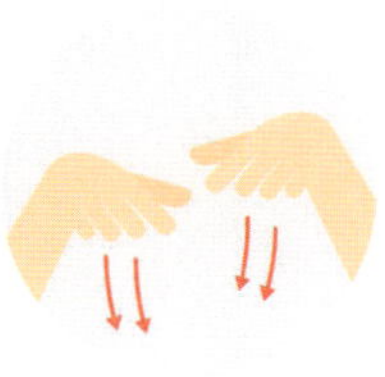

Ruhiger, langsamer
Beide Handflächen mehrfach nach unten drücken: „Bitte beruhigt euch." oder „Bitte sprich langsamer, mir ist das zu schnell."

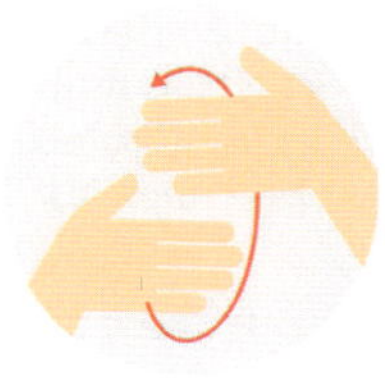

Ich habe verstanden, bitte komme zum Ende
Beide Hände drehen sich umeinander: „Du wiederholst dich.", „Komm jetzt mal zum Ende." oder „Wir drehen uns im Kreis."

Ruhe bitte
Ausgestreckter Arm, Fingerspitzen berühren sich: „Bitte beendet die Seitengespräche.", „Bitte seid jetzt leise.", „Halt bitte die Klappe."

Prozessvorschlag
Mit beiden Händen ein „P" bilden: „Ich habe einen Vorschlag zum weiteren Vorgehen."

Pause, Unterbrechung, Ende
Mit beiden Händen ein „T" bilden: „Ich bitte um Unterbrechung oder Pause." oder „Die Zeit ist jetzt um."

Bitte zurück zum Thema
Mit beiden Händen ein Rechteck/Rahmen andeuten: „Das Gespräch fällt aus dem Rahmen, bitte lasst uns zum Thema zurückkehren."

Timebox-Uhr

Eine Timebox-Uhr ist ein Messgerät, das dabei unterstützt, eine vorher festgelegte Zeitdauer (Timebox) einzuhalten. Der Timer ist eine Countdown-Uhr, die mittels einer optisch meist roten Scheibe veranschaulicht, wie viel Zeit noch zur Verfügung steht.

Die Timer sind als Uhrenformate oder auch als Apps erhältlich, die bekannteste Marke ist der „Time Timer". Bei Beendigung gibt es ein akustisches Signal. Ein Timebox-Uhr wird häufig in Verbindung mit dem Timeboxing-Prinzip oder dem Timeboxing-Appell verwendet.

Für die Anwendung wichtig ist die gute und dominante Sichtbarkeit der Uhr, weswegen vorzugsweise große Timebox-Uhren mit 10, 20 oder 30 cm Breite eingesetzt werden. Ein Smartphone, dass nach Ablauf der Zeit einfach nur piept und dessen Anzeige kaum sichtbar ist, erzeugt keine vergleichbare Wirkung auf die Gruppe.

Dadurch, dass alle Teilnehmerinnen die noch verbleibende kurze Zeit immer vor Augen haben, versuchen alle, nicht ausschweifend zu reden oder drängen darauf, sich kurz zu fassen. Abschweifungen, Nebensächlichkeiten und vor allem Wiederholungen („Es wurde alles gesagt, aber noch nicht von jedem") werden vermieden.

Timeboxing als Appell

Im ursprünglichen Sinne ist eine Timebox ein Prinzip, das im Kontext iterativer Entwicklungsarbeit als Ersatz für das dort weniger passende Meilensteinprinzip wichtig ist. Dabei wird der mit einem Time Timer aufgebaute Zeitdruck kombiniert mit einer Ergebnisfeststellung nach Ablauf der Zeit.

Oftmals wird Timeboxing aber lediglich als Appell verstanden und verwendet. Es wird dabei ebenfalls ein Zeitdruck aufgebaut, beispielsweise mithilfe einer Timebox-Uhr. Nach Ablauf der Zeit wird aber die Diskussion oder Entwicklungsarbeit nicht beendet, um zu prüfen, was erreicht wurde, sondern weniger streng einfach als nachdrückliche Aufforderung an die Beteiligten verstanden, endlich fertig zu werden und ein bestimmtes Ergebnis (entsprechend dem Meilensteinprinzip) zu erreichen.

Letztendlich ist es eine undisziplinierte Anwendung des Timebox-Prinzips bzw. eine mit einer Timebox getarnte Anwendung des Meilensteinprinzips – was auch hilfreich sein kann, aber eben nicht verwechselt werden sollte.

Timeboxing als Prinzip

Timeboxing ist ein Prinzip, das bei iterativen Entwicklungsverfahren wie Scrum verwendet wird. Dort wird die Software in Iterationen (Sprints) immer gleicher Dauer von beispielsweise 14 Tagen entwickelt. Am Ende der Iteration wird dann in einem Review (➡ Seite 101) ermittelt, was tatsächlich fertiggestellt wurde.

Bei einer Timebox ist die Zeit fest und das Ergebnis offen. Nach Ablauf der Zeit wird ermittelt, welcher Nutzen tatsächlich entstanden ist.

Im Gegensatz hierzu ist beim Meilensteinprinzip, das im traditionellen Wasserfall-Projektmanagement (➡ Seite 204) genutzt wird, das Ergebnis fest und die Zeit offen. Es wird gewartet, bis ein bestimmtes Ergebnis entstanden ist.

Ein weiterer wichtiger Unterschied besteht darin, dass beim Timebox-Prinzip nicht relevant ist, wie viel Aufwand oder unvollständige Teilergebnisse in dem Zeitraum entstanden sind, sondern nur, welche objektiv nachprüfbaren, beobachtbaren und zumindest prinzipiell praktisch nutzbaren Ergebnisse entstanden sind.

Das Timebox-Prinzip kann auch in Diskussionen und bei Entscheidungen verwendet werden. Die Gruppe verabredet dann eine bestimmte Timebox und nach Ablauf dieser prüft sie, ob und welche Ergebnisse erreicht wurden. Dabei belässt die Gruppe es dann oder verabredet eine weitere Zeiteinheit.

Der Nutzen des Timebox-Prinzips liegt in einem effizienteren Umgang mit der Ressource Zeit. Ebenso wird eine übermäßige Detailliebe vermieden. Eine Gruppe verzettelt sich nicht in Diskussionen, sondern entscheidet regelmäßig nach kurzer Zeit immer wieder, ob eine Fortsetzung noch wichtig genug ist, ob andere Themen wichtiger sind oder ob der erreichte Zwischenstand erst einmal gut genug ist.

Timeboxing als Arbeitsprinzip unterscheidet sich vom Timeboxing als Appell.

Stempeluhr (40-Stunden-Woche)

Teil der agilen Entwicklungsmethode Extreme Programming (XP) ist das Prinzip der nachhaltigen Arbeitsbelastung, 40-Stunden-Woche genannt. Dabei geht es darum, Überstunden und heroische Arbeitseinsätze zu vermeiden und mit der regulären Arbeitszeit auszukommen.

Um dieses Prinzip kulturell zu markieren, hat Sipgate beispielsweise die Stempeluhr eingeführt [Sipgate 2016]. Jede andere Form der Arbeitszeiterfassung tut es selbstverständlich auch.

Der Zweck ist dabei nicht, dass Vorgesetzte ihre Untergebenen kontrollieren, sondern dass sich Mitarbeiter einerseits selbst kritisch beobachten können und andererseits auch eine Form der sozialen Kontrolle möglich wird, Kollegen sich also auch gegenseitig darauf hinweisen können, dass sie mal wieder Überstunden abbauen, Urlaub nehmen oder in anderer Weise mehr außerhalb des Unternehmens unternehmen sollten.

Foto: sipgate

Pair-Working

Ebenfalls aus der agilen Entwicklungsmethode Extreme Programming (XP) stammt die Idee des Pair-Programming. Dabei programmieren zwei Personen gemeinsam an einem Computer. Eine tippt, die andere beobachtet, behält den Überblick, korrigiert oder liefert simultan Ideen.

Pair-Programming ist eine einfache Möglichkeit, Erfahrungswissen auszutauschen und zu verbreiten sowie die Ergebnisqualität zu steigern.

In der Kombination eines erfahrenen und eines neuen Kollegen bietet es auch die Möglichkeit der Einarbeitung.

Pair-Programming lässt sich auch außerhalb reiner Kodierungstätigkeiten anwenden und kann dann Pair-Working genannt werden. Sipgate nennt dies Pairing [Sipgate 2016].

Dabei müssen Kollegen nicht jeden Tag rund um die Uhr gemeinsam an etwas arbeiten. Positive Effekte entstehen bereits, wenn dies einmal pro Woche passiert, am besten in wechselnden Konstellationen oder bedarfsweise bei neuen oder herausfordernden Aufgaben. Nicht alle Tätigkeiten eignen sich gleichermaßen.

Bereits die reine Erlaubnis, bedarfsweise gemeinsam arbeiten zu können, kann hilfreich sein, denn es existieren in vielen Köpfen Vorbehalte, Pair-Working könnte Verschwendung von Arbeitszeit sein.

Kleine Rituale

In Organisationen existieren zahlreiche Formen von Ritualen. Die meisten davon sind eher informell. Beispielsweise gibt eine Kollegin ihren Einstand oder Ausstand, jemand bringt zum Geburtstag einen Kuchen mit oder bekommt zu diesem Anlass einen Blumenstrauß.

Diese kleinen Rituale sind mehr als nur willkommene Pausen, sie erfüllen eine soziale Funktion und sie sind ebenso nützlich für die Organisationsentwicklung. Mit kleinen Ritualen können wichtige Meilensteine und Zwischenschritte markiert, verdeutlicht und in eine größere Aufmerksamkeit gebracht werden, beispielsweise wichtige Entscheidungen und Ergebnisse vom Company-Board. Ebenso erlauben sie die Würdigung der beteiligten Personen oder das ihnen gedankt werden kann.

Immer, wenn ein Rollenwahlverfahren durchgeführt worden ist, ist dies ein potenzieller Anlass für ein kleines Ritual. Die bisherige Rolleninhaberin wird dankend verabschiedet, die neue begrüßt. Ebenso passt ein kleines Ritual, wenn ein neuer Kreis gebildet oder ein vorhandener aufgelöst wurde. Rewiews und Retrospektiven bieten ebenfalls Gelegenheiten.

Sofern Verantwortungsbereiche aus der Delegationsmatrix (➡Seite 56) erfolgreich übernommen wurden, also beispielsweise Wechsel in die Status Können oder Meistern, können diese als organisationale Entwicklungen kurz gewürdigt werden.

Für diese, in die stetige Organisationsentwicklung eingebetteten Rituale ist im Zweifelsfall die Gastgeberin der dazugehörigen Veranstaltung verantwortlich.

Oft reichen ganz kleine Rituale, wie beispielsweise eine kurze Danksagung oder Begrüßung am Anfang oder Ende eines Treffens. Manchmal ist es vielleicht die Übergabe einer Box mit Kudo-Karten, ein Prosecco-Event, ein Stück Kuchen oder die Übergabe eines speziellen T-Shirts.

Minilab, Murmelgruppe

Nach Informationseinheiten in Workshops erhalten Kleingruppen die Gelegenheit, für sich eigenverantwortlich zu prüfen, wie ihr Verständnisstand zu dem behandelten Thema nun ist. Dabei unterstützen sich die Gruppenmitglieder gegenseitig durch Aktives Zuhören und beantworten so weit wie möglich die aufkommenden Fragen eigenständig.

Punkte, die nicht eigenverantwortlich geklärt werden konnten, werden ins Plenum zurückgespielt und dort ggf. mittels eines Diskussionsmarktplatzes (➡Seite 68) oder eines anderweitigen Formates beantwortet.

Optional kann das Thema im Anschluss weitervertieft werden.

Eine Minilab oder eine Murlemgruppe läuft wie folgt ab:

- Aufteilung der Gruppe in Kleingruppen (2 – 5 Personen).
- Bearbeitung von Fragen, bspw.:
  - Was von dem, was wir behandelt haben, ist mir klar?
  - Was davon ist mir noch unklar (Nach Möglichkeit die Fragen innerhalb der Kleingruppe klären)?
  - Welche konkrete Frage habe ich noch (die Gruppe sammelt Fragen und einigt sich auf die wichtigste, die sie im Plenum klären lässt)?

Dauer: 15 – 25 Minuten (ohne Diskussionsmarktplatz.

Nutzen: Verfestigung des Präsentierten oder Gelernten, Abgleich des gemeinsamen Verständnisses bezüglich des Themas, Rückkopplung für die Vortragenden.

Essenzen verschriftlichen

Wer einen Gedanken nicht schriftlich formulieren kann, hat ihn in der Regel noch nicht ausreichend verstanden.

Oft laufen Arbeitsgespräche ohne Moderation und ohne Visualisierung bzw. Verschriftlichung der Kernaussagen ab. Die Beteiligten meinen dann normalerweise, das Gesagte verstanden zu haben – bis sie versuchen, die Kernaussage schriftlich zu formulieren.

Möglicherweise geht es darum, ein Thema lose zu ergründen und frei zu diskutieren, sodass mehr Klarheit, Fragen oder auch neue Themen entstehen können. Die dabei entstehenden Erkenntnisse, neuen Fragen und Kernaussagen kurz auf einem Flipchart zu notieren, hilft der Gruppe, sich zu fokussieren, effizient zu arbeiten, das gemeinsame Verständnis zu überprüfen und sich später zu erinnern. Dabei sollten kurze, aber vollständige Sätze mit aktiven Verben verwendet werden.

Frage, die eine Moderation beispielsweise stellen kann, um Kernaussagen zu gewinnen:

- Welche Essenzen ergeben sich?
- Was davon ist notierenswert?
- Welche Einsichten oder welchen Nutzen hat uns (oder dir) diese Diskussion bis jetzt gebracht?
- Was ist nun klarer?

Essenzen können für einzelne Personen als Lern- und Reflexionsmöglichkeit simultan notiert werden.

Geht es um Essenzen der Gruppe, ist das gemeinsame Verständnis zu dem jeweiligen Punkt mit der Gruppe herauszuarbeiten, was ggf. etwas länger dauern könnte.

Nutzen: Würdigung der Unterschiede und des Nutzens eines Gespräches, Anerkennen der unterschiedlichen Sichtweisen.

Dauer: 10 – 20 Minuten.

Advocatus Diaboli

Der Begriff stammt aus dem Lateinischen und kann in Anwalt des Teufels übersetzt werden. Ein Advocatus Diaboli verfolgt in dieser Rolle die rhetorische Strategie, ganz bewusst die Position eines Widersachers einzunehmen.

Er wendet sich den gefundenen Positionen zu und geht diese Punkt für Punkt durch, um sie zu widerlegen.

Diese Perspektive einzunehmen hilft insbesondere bei risikoreichen Anliegen, um die wirklich wichtigen Aspekte zu berücksichtigen.

Die Rolle und die Regeln sind vor Gesprächsbeginn zu klären.

Am Ende sollte der Rolleninhaber sich explizit entrollen und körperlich sichtbar wieder aus der Rolle herausgehen, beispielsweise indem er sich kurz schüttelt.

Nutzen: Multiperspektivität erhöhen, Risiken minimieren, Erhöhung der Vollständigkeit.

Dauer: 10 – 30 Minuten.

Vertieftes Zuhören

Gute Gespräche, Denkprozesse und bestimmte Gesprächsformate wie beispielsweise Retrospektiven, Feedback oder auch Dynamic Facilitation benötigen Entschleunigung, die durch vertieftes Zuhören erreicht werden kann.

Dazu muss ich als Zuhörerin mit mir ruhiger und auch in gewisser Weise „leer" werden. Es geht darum, meiner Gesprächspartnerin nur zuzuhören, nicht nachzufragen oder meine eigene Geschichte zu platzieren. Verständnisfragen sind erlaubt.

Ich wende mich mit meiner ganzen Aufmerksamkeit in einer Haltung von Nichtwissen meinem Gegenüber zu. Bei Sprechpausen der Erzählenden halte ich die Stille aus. Damit sich dadurch kein überfordernder Druck auf die Erzählende aufbaut, kann gesagt werden: „Es kann sein, dass noch etwas kommt, es muss aber nicht."

Die Erzählende spürt selbst, wenn das Gespräch zu Ende ist.

Im Anschluss kann der Vorgang reflektiert werden.

Nutzen: Entschleunigung, Unterstützung beim lauten Denken, Erhöhung des Vertrauens und der Wertschätzung.

Dauer: 10 – 25 Minuten.

Dynamic-Facilitation-Dyade (1:1)

Die Methode Dynamic Facilitation (➡Seite 194) wird hier mit einer Einzelperson durchgeführt. Eine Person übernimmt die Moderation und arbeitet mit einer Fallgeberin.

Bei diesem Prozess hören wir mit unserer kompletten Aufmerksamkeit vertieft zu. Themen werden auf einem DIN-A4-Papier, das alle vier Kategorien aufgreift, simultan visualisiert.

Varianten: tägliche (oder wöchentliche) Slots von 30 Minuten, bis der Durchbruch erreicht wurde.

Nutzen: Klärung bei herausfordernden Themen, Stärkung der Eigenverantwortung der Gesprächspartnerin.

Empfohlene Mindestdauer: 30 Minuten.

Kleiner Denkraum

Wir nehmen uns nicht immer die Zeit, gründlich nachdenken zu können oder wirklich gute Lösungen zu finden. Dann kann es helfen, sich explizit an mehreren aufeinanderfolgenden Tagen je eine Zeiteinheit von ca. einer Stunde Dauer zu organisieren und diese konzentriert zu nutzen.

Der typische Ablauf ist:

- Wir starten jede Zeiteinheit mit einer Energiemessung (Skala von 1 – 10) mit der Frage: „Wie nah fühlt sich aktuell die beste Lösung für mich an?"
- Danach vertiefen wir die Frage in einer festen Zeiteinheit von 50 Minuten mithilfe der Moderationsmethode Dynamic Facilitation (➡Seite 194), um Lösungsideen zu entwickeln.
- Zum Abschluss messen wir wieder die Energie, um Unterschiede zur Startmessung festzustellen.

Wichtig: Die Gruppenteilnehmerinnen verpflichten sich, dass das Gedachte und Gesagte nicht den Raum verlässt.

Am nächsten Tag wird das Ganze inklusive der Energiemessungen wiederholt und am letzten Stand weitergemacht.

Zum Abschluss jedes Treffens prüfen wir, ob die Lösung nun ausreichend gut genug ist oder ob der Prozess in einem weiteren Treffen fortgesetzt werden soll. Dazu nutzen wir eine einfache Widerstandsabfrage zu den beiden Alternativen:

- Ist-Situation: erneut am nächsten Tag treffen und an der Lösung weiterarbeiten.
- Abschließen: Das Anliegen ist ausreichend gut genug durchdacht und die vorliegende Lösung ist ausreichend gut genug.

Empfohlene Mindestdauer: 60 Minuten.

Nutzen: Schaffung von Denk- und Diskussionsräumen, Erhöhung der Entscheidungsreife.

Teil 4

Teil 4: Metainformationen

Hier finden Sie Quellen- und Literaturangaben, ein Stichwortverzeichnis und Informationen über die Autoren.

Über die Autoren und dieses Buch

Autoren

Mitte der Nullerjahre bemerkten wir in unserem eigenen Unternehmen, wie die gängige Organisations- und Führungspraxis immer weniger zu den Markterfordernissen und Mitarbeiterbedürfnissen passte. Doch uns fehlten noch belastbare Vorbilder und Modelle für eine andere Praxis.

Bevor bei uns Führung zum selbstverständlichen Teil der Arbeit eines jeden Kollegen werden konnte, mussten wir deshalb viel experimentieren, passende Theorien finden, zahlreiche eigene Praktiken und Prinzipien entwickeln und so manchen Irrtum erkennen.

2010 begannen wir, die Führung in unserem Unternehmen an die Kollegenschaft zu übergeben, und ersetzten etwas später alle Führungskräfte durch kollegiale Führungsarbeit. 2014 verkauften wir schließlich das Unternehmen an die Mitarbeiter.

Mit den von uns eingeführten Führungs- und Organisationsprinzipien arbeiten die Kollegen seitdem ohne uns weiter – erfolgreich und zufrieden. Und wir nutzen seitdem unsere neue Freiheit als Ex-Unternehmer, um andere Unternehmerinnen und ihre Organisationen beim Erproben kollegialer und agiler Führungsprinzipien zu begleiten.

Um unser unternehmerisches Erfahrungswissen und unser systemisches Können zu diesem Thema noch wirksamer teilen zu können, publizieren wir Bücher, Poster, Blogbeiträge und Fachgrafiken, vernetzen wir Interessierte, veranstalten Workshops für Unternehmerinnen und unterstützen erfahrene systemische Organisationsentwicklerinnen dabei, ihr Wissen und Können zu agilen und kollegialen Führungs- und Organisationsprinzipien zu auszubauen.

Auf unserer Internetseite https://kollegiale-fuehrung.de finden Sie alles Weitere hierzu.

Buch

Mit unserem vorigen Buch „Das kollegial geführte Unternehmen" haben wir eine erste Bestandsaufnahme und Sammlung von Ideen und Praktiken erstellt.

Weil wir mit dem Thema aber gerade erst am Anfang stehen und wir und alle anderen in sehr kurzer Zeit sehr viel Neues dazulernen, veralten auch Bücher entsprechend schnell.

Mit diesem Buch fokussieren wir uns stärker. Aus unserer Sicht nebensächliche Themen behandeln wir nicht mehr oder nur oberflächlich, während wir andere Themen weiter vertiefen, korrigieren, konkretisieren, öffnen und ergänzen.

Sofern Sie als Leser/in mit diesem Buch angeregt werden, ohne weitere Schulung oder Beratung einfach mal loszulegen, hat dieses Buch seinen Zweck erfüllt.

Auch wenn wir aus Zeitgründen nicht immer antworten werden, freuen wir uns über Rückmeldungen (buch@kollegiale-fuehrung.de).

Danksagungen

Ohne die Mitarbeit, Ideen, kritischen Fragen und Ermunterungen vieler Freunde und Bekannte, die wir hier gar nicht alle nennen können, wäre dieses Buch nicht so geworden, wie es ist. Manch einer weiß möglicherweise nicht einmal, was er durch eine Frage ausgelöst hat.

Ganz besonders danken möchten wir Carsten Holtmann, Marcel Reinhard, Alexander Rausch, Anne-Marie Roth, Lone und Marc Wolf, Prof. Dr. Hanns-Stephan Haas, David Cummins, Susanne Reppin, Christian Rüther, Ralf Metz, Wibke Stegemann, Karin Zintz-Volbracht, Ute Clemens, Janna Buchele, Dennis Brunotte, Jutta Preisendanz und Dr. Julia Kleinhenz.

Die meisten und interessantesten Anregungen erhielten wir durch die Teilnehmerinnen unserer Ausbildungsreihe zur agilen Organisationsbegleitung, den Teilnehmerinnen unseres Unternehmerinnen-Workshops und durch die regelmäßigen Alumni-Treffen.

Außerdem allen Kolleginnen von Weleda, next U, des Vorstandes der Evangelischen Stiftung Alsterdorf, der Bugenhagenschule Blankenese, der Kinder- und Jugendpsychiatrie des Evangelischen Krankenhauses Alsterdorf, der Verwaltung der Uni Rostock, 24translate, mindmatters, Brücke SH, vom Dachverband Diakonie, sipgate und allen anderen Menschen, die uns durch Fragen und mit Ideen angeregt haben.

Wir freuen uns auch, einige unserer bekannteren Inspirationsquellen persönlich kennengelernt zu haben oder mit ihnen in Verbindung zu stehen, vor allem Frédéric Laloux, Fritz Simon, Gerhard Wohland, Insa Sparrer, Matthias Varga von Kibéd, Humberto Maturana, Elisabeth Ferrari (†), Otto Scharmer, Luc Ciompi, Fritz Glasl, Gunther Schmidt, Natalie Knapp, Niels Pfläging, Nora Bateson, Stefan Kühl und Andrea Köhler-Ludescher.

Zu guter Letzt

„Die ganze Kohle und der Klunker
Ziehn uns doch nur runter

Das brauch ich nicht

Alle wolln doch nur das Eine
Höher, schneller, weiter

Ohne mich

Das ganze Gold, das ganze Drama,
war nicht gut für mein Karma.

Ich sag nur omm, omm, omm."

Charly Hübner
(im Songtext „Omm" zum Film „Bibi und Tina, Mädchen gegen Jungs", 2016)

Wie wir zum Thema kamen

Mitte der 1990er Jahre hatte ich (Bernd) das erste Mal praktischen Kontakt mit agilen Softwareentwicklungspraktiken als Projektleiter in einem großen Softwareentwicklungsprojekt. Auch in unserem eigenen Unternehmen (oose, 1998 gegründet, ein Trainingsunternehmen für Software- und Systems-Engineering) gehörten agile Methoden früh zum selbstverständlichen Handwerkzeug und Leistungsangebot.

Damals war das für uns vor allem ein Gegenpol zum bis dahin üblichen Wasserfallmodell im Projektmanagement. Um Organisationsentwicklung ging es zunächst noch nicht.

Ich (Claudia) kam 2006 das erste Mal in den Kontakt mit systemischen Werkzeugen. In den folgenden Jahren vertieften wir unser systemtheoretisches Wissen und systemisches Können, welches wir zunächst jedoch nur für unsere Projektmanagement- und Coaching-Ausbildungsangebote nutzten.

Für die kollegiale Selbstorganisation unseres Unternehmens orientierten wir uns ca. ab 2010 an Sozio- und Holokratie, stellten 2012 auf eine Kreisorganisation um und verkauften das Unternehmen 2014 an die Mitarbeiter, die es seitdem ohne uns erfolgreich kollegial organisiert weiterführen.

Erst in den letzten zehn Jahren haben wir diese verschiedenen Ansätze systematisch zu integrieren versucht, um sie in der Organisationsentwicklung nutzbar zu machen.

So nahmen wir agile und leane Praktiken und Prinzipien wie Timeboxing, Sogprinzip, iterativ-inkrementelles Vorgehen, validiertes Lernen usw. und kombinierten sie einerseits mit Prinzipien der Kreisorganisation und der Einwandintegration aus der Soziokratie und andererseits mit Lösungsfokussierung, Multiperspektivität, sozialen Systemprinzipien, Lern- und Kommunikationstheorie, Konstruktivismus und vielem mehr aus dem systemischen Werkzeugkasten. Und das alles auf Basis eines integralen Wertesystems.

Wegen der wenigen Vorbilder und Vorlagen mussten wir vieles naiv ausprobieren, haben manches Lehrgeld bezahlt, Krisen durchlebt und uns und anderen einiges zugemutet.

2015 begannen wir, die vielen einzelnen Praktiken, Prinzipien, Methoden und Erfahrungen wie ein Puzzle zu einem Bild zusammenzuführen, woraus das Buch „Das kollegial geführte Unternehmen" entstand.

Welcher Ideen und Konzepte wir uns in welchen Situationen in der Praxis bedienen, können wir mittlerweile etwas klarer benennen. Die wichtigsten Einflüsse sehen Sie in der Grafik auf ➡Seite 11.

Der Fokus in diesem Buch liegt auf agiler Organisationsentwicklung, die wir uns ohne eine kollegiale Führung und Selbstorganisation nicht vorstellen können, wenngleich kollegiale Führung nur ein Element davon ist. Welche Basiskomponenten darüber hinaus notwendig oder hilfreich sind, beschreiben wir im ersten Teil dieses Buches (➡Seite 13).

Auch wenn wir viele einzelne Prinzipien und Elemente aus den Methoden agiler Softwareentwicklung integriert haben, so verwenden wir Scrum & Co bewusst nicht für die Organisationsentwicklung. Dies sind Ansätze, um technische und kausale Systeme zu entwickeln – unser Fokus sind aber soziale Systeme und Organisationen. Das heißt, der Anwendungsbereich oder Gegenstand dieser Methoden ist ganz anderer Natur (➡Seite 9).

Agile Organisationsentwicklung ist allerdings auch nur Mittel zum Zweck und der primäre Zweck aller dieser Ansätze liegt im Kern darin, die Anpassungsfähigkeit einer Organisation zu erhöhen. Auf der Ebene von Führung und Organisation setzen wir hierzu auf eine agile kollegial-selbstorganisierte Organisationsentwicklung.

Auf der operativen Ebene, dort, wo es um die Entwicklung und Herstellung von Produkten und technischen Systemen geht, derzeit also vor allem um Digitalisierung und Grenzkostenausbeutung (➡Seite 5), passen wiederum Scrum, Kanban, Lean Startup und ähnliche Ansätze gut. Es gilt also, zu unterscheiden, in welchem Kontext die Herausforderungen liegen und welcher Art das zu entwickelnde System ist – ist es ein technisch-kausales oder ein sozial-organisatorisches?

Und klar, auch wenn wir diese Pole unterscheiden, ist es selten ein Entweder-oder, sondern immer mehr oder weniger etwas vom einen und vom anderen.

Mit diesem Buch richten wir uns an Praktiker, die mit den Mitteln einer kollegial selbstorganisierten Führung eine kontinuierliche nebenläufige Organisationsentwicklung aufbauen möchten.

Diese kann dann möglicherweise auch ein passenderer sozialer und organisatorischer Rahmen für die agile und ko-kreative Entwicklung technischer Systeme, Produkte und Dienstleistungen sein als die traditionelle pyramidenförmige Linienorganisation mit vorgesetzten Führungskräften.

Quellen und Literatur

Zum Einstieg in das Thema empfehlen wir die hier im Foto gezeigten Bücher. Ab der nächsten Seiten nennen wir die in diesem Buch zitierten oder verwendeten Quellen. Eine Darstellung unserer Inspirations- und Einflussquellen finden Sie auf ➡ Seite 10.

[Agiles Manifest 2001]
Agiles Manifest: http://agilemanifesto.org/

[Anderson 2011]
David Anderson: *Kanban – Evolutionäres Change Management für IT-Organisationen*; dpunkt.verlag, 2011.

[Appelo 2010]
Jurgen Appelo: *Management 3.0: - Leading Agile Developers, Developing Agile Leaders*. Addison-Wesley, Erstauflage 2010.

[Arnold 2016]
Hermann Arnold: *Wir sind Chef: Wie eine unsichtbare Revolution Unternehmen verändert*. Haufe, 2016.

[Bauer 2015]
Joachim Bauer: *Selbststeuerung: Die Wiederentdeckung des freien Willens*. Karl Blessing Verlag, 2015.

[Beck 2003]
Kent Beck: *Extreme Programming*. Addison Wesley Longman, 2003.

[Beck-Cowan 2007]
Don Edward Beck, Christopher C. Cowan: *Spiral Dynamics,* Kamphausen, Erstauflage 2007.

[Bennis 1997]
Warren Bennis: *Leaders - The Strategies for Taking Charge*. Harper Business, 1997.

[Berghaus 2011]
Margot Berghaus: *Luhmann leicht gemacht*. UTB, 2. Auflage 2011.

[Bock 2013]
Petra Bock: *Mind Fuck, das Coaching – Wie Sie mentale Selbstsabotage überwinden*. Knaur, 2013.

[Boehm 1985]
Barry Boehm: *A Spiral Model of Software development and Enhancement*. Proceedings International Workshop on Software Process and Software Environments, 3/1985.

[Boos 2014]
Frank Boos, Gerald Mitterer: *Einführung in das systemische Management*. Carl-Auer, Erstauflage 2014.

[Bourree 2016]
Bourree Lam: *Why Are So Many Zappos Employees Leaving?* https://www.theatlantic.com/business/archive/2016/01/zappos-holacracy-hierarchy/424173/, 2016.

[Brown 2009]
Tim Brown: *Change by design – how design thinking transforms organizations and inspires innovation*. HarperCollins, 2009.

[Capra 1982]
Fritjof Capra: *Wendezeit, Bausteine für ein neues Weltbild*. Scherz, Erstauflage 1982.

[Christensen 1997]
Clayton M. Christensen: *The Innovator's Dilemma. Warum etablierte Unternehmen den Wettbewerb um bahnbrechende Innovationen verlieren*. Vahlen 2011, Original 1997.

[Ciompi 2011]
Luc Ciompi, Elke Endert: *Gefühle machen Geschichte – Die Wirkung kollektiver Emotionen von Hitler bis Obama*. Vandenhoeck & Ruprecht, 2011.

[Cohn 1975]
Ruth C. Cohn: *Von der Psychoanalyse zur themenzentrierten Interaktion*. Klett-Cotta, 1975.

[Cohn 1984]
Ruth C. Cohn, Alfred Farau: *Gelebte Geschichte der Psychotherapie. Zwei Perspektiven*. Klett-Cotta, 1984.

[Culen 2016]
Julia Culen: *Holacracy: not safe enough to try*. https://juliaculen.com/2016/04/03/holacracy-not-safe-enough-to-try/, 2016

[Dark Horse 2014]
Dark Horse Innovation: *Thank God it's Monday Design Thinking – Wie wir die Arbeitswelt revolutionieren*. Econ-Verlag, 2014.

[Deming 1982]
W. E. Deming: *Out of the Crisis*. Massachusetts Institute of Technology, Cambridge 1982.

[Derby 2018]
Esther Derby, Diana Larsen: *Agile Retrospektiven: Übungen und Praktiken, die die Motivation und Produktivität von Teams deutlich steigern*. Vahlen, 2018.

[Doerr 2018]
John Doerr: *OKR, Objectives and Key Results: Wie Sie Ziele, auf die es wirklich ankommt, entwickeln, messen und umsetzen*. Vahlen, 2018.

[Dräther 2014]
Rolf Dräther: *Retrospektiven kurz und gut*. O´Reilly, 2014.

[Endenburg 1998]
Gerald Endenburg: *Sociocracy – The organization of decision-making 'no objection' as the principle of sociocracy*. Eburon, 1998, Holländische Originalausgabe 1981.

[Faschingbauer 2013]
Michael Faschingbauer: *Effectuation – Wie erfolgreiche Unternehmer denken, entscheiden und handeln*. Schäffer-Poeschel, 2013.

[Ferrari 2013]
Elisabeth Ferrari: *Teamsyntax, Teamentwicklung und Teamführung nach SySt*. FerrariMedia, 2013.

[Ferrari 2014]
Elisabeth Ferrari: *Führung im Raum der Werte: Das GPA-Schema nach Syst*. FerrariMedia, 2014.

[Franke 2019]
Sven Franke, Stefanie Hornung, Nadine Nobile: *New Pay – Alternative Arbeits- und Entlohungsmodelle*. Haufe, 2019.

[Gebser 1953]
Jean Gebser: *Ursprung und Gegenwart*, 1953

[Glasersfeld 1996]
Ernst von Glaserfeld: *Radikaler Konstruktivismus – Ideen, Ergebnisse, Probleme*. Suhrkamp, 1997.

[Glasl 1980]
Friedrich Glasl: *Konfliktmanagement. Ein Handbuch für Führungskräfte, Beraterinnen und Berater.* Haupt, Erstauflage 1980, 11. Auflage 2013.

[Graeßner 2008]
Gernot Graeßner: *Moderation – das Lehrbuch.* Ziel-Verlag, 2008.

[Groth 2016]
Aimee Groth: *Zappos is struggling with Holacracy because humans aren't designed to operate like software.* https://qz.com/849980/zappos-is-struggling-with-holacracy-because-humans-arent-designed-to-operate-like-software/, 2016

[Hamel 2013]
Gary Hamel: *Worauf es jetzt ankommt*; Wiley-VCH, Erstauflage 2013.

[Harford 2012]
Tim Harford: *Trial and Error – Warum nur Niederlagen zum Erfolg führen.* Rowohlt, 2012.

[Heitger-Serfass 2015]
Barbara Heitger, Annika Serfass: *Unternehmensentwicklung – Wissen, Wege, Werkzeuge für morgen.* Schäffer-Poeschel, 2015.

[Hersey 1969]
Paul Hersey, Kenneth H. Blanchard: *Management of Organizational Behavior – Utilizing Human Resources.* Prentice Hall, 1969.

[Himmelreich 2006]
Jens Himmelreich: *Agile Softwareentwicklung nach Winston Royce.* In: Bernd Oestereich (Hrsg.): *Agiles Projektmanagement, Beiträge zur Konferenz interPM.* dpunkt.verlag, 2006.

[Hummel 2016]
Philipp Hummel: *Erkenntnis fördern, Haltung gewinnen; Die Wertbildungsrechnung bei Alnatura und dm – drogerie markt.* In: Controller Magazin, 5/2016.

[Hüther 2011]
Gerald Hüther: *Was wir sind und was wir sein könnten – Ein neurobiologischer Mutmacher.* Fischer, 2011.

[Imai 1992]
Masaaki Imai: *Kaizen – Der Schlüssel zum Erfolg der Japaner im Wettbewerb.* Wirtschaftsverlag Langen Müller Herbig, 1992.

[it-agile 2015]
Sven Günther: *Wie wir lernten, unser Gehalt selbst zu finden.* Agile Review Sonderausgabe, 2015.

[Janssen 2016]
Bodo Janssen: *Die stille Revolution: Führen mit Sinn und Menschlichkeit.* Ariston, 2016.

[Josten 2017]
Husch Josten: *Wir sind unsere Haltungen – im Gespräch mit Christiane Florin u. a.* Deutschlandfunk, 14.09.2017.

[Kahnemann 1979]
Daniel Kahnemann, Amos Tversky: *Prospect Theory – An Analysis of Decision under Risk.* In: Econometrica, Bd. 47, Nr. 2; 1979, S. 287.

[Kaletta 1998]
Brigitte Kaletta, Torsten Gerhard: *Innovation in Distribution und Handel: Die Wertbildungsrechnung bei dm drogerie markt.* CONTROLLER Magazin 6/1998.

[Kerth 2001]
Norman L. Kerth: *Project Retrospectives: A Handbook for Team Reviews.* Dorset House Publishing, 2001.

[Kinkel 2003]
Steffen Kinkel, Gunter Lay: *Fertigungstiefe – Ballast oder Kapital?* Mitteilungen aus der Produktionsinnovationserhebung Nr. 30, Fraunhofer Institut Systemtechnik und Innovationsforschung, 8/2003.

[Knapp 2011]
Natalie Knapp: *Der Quantensprung des Denkens.* Rowohlt, 2011.

[Kniberg 2012]
Henrik Kniberg, Anders Ivarsson: Scaling Agile @ Spotify with Tribes, Squads, Chapters and Guilds, 10/2012, http://blog.crisp.se/2012/11/14/henrikkniberg/scaling-agile-at-spotify

[Köhler-Ludescher 2014]
Andrea Köhler-Ludescher: *Paul Watzlawick – Die Biografie.* Huber, 2014.

[Königswieser 1998]
Roswita Königswieser, Alexander Exner: *Systemische Intervention – Architekturen und Designs für Berater und Veränderungsmanager.* Klett-Cotta, 1998.

[Königswieser-Exner 1998]
Roswita Königswieser, Alexander Exner: *Systemische Intervention. Architekturen und Designs für Berater und Veränderungsmanager.* Stuttgart 1998.

[Kotter 1996]
John P. Kotter: *Leading Change.* Vahlen, 2011, Erstauflage Original 1996.

[Krizanitis 2009]
Joana Krizanits: *Die systemische Organisationsberatung – wie sie wurde was sie wird. Eine Einführung in das Professionsfeld.* Facultas, 2009.

[Krizanitis 2015]
Joana Krizanits: *Einführung in die Methoden der systemischen Organisationsberatung.* Carl-Auer, 2015, Erstauflage 2013.

[Kruse 2011]
Peter Kruse: *Next Practice – Erfolgreiches Management von Instabilität.* Gabal, Erstauflage 2004.

[Laloux 2015]
Frédéric Laloux: *Reinventing Organizations: Ein Leitfaden zur Gestaltung sinnstiftender Formen der Zusammenarbeit.* Vahlen, 2015.

[Laloux 2016]
Frédéric Laloux: *Reinventing Organizations visuell: Ein illustrierter Leitfaden sinnstiftender Formen der Zusammenarbeit.* Vahlen, 2016.

[Larman 2017]
Craig Larman, Bas Vodde: *Large-Scale Scrum – Scrum erfolgreich skalieren mit LeSS,* dpunkt.verlag, 2017.

[Larman 2017]
Craig Larman, Bas Vodde: *Large-Scale Scrum –*

Scrum erfolgreich skalieren mit LeSS, dpunkt.verlag, 2017.

[Leopold 2016]
Klaus Leopold: *Kanban in der Praxis, Vom Teamfokus zur Wertschöpfung*. Hanser-Verlag, 2016.

[Leopold 2017]
Klaus Leopold, Cliff Hazell: *Lean Business Agility E020: The Spotify Model*. https://youtu.be/z1TFghDH0lo, 2017.

[Leopold 2018]
Klaus Leopold: *Agilität neu denken, Warum agile Teams nichts mit Business-Agilität zu tun haben*. LEANability PRESS, 2018.

[Loevinger 1987]
Jane Loevinger: Ego Development: Conceptions and Theories, Jossey Bass, 1987.

[Lohmann 2016]
Lohmann, Detlef: *Und heute lege ich los. Die völlig andere Art, im Job zu leben*. Linde Verlag, 2016.

[Löhmer 2006]
Cornelia Löhmer, Rüdiger Standhardt: *TZI – Die Kunst, sich selbst und eine Gruppe zu leiten: Einführung in die Themenzentrierte Interaktion*. Klett-Cotta, 2006.

[Lutterer 2011]
Wolfram Lutterer: *Der Prozess des Lernens – Eine Synthese der Lerntheorien von Jean Piaget und Gregory Bateson*. Velbrück-Wissenschaft, 2011.

[Malter 2011]
Manuel A. Malter: *Die Wertbildungsrechnung: Ein Sozialorganisches Instrument des internen Rechnungswesens*. Institut für Sozialorganik, 2011.

[Mathis 2017]
Christoph Mathis: *SAFe – Das Scaled Agile Framework: Lean und Agile in großen Unternehmen*. dpunkt.verlag, 2017.

[Maturana 2014]
Humberto Maturana, Bernhard Pörksen: *Vom Sein zum Tun – Die Ursprünge der Biologie des Erkennens*. Carl Auer, 3. Auflage 2014.

[Mosch 2018]
Peter Mosch, Jörg Schlagbauer, Hans-Joachim Gergs, Ralf Mattes: *Transformation 4.0 braucht Mitbestimmung 4.0*. In: Organisations-Entwicklung, Nr. 4/2018, S. 80ff.

[Nagel 2015]
Reinhart Nagel, Rudolf Wimmer: *Einführung in die systemische Strategieentwicklung*. Carl Auer, 2015.

[Nonaka 1995]
Ikujiro Nonaka, Hirotaka Takeuchi: *The Knowledge-Creating Company*. Oxford University Press, 1995.

[Oestereich 1996]
Bernd Oestereich, *Objektorientierung braucht ein evolutionäres Vorgehensmodell*. In: Computerwoche 12/1996.

[Oestereich-Rüther 2016]
Bernd Oestereich, Christian Rüther: *Unterschiede zwischen Holokratie und Soziokratie*. https://next-u.de/2016/unterschiede-zwischen-holokratie-und-soziokratie/, 2016.

[Oestereich-Schröder 2016]
Bernd Oestereich, Claudia Schröder: *Das kollegial geführte Unternehmen: Ideen und Praktiken für die agile Organisation von morgen*. Vahlen, 2016.

[Paulus 2009]
Georg Paulus, Siegfried Schrotta, Erich Visotschnig: *Systemisches Konsensieren*. Danke-Verlag, 2009.

[Pfläging 2011]
Niels Pfläging: *Führen mit flexiblen Zielen: Praxisbuch für mehr Erfolg im Wettbewerb*. Campus, 2011.

[Pfläging 2015]
Niels Pfläging: *Komplexithoden – Clevere Wege zur (Wieder)Belebung von Unternehmen und Arbeit in Komplexität*. Redline, 2015.

[Pfläging 2016]
Niels Pfläging: *Komplexithoden – Clevere Wege zur (Wieder)Belebung von Unternehmen und Arbeit in Komplexität*. Redline, 2016.

[Plattner 2009]
Hasso Plattner, Christoph Meinel, Ulrich Weinberg: *Design-Thinking. Innovation lernen – Ideenwelten öffnen*. FinanzBuch Verlag, 2009.

[Radatz 2011]
Sonja Radatz: *Wir Organisationen lernen*. Schneider Verlag, 2011.

[Radatz 2013]
Sonja Radatz: *Beratung ohne Ratschlag*. Verlag Systemisches Management, 8. Auflage 2013.

[Redman 2017]
Britta Redman: *Agiles Arbeiten im Unternehmen: Rechtliche Rahmenbedingungen und gesetzliche Anforderungen*. Haufe, 2017.

[Retromat]
https://retromat.org/de

[Ries 2011]
Eric Ries: *Lean Startup – Schnell, risikolos und erfolgreich Unternehmen gründen*. Redline, 2011.

[Robertson 2016]
Brain Robertson: *Holacracy – Ein revolutionäres Management-System für eine volatile Welt*. Vahlen, 2016.

[Roock 2016]
Stefan Roock: *Otto InnoDays 2016*. https://stefanroock.wordpress.com/2016/ 05/01/otto-innodays-2016-start-einer-blogpost-serie/, 2016.

[Roock 2018]
Stefan Roock, Henning Wolf: *Scrum – verstehen und erfolgreich einsetzen*; dpunkt.verlag, 2018.

[Rough 2002]
Jim Rough : *Society`s Breakthrought*! Eigenverlag, 2002.

[Royce 1970]
Walker Royce: *Managing the development of large software systems*. Proceedings of IEEE Westcon, 1970.

[Royce 1970]
Walker Royce: *Managing the development of large software systems*. Proceedings of IEEE Westcon, 1970.

[Rüther 2016]
Christian Rüther: *Soziokratie, Holakratie, Frédéric Laloux Reinventing Organizations*. Skript, www.christianruether.com, 2016.

[Satir 2010]
Virginia Satir: *Kommunikation, Selbstwert, Kongruenz – Konzepte und Perspektiven familientherapeutischer Praxis*. Junfermann-Verlag, 2010, Original Erstauflage 1988.

[Scharmer 2009]
Otto Scharmer: *Theorie U – Von der Zukunft her führen*. Carl Auer, Erstauflage 2009.

[Schein 1985]
Edgar H. Schein: *Organisationskultur und Leadership*. Vahlen, 2018. Originalausgabe 1985.

[Schwaber 2001]
Ken Schwaber, Mike Beedle: *Agile Software Development with Scrum*. Prentice Hall, 2001.

[Schwaber 2003]
Ken Schwaber: *Agile Project Management with Scrum*. Microsoft Press, 2003.

[Semler 1993]
Ricardo Semmler: *Das SEMCO-System, Management ohne Manager – das neue revolutionäre Führungsmodell*. Heyne-Verlag, Erstauflage 1993.

[Simon 1994]
Fritz B. Simon: *Die Form der Psyche. Psychoanalyse und neuere Systemtheorie*. Psyche 48, 1994.

[Simon 2006]
Fritz B. Simon: *Einführung in Systemtheorie und Konstruktivismus*. Carl-Auer 2006.

[Simon 2007]
Fritz B. Simon: *Einführung in die systemische Organisationstheorie*. Carl-Auer, 2007.

[Sipgate 2016]
Sipgate Autorenkollektiv: *24 Work Hacks auf die wir gerne früher gekommen wären*. Sipgate, 2016.

[Sipgate 2018]
Sipgate Autorenkollektiv: *18 Work Hacks für leane und agile Personalarbeit*. Sipgate, 2018.

[Snowden 2007]
David Snowden, Mary Boone: *A Leader's Framework for Decision Making*. In: Harvard Business Review. November 2007, S. 69–76.

[Sprenger 1991]
Reinhard Sprenger: *Mythos Motivation*. Campus-Verlag, Erstausgabe 1991.

[Sprenger 2012]
Reinhard Sprenger: *Radikal Führen*; Campus-Verlag, Erstauflage 2012.

[Sprenger 2015]
Reinhard Sprenger: *Das anständige Unternehmen*. DVA, 2015.

[Storch 2014]
Maja Storch, Frank Krause: *Selbstmanagement ressourcenorientiert: Grundlagen und Trainingsmanual für die Arbeit mit dem Zürcher Ressourcen Modell (ZRM)*. Verlag Hans Huber, 2014.

[Storch 2016]
Johannes Storch, Corinne Morgenegg u. a.: *Ich blicks – Verstehe dich und handle gezielt*. Hofgrefe-Verlag, 2016.

[Strauch 2016]
Barbara Strauch, Annewiek Reijmer: *Soziokratie – Das Ende der Streitgesellschaft*. Soziokratie Zentrum Österreich, 2016.

[Systemischer 4-2014]
SyStemischer – Zeitschrift für systemische Strukturaufstellungen, Heft 4, *Thema Werte*, FerrariMedia, 2014.

[VargaKibed-Sparrer 2000]
Matthias Varga von Kibéd, Insa Sparrer: *Ganz im Gegenteil, Tetralemmaarbeit und andere Grundformen systemischer Strukturaufstellungen – für Querdenker und solche, die es werden wollen*. Carl-Auer, 2000.

[von Glasersfeld 1985]
Ernst von Glaserfeld, Buchbeitrag in: *Konstruktivismus der Wirklichkeit und des Begriffs der Objektivität*. Piper Verlag, 1985.

[Wenger 1991]
Jean Lave, Étienne Wenger: *Situated Learning: Legitimate Peripheral Participation*. Cambridge University Press, 1991.

[Wenger 1998]
Étienne Wenger: *Communities of Practice: Learning, Meaning, and Identity*. Cambridge University Press, 1998.

[Werkstatt 2004]
Werkstatt für Gewaltfreie Aktion Baden: *Konsens – Handbuch zur gewaltfreien Entscheidungsfindung*. Eigenverlag, 2004.

[Werner 2013]
Götz Werner: *Womit ich nie gerechnet habe: Die Autobiographie*, Econ-Verlag, 2013

[Wilber 2007]
Ken Wilber: *Integrale Spiritualität*. Kösel-Verlag, 2007.

[Wohland 2006]
Gerhard Wohland, Matthias Wiemeyer: *Denkwerkzeuge der Höchstleister – Warum dynamikrobuste Unternehmen Marktdruck erzeugen.* Unibuch Verlag Lüneburg, Erstauflage Verlag Monsenstein und Vannerdat, 2006.

[Zeuch 2016]
Andreas Zeuch: *Alle Macht für niemand: Aufbruch der Unternehmensdemokraten*. Murmann, 2016.

[Zubizarreta 2014]
Rosa Zubizarreta, Matthias zur Bonsen (Hrsg.): *Dynamic Facilitation – Die erfolgreiche Moderationsmethode für schwierige und verfahrene Situationen.* Beltz Verlag, 2014.

[zur Bonsen 1994]
Matthias zur Bonsen: *Führen mit Visionen – Der Weg zum ganzheitlichen Management*. Gabler, 1994, Falken, 2000.

[zur Bonsen 2009]
Matthias zur Bonsen, Jutta Herzog, Myriam Mathys: *Leading with Life: Lebendingkeit im Unternehmen freisetzen und nutzen*. Gabler, 2009.

Glossar

Abteilung
: Ein Abteilung ist eine Organisationseinheit in einer Linienorganisation mit einer vorgesetzten Führungskraft, die die Abteilung fachlich leitet und die die Abteilungsmitglieder disziplinarisch führt.

Achtgeber
: Der Achtgeber ist eine ➡Rolle in Arbeits-treffen und Teamgesprächen, die darauf achtgibt, dass die Beteiligten ihren inhaltlichen Fokus halten, Vereinbarungen und selbst auferlegte Prinzipien einhalten.

Action-Survey-Schleife
: von Kurt Lewin, Basis der ➡systemischen Schleife (vgl. [Krizanits 2009], S. 28).

Adaptionsteam
: ➡Selbstorganisationskreis.

Affektlogik, Affektmuster
: Mit Affektlogik bezeichnen wir die Theorie zum Zusammenwirken von Fühlen und Denken von Luc Ciompi.

Akzeptanz
: Etwas gilt als akzeptiert, sofern es keine Ablehnung gibt (➡Einwand, ➡Veto).

Allgemeiner Kreis
: Oberster Leitungskreis im soziokratischen ➡Kreismodell.

Arbeitstreffen-Gastgeber
: Der Gastgeber verantwortet die Vorbereitung, Durchführung und Nachbereitung eines Arbeitstreffens. Er lädt zu dem Arbeitstreffen ein, organisiert den Ort, legt die genauen Arbeitszeiten fest, bestimmt den Ablauf sowie die Agenda eines Treffens und organisiert die Ergebnissicherung sowie Protokollierung.

Asynchrone Entscheidungsverfahren
: ➡Nebenläufige Entscheidungsverfahren.

Ausnahmeentscheider
: In einer kollegial geführten Organisation ist der Ausnahmeentscheider eine Rolle, die dem ➡Konsultativen Einzelentscheider entspricht, die zusätzlich jedoch die explizite Erlaubnis erhält, Entscheidungen ausnahmsweise jenseits der geltenden (sozialen, wirtschaftlichen oder organisatorischen) Standards zu treffen und umzusetzen.

Backlog
: Ein Backlog (Rückstandsliste) ist eine (meistens priorisierte) Liste mit noch zu erledigenden Aufgaben.

Beratung
: Unterscheidung Beratung vs. Coaching ➡Seite 220.

Boeke, Kees
: Kees Boeke (eigentlich: Cornelis Boeke, 1884 – 1966) war ein niederländischer Reformpädagoge, Quäker und Pazifist. Zusammen mit seiner Frau Beatrice Cadbury gründete er das Privatinternat Werkplaats Kindergemeenschaap, in der die Soziokratie zur praktischen Anwendung kam.

Cadbury, Beatrice
: Beatrice („Betty") Cadbury gründete zusammen mit ihrem Mann Kees Boeke das Privatinternat Werkplaats Kindergemeenschaap, in der die Soziokratie zur praktischen Anwendung kam.

Clean Code
: Clean Code ist ein Begriff aus der agilen Softwareentwicklung und umfasst eine Reihe von Praktiken, um saubere und gut wartbare und weiterentwickelbare Programme zu schreiben.

Coaching
: Unterscheidung Beratung vs. Coaching ➡Seite 220.

Community of Practice
: ➡Praktikergemeinschaft.

Comte, August
: August Compte (1798 – 1857) war ein französischer Mathematiker und Philosoph. Er ist Mitbegründer und Namensgeber der Soziologie und der Soziokratie.

CoP
: Abkürzung für ➡Community of Practice.

Delegierte Fallentscheidung
: ➡Fallentscheidung.

Delegierter
: ➡Repräsentant.

Deming-Kreis
: In den 1930er Jahren entwickelte Walter Andrew Shewart ein Modell zur iterativen Produktentwicklung (den Shewart-Kreis), den sein Schüler William Edwards Deming Anfang der 1940er Jahre für das Qualitätsmanagement weiterentwickelte und weiterhin so nannte. Japanische Manager nannten diesen Kreis dann jedoch Deming-Kreis und veränderten ihn wiederum zum PDCA-Zyklus (nach den vier Phasen Plan, Do, Check und Act, wobei Act in der Praxis eher ein Lernen ist, sodass es auch PDCL heißen könnte).

  Die Unterschiede zwischen Deming-Kreis und PDCA-Zyklus werden dadurch verdeckt, dass diese irrtümlicherweise oft synonym verwendet werden. Siehe [Deming 1982] S. 88 und [Imai 1992] S. 86.

DevOps
: DevOps ist ein Kunstwort aus den IT-Begriffen Development (Entwicklung) und Operations (Betrieb). DevOps ist ein Ansatz zur Verbesserung der Zusammenarbeit dieser Bereiche.

Disruption
: ist eine Veränderung, die etwas Bestehendes (Geschäftsmodelle, Branchen, Märkte) wegen einer Innovation ablöst und weitgehend obsolet werden lässt.

Dokumentar
: ➡Kreis-Dokumentar.

Domäne
Zuständigkeitsbereich.

Doppelbotschaften
bestehen aus zwei oder mehr sich widersprechenden Botschaften. Beispielsweise widersprechen sich die verbale und die nonverbale Ebene („Es geht mir gut" und die Person wirkt dabei traurig) oder der verbale Inhalt selbst („Machen Sie sich keinen Stress, aber in einer Stunde brauche ich das Ergebnis").

Mit den theoretischen Grundlagen von Doppelbindungen, wie Kommunikationsstrukturen, Transaktionsebenen, Auswirkungen, erkenntnistheoretischen Erklärungen und therapeutischen Behandlungsansätzen haben sich Gregory Bateson, Paul Watzlawick und ihre Kollegen an der Universität von Palo Alto (Palo-Alto-Gruppe) in der maßgeblich von ihnen entwickelten Doppelbindungstheorie auseinandergesetzt.

Doppelverbinder
Der Begriff bezeichnet die gegenseitige Entsendung von ➡Repräsentanten zweier ➡Kreise in der ➡Soziokratie.

Dynamic Facilitation
ist eine Moderationsmethode, die dabei unterstützt, ein gutes Gruppengespräch so vertieft und so lange zu führen, bis aus der Gruppe heraus eine Lösung entsteht. Sie kann auch zur Entscheidungsfindung angewendet werden. Die Methode wurde von Jim Rough erfunden.

Dynamik
beschreibt das Maß für die Veränderlichkeit von etwas.

Effectuation
Effectuation stammt aus der Entrepreneurship-Forschung und beschreibt modellhaft in einfachen Prinzipien, wie sich sogenannte Experten-Entrepreneure in Situationen mit großer Ungewissheit verhalten [Faschingbauer 2013].

Effektivtät
Effektivität (lateinisch „effectivus", bewirkend) ist ein Maß für Wirksamkeit, welches das Verhältnis von erreichtem Ziel zu definiertem Ziel beschreibt. Es gibt Aufschluss darüber, wie Nahe ein erzieltes Ergebnis dem angestrebten Ergebnis gekommen ist. Dies ist im Unterschied zur ➡Effizienz (als Maß für Wirtschaftlichkeit) unabhängig vom Aufwand.

Effizienz ➡Wirtschaftlichkeit
Effizienz ist ein Maß für die Kosten-Nutzen-Relation, also die Wirtschaftlichkeit.

Eigenleistung
Die Eigenleistung ist die Differenz aus externen Umsätzen und Fremdkosten. Es ist ein Begriff der ➡Wertbildungsrechnung und drückt etwas Ähnliches aus wie die Fertigungstiefe in der traditionellen Betriebswirtschaft.

Einfachverbinder
➡Doppelverbinder. Bezeichnet die einseitige Entsendung eines ➡Repräsentanten in einen anderen ➡Kreis.

Einwand
Ein Einwand gegen eine Entscheidung. Meistens werde verschiedene Einwandgrade (leicht, schwerwiegend) bis hin zum Veto unterschieden.

Einzelentscheid
➡Fallentscheid.

Emergenz
ist die spontane Herausbildung von Phänomenen oder Strukturen auf der Makroebene eines Systems auf der Grundlage des Zusammenspiels seiner Elemente. Dabei lassen sich die emergenten Eigenschaften des Systems nicht offensichtlich auf Eigenschaften der Elemente zurückführen, die diese isoliert aufweisen.

Endenburg, Gerald
Gerald Endenburg (1933) übertrug die ➡Soziokratie auf Unternehmensorganisationen und begründete dies ➡Soziokratische Kreisorganisationsmethode, die er im eigenen Unternehmen ab ca. 1970 anwendete.

Entscheidungsmonitor
➡Führungsmonitor.

Evangelium
Von griechisch „εὐαγγέλιον euangélion" „Gute Nachricht" oder „Frohe Botschaft".

Externe Referenz
Ein außerhalb der eigenen Organisation liegender Bezugspunkt, beispielsweise eine Kennzahl.

Fachentscheider
Ein Fachentscheider (oder eine Fachrolle) ist eine ➡Rolle in einem ➡Kreis, der bestimmte fachliche Entscheidungen und Aufgaben dauerhaft übertragen werden.

Fallentscheid, konsultativer
Beim Konsultativen Fallentscheid (auch Konsultativer Einzelentscheid genannt) wird eine Person von einem ➡Kreis beauftragt und bevollmächtigt, für einen einzelnen Fall eine für den Kreis verbindliche Entscheidung zu treffen, versehen mit dem Wunsch, bestimmte Personen, Rollen oder Interessenvertreter dafür zu konsultieren.

Feedback (nicht systemisch)
In den meisten Fällen ist hiermit ein Kritikgespräch gemeint.

Feedback (systemisches)
Ein aus den grundlegenden Kommunikationstechniken Aktives Zuhören und Ich-Botschaften bestehendes Gesprächsführungskonzept, kombiniert mit einer erlernbaren wertschätzenden Haltung und dem Zweck, jemandem Rückmeldungen zu seinem Verhalten zu geben.

Fehler
Ein Fehler ist etwas, von dem man wusste, dass es falsch ist. Anders als ein ➡Irrtum.

Führungsebene (in kollegialer Führung)
In kollegial geführten Organisation bezeichnet die Führungsebene den Grad der Ergebnisoffenheit einer Führungsintervention.

Führungsebene (in Linienorganisation)
In der traditionellen Linienorganisation ist Führungsebene eine vertikale Position im Organigramm, die von einem festen Personal,

beispielsweise dem Top-Management wahrgenommen wird und oft mit entsprechenden Statussymbolen markiert wird.

Führungsmonitor
: Ein Führungsmonitor dient der gemeinsamen Bearbeitung führungsrelevanter Aktivitäten. Er zeigt, in welchem Zustand sich welche übergreifenden Entscheidungen eines Kreises gerade befinden. Die Darstellung wird in regelmäßigen Abständen aktualisiert.

Gastgeber
: ➡Arbeitstreffen-Gastgeber, ➡Kreis-Gastgeber.

Geschäftsbereich
: Eine Menge von ➡Kreisen, die gemeinsam einen abgrenzbaren Teil der Wertschöpfung der Organisation erbringen.

Governance
: Der Begriff kommt ursprünglich aus dem Französischen und lässt sich schlecht ins Deutsche übersetzen. Governance bezeichnet das Steuerungs- und Regelungssystem, also die Aufbau- und Ablauforganisation einer Organisation.

Grundsatzentscheidung
: Entscheidung über Prinzipien und Regeln der Zusammenarbeit.

Gruppendenken
: ist ein Phänomen, bei dem eine Gruppe von an sich kompetenten Personen schlechtere oder realitätsfernere Entscheidungen als möglich trifft, weil jede beteiligte Person ihre eigene Meinung an die erwartete Gruppenmeinung anpasst. Daraus können Situationen entstehen, bei denen die Gruppe Handlungen oder Kompromissen zustimmt, die jedes einzelne Gruppenmitglied unter normalen Umständen ablehnen würde.

Gruppendynamik, Gruppendynamische Phasen
: ➡Tuckman-Modell.

Haltung
: Eine Haltung ist eine grundsätzliche Entscheidung, die wahrgenommene Welt in bestimmter Weise zu bewerten, der eigenen Wahrnehmung also ganz bestimmte Sinn- und Bedeutungszusammenhänge zuzuschreiben und danach zu handeln (➡Seite 16).

Holokratie, Holacracy
: Ein markenrechtlich geschütztes Organisationsmodell, dass auf dem soziokratischen ➡Kreismodell aufbaut.

Integrativer Wahlprozess
: ➡Rollenwahl, soziokratische.

Interne Referenz
: Ein innerhalb der eigenen Organisation liegender Bezugspunkt, beispielsweise eine Kennzahl.

Irrtum
: Ein Irrtum ist etwas, von dem man nicht wusste, was richtig ist, und das sich später als falsch herausstellt. Anders als ein ➡Fehler.

Kollegengruppe
: Eine kleine Gruppe von meistens 3 bis 5 Kollegen, die sich in ihrer beruflichen und persönlichen Entwicklung gegenseitig unterstützen.

Kollegiale Führung
: Ein Prinzip, bei dem Führung durch die Kollegen selbst statt durch exklusive Vorgesetzte organisiert wird.

Kollegiale Rollenwahl
: ➡Rollenwahl.

Kollegiales Feedback
: Ein (systemisches) ➡Feedback, das unter Kollegen stattfindet (im Gegensatz zum Vorgesetzten-Feedback).

Komplexität
: ist ein Maß für die Unvorhersehbarkeit und Vielfalt eines Systemverhaltens [Wohland 2006].

Komplizenschaft
: Formal nicht konstituierter ➡Kreis (lat. cum plectere, eng miteinander verflochten). Der Begriff ist in der deutschen Sprache negativ konnotiert und wird fast ausschließlich im kriminellen Kontext verwendet. Die Kulturtheoretikerin Gesa Ziemer hat den Begriff der Komplizenschaft als eine produktive Arbeitsform umgedeutet, die in neuen Arbeitswelten, im Alltag und in Bezug auf neue Formen künstlerischer Autorschaft verwendet wird. In ihrem Sinne ist Komplizenschaft eine kollektive Praxis, durch welche eine kleine Gruppe legal – meist in kreativen Umgebungen - interessengesteuert und temporär ein Ziel verfolgt und durchsetzt. Komplizenschaft unterscheidet sich organisationstheoretisch von anderen Kollektivierungsformen wie Teamwork, Allianz, Netzwerk oder Mafiastrukturen.

Kompliziertheit
: ist ein Maß für die Unwissenheit eines Beobachters [Wohland 2006].

Konflikt
: Unvereinbar erlebte Spannungsfelder, die hohe oder auch wiederkehrende belastende emotionale Reaktionen bei den Beteiligten auslösen und deren Aufmerksamkeit bindet.

Konsens
: Vollständige Übereinstimmung.

Konsent
: Kein Widerstand vorhanden (liebe Duden-Redaktion, nehmt diesen Begriff bitte auf).

Konstitution
: Zusammensetzung und Beschaffenheit.

Konstruktivismus
: Konstruktivismus ist die Annahme, dass jeder von uns seine eigene Realität kreiert, dass wir nicht die eine selbe externe Wirklichkeit wahrnehmen und Objektivität nichts anderes als eine Übereinkunft zwischen uns ist.

Konsultativer Einzelentscheid
: ➡Fallentscheidung.

Kontinuierliche Integration
: Kontinuierliche Integration ist eine in der agilen Softwareentwicklung verbreitete Vorgehensweise, bei die Programmerweiterungen und -änderungen aller Programmierer immer sofort in die Gesamtlösung integriert werden,

um Inkonsistenzen und Widersprüche gar nicht erst entstehen zu lassen. Kontinuierliche Integration wird typischerweise zusammen mit ➡Testgetriebener Entwicklung und ➡Testautomatisierung praktiziert

Konzern
Ein Konzern ist ein Zusammenschluss mehrerer rechtlich separierter Einzelunternehmen zu einer wirtschaftlichen Einheit unter der Leitung des herrschenden Unternehmens.

Kreis
Ein Kreis ist eine ➡Rolle, die von mehreren Personen gemeinsam wahrgenommen wird.

Kreis-Dokumentar
Die Aufgabe des Kreis-Dokumentars ist es, die Arbeit des ➡Kreises, insbesondere seine Entscheidungen und Ergebnisse, für alle sichtbar und einfach zugänglich zu machen.

Kreis-Gastgeber
Der Kreis-Gastgeber hat die Verantwortung, den ➡Kreis organisatorisch (nicht inhaltlich) zu führen, sodass der Kreis, wie von seinen Mitgliedern vereinbart, funktioniert.

Kreiskonstitution
Die Kreiskonstitution ist ein Prozess zur Klärung und Definition der elementaren Strukturen, Rollen und Prozesse eines ➡Kreises bzw. das Ergebnis dieses Prozesses.

Kreis-Lernbegleiter
➡Lernbegleiter.

Kreis-Ökonom
Die Aufgabe des Kreis-Ökonomen ist es, seinen ➡Kreis zu befähigen, seine ökonomische Situation zu verbessern. Er stellt seinem Kreis die notwendigen Kennzahlen, Auswertungen und sonstigen Informationen bereit, kann sie erklären und unterstützt den Kreis, seine Leistungen zu reflektieren und sich weiterzuentwickeln.

Kreisorganisation
Eine Kreisorganisation ist eine Organisation, die anstelle von ➡Abteilungen, die von Vorgesetzten geführt werden, aus ➡Kreisen besteht, in denen sich deren Mitglieder selbst kollegial führen.

Kreis-Repräsentant
➡Rolle, die einen ➡Kreis in einem anderen repräsentiert und dort dessen Interessen vertritt.

Kudos
Kudos (von griechisch κῦδος (kydos) für Ruhm, Ehre) sind in agilen Organisationen kleine Dankesmitteilungen (oft in Form von Postkarten o. Ä.) zur kollegialen Anerkennung.

Kultur
ist die Summe der Regeln, Werte und Übereinkünfte, denen Menschen bewusst oder unbewusst folgen, um individuelles Verhalten in der Gemeinschaft vorhersehbarer zu machen und ein geordnetes gemeinsames Handeln zu gestalten.

Die Kultur einer Organisation zeigt sich im Verhalten und in den Kommunikationen einer Organisation. Wobei der Begriff Kommunikationen hier sehr weit gefasst ist und beispielsweise auch Äußerlichkeiten umfasst, wie die Beschaffenheit des Büros und der Arbeitsmittel.

Kybernetik
Kybernetik ist die von Norbert Wiener in den 1940er Jahren begründete Wissenschaft der Steuerung und Regelung von Maschinen. Ein typisches Beispiel für das Prinzip eines kybernetischen Systems der Regelungstechnik ist ein Thermostat. Maßgeblich Heinz von Foerster führte mit der Beobachtung der Beobachtung die Kybernetik zweiter Ordnung ein.

Lead-Link
Führungsrolle in einem (soziokratischen oder holokratischen) ➡Kreismodell.

Lean Startup
ist ein Lernprozess zur schrittweisen Entwicklung eines neues Geschäftsmodells, dass auf dem Prinzip basiert, die erfolgskritischen Wertschöpfungsfähigkeiten (also Produkte oder Dienstleistungen gewinnbringend herzustellen und zu verkaufen) durch fortlaufende Experimente im realen Markt zu erkennen, zu entwickeln und empirisch nachzuweisen. Damit soll das Unternehmerrisiko minimiert werden, vor allem, dass Zeit und Geld mit irrelevanten Aktivitäten verschwendet wird und die Geschäftsidee aufgrund falscher Annahmen scheitert.

Leistungskatalog
Ein Leistungskatalog beschreibt die wertschöpfenden Leistungen einer Organisationseinheit in Form verrechenbarer Einheiten und ist Teil der ➡Wertbildungsrechnung.

Leitungskreis
Oberster Leitungskreis im soziokratischen ➡Kreismodell, auch allgemeiner Kreis genannt.

Lernbegleiter
Der Lernbegleiter unterstützt einen ➡Kreis, eine ➡Rolle oder ein Mitglied bei seiner individuellen Weiterentwicklung durch Moderations- und Coaching-Dienstleistungen.

Lernling
Bezeichnung für Lehrling/Auszubildender bei dm-drogerie markt.

Linienorganisation
➡Seite 140.

Logbuch
Aufzeichnung aller ➡Grundsatzentscheidungen und sonstigen erinnerungswürdigen Entscheidungen eines ➡Kreises; in der ➡Soziokratie zusätzlich die Dokumentation der Kreiskonstitution (Rollen, Ziele etc.).

Makroebene
Im Kontext von kollegialer Führung bezeichnen wir die in einer Organisation existierenden Kreisen und ihre Beziehungen zueinander als Makroebene.

Manufaktur
Ökonomisches Zeitalter vor dem Taylorismus, ca. bis 1910.

Matrixorganisation ➡Seite 140
ist die Überlagerung einer pyramiden-förmigen Linienorganisation durch eine zweite orthogonale (um 90 Grad gedrehte) Pyramide, sodass alle Beteiligten in zwei Dimensionen

hierarchisch eingeordnet sind. Beispielsweise in einer funktionalen (Einkauf, Verkauf, Produktion) und einer fachlichen Dimension (Produkt A, Produkt B).

Mentoring
: ist ein Prozess zur persönlichen und beruflichen Weiterentwicklung eines neueren oder jüngeren Kollegen durch den Austausch mit einem erfahreneren über einen längeren Zeitraum.

Metaführung
: bedeutet, den Mitarbeitern keine Anweisungen für die operativ-inhaltliche Ebene zu geben und keine inhaltlichen Entscheidungen für sie zu treffen, ihnen aber sehr wohl zu sagen, dass sie entscheiden müssen und welche Prinzipien, Regeln und Prozesse dafür gelten. Metaführung ist vor allem Coaching und Prozessbegleitung. Sie setzt Wissen um die vorhandenen Prozesse und Strukturen, also den Kontext, voraus.

Mikroebene
: Im Kontext von kollegialer Führung bezeichnen wir die Organisation innerhalb eines ➡Kreises als Mikroebene.

Mikrowerkzeuge, Mikrointerventionen
: Eine Organistionsveränderungsmaßnahme (auch Workhack genannt), die ohne Genehmigung, Schulung, explizite Ankündigung oder Information einfach mal erprobt werden kann.

Mindset
: Denkart

Minimalinvasive Organisationsentwicklung
: ➡Mikrowerkzeuge.

Multikontextualität
: Sich in verschiedene Kontexte versetzen (nach innen spüren).

Multiperspektivität
: Verschiedene Blickrichtungen einnehmen (nach außen sehen).

Nebenläufige (Entscheidungs-)Verfahren
: Entscheidungsverfahren, bei denen die Meinungsbildung und Einwandsammlung teilweise und zumindest prinzipiell ohne die gleichzeitige Teilnahme aller Mitglieder auskommen, nennen wir asynchrone oder nebenläufige Verfahren.

Netzwerk
: Eine offene Menge von Organisationseinheiten, die dynamisch auf Basis einer Gemeinsamkeit dynamisch miteinander verbunden sind und die über keine vorgegebene Führung verfügen (lose Kopplung).

Netzwerkorganisation
: Ein abgegrenzter Verbund unabhängiger Organisationseinheiten, die bedarfsweise in wechselnden Konstellationen miteinander kooperieren, um gemeinsam wirksam werden.

In kollegialen und soziokratischen ➡Kreisorganisationen sind ➡Kreise zwar ähnlich wie ein ➡Netzwerk organisiert, sie bilden jedoch gemeinsam eine geschlossene Organisation (enge Kopplung) und sind voneinander abhängig, weswegen wir sie nicht als Netzwerkorganisation bezeichnen.

Ökonom
: ➡Kreis-Ökonom.

Ordnungsebene der Beobachtung
: Die Beobachtung eines Gegenstands lässt sich als ›Beobachtung 1. Ordnung‹ und die Beobachtung der Beobachtung dieses Gegenstands als Beobachtung 2. Ordnung unterscheiden (➡Kybernetik).

Organisational
: ist auf eine Organisation bezogen, ➡organisatorisch bedeutet die Organisation von etwas betreffend.

Organisatorisch
: ist die Organisation von etwas betreffend, ➡organisational bedeutet auf eine Organisation bezogen.

Paradigma
: Ein Paradigma ist die Gesamtheit von Grundauffassungen, die für einen bestimmten Zeitabschnitt maßgeblich das allgemeine Weltbild prägen.

PDCA
: ➡Deming-Kreis

Peripherie
: Als Peripherie bezeichnen wir die Organisationseinheiten, die primär die direkte Wertschöpfung erbringen.

Im engeren Sinne: Alle Funktionen eines Unternehmens, die unter dem Druck des Marktes ablaufen, nennen wir Peripherie. Alle Funktionen, die dem Druck der Kapitalinteressen ausgesetzt sind, nennen wir Zentrum. Zentrum und Peripherie sind weder Orte noch Personen. Die Zentrale ist nicht gleich Zentrum, die Niederlassung nicht gleich die Peripherie [Wohland 2006].

Pluralistische Ignoranz
: Als pluralistische Ignoranz bezeichnet man das Phänomen einer kollektiven Fehlinterpretation eines Notfalls als harmloses Ereignis, weil sich jeder Einzelne unsicher ist, wie er das Ereignis einschätzen soll, sich deshalb an anderen orientiert, die jedoch ebenso vorgehen, weshalb insgesamt niemand das Ereignis als Notfall ansieht.

Praktikergruppe, Praktikergemeinschaft
: Praktikergruppen sind regelmäßig selbstorganisierte und informelle Treffen von Spezialisten eines Fachgebietes, um gemeinsam Erfahrungen und Wissen auszutauschen und miteinander zu lernen (Anglizismus: Community of Practice).

Präsenz(entscheidungs)verfahren
: Entscheidungsverfahren, die die Anwesenheit oder zumindest die Einladung aller Mitglieder zu einem gemeinsamen Treffen voraussetzen, nennen wir Präsenzverfahren – egal ob physisch oder in einer Online-Konferenz.

Prigogine, Ilya
: Ilya Prigogine (1917 – 2003) erhielt 1977 den Nobelpreis in Chemie. Er hat selbstorganisierte

Systeme erforscht und wichtige Grundlagen der Selbstorganisationstheorie geschaffen.

Projekt
: Projekte sind zielgebundene, zeitlich befristete Organisationseinheiten, die oft eine direkte Wertschöpfung erbringen sollen. Projektmitarbeiter bleiben disziplinarisch meistens Mitglieder der Linienorganisation.

Projektleitung
: Die Projektleitung ist eine für einen bestimmten, ➡Projekt genannten Entscheidungsbereich temporär und zielgebunden hierarchisch vorgegebene Person.

Rahmenbedingungen
: beschreiben, was nicht passieren und unbedingt eingehalten werden soll. Im Gegensatz zu einem Ziel, das Handlungen auf einen Punkt zuführt, öffnen Rahmenbedingungen einen Raum.

Repräsentant
: ➡Kreis-Repräsentant.

Restrukturierung (Refactoring)
: Restrukturierung ist eine Vorgehensweise in der Softwareentwicklung, bei der in regelmäßigen Abständen der entstandene Code überarbeitet, aufgeräumt, strukturell verbessert und gesäubert wird, ohne das beobachtbare Programmverhalten zu verändern.

Rezept
: Anleitung, was wie verarbeitet wird.

Rolle
: Eine Rolle ist die Beschreibung eines abgegrenzten Aufgaben- und Zuständigkeitsbereiches, der von dem Rolleninhaber eigenverantwortlich wahrgenommen wird.

Rolleninhaber
: Ein Rolleninhaber nimmt eine ➡Rolle wahr. Normalerweise ist der Rolleninhaber ein einzelnes Organisationsmitglied; wird eine Rolle von einem Team wahrgenommen, wird die Rolle Kreis genannt.

Rollenkonstitution
: Die Rollenkonstitution ist die Wahl eines ➡Rolleninhabers und die damit verbundene Klärung und Definition der Zuständigkeit und Aufgaben dieser ➡Rolle.

Rollenwahl, kollegiale
: Die Kollegiale Rollenwahl ist ein einfaches, schnelles und pragmatisches Wahlverfahren, um ➡Rolleninhaber oder Prozessverantwortliche zu wählen.

Rollenwahl, mehrheitliche
: Die mehrheitliche Rollenwahl ist ein demokratisches Mehrheitsverfahren, bei dem aus einer Menge von Vorschlägen derjenige gewählt wird, der die meiste Zustimmung erhält.

Rollenwahl, soziokratische
: Die Soziokratische Rollenwahl ist ein auf dem soziokratischen ➡Konsent basierendes Verfahren für die Wahl von ➡Rolleninhabern (in der ➡Holokratie „integrativer Wahlprozess" genannt).

Selbstermächtigung
: „Lieber einmal hinterher um Verzeihung bitten, als ständig vorher zu fragen."

Selbstorganisation
: bezeichnet das Prinzip, dass sich Organisationseinheiten gemeinsam kollegial organisieren, beispielsweise mithilfe selbstkreierter passender ➡Rollen, anstelle von vorgesetzten Führungskräften.

: Systemtheoretisch bezeichnet Selbstorganisation, dass formgebende und gestaltende Einflüsse von den Elementen des Systems selbst ausgehen. Es entstehen strukturelle Ordnungen ohne äußere steuernde Elemente.

Selbstorganisationskreis (SOK)
: Ein ➡Kreis, der für die Organisation der kollegialen Selbstorganisation zuständig ist, oft auch ➡Übergangsteam, ➡Adaptionsteam oder ➡Transitionsteam genannt.

Selbstorganisationsteam
: ➡Selbstorganisationskreis.

Serendipität
: Der Begriff Serendipität bezeichnet eine zufällige Beobachtung von etwas ursprünglich nicht Gesuchtem, dass sich als neue und überraschende Entdeckung erweist. Viele bekannte Entdeckungen gelten als Beispiele dafür (die Entdeckung Amerikas 1492, die Erfindung der Klebezettel Post-it 1974 etc.).

Skillset
: Fähigkeiten

SKM, siehe Soziokratisches Kreismodell
: Abkürzung für Soziokratische Kreisorganisationsmethode.

SOK
: ➡Selbstorganisationskreis.

Soziale Dichte
: beschreibt die Anzahl und Intensität der unmittelbar verfügbaren Kommunikations- und Beziehungsmöglichkeiten innerhalb einer Organisation.

Soziale Systemprinzipien
: Das Modell der sozialen Systemprinzipien ist ein Hilfsmittel, um Thesen zu sozialen Spannungen in Organisationen zu entwickeln und mögliche Ausgleichshandlungen zu finden.

: Es basiert auf den Systemprinzipien von Insa Sparrer und Matthias Varga von Kibéd und wurde von Claudia Schröder für die Verwendung in agilen Organisationsentwicklungsprozessen adaptiert.

Soziokratie (allgemein)
: wird oftmals synonym für ➡Soziokratisches Kreismodell bzw. ➡Soziokratische Kreisorganisationsmethode verwendet.

Soziokratie (im ursprünglichen Sinne)
: Ein von Kees Boeke beschriebenes alternatives Gesellschaftsmodell.

Soziokratische Kreisorganisation
: ➡Soziokratische Kreisorganisationsmethode.

Soziokratische Kreisorganisationsmethode
: Ein von Gerald Endenburg entwickeltes Organisationsmodell, dass die ➡Soziokratie auf Organisationen anwendet.

Soziokratische Rollenwahl
: ➡Rollenwahl, soziokratische.

Stabstelle
: Rolle oder Einheit in einer Organisation, die keine weiteren Untereinheiten hat und unmittelbar ihrer Obereinheit zuarbeitet.

Stehung
: Eine Stehung ist ein im Stehen stattfindendes Arbeitstreffen (im Gegensatz zur Sitzung). Weil dies auf Dauer unbequemer ist, sind Stehungen typischerweise kürzer als Sitzungen.

Subsidarität
: Das Subsidaritätsprinzip besagt, dass Entscheidungen stets möglichst weit unten in einer Hierarchie getroffen werden sollen, soweit dies möglich und sinnvoll ist.

Systemische Fragen
: Im engeren Sinne Fragen, die „um die Ecke" (also indirekt) formuliert werden („Was würde dein Kollege sagen, wie es dir geht?" statt „Wie geht es dir?"). Im weiteren Sinne Fragen, die zu neuen Perspektiven anregen.

Systemische Schleife
: Ein in der Organisationsentwicklung von Roswita Königswieser und Alexander Exner geprägtes und bekanntes Modell, das aus einer sich wiederholenden Sequenz von Information aufnehmen, Hypothesen bilden, Intervention festlegen und Intervention anwenden besteht. [Königswieser-Exner 1998]

  Es ist dem ➡PDCA-Modell ähnlich, verwendet allerdings eine andere Sprache, bspw. die Begriffe Interventionen und Hypothesen, und basiert anders als das PDCA-Modell auch auf der Idee des Konstruktivismus.

Systemisches Konsensieren
: Entscheidungsverfahren, bei dem die Entscheidung mittels einer Rangfolgenbildung der Alternativen auf Basis der jeweiligen Widerstände gegenüber den Alternativen entsteht.

Taylorismus
: ist eine auf kausalen Zusammenhängen beruhende Lehre der Arbeitsorganisation und des Managements.

Taylorwanne
: Metapher von Gerhard Wohland [Wohland 2006], um die Dominanz kausalen Denkens und Handelns während des ➡Taylorismus zu beschreiben.

Team
: Eine Gruppe von Menschen, die sich zur Lösung eines gemeinsamen Problems organisieren.

Testautomatisierung
: Testautomatisierung ist eine in der agilen Softwareentwicklung verbreitete Vorgehensweise, bei der ein Programm automatisiert getestet wird. Damit wird es möglich, nach jeder Programmänderung in einfacher Weise immer wieder den gesamten Code, also auch alle früheren Änderungen, zu überprüfen. Testautomatisierung wird typischerweise zusammen mit ➡Testgetriebener Entwicklung und ➡Kontinuierlicher Integration praktiziert.

Testgetriebene Entwicklung
: Testgetriebene Entwicklung ist eine in der agilen Softwareentwicklung verbreitete Vorgehensweise, bei der zuerst der Code geschrieben wird, mit dem die herzustellende Funktionalität getestet und nachgewiesen werden kann, und erst dann die eigentliche Funktionalität programmiert wird.

Tetralemma
: ist ein einfaches, aber wirksames Verfahren, um Entscheidungsdilemmata aufzulösen.

Toolset
: Werkzeugkasten.

Topkreis (Soziokratie)
: Im soziokratischen Kreismodell bezeichnet der Topkreis einen Kreis, der dem traditionellen Aufsichtsrat einer Aktiengesellschaft entspricht.

Topkreis
: Ein Kreis in einer Kreisorganisation, der dem Topmanagement in einer Linienorganisation entspricht.

Transaktionskosten (Marktbenutzungskosten)
: sind Kosten, die für die Benutzung eines Marktes oder einer Organisation anfallen, beispielsweise zur Informationsbeschaffung, Kontaktaufnahme, Angebotserstellung und -beurteilung, Vertragsverhandlung, -änderungen und -überwachung. Unternehmen und Märkte unterscheiden sich dadurch, dass Unternehmen wegen ihrer festen und keine individuellen Verträge erfordernden Kooperationsbeziehungen niedrigere Transaktionskosten haben, während Märkte eine höhere Flexibilität haben, weil sie jede Transaktion neu aushandeln.

Transitionsteam
: ➡Selbstorganisationskreis.

Transparenz
: Sichtbare und einfach zugängliche Information.

Tuckman-Modell
: Ein von Bruce Tuckmann beschriebenes Modell, in welchen Phasen sich Teams entwickeln: Forming (Findungsphase), Storming (Aushandlungsphase), Norming (Übereinkunftsphase), Performing (Kooperationsphase), Adjourning (Auflösungsphase).

Übergangsteam
: Ein Team, das gebildet wird, um die schrittweise Anpassung und den Übergang von einem in ein anderes Organisationsmodell zu organisieren. Meistens gleichbedeutend mit einem ➡Selbstorganisationskreis.

Unbewusst
: ist etwas, das im Moment nicht benennbar ist, durch Reflexion aber zugänglich wird.

Unterbewusst
: ist etwas, was uns auch durch Reflexion nicht zugänglich wird.

Unterkreis
: Ein Unterkreis ist die pauschale und dauerhafte Delegation eines bestimmten Entscheidungsbereiches an einen untergeordneten und selbstkreierten ➡Kreis.

Verantwortung
: Verantwortung zu übernehmen bedeutet, für die eventuellen unbeabsichtigten negativen Folgen einer Handlung oder Entscheidung heilende Anschlusshandlungen und -entscheidungen zu initiieren und an diesen mitzuwirken.

Die Verantwortung besteht in der Regel darin, eine Entscheidung zu treffen, sie umzusetzen, sich der Konsequenzen persönlich gewahr zu werden und bei unerwünschten Folgen heilende Folgehandlungen anzuschließen.

Verantwortungsdiffusion
: Als Verantwortungsdiffusion bezeichnet man das Phänomen, dass sich jeder Einzelne in einer offensichtlich Hilfe oder Aktivität verlangenden Situation dennoch passiv verhält, weil andere handlungsfähige Personen dabei sind, auf deren Hilfe man sich verlässt, was dann insgesamt dazu führt, dass niemand eingreift (➡Pluralistische Ignoranz).

Vertieftes Zuhören
: bezeichnet die volle Aufmerksamkeit für ein Gegenüber, bei der man ruhig mit sich selbst bleibt, sich selbst mit Beiträgen zurückhält und mit allen Sinnen wahrnimmt.

Veto
: Ein Veto ist ein Einwand, der die Akzeptanz einer Entscheidung verhindert oder verzögert.

Vision
: Eine Vision ist ein nur subjektiv und emotional zugängliches Ziel bzw. ein entsprechender Soll-Zustand.

Vorgesetzter
: Ein Vorgesetzter ist eine für einen bestimmten Entscheidungsbereich dauerhaft und hierarchisch vorgegebene Person.

VUCA
: ist ein Acronym für Volatility, Uncertainty, Complexity und Ambiguity. Deutsch: Volatilität, Unsicherheit, Komplexität und Mehrdeutigkeit.

Werkzeug
: Hilfsmittel, um etwas zu bearbeiten. Er-fordert einen erfahrenen Anwender.

Wertbildungsrechnung
: Eine auf der Anthroposophie aufbauen-des und vom dm-drogerie markt erfundenes betriebswirtschaftliches Konzept als Alternative zur klassischen Kostenrechnung (➡Seite 200).

Werte
: bündeln unausgesprochene Erwartungen an ein bestimmtes Handeln, gekoppelt mit qualitativen Bewertungen (gut, schlecht u. a.) und starken Emotionen.

Wertschöpfung, Wertbildung
: Wertschöpfung ist das allgemeine Ziel einer Organisation. Durch Arbeit wird der Wert von Gütern und Dienstleistungen erhöht. Direkt wertschöpfende Leistungen sind alle die, die unmittelbar einen von einem Kunden bezahlten Nutzen erzeugen.

Wirtschaftlichkeit
: Wirtschaftlichkeit ist eine betriebswirtschaftliche Kennzahl, die das Verhältnis zwischen dem erreichten Erfolg und dem dafür erforderlichen Aufwand (Kosten) beschreibt. Während die Wirtschaftlichkeit Aufwand zu Ertrag in Beziehung setzt, befasst sich die Produktivität mit der Gegenüberstellung von Ausbringungsmenge zu Einsatzmenge. Der Wirtschaftlichkeit liegen mithin wertmäßige Größen zugrunde, der Produktivität dagegen mengenmäßige.

Workhack
: ➡Mikrowerkzeuge.

YAGNI
: ist die Abkürzung von „You Aren't Gonna Need It" („Du wirst es nicht brauchen.") und ist Teil der agilen Entwicklungsmethode Extreme Programming (XP). Es bezeichnet das Prinzip erst dann eine Eigenschaft in einem System herzustellen, wenn klar ist, dass diese auch tatsächlich gebraucht wird.

ZDF
: Abkürzung für Zahlen, Daten, Fakten.

Zentrum
: Im Gegensatz zur ➡Peripherie primär nicht zur direkten Wertschöpfung beitragende Einheiten einer Organisation.

Zirkuläre Fragen
: ➡Systemische Fragen.

Index